DICTIONNAIRE

DE

PHYSIQUE.

DICTIONNAIRE
DE
PHYSIQUE,
DÉDIÉ AU ROI.

NEUVIEME ÉDITION,

Dans laquelle on a mis à leur place les articles du *Supplément*, imprimé en l'année 1787.

Par M. AIMÉ-HENRI PAULIAN, *Prêtre, de différentes Académies.*

TOME PREMIER.

A NÎMES,
Chez GAUDE, Freres, Libraires.

M. DCC. LXXXIX.

Avec Approbation et Privilége du Roi.

AU ROI.

SIRE,

Le plus beau génie de l'ancienne Rome, celui peut-être dont les Ouvrages avoient le moins besoin d'un Protecteur pour passer à nos derniers Neveux, crut cependant que le nom de Mécene mis à la tête de ses Odes, ne pouvoit qu'en rehausser le prix. Cet hommage solennel étoit dû à celui qui comptoit parmi ses Ayeux les plus grands Potentats, & que le goût le plus épuré rendoit comme l'arbitre des Gens de Lettres.

A quels transports ne se seroit pas livré ce Maître de la Poésie Lyrique, s'il eût eu, comme moi, l'avantage inestimable de voir à la tête de son Livre, le nom d'un Monarque, l'amour de ses sujets, la terreur de ses ennemis, l'admiration des étrangers?

Que je serois heureux, SIRE, si VOTRE MAJESTÉ daignoit, dans ses momens de loisir, jeter un coup-d'œil sur un Ouvrage que j'ai l'honneur de lui présenter pour la quatrieme fois ! Ce fut pour vous aplanir le chemin d'une science qui joint l'agréable à l'utile, que je le composai autrefois, avec l'approbation de votre illustre Pere, & c'est pour mériter votre suffrage, que je viens de l'orner de toutes les nouvelles découvertes, dont la Physique a été enrichie depuis un certain nombre d'années. Si ce suffrage m'étoit favorable, je dirois avec bien plus de raison que le Poëte : *Sublimi feriam sidera vertice.*

Je suis avec le plus profond respect,

SIRE,

DE VOTRE MAJESTÉ,

Le très-humble, très-obéissant serviteur & sujet, PAULIAN, Prêtre, de différentes Académies.

Nota. La neuvieme édition de ce Dictionnaire, ne contient que ce que renferme l'édition de cet Ouvrage, faite en 1781, & le *Supplément* imprimé en 1787. On voit à la tête de ce *Supplément* l'Epître dédicatoire suivante.

AU ROI.

SIRE,

Le nouvel Ouvrage dont je fais hommage à VOTRE MAJESTÉ, est la continuation d'un Dictionnaire, à la tête duquel on voit, depuis plus de vingt ans, votre auguste Nom. C'est-là sans doute ce qui en a rehaussé le mérite, en a fait multiplier les éditions. Trop heureux si enrichi de tant de découvertes précieuses, dont la plupart feront époque dans l'histoire de la Physique, ce Dictionnaire étoit un jour de quelque utilité à ces jeunes Princes, nés pour fixer le bonheur de la France, & perpétuer la race des grands Rois. Ce n'est pas dans l'Histoire des Monarchies anciennes & modernes qu'ils iront en chercher le modele; ils l'auront long-tems sous les yeux; ce ſera en parcourant les faſtes glorieux de votre regne, qu'ils apprendront à ſe faire aimer, craindre & reſpecter. Puiſſe ce beau regne étonner autant par ſa durée qu'il étonnera par ſes merveilles. C'eſt-là le plus ardent, le plus ſincere de mes vœux.

Je ſuis avec le plus profond reſpect,

SIRE,

DE VOTRE MAJESTÉ,

Le très-humble, très-obéiſſant ſerviteur & ſujet, PAULIAN, Prêtre, de différentes Académies.

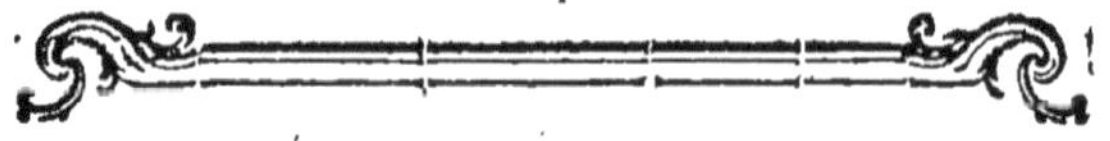

PRÉFACE.

SUR LA PARTIE PHYSIQUE

DE CET OUVRAGE.

IL parut sur la fin de l'année 1758 un *Dictionnaire de Physique portatif, dans lequel on explique le Systeme de Newton, les points les plus intéressans, les expériences les plus curieuses, & les termes les plus obscurs de la Physique moderne.* Ce petit Ouvrage, presque aussitôt débité, qu'imprimé, reçut de la part des savans les éloges les plus flatteurs. Il eut coup sur coup cinq éditions dont deux en 1 volume, & trois en 2 volumes *in*-8°., en y comprenant la traduction qu'en fit en langue Italienne un Physicien d'un mérite distingué.

Ces suffrages accordés à nos premiers essais, nous engagerent, trois ans après, à donner au Public, toujours en forme de Dictionnaire, un corps entier de Physique en 3 volumes *in*-4°. *sur caractere S. Augustin*; nous ne manquames pas d'indiquer la méthode que l'on doit suivre, lorsque l'on veut se former une idée générale de la science de la nature, & lire ce Dictionnaire, comme on liroit un cours complet de Physique.

C'est cet ouvrage-là-même, dont l'édition fut bientôt épuisée, que nous redonnames, en 1773 en trois gros volumes *in-octavo* sur *caractere petit*

Romain, avec des corrections & additions considérables; elles étoient le fruit de dix ans de l'étude la plus assidue. Non contens d'avoir mis la derniere main aux articles déjà imprimés de l'ancien Dictionnaire, nous ornames cet ouvrage d'un grand nombre d'autres articles dont les uns, par pur oubli, n'avoient pas été traités dans la premiere édition, & les autres contenoient les principales découvertes dont la Physique & les Mathématiques avoient été enrichies depuis l'année 1761.

A la demande réitérée des Libraires les plus accrédités du Royaume, nous donnames, au commencement de l'année 1781, la huitieme édition de notre Dictionnaire de Physique, à laquelle le Public, toujours indulgent à notre égard, a fait le même accueil qu'il avoit fait aux éditions précédentes de cet ouvrage. Les nouvelles découvertes faites en Physique, entre les années 1781 & 1787, rendirent *insuffisans* tous les Dictionnaires qui avoient paru sur cette matiere; & ce fut pour compléter non-seulement l'édition dont nous venons de parler, mais encore celles qui l'avoient précédées, que nous nous déterminames à donner un *Supplément* sous le titre de *Dictionnaire des nouvelles découvertes faites en Physique*. Ce que nous pouvons dire en général, & sans entrer dans aucun détail, c'est qu'on n'a rien découvert en Physique, depuis l'année 1781, que nous n'ayons soumis, dans cet ouvrage, à l'examen le plus exact, & même le plus sévere.

Vers le milieu de l'année 1770, la cabale philosophique leva enfin l'étendard de l'irréligion &

de la révolte. Elle eut la témérité de faire paroître son code scandaleux, sous le titre de *Système de la Nature*, & par-là elle couronna tous les attentats dont elle s'étoit jusqu'alors rendue coupable envers les Mœurs, la Religion & l'État. Dans tous les États policés, je ne dis pas de l'Europe, mais du monde entier, le même feu qui consuma, dans la capitale de ce Royaume, l'ouvrage dont nous parlons, se seroit rallumé contre ceux qui en furent les Auteurs ou les Éditeurs, si l'on fût venu à bout de découvrir dans quelle partie du monde de pareils monstres allerent se cacher. Depuis que cette infernale production a vu le jour, nous avons eu deux éditions de notre Dictionnaire de Physique, l'une en 1773, l'autre en 1781; & nous n'avons pas manqué, à l'article *Systeme*, de venger les droits de la Nature dégradée, de la Religion défigurée, des bonnes Mœurs attaquées, de l'autorité méprisée par un Écrivain sacrilége, la honte du siecle où nous vivons & l'exécration des siecles à venir. Je l'avoue ingénument : en relisant cet article, je n'ai pas été content de mon travail. Il faut absolument, *me suis-je dit à moi-même*, attaquer directement la *partie physique* de cet ouvrage, la renverser & par-là pulvériser ce fameux, cet indigne Systeme. C'est-là ce que j'ai heureusement exécuté dans un très-grand nombre d'articles de ce *Supplément*; & c'est à l'article *Systeme de la Nature* que j'apprens au Lecteur à faire un *tout* de différentes parties isolées dont l'ordre alphabétique paroît d'abord détruire la liaison essentielle qu'elles ont entre elles. Pour la *partie morale* du *Systeme de la Nature*, il ne m'eût pas été difficile, mais il m'a été impoſſible de l'attaquer dans cet ouvrage. Auſſi en l'année 1788, ai-je fait paroître le *véritable Syſteme de la Nature*, ouvrage où j'ai expoſé les Loix du Monde phyſique & celles du Monde moral, d'une maniere conforme à la raiſon & à la révélation.

En l'année 1780, l'on adreſſa de Paris à tous les Libraires de l'Europe une lettre circulaire *imprimée* dans laquelle on annonçoit que M. *Sigaud de Lafond*, Profeſſeur de Phyſique Expérimentale, alloit mettre ſous preſſe un Dictionnaire de Phyſique en 4 volumes *in-octavo*. Si dans cette fameuſe *lettre*, l'on s'étoit contenté de donner à ce grand Phyſicien les juſtes éloges qu'il mérite, nous aurions dit, comme nous le diſons encore, que ces éloges, tout pompeux qu'ils ſont, n'expriment pas avec aſſez de force le caractere d'un Auteur qui rehauſſe les connoiſſances les plus précieuſes par une manipulation dans la Phyſique Expérimentale que je regarde comme unique. Si l'on avoit ajouté, comme on l'a fait dans la Préface de cet Ouvrage, qu'on laiſſeroit de côté tout ce qui concerne les Mathématiques, parce que *ceux qui ſavent les Mathématiques, n'ont pas beſoin de ce ſecours, & que ceux qui ne les ſavent pas, ne pourroient les apprendre de cette maniere*; nous aurions fait remarquer que les Mathématiques & la Phyſique ſont comme deux compagnes qu'il ſeroit bien dangereux de ſéparer; nous aurions conſeillé à l'Auteur de préſenter, comme nous l'avons fait dans notre Dictionnaire, les articles *Arithmétique*, *Algebre*, *Calcul différentiel & intégral*, *Géométrie ſpéculative & pratique*, *Trigonométrie*, *Sections coniques*, &c. &c.,

ſous la forme de Traités complets de Mathématique. M. *Sigaud* n'a pas tardé à être de notre avis. Trois mois après que ſon Dictionnaire eut paru, il donna un cinquieme volume qui contient à-peu-près les notions mathématiques qu'il auroit dû faire entrer dans le corps de l'ouvrage. Par le moyen de ce cinquieme volume, ſon Dictionnaire eſt devenu plus intelligible ; & depuis lors apparemment l'on a témoigné plus d'empreſſement à ſe le procurer. Si enfin on s'étoit contenté dans cette *lettre* d'inviter le Public à préférer le Dictionnaire de M. *Sigaud* à celui dont on a été obligé, dans l'eſpace d'une vingtaine d'années, de faire huit éditions différentes, preſqu'auſſitôt débitées, qu'imprimées, nous n'en ſerions pas étonnés; c'eſt-là une formule ou plutôt une ruſe de Libraire dont le Public n'a jamais été, & ne ſera jamais la dupe; il attend avec patience que l'ouvrage tant vanté paroiſſe; il le compare avec ceux où les mêmes matieres ſe trouvent traitées, & il donne la préférence à celui qui lui paroît le mieux compoſé. C'eſt-là ce qu'il a fait en 1781, époque de la huitieme édition de notre Dictionnaire de Phyſique & de la premiere de celui de M. *Sigaud*; il a lu les deux ouvrages avec ſon impartialité ordinaire, & nous le remercions bien ſincerement du jugement qu'il a porté en cette occaſion.

Mais que dans une lettre circulaire *imprimée*, le Libraire, apparemment à l'inſu de l'Auteur, ait parlé avec une eſpece de mépris d'un ouvrage auquel le Public a toujours fait l'accueil le plus flatteur, voilà un trait bien capable de figurer dans les *Honnêtetés littéraires* attribuées à M. *de Voltaire*. Vous vous feriez comporté bien différemment, *Imprimeur trop avide de gain*, si, avant d'envoyer votre lettre, vous aviez lu le manuscrit dont vous étiez devenu le propriétaire. Vous vous seriez convaincu par vous-même que les grands articles de ce manuscrit où sont traités les points de Physique les plus intéressans & les plus difficiles à expliquer, sont tirés *mot par mot* de notre Dictionnaire. Ce n'est qu'à regret que je vais entrer dans une assez longue enumération ; mais je m'y vois forcé. Mon ouvrage peut avoir encore différentes éditions, avant & après ma mort: ne m'exposerois-je pas, si je gardois en cette occasion le silence, de passer, dans l'esprit de nos neveux, pour un homme qui, dans les occasions les plus critiques, a copié servilement un Dictionnaire imprimé pour la premiere fois en 1781? C'est un principe incontestable : chacun a droit de reprendre son bien partout où il le trouve, *res Domino clamat*. Je réclame donc, dans le Dictionnaire de Physique de M. *Sigaud de la Fond*,

1°. La fameuse Démonstration qu'il a mise dans son article *Aurore boréale*, pour prouver qu'un corpuscule de l'atmosphere solaire qui ne se trouve qu'à soixante mille lieues de notre globe, est plus attiré par la Terre, que par le Soleil. M. *Sigaud* l'a tirée de notre article *Atmosphere solaire*, & non, comme il le dit, des ouvrages de M. *de Mairan* où elle n'est qu'indiquée. C'est nous, & ce n'est que nous qui l'avons mise à la portée de tout Physicien. Pour en convaincre le Lecteur, faisons expliquer ce point de Physique d'abord par M. *de Mairan*, ensuite par Nous, enfin par M. *Sigaud*.

Extrait du Traité physique & historique de l'Aurore boréale de M. de Meiran, *édition in-quarto, page 97.*

Soit le Soleil imaginé fixe en S, & le globe terrestre en T; & soit TS la distance de l'un à l'autre.

Pour avoir la *limite* L, c'est-à-dire le point entre S & T, où devroit se trouver un corpuscule quelconque, pour être poussé par des forces égales vers S & vers T, ou pour y être en équilibre, & de maniere qu'un peu en-deçà il iroit vers la Terre, & un peu au-delà vers le Soleil; il est évident qu'il faut que la quantité $\frac{1}{TL^2}$ soit égale à $\frac{227512}{TS^2-TL^2}$. D'où & par la simple extraction des racines, on tirera $TL = \frac{TS}{478}$ ou environ. Or donnant à TS, 20626 demi-diametres terrestres, qui est la distance correspondante à 10″ de parallaxe solaire, on trouvera $TL = \frac{20626}{478} = 43\frac{72}{478}$ demi-diametres terrestres, ou environ 61813 lieues de 25 au degré, en supposant que le demi-diametre de la terre en contient $1432\frac{1}{2}$.

Il est donc évident que la matiere de l'atmosphere solaire pourroit tomber dans le tourbillon de la Terre, & enfin dans son atmosphere, non-seulement du lieu où cette matiere s'étend jusqu'à l'orbite terrestre, & au point actuel qu'y occupe la Terre, mais encore de plus de soixante mille lieues au-delà.

Extrait de mon Dictionnaire de Physique, à

l'article Atmoſphere ſolaire, *édition* in-quarto *de* 1761, *&* in-octavo *de* 1773.

PREMIERE QUESTION. Comment peut-on démontrer qu'un corpuſcule de l'atmoſphere ſolaire, qui ne ſe trouve qu'à ſoixante mille lieues de notre globe, eſt plus attiré par la terre, que par le Soleil ?

RÉSOLUTION. Comme la démonſtration que nous allons donner, eſt le fondement du ſyſteme que nous embraſſerons dans l'article des *Aurores boréales*, nous croyons devoir faire auparavant les remarques ſuivantes.

1°. Le carré de 60,000 lieues eſt 3,600,000,000.

2°. Le carré de 30,000,000 de lieues eſt 900,000,000,000,000.

3°. Suivant *Newton*, la maſſe du Soleil : à la maſſe de la Terre :: 227512 : 1. Ce qui n'eſt pas éloigné de la valeur que nous avons trouvée dans l'article du *Centre de gravitation*.

4°. L'attraction ſe fait en raiſon directe des maſſes; donc, à diſtances égales, un corps ſeroit deux cent vingt-ſept mille cinq cent douze fois plus attiré par le Soleil que par la Terre.

5°. L'attraction ſe fait en raiſon inverſe des carrés des diſtances; donc ſi le Soleil & la Terre étoient de maſſe égale, & que le corps A ſe trouvât à trente millions de lieues du Soleil, & à ſoixante mille lieues de la Terre, l'on auroit la *proportion* ſuivante; l'attraction du Soleil : à l'attraction de la Terre :: 3,600,000,000 : 900,000,000,000,000. La démonſtration de ces deux dernieres remarques ſe trouve dans l'article de l'*Attraction*.

6°. Comme il n'y a pas égalité de maſſe entre

le Soleil & la Terre, l'on aura l'attraction du Soleil & de la Terre sur le corps A, en faisant la proportion suivante; l'attraction du Soleil : à l'attraction de la Terre :: la masse du Soleil multipliée par le carré de soixante mille lieues : à la masse de la Terre multipliée par le carré de trente millions de lieues; c'est-à-dire, l'attraction du Soleil : à l'attraction de la Terre :: 227512 × 3,600,000,000 : 1 × 900,000,000,000,000.

7°. 227512 × 3,600,000,000 = 819,043, 200,000,000.

8°. 1 × 900,000,000,000,000 = 900,000, 000,000,000; donc l'attraction du Soleil sur le corps A, éloigné de trente millions de lieues de cet astre : à l'attraction de la Terre sur le même corps A, éloigné seulement de soixante mille lieues de ce globe :: 819,043,200,000, 000 : 900,000,000,000,000; donc dans cette hypothese le corps A sera plus attiré par la Terre, que par le Soleil.

C'est-là précisément la solution de la question proposée. Un corpuscule de l'atmosphere solaire ne peut pas être à soixante mille lieues de la Terre, sans être en même tems à trente millions de lieues du Soleil; donc il sera plus attiré par la Terre, que par le Soleil.

Extrait du Dictionnaire de Physique de M. Sigaud de la Fond, *imprimé en* 1781, *à l'article* Aurore boréale, pag. 422, 423.

M. *de Mairan* prétend que, lorsque les dernieres couches de l'atmosphere solaire ne sont pas éloignées de plus de soixante mille lieues de la Terre, elles doivent, suivant les loix de la gravitation des corps, tomber vers notre globe;

ce qui eſt évident, en admettant les ſuppoſitions précédentes.

On ſait en effet, d'après ce que nous avons dit ſur l'attraction, qu'elle eſt en raiſon compoſée de la directe des maſſes & de l'inverſe du carré des diſtances; par conſéquent on voit manifeſtement que l'attraction de la Terre doit néceſſairement maîtriſer les dernieres couches de l'atmoſphere ſolaire, lorſque celles-ci ſont parvenues à ſoixante mille lieues du globe terreſtre. Il ne s'agit, pour s'en convaincre, que de faire la proportion ſuivante.

L'attraction du Soleil contre les dernieres couches de ſon atmoſphere, lorſqu'elles ſont ſuppoſées à la diſtance indiquée, eſt à l'attraction de la Terre, contre ces mêmes couches, comme la maſſe du Soleil, multipliée par le carré de cette diſtance, eſt à la maſſe de la Terre multipliée par le carré de ſa propre diſtance au Soleil. Or, ſuivant les obſervations de *Newton*, la maſſe du ſoleil eſt à la maſſe de la Terre, dans le rapport de 227,512 à 1, & la diſtance de cet aſtre à notre globe eſt de 30 millions de lieues, dont le carré eſt 900,000,000,000,000. D'ailleurs le carré de ſoixante mille lieues étant 3,600,000,000, on aura la proportion ſuivante.

L'attraction du Soleil eſt à l'attraction de la Terre ſur les dernieres couches de l'atmoſphere ſolaire, parvenues à la diſtance indiquée de notre globe, comme 227,512 × 3,600,000,000 eſt à 1 × 900,000,000,000,000, ou comme 819,043,200,000,000 eſt à 900,000,000,000,000. D'où l'on doit manifeſtement conclure que l'attraction de la Terre ſe trouve de beaucoup supérieure à celle que le soleil exerce alors sur les dernieres couches de son atmosphere. Elles doivent donc nécessairement se précipiter alors dans l'atmosphere terrestre.

Jugez maintenant, Lecteur, *si c'est des ouvrages de M.* de Mairan *ou de notre Dictionnaire, que M.* Sigaud *a tiré l'importante, la difficile démonstration dont nous parlons.*

2°. Notre article *Flux & reflux* est sans contredit l'un des plus savans & des mieux composés de notre Dictionnaire. M. *Sigaud* l'a compris, il en a tiré son article *Flux & reflux ;* il l'a même copié, lorsqu'il a fallu expliquer des phénomenes compliqués. Voyez, *par exemple*, comment il démontre dans son Dictionnaire, *tom.* 2, pag. 282 & 283, que les eaux d'un hémisphere ne peuvent pas être élevées par la Lune, qu'elles ne le soient en même tems dans l'hémisphere opposé ; & voyez ensuite comment nous avions expliqué ce phénomene, en 1761, dans notre Dictionnaire *in*-4°. *tom.* 2, *pag.* 115 *&* 116, & en 1773, dans notre Dictionnaire *in*-8°. *pag.* 247 & 248. Le plagiat est encore plus manifeste, que celui dont nous avons parlé *num.* 1.

3°. Son article *Forces vives* est encore un abrégé de ce que nous avons dit, dans notre Dictionnaire, sur cette matiere, à l'invitation de M. *de Mairan ;* mais abrégé, pour le dire en passant, moins bien fait que celui dont nous avons parlé, *num.* 2. Cherchez *Mairan* dans notre Dictionnaire, *édit. in*-8°. 1773, *tom.* 3, *pag.* 29, 30, 31.

4°. M. *Sigaud* n'a pas tiré ses articles *Froid*

& *Lumiere zodiacale* des ouvrages de M. *de Mairan ;* il a trouvé que l'abrégé que nous en avions fait, étoit assez exact, pour le copier.

Il en est de même de ce qu'il dit sur les *Insectes* dans les neuf premieres pages de cet article ; il a copié l'abrégé que nous avons fait des huit premiers Entretiens du *tom.* 1 du *Spectacle de la Nature.*

Autre plagiat du même genre, c'est ce qu'il dit sur la *longitude en mer* dans son article *Longitude.* Nous avons extrait de l'*Astronomie des Marins* du P. *Pezenas* ce qu'il y a de mieux sur ce fameux probleme. L'Auteur avec qui je vivois pour lors, fut content & très-content de mon travail. M. *Sigaud* copie *mot par mot* mon Dictionnaire, & il ajoute : *on sera sans doute curieux de trouver ici un précis de l'histoire de ces travaux, nous le tirerons de l'Astronomie des Marins du P.* Pezenas, *où il est fait avec soin & avec exactitude.* Ne pourrois-je pas dire avec le Poëte : *Hos ego versiculos feci, tulit alter honores ?*

5°. Ne séparez pas, dans le Dictionnaire de M. *Sigaud*, l'article *Corde* de l'article *Frottement*, vous aurez, à peu de choses près, l'article *Frottement* de notre Dictionnaire.

6°. Le plagiat dont j'ai été le plus affecté, est celui de mon article *Képler*. J'ai été assez heureux dans les différentes éditions de mon Dictionnaire, pour mettre l'explication des deux fameuses loix trouvées par ce grand homme, à la portée de tout le monde, & leur démonstration à la portée de tout homme qui sait les premiers élemens de la Géométrie & les plus simples regles du calcul. M. *Sigaud* a copié mon article. En voici la preuve démonstrative.

Extrait de mon Dictionnaire de Physique, à l'article Képler, *imprimé en* 1760, 1761, 1767 *&* 1773.

SECONDE LOI. Les carrés des tems périodiques des planetes qui tournent autour d'un centre commun, sont comme les cubes de leurs distances à ce centre.

EXPLICATION. 1°. Le tems périodique d'une planete, est le tems qu'elle emploie à parcourir son orbite autour du Soleil. La Terre a pour tems périodique 1, Mars 2, parce que la Terre met 1 an, & Mars 2 ans à parcourir d'occident en orient, autour du Soleil, les 12 signes du zodiaque.

2°. Un nombre se multipliant lui-même produit son carré. Ainsi le carré du tems périodique de la Terre est 1, & le carré du tems périodique de Mars est 4, parce que le carré de 1 est 1, & le carré de 2 est 4.

3°. Le nombre qui se multiplie lui-même, se nomme la racine du carré. Ainsi 1 est la racine du carré 1, & 2 la racine du carré 4.

4°. Toutes les fois qu'une racine multiplie son carré, elle produit son cube. Ainsi 8 est le cube de 2, parce que la racine multipliant son carré 4 produit 8.

5°. Pour avoir le cube de la distance de la Terre au Soleil, il faut d'abord multiplier 30,000,000 de lieues par lui-même, & l'on aura le carré 900,000,000,000,000; il faut ensuite multiplier ce carré par sa racine

30,000,000, & l'on aura le cube que l'on cherche, c'est-à-dire, 27,000,000,000,000,000,000,000. Une pareille opération ne paroît effrayante, qu'à ceux qui n'ont point d'idée d'arithmétique. Il n'est rien de si facile que de multiplier trente millions par trente millions, il faut seulement multiplier 3 par 3 & ajouter 14 zéro au produit 9. Par la même raison il doit être aisé de multiplier le carré de trente millions par sa racine ; l'on doit pour cela multiplier 9 par 3 & ajouter 21 zéro au produit 27.

6°. La regle de 3 est une opération dans laquelle à trois nombres donnés, l'on cherche un quatrieme proportionnel, en sorte que l'on puisse dire, le premier est au second, comme le troisieme est au quatrieme. Pour trouver ce quatrieme nombre, l'on multiplie le troisieme par le second, ou le second par le troisieme ; l'on divise le produit par le premier nombre, & le quotient donne toujours le quatrieme nombre proportionnel que l'on cherche. Si aux trois nombres 2, 6, 4, *par exemple*, l'on veut trouver un quatrieme proportionnel, l'on doit multiplier 6 par 4, diviser par 2 le produit 24, & le quotient 12 donnera le nombre que l'on demande. En effet 2 est à 6, comme 4 est à 12, ou pour marquer les choses, comme font les Géometres, 2 : 6 :: 4 : 12.

7°. Lorsque l'on connoît les tems périodiques de deux planetes qui tournent autour d'un centre commun, & la distance de l'une des deux à ce centre, l'on doit employer la seconde loi de *Képler*, pour connoître la distance de l'autre. Je sais, *par exemple*, que la Terre demeure un an,

& Mars deux ans à tourner autour du Soleil ; je ſais encore que la Terre eſt éloignée du Soleil de trente millions de lieues ; pour avoir la diſtance de Mars, je dirai ; *le carré du tems périodique de la Terre eſt au carré du tems périodique de Mars, comme le cube de la diſtance de la Terre au Soleil, eſt au cube de la diſtance de Mars* ; & voilà ce que *Képler* a voulu dire, lorſqu'il a avancé que les carrés des tems périodiques des planetes étoient comme les cubes de leurs diſtances au Soleil.

8°. Pour trouver le cube de la diſtance de Mars, je multiplie le cube de la diſtance de la Terre par le carré du tems périodique de Mars ; je diviſe le produit par le carré du tems périodique de la Terre, & le quotient me donne le cube que je cherche.

9°. Une fois que je connois le cube de la diſtance de Mars, j'extrais ſa racine cubique qui me donne la ſimple diſtance de cette planete au Soleil. C'eſt par ce moyen qu'on a découvert que Mars étoit éloigné du Soleil d'environ cinquante-deux millions de lieues. C'eſt en employant cette même regle que l'on connoîtra de combien de millions de lieues les autres planetes ſont éloignées du Soleil. Il ne faut, pour en venir à bout, que ſavoir les regles de l'Arithmétique la plus commune.

10°. Lorſqu'on connoît les diſtances de deux planetes au Soleil, & le tems périodique de l'une des deux, il eſt facile de connoître le tems périodique de l'autre ; parce que l'on peut aſſurer que les cubes des diſtances de deux planetes qui tournent autour du Soleil, ſont comme les carrés de leurs tems périodiques.

11°. De tout ce que nous avons dit juſqu'à préſent, concluons que ſi l'on connoît les diſtances des planetes au Soleil, on le doit à la ſeconde loi de *Képler*.

12°. Pour démontrer cette ſeconde loi, je ſuppoſe ce qui eſt démontré dans notre article *Arithmétique algébrique appliquée à l'analyſe*, que deux corps qui tournent circulairement autour d'un centre commun, ont leur vîteſſe en raiſon inverſe des racines carrées de leur diſtance. Si le corps A, *par exemple*, eſt éloigné d'une lieue, & le corps B de 4 lieues du centre C, la vîteſſe du corps A : à la vîteſſe du corps B :: la racine carrée de 4, c'eſt-à-dire, 2 : à la racine carrée de 1, c'eſt-à-dire, 1.

Si l'on vouloit exprimer algébriquement cette proportion, l'on diroit; $\frac{r}{t} : \frac{R}{T} :: \sqrt{R} : \sqrt{r}$. En voici la preuve. La vîteſſe eſt toujours égale à l'eſpace parcouru diviſé par le tems employé à le parcourir; dans cette occaſion les eſpaces parcourus ſont des circonférences de cercle; les circonférences de cercle ſont comme leurs rayons; donc la vîteſſe du corps A peut être repréſentée par le rayon du cercle qu'il décrit, diviſé par le tems employé à le décrire, c'eſt-à-dire, par r diviſé par t ou $\frac{r}{t}$. Par la même raiſon la vîteſſe du corps B ſera repréſentée par $\frac{R}{T}$. De plus la diſtance du corps B à ſon centre C, eſt un rayon; donc la racine carrée de la diſtance du corps

corps B à ſon centre C, pourra être repréſentée par $\sqrt{R}$. Par la même raiſon la racine carrée de la diſtance du corps A à ſon centre C, ſera repréſentée par $\sqrt{r}$; donc, au lieu de dire, la vîteſſe du corps A : à la vîteſſe du corps B :: la racine carrée de 4 lieues : à la racine carrée d'une lieue, l'on pourra dire; $\frac{r}{t} : \frac{R}{T} :: \sqrt{R} : \sqrt{r}$.

13°. Je nomme $\frac{r}{t}$ la vîteſſe de la Terre dans ſon orbite, & $\frac{R}{T}$ la vîteſſe de Mars. Je nomme encore t le tems périodique de la Terre & T le tems périodique de Mars; donc tt repréſentera le carré du tems périodique de la Terre & TT le carré du tems périodique de Mars. Je nomme enfin r la diſtance de la Terre & R la diſtance de Mars au Soleil. Je dis que l'on aura la proportion ſuivante; $tt : TT :: r^3 : R^3$, c'eſt-à-dire, le carré du tems périodique de la Terre : au carré du tems périodique de Mars :: le cube de la diſtance de la Terre au Soleil : au cube de la diſtance de Mars au Soleil.

DÉMONSTRATION. 1°. Par le principe que nous avons poſé *num.* 12, & dont tous les Mécaniciens conviennent, l'on aura cette proportion; la vîteſſe de la Terre dans une orbite regardée comme circulaire : à la vîteſſe de Mars dans une pareille orbite :: la racine carrée de la diſtance de Mars au Soleil : à la racine carrée de la diſtance de la Terre au Soleil, ou bien $\frac{r}{t} : \frac{R}{T} :: \sqrt{R} : \sqrt{r}$.

2°. Ces quatre quantités algébriques ſont réellement quatre racines carrées en proportion géométrique. Or quatre racines carrées ne peuvent pas être en proportion géométrique, ſans que leurs carrés le ſoient auſſi; donc ſi l'on peut dire $\frac{r}{t}$: $\frac{R}{T}$ :: $\sqrt{R}$ $\sqrt{r}$; l'on pourra dire; $\frac{rr}{tt}$: $\frac{RR}{TT}$ :: R : r.

3°. Dans toute proportion géométrique le *produit* des quantités extrêmes eſt égal au *produit* des quantités moyennes; donc la derniere proportion donnera l'équation ſuivante; $\frac{r^3}{tt} = \frac{R^3}{TT}$, c'eſt-à-dire, le cube de la diſtance de la Terre au ſoleil, diviſé par le carré de ſon tems périodique, eſt égal au cube de la diſtance de Mars au Soleil, diviſé par le carré de ſon tems périodique.

4°. Deux fractions égales, multipliées en croix, donnent deux *produits* égaux; *par exemple*, $\frac{1}{3} = \frac{2}{6}$ donnent $6 = 6$; donc l'équation $\frac{r^3}{tt} = \frac{R^3}{TT}$ donnera r^3 TT = R^3 tt.

5°. En décompoſant cette équation, l'on aura tt : TT :: r^3 : R^3, c'eſt-à-dire, le carré du tems périodique de la Terre : au carré du tems périodique de Mars :: le cube de la diſtance de la Terre au Soleil : au cube de la diſtance de Mars au Soleil. Mais c'eſt-là préciſément la ſeconde loi de *Képler*; donc la ſeconde loi de *Képler* eſt ſuſceptible d'une vraie & rigoureuſe démonſtration. *Extrait du Dictionnaire de Phyſique de M.* Sigaud de la Fond, *à l'article* Képler, *imprimé en* 1781.

La ſeconde loi de *Képler* & ſa principale eſt que *les carrés des tems périodiques des planetes qui tournent autour d'un centre commun*, *font comme leurs cubes de leurs distances à ce centre.*

1°. On entend par le tems périodique d'une planete, celui qu'elle emploie à faire sa révolution ou à parcourir son orbe autour du Soleil. On dit que le tems périodique de la Terre est 1, & celui de Mars 2, parce que la Terre met un an, & que Mars en emploie deux à faire sa révolution, ou à parcourir les douze signes du Zodiaque autour du Soleil. (Voyez *Sphere*).

2°. Un nombre multiplié par lui-même donne un produit qu'on appelle son carré; ainsi le carré du tems périodique de la Terre est 1, parce que 1 multiplié par 1 donne 1 pour produit; & le carré du tems périodique de Mars est 4, parce que 2, qui représente son tems périodique, multiplié par lui-même, donne 4. Le nombre qu'on multiplie ainsi par lui-même, se nomme sa racine: Ainsi 1, tems périodique de la Terre, est la racine carrée du carré 1, produit de 1 par 1. Pareillement 2, tems périodique de Mars, est la racine carrée du carré 4, produit de 2 par 2.

3°. Chaque fois qu'on multiplie un carré donné par sa racine, on a un nouveau produit qu'on appelle cube. Ainsi dans l'exemple proposé, 1 sera le cube du tems périodique de la Terre, parce que son carré 1 multiplié par sa racine 1, donne encore 1 pour produit, & 8, produit du carré 4 par sa racine 2, sera le cube du tems périodique de Mars.

4°. Pour avoir maintenant le cube de la distance de la Terre au Soleil, il ne s'agit que de multiplier cette distance deux fois de suite par elle-même. Or on sait que la distance moyenne de la Terre au Soleil eſt de trente millions de lieues, ce qui s'exprime par un 3 ſuivi de ſept zéro, & cette opération eſt très-facile. En multipliant par lui-même le ſeul chiffre poſitif 3, qui ſe trouve à la tête de ce nombre, on aura 9. Il ne s'agit enſuite que d'ajouter à ce produit autant de zéro qu'il y en a au multiplicande & au multiplicateur. Ainſi comme trente millions s'expriment par 3 ſuivi de 7 zéro, le premier produit ſera 9 accompagné de 14 zéro; ce qui ſera 900 millions de lieues : mais on n'aura encore que le carré de cette diſtance. Pour en avoir le cube, on multipliera ce premier produit par ſa racine trente millions; on multipliera donc le nombre 9 par 3, dont le produit ſera 27; & comme il y a 14 zéro au multiplicande & 7 au multiplicateur, on ajoutera 21 zéro au produit, & on aura 27 ſextiliaires pour le cube de la diſtance moyenne du Soleil à la Terre.

5°. Comme nous aurons quelques proportions à établir, il n'eſt pas hors de propos de donner une idée de la maniere de découvrir un quatrieme terme proportionnel à trois autres connus. Pour cet effet on multiplie le ſecond par le troiſieme, & on diviſe le produit par le premier; le quotient donne le quatrieme qu'on cherche. Si, *par exemple*, aux trois nombres donnés 2, 6 & 4, on cherche un quatrieme qui leur ſoit proportionnel, on multipliera 6 par 4, & on aura le produit 24, qu'on diviſera par le premier nombre 2. Le quotient ſera 12. Or 12 eſt réellement le quatrieme terme proportionnel cherché, & on pourra dire que 2 eſt à 6, ce que 4 eſt à 12. Cela poſé, nous dirons,

6°. Lorſqu'on connoît les tems périodiques de deux planetes qui tournent autour d'un centre commun, & la diſtance de l'une des deux à ce centre, on doit employer la ſeconde loi de *Képler*, pour connoître la diſtance de l'autre. Je ſais, *par exemple*, que la Terre emploie un an & Mars deux ans à faire leurs révolutions autour du Soleil. Je ſais encore que la terre eſt éloignée du Soleil de trente millions de lieues. Pour connoître maintenant la diſtance de Mars, je dirai, le carré du tems périodique de la Terre, eſt au carré du tems périodique de Mars, comme le cube de la diſtance de la Terre au Soleil, eſt au cube de la diſtance de Mars, & voilà ce que *Képler* a voulu dire, lorſqu'il a avancé que les carrés des tems périodiques des planetes, ſont comme les cubes de leurs diſtances au Soleil.

7°. Pour trouver le cube de la diſtance de Mars au Soleil, je multiplie le cube de la diſtance de la Terre par le carré du tems périodique de Mars; je diviſe enſuite le produit par le carré du tems périodique de la Terre, & le quotient donne le cube cherché.

8°. Connoiſſant par cette opération le cube de la diſtance de Mars, j'extrais ſa racine, & cette racine me donne exactement la diſtance cherchée. Quant à la maniere d'extraire la racine cubique, c'eſt une opération d'Arithmétique, dans le détail de laquelle nous ne croyons pas devoir entrer. C'eſt par une opération de cette eſpece qu'on a découvert que Mars eſt éloigné du Soleil d'environ cinquante-deux millions de lieues. Ce ſera en employant la même méthode, qu'on découvrira la diſtance des autres planetes à cet aſtre.

9°. Lorſqu'on connoît les diſtances de deux planetes au Soleil & le tems périodique de l'une des deux, il eſt facile de connoître le tems périodique de l'autre, parce qu'on peut aſſurer que les cubes de leurs diſtances ſont comme les carrés de leurs tems périodiques; & c'eſt à *Képler*, ou à la ſeconde loi de cet Aſtronome, que nous ſommes redevables de la facilité avec laquelle nous pouvons parvenir à ces connoiſſances.

En ſuppoſant ſeulement, & ce qu'on démontre facilement, que deux corps qui ſe meuvent circulairement autour d'un centre commun, ont leurs vîteſſes en raiſon inverſe des racines carrées de leurs diſtances, on démontre très-bien la ſeconde loi de *Képler*.

Si le corps A, *par exemple*, eſt éloigné d'une lieue, & le corps B de quatre lieues du centre C, la vîteſſe du corps A ſera à la vîteſſe du corps B, comme la racine carrée de 4 qui eſt 2, eſt à la racine carrée de 1 qui eſt 1.

Si on vouloit exprimer algébriquement cette proportion, on diroit; $\frac{r}{t} : \frac{R}{T} :: \sqrt{R} : \sqrt{r}$. En voici la preuve. La vîteſſe eſt toujours égale à l'eſpace parcouru, diviſé par le tems employé à le parcourir. (Voyez *Vîteſſe*) Dans notre ſuppoſition, les eſpaces parcourus ſont des circonférences de cercles. Or les circonférences des cercles ſont entre elles comme leurs rayons. Donc la vîteſſe du corps A peut être repréſentée par le rayon du cercle qu'il décrit diviſé par le tems employé à le décrire, c'eſt-à-dire, par r diviſé par t, ou $\frac{r}{t}$. Par la même raiſon, la vîteſſe du corps B ſera repréſentée par $\frac{R}{T}$. De plus, la diſtance du corps B à ſon centre eſt un rayon; donc la racine carrée de la diſtance du corps B à ſon centre ſera repréſentée par la racine de ce rayon, c'eſt-à-dire, par $\sqrt{R}$, & par la même raiſon celle du corps A ſera déſignée par $\sqrt{r}$. Cela poſé,

Je nomme $\frac{r}{t}$ la vîteſſe de la Terre dans ſon orbite, & $\frac{R}{T}$ la vîteſſe de Mars. Je nomme encore t le tems périodique de la Terre, & T le tems périodique de Mars. Donc tt repréſentera le carré du tems périodique de la Terre, & TT le carré de celui de Mars. Je nomme enfin r la diſtance de la Terre, & R celle de Mars au Soleil. Donc r^3 ſera le cube de la diſtance de la Terre, & R^3 celui de la diſtance de Mars au Soleil. Nous aurons donc la proportion ſuivante; $tt : TT :: r^3 : R^3$, c'eſt-à-dire, le carré du tems périodique de la Terre eſt au carré du tems périodique de Mars, comme le cube de la diſtance de la Terre eſt au cube de la diſtance de Mars.

Par le principe que nous avons ſuppoſé, & dont on convient généralement en Mécanique, on aura cette proportion; la vîteſſe de la Terre dans une orbite regardée comme circulaire, eſt à la vîteſſe de Mars dans une pareille orbite, comme la racine carrée de la diſtance de Mars au Soleil, eſt à la racine carrée de celle de la Terre à ce même aſtre, ou bien $\frac{r}{t} : \frac{R}{T} :: \sqrt{R} : \sqrt{r}$.

Ces quatre quantités algébriques ſont donc réellement quatre racines carrées en proportion géométrique. Or quatre racines carrées ne peuvent être en proportion geométrique, que leurs carrés ne le soient aussi. Donc si on peut dire $\frac{r}{t} : \frac{R}{T} : \sqrt{R} : \sqrt{r}$, l'on pourra dire également $\frac{rr}{tt} : \frac{RR}{TT} : R : r$.

Or il est démontré que dans toute proportion, le produit des moyens est égal au produit des extrêmes. Donc la derniere proportion donnera l'équation suivante, $\frac{r^3}{tt} = \frac{R^3}{TT}$, c'est-à-dire, le cube de la distance de la Terre au Soleil, divisé par le carré de son tems périodique, est égal au cube de la distance de Mars au Soleil, pareillement divisé par le carré de son tems périodique. Donc $r^3\,TT = R^3\,tt$. Et en décomposant, on aura, $tt : TT :: r^3 : R^3$, ce qui donne la seconde loi de *Képler*.

Remarque. M. *Sigaud* a copié aussi servilement l'*explication* & la *démonstration* de la premiere loi de *Képler*. Nous ne rapporterons pas ici ce nouveau plagiat, parce que l'on n'a pas coutume, dans une Préface, d'obliger le Lecteur à avoir des figures sous les yeux. Par ce moyen & avec le secours de quelques copistes laborieux, la plume de M. *Sigaud*, plus fertile que celle de *Scuderi*, pourroit, non pas seulement douze fois chaque année, mais douze fois chaque mois, enfanter un monstrueux volume.

7°. L'article *Lumiere* du Dictionnaire de M. *Sigaud* nous appartient. L'Auteur cependant, en nous copiant suivant sa coutume, a cru devoir mettre au commencement de son article ce que nous avons cru devoir mettre à la fin du nôtre, & à la fin ce que nous avons cru devoir mettre au commencement. Voilà toute la peine qu'il a eue dans la discusion d'un point de Physique aussi essentiel & aussi difficile. Cet article copié est de vingt-sept pages.

8°. Son article *Lune* est tiré du nôtre, surtout quant à la partie savante. Ce qu'il y a de plus intéressant dans cet article, c'est sans doute la fameuse démonstration de la pesanteur de la Lune vers notre globe en raison inverse du carré de sa distance au centre de la Terre. M. *Sigaud* prétend l'avoir tirée de *Newton* où elle n'est qu'indiquée, & je prétens qu'il l'a tirée de mon Dictionnaire où je l'ai développée. *Lecteur, jugez-nous sur les pieces légales que nous allons vous mettre sous les yeux.*

Extrait du livre 1 des Principes mathématiques de la Philosophie naturelle de Newton.

PROPOSITIO IV. *Corporum, quæ diversos circulos æquabili motu describunt, vires centripetas ad centra eorumdem circulorum tendere; & esse inter se, ut sunt arcuum simul descriptorum quadrata applicata ad circulorum radios.*

Tendunt hæ vires ad centra circulorum, per prop. 2 & corol. 2. prop. 1, *& sunt inter se ut arcuum æqualibus temporibus quàm minimis descriptorum sinus versi*, per corol. 4 prop. 1. *Hoc est, ut quadrata arcuum eorumdem ad diametros circulorum applicata*, per lemma VII, *& propterea cùm hi arcus sint ut arcus temporibus quibusvis aqualibus descripti, & diametri sint ut eorum radii, vires erunt ut arcuum quorumvis simul descriptorum quadrata applicata ad radios circulorum. Q. E. D.*

COROLLARIUM 6. *Si tempora periodica sint in ratione sesquiplicata radiorum, & propterea velocitates reciprocè in radiorum ratione subduplicata ; vires centripetæ erunt reciprocè ut quadrata radiorum.* C'est-à-dire,

PROPOSITION IV. *Les corps qui parcourent uniformément différens cercles, sont animés par des forces centripetes qui tendent au centre de ces cercles, & qui sont entre elles comme les carrés des arcs décrits en tems égal, divisés par les rayons de ces cercles.*

Ces forces tendent au centre des cercles, *par la proposition 2 & le corollaire 2 de la proposition* 1, & elles sont entre elles *par le corollaire 4 de la proposition* 1, comme les sinus verses des arcs décrits dans de très-petits tems égaux, c'est-à-dire, *par le lemme* 7, comme les carrés de ces mêmes arcs divisés par les diametres de leurs cercles. Or, comme ces petits arcs sont proportionnels aux arcs décrits dans des tems quelconques égaux, & que les diametres sont comme les rayons, les forces seront comme les carrés des arcs quelconques, décrits dans des tems égaux, divisés par les rayons. C. Q. F. D.

COROLLAIRE 6. Si les tems périodiques sont en raison sesquiplée des rayons, & que par conséquent les vîtesses soient réciproquement en raison sous-doublée des rayons ; les forces centripetes seront réciproquement comme les carrés des rayons.

Extrait de mon Dictionnaire de Physique, à l'article Lune, *imprimé en* 1760, 1761, 1767, & 1773.

Remarquez 7°. (& c'est ici ce qu'il y a de plus essentiel dans cet article) que la Lune pese vers notre globe, & que sa pesanteur est en raison inverſe du carré de ſa diſtance au centre de la Terre, c'eſt-à-dire, la peſanteur actuelle de la Lune éloignée, comme elle l'eſt du centre de la Terre, de quatre-vingt-dix mille lieues ou de ſoixante rayons terreſtres, eſt à la peſanteur qu'elle auroit, ſi elle en étoit ſeulement éloignée de 1500 lieues ou d'un rayon terreſtre, comme le carré de 1 qui eſt 1, eſt au carré de 60 qui eſt 3600, ou, pour parler encore plus clairement, la Lune a actuellement une force centripete vers la Terre trois mille ſix cent fois moindre qu'elle ne l'auroit, ſi elle étoit ſeulement à quelques lieues au-deſſus de notre globe. Pour prouver ce fait qui n'eſt autre choſe que la démonſtration de la ſeconde loi de l'attraction mutuelle des corps, voici comment raiſonne *Newton*.

1°. La force centripete d'un corps qui décrit un cercle, eſt égale au carré de ſa vîteſſe diviſé par le diametre du cercle parcouru, comme nous l'avons démontré nous-mêmes dans l'article des *Forces centripetes*. Un corps, *par exemple*, parcourt-il avec 6 degrés de vîteſſe un cercle qui ait 4 pieds de diametre, ſa force centripete ſera exprimée par 36 diviſé par 4, c'eſt-à-dire, ſera exprimée par 9; parce que le carré de 6 eſt 36, & le quotient de 36 diviſé par 4 eſt 9.

2°. L'orbite lunaire, quoique réellement elliptique, doit être regardée, ſans s'expoſer à aucune erreur conſidérable, comme ſenſiblement circulaire, & par conſéquent la force centripete de la Lune dans tous les points de ſon orbite eſt égale au carré de ſa vîteſſe diviſé par le diametre de l'orbite lunaire.

3°. L'orbite lunaire a un rayon de quatre-vingt-dix mille lieues, & par conséquent un diametre de cent quatre-vingt mille lieues. Ces cent quatre-vingt mille lieues, réduites en pieds, valent 2,464,992,000, c'est-à-dire, *deux milliards, quatre cens soixante-quatre millions, neuf cens nonante-deux mille pieds.*

4°. L'on sait que la circonférence d'un cercle est sensiblement triple de son diametre, & par conséquent l'on doit conclure que l'orbite lunaire est de cinq cens quarante mille lieues. Ces cinq cens quarante mille lieues, réduites en pieds, valent 7,394,976,000, c'est-à-dire, *sept milliards, trois cens nonante-quatre millions, neuf cens septante-six mille pieds.*

5°. La Lune parcourt son orbite dans l'espace de 27 jours, 7 heures & 43 minutes, ou bien, en réduisant le tout en minutes, dans l'espace de trente-neuf mille, trois cens, quarante-trois minutes.

6°. Puisque la Lune parcourt son orbite entiere, par un mouvement sensiblement uniforme, dans l'espace de 39343 minutes, elle doit parcourir à chaque minute 187900 pieds, puisque l'on ne peut pas multiplier 187900 pieds par 39343 minutes, sans avoir pour produit 7,392,549,700 pieds, c'est-à-dire, sans avoir à-peu-près la valeur de l'orbite lunaire.

7°. Pour avoir à-peu-près la force centripete de la Lune dans un point quelconque de son orbite, l'on n'a qu'à prendre le carré de sa vîtesse, c'est-à-dire, le carré de l'espace qu'elle parcourt dans une minute; diviser ce carré par le diametre de l'orbite lunaire, & le quotient vous représentera la force centripete de la Lune. Les Newtoniens ont fait toutes ces différentes opérations; ils ont multiplié 187900 pieds par 187900 pieds; ils ont divisé le produit 35,306,410,000 par 2,464,992,000, *valeur du diametre de l'orbite lunaire*, & le quotient 15 pieds leur a représenté la valeur de la force centripete de la Lune. Ils ont conclu de-là que la Lune, dans l'endroit où elle est, n'a dans une minute qu'une force centripete représentée par une ligne de 15 pieds, & que par conséquent, abandonnée à sa pesanteur dans l'endroit où elle est, elle ne parcourroit que 15 pieds dans une minute.

8°. La démonstration, jointe à l'expérience journaliere, nous apprend que les corps graves parcourent près de la surface de la Terre 15 pieds dans la premiere seconde de tems, & par conséquent cinquante-quatre mille pieds dans la premiere minute, comme nous l'avons remarqué dans l'article de la *Gravité des corps* & dans celui de la *Statique*.

9°. Nous savons que cinquante-quatre mille pieds sont trois mille six cens fois plus grands que 15 pieds; nous avons donc droit de conclure que la Lune, abandonnée à sa pesanteur dans l'endroit où elle est, parcourroit dans une minute un espace trois mille six cens fois moindre, que si elle tomboit des environs de la terre; donc la Lune a actuellement une force centripete vers la Terre trois mille six cens fois moindre qu'elle ne l'auroit, si elle étoit seulement à quelques lieues de notre globe, & par conséquent l'attraction est précisément en raison inverse des carrés des distances au centre du corps attirant.

Extrait du Dictionnaire de Physique de M.

Sigaud de la Fond, *à l'article* Lune, *imprimé en* 1781.

Une question plus importante à traiter, c'est de considérer la pesanteur de la Lune vers notre globe, & de combien l'action du Soleil influe sur cette pesanteur. Il est de fait, & l'on convient généralement que la Lune gravite vers le globe terrestre. Or on peut démontrer facilement, qu'abstraction faite de tout obstacle qui s'oppose, ou mieux qui modifie cette force attractive; elle suit, quant à son intensité, la loi générale indiquée par *Newton*. Elle est, toutes choses égales d'ailleurs, en raison inverse du carré de la distance de la Lune au centre de notre globe. (Voyez *Pesanteur.*) A l'aide de quelques données qu'on ne peut contester, on parvient aisément à établir cette vérité.

1°. Il est de fait, & nous le démontrerons à l'article *Pesanteur*, que la force centripete d'un corps qui décrit un cercle, est égale au carré de la vîtesse de ce corps divisé par le diametre du cercle qu'il décrit. Veut-on un exemple qui rende cette vérité sensible ? Supposons un corps dont la vîtesse soit exprimée par 4 & qui se meuve autour d'un cercle dont le diametre soit exprimé par 8, nous dirons, le carré de sa vîtesse 4 est 16 produit de 4 par 4. Or ce produit 16 divisé par 8, diametre du cercle que le corps est supposé décrire, donne 2 pour quotient. Par conséquent la force centripete de ce corps s'exprimera par 2.

2°. Quoique la Lune se meuve dans un orbe réellement elliptique, on peut supposer pour plus grande commodité du calcul, & sans une erreur bien ſenſible, que ſon orbe eſt circulaire ; & on trouvera facilement par ce moyen le diametre du cercle qu'elle décrit & la vîteſſe avec laquelle elle le décrit.

Nous avons obſervé précédemment que la diſtance de la Lune à la Terre étoit de 60 demi-diametres terreſtres, c'eſt-à-dire, de 90,000 lieues. Le diametre de l'orbe lunaire eſt donc de 180,000 lieues, leſquelles réduites en pieds, donnent 2,464,992,000 pieds. Or, pour éviter toute fraction, nous ſuppoſerons que la circonférence d'un cercle eſt triple de ſon diametre ; ce qui n'occaſionnera pas une erreur ſenſible ſur une quantité auſſi conſidérable. Nous dirons donc que l'orbe de la Lune eſt 7,394,976,000 pieds.

Maintenant on ſait & tout le monde convient, que la Lune parcourt ſon orbe dans l'eſpace de 27 jours 7 heures & 48 minutes. Réduiſant toute l'étendue de ce tems en minutes, on aura 39,343 minutes, pour le tems que la Lune emploie à parcourir ſon orbite. En ſuppoſant le mouvement de la Lune uniforme, comme il le paroît effectivement, il ne s'agit que de diviſer le nombre de pieds que comprend l'orbe de la Lune par le nombre de minutes qu'elle emploie à le parcourir, & on aura la valeur de l'arc qu'elle parcourt dans une minute. Or le quotient de cette diviſion ſera 187,900. On peut donc dire que la vîteſſe de la Lune eſt telle, qu'elle parcourt 187,900 pieds par minute.

Ces données une fois établies, on trouvera facilement la valeur de la force centripete de la Lune dans un point quelconque de ſon orbe. Pour cet effet, élevons à ſon carré le nombre

187,900 qui désigne la vîtesse, & nous aurons le nombre 35,306,410,000 pieds; lequel étant divisé par 2,464,992,000, valeur du diametre de l'orbite lunaire, réduite en pieds, donne pour quotient 15, qui sera l'expression de la force centripete de la Lune, ou de la force avec laquelle elle tend à s'approcher du centre de notre globe, dans l'espace d'une minute.

En comparant maintenant cette force centripete à celle des corps qui sont placés à la surface de notre globe, il sera facile de démontrer que la tendance de la Lune vers le centre de notre globe, suit la raison inverse du carré de sa distance à ce centre.

On sait en effet, d'après les expériences de M. *Hughens*, & on convient généralement, que tout corps abandonné à lui-même, à l'action de sa propre pesanteur dans le climat de Paris, parcourt quinze pieds, ou tombe de quinze pieds pendant la premiere *seconde* de sa chute. Or, comme les espaces parcourus, en vertu de la pesanteur, sont comme les carrés des tems employés à les parcourir (voyez *Pesanteur*), un corps qui tomberoit librement pendant l'espace de soixante secondes ou d'une minute, parcourroit donc un espace de cinquante-quatre mille pieds; d'où nous devons conclure que tandis que la Lune ne s'approche que de quinze pieds du centre de notre globe, un corps placé vers sa surface, s'en approcheroit de cinquante-quatre mille pieds, c'est-à-dire, 3600 fois davantage. L'action de la pesanteur d'un corps placé dans l'orbe de la Lune, est donc 3600 fois moindre que celle d'un corps placé à la surface de la Terre.

Terre. Or 3600 eſt exactement le carré de 60, qui repréſente la diſtance de la Terre à la Lune; donc l'action de la peſanteur, ou la force centripete de la Lune vers le centre de notre globe, diminue comme le carré de la diſtance augmente, & conſéquemment elle ſuit dans ſa peſanteur la loi générale établie par *Newton*.

Prononcez maintenant, Lecteur, *& décidez ſi c'eſt de la propoſition 4 du livre 1 des Principes mathématiques de la Philoſophie naturelle de* Newton, *ou de l'article* Lune *de notre Dictionnaire de Phyſique, que* M. Sigaud *a tiré la fameuſe démonſtration de la peſanteur de la Lune vers notre globe en raiſon inverſe du carré de ſa diſtance au centre de la Terre.*

REMARQUE 1. La démonſtration dont nous venons de parler, eſt fondée ſur cette propoſition : *La force centripete d'un corps qui décrit un cercle, eſt égale au carré de ſa viteſſe diviſé par le diametre du cercle parcouru.* Nous avons renvoyé le Lecteur à notre article *Force centripete* où nous avons démontré cette propoſition par les premiers élémens de la plus ſimple Géométrie. M. *Sigaud* a renvoyé le ſien à ſon article *Peſanteur* où il lui promet la démonſtration de cette même propoſition. J'ai parcouru cet article, bien perſuadé que j'y trouverois ma démonſtration copiée. Je me ſuis trompé; M. *Sigaud* a oublié ſa promeſſe; c'eſt-là un oubli qu'il ne falloit pas faire dans une occaſion auſſi importante. Il corrigera ſans doute cette faute eſſentielle dans la ſeconde édition de ſon Dictionnaire. Nous lui permettons de ſe ſervir de notre démonſtration; mais nous l'avertiſſons que s'il veut l'abréger, il l'obſcurcira. Je n'ai pas été content de l'abrégé qu'il a fait de mon article *Statique* dans ſon article *Peſanteur*.

REMARQUE 2. Nous avons terminé notre article *Lune* par les réponſes à ſept queſtions ſavantes où nous indiquons, d'après *Newton*, la cauſe phyſique des irrégularités que les Aſtronomes ont obſervées dans le mouvement de cet aſtre. M. *Sigaud* a adopté nos réponſes ; mais il les a rendues preſque inintelligibles, en les abrégeant. Continuons nos recherches, & faiſons valoir les droits inconteſtables que nous avons ſur le Dictionnaire de ce Phyſicien.

9°. En liſant ce Dictionnaire, je fus étonné de ne pas trouver l'article *Copernic*. Ma ſurpriſe ceſſa, lorſque je lus ſon article *Sphere* ; j'y vis mon article *Copernic* copié, preſque mot par mot, entre les pages 245 & 256.

10°. Pour nos articles *Tourbillons ſimples* & *compoſés*, M. *Sigaud* a eu droit de les inſérer dans ſon Dictionnaire. *Nous en trouvons*, dit-il, *un précis très-bien fait que nous préſenterons à nos Lecteurs : il eſt tiré de l'article* Tourbillon *du Dictionnaire de Phyſique de Paulian.* S'il eût fait le même aveu dans les autres articles que nous réclamons, il auroit eu les droits les plus inconteſtables à notre reconnoiſſance. Riche de ſon propre fonds, il n'a pas ſans doute manqué de le faire dans ſon manuſcrit. C'eſt apparemment l'*Auteur de la lettre circulaire* qui, pour des raiſons à lui connues, aura cru devoir ſupprimer notre nom.

11°. J'ai fourni au Dictionnaire de M. *Sigaud* l'article *Tremblement de terre*. Ce fut moi qui, le premier, établis une véritable analogie entre les tonnerres & les tremblemens de terre, quelques mois après le renversement de Lisbonne.

12°. Les plagiats manifestes dont nous venons de faire l'énumération, occupent, dans le Dictionnaire de M. *Sigaud*, environ cent cinquante pages. Nous n'avons pas cru devoir continuer nos recherches pour des articles moins importans : nous sommes persuadés que cet Auteur avertira au plutôt le Public, par la voie des feuilles périodiques, qu'il n'a eu aucune part à la *lettre circulaire* dont je me plains, & que mon Dictionnaire a été une des sources dans lesquelles il a cru devoir puiser le sien. Et pourquoi ne le feroit-il pas ? N'a-t-il pas indiqué dans sa *Préface* le Dictionnaire de Chimie de M. *Macquer* & le Dictionnaire Encyclopédique, comme des ouvrages dont il avoit cru devoir extraire plusieurs articles ? Ils ne lui en ont pas, bien surement, autant fourni que notre Dictionnaire ; & si cela étoit, son travail seroit réduit à celui d'un simple copiste.

Il est tems de mettre sous les yeux du Lecteur ce que je regarde comme l'ame de ce Dictionnaire.

EXPOSITION

De notre Syſteme général de Phyſique.

Les neuf propoſitions ſuivantes dont on trouvera quelquefois la preuve, & très-ſouvent la démonſtration dans le corps de l'Ouvrage, renferment en peu de mots tout notre Syſteme de Phyſique.

PREMIERE PROPOSITION.

L'Être Suprême qui ſeul a pu tirer cet Univers du néant, l'a ſoumis à des regles que l'on doit appeller *Loix générales de la nature.* Parmi ces loix, il y en a dont nous connoiſſons la raiſon, & il y en a dont la raiſon nous eſt inconnue. De cette derniere eſpece eſt la ſuivante.

Six Planetes tourneront périodiquement autour du Soleil, cinq autour de Saturne, quatre autour de Jupiter, une autour de la Terre, & une autour de Vénus.

Parmi le grand nombre de loix de la nature dont la raiſon nous eſt connue, on doit mettre celle-ci.

La communication de la vîteſſe ſe fera en raiſon directe des maſſes.

En effet un corps en repos réſiſte d'autant plus au mouvement, que ſa maſſe eſt plus conſidérable; donc un corps ne peut pas paſſer de l'état de repos à celui de mouvement ſans recevoir une vîteſſe proportionnelle à ſa maſſe; donc la communication de la vîteſſe a dû ſe faire en raiſon directe des maſſes.

Corollaire premier. Les Loix générales de la

nature ne peuvent avoir que Dieu pour cauſe phyſique & immédiate.

Corollaire ſecond. Lorſqu'en Phyſique l'on en vient à une Loi générale de la nature, l'on ne peut pas, ſans ſe déshonorer, demander ſérieuſement quelle eſt la cauſe de cette Loi.

Corollaire troiſieme. Si l'attraction Newtonienne eſt une Loi générale de la nature, Newton n'a pas dû en aſſigner la cauſe.

SECONDE PROPOSITION.

Les principales Loix générales de la nature qu'un Phyſicien doit toujours avoir préſentes à l'eſprit, ſont les ſuivantes.

PREMIERE REGLE. Tout corps qui n'eſt pas en mouvement, perſévere dans l'état de repos; & tout corps qui eſt en mouvement, continue de ſe mouvoir dans la direction & avec le degré de vîteſſe qu'il a reçu, juſqu'à ce qu'une cauſe nouvelle l'oblige à changer d'état. Cette regle n'a preſque pas beſoin d'explication. Je ſuppoſe un corps quelconque en repos; il perſévérera dans ſon état de repos, juſqu'à ce qu'une cauſe extérieure le mette en mouvement: je le ſuppoſe en mouvement d'Orient en Occident; il continuera de ſe mouvoir dans cette direction, juſqu'à ce qu'une cauſe extérieure l'oblige à en prendre une autre, ou, le réduiſe au repos: je ſuppoſe enfin qu'il commence de ſe mouvoir avec 10 degrés de vîteſſe; il continuera de ſe mouvoir avec ce même nombre de degrés, juſqu'à ce qu'une cauſe extérieure vienne les augmenter ou les diminuer.

SECONDE REGLE. Le changement qui arrive au mouvement d'un corps, eſt toujours propor-

tionnel à la cauſe qui le produit, & *il ſe fait toujours ſuivant la ligne droite.* En effet qu'un corps ſoit en mouvement, & qu'une force capable de lui imprimer deux nouveaux degrés de vîteſſe apporte quelque changement à ce mouvement; il eſt évident qu'une force capable d'imprimer à ce même corps quatre nouveaux degrés de vîteſſe, occaſionneroit un changement dont l'effet ſeroit double. Il eſt encore évident que ce changement ſe feroit ſuivant la ligne droite, puiſque, *par la regle précédente*, tout corps tend à conſerver la direction qu'il reçoit.

TROISIEME REGLE. *La réaction ou la réſiſtance eſt égale & contraire à l'action, ou, à la compreſſion.* Cette regle évidente en cas d'équilibre, n'eſt pas moins vraie dans le cas de non équilibre. Suppoſons en effet qu'un cheval qui a 200 de force tire une pierre qui a 100 de réſiſtance, le cheval ne tirera pas cette pierre avec 200, mais ſeulement avec 100 de force; donc la réaction de la pierre exprimée par 100 élidera 100 de force dans le cheval; donc la réaction eſt égale & contraire à l'action.

QUATRIEME REGLE. *Si deux corps durs qui ſe meuvent du même ſens, viennent à ſe heurter, ils continueront, après le choc, de ſe mouvoir enſemble & dans leur premiere direction avec la ſomme des forces qu'ils avoient avant le choc.* Exemple. Que le corps A & le corps B ſe meuvent vers le point C, l'un avec 4, & l'autre avec 6 degrés de force, & qu'ils ſe choquent avant que d'arriver à leur terme, ils continueront après le choc de ſe mouvoir enſemble vers le point C, avec 10 degrés de force.

CINQUIEME REGLE. Si deux corps durs qui ſe meuvent en ſens directement contraire, viennent à ſe heurter, ils iront enſemble après le choc dans la direction du corps le plus fort, avec l'excès ou la différence des forces qu'ils avoient avant le choc. Si le corps A & le corps B, *par exemple*, que nous ſuppoſons égaux en maſſe, ſe meuvent ſur la même ligne, l'un avec 12 degrés de vîteſſe d'Orient en Occident, & l'autre avec 8 degrés d'Occident en Orient, ils ſe heurteront, & après le choc ils iront enſemble dans la direction du corps A avec 2 degrés de vîteſſe chacun.

Corollaire. Dans le choc la vîteſſe ſe communique en raiſon directe des maſſes. Ainſi le corps dur A, a-t-il 6 degrés de vîteſſe ? Il en communiquera 3 au corps dur B, ſuppoſé qu'il ſoit en repos, & qu'il lui ſoit égal en maſſe ; il lui en auroit communiqué 4, ſi la maſſe du corps B avoit été double de celle du corps A.

SIXIEME REGLE. Dans le choc des corps élaſtiques le mouvement direct ſe communique, comme ſi les corps étoient durs. L'on entend par mouvement direct celui par lequel les corps élaſtiques perdent leur premiere figure, & par mouvement réfléchi celui par lequel ces mêmes corps reprennent la figure qu'ils avoient perdue.

SEPTIEME REGLE. Lorſqu'après le choc deux corps élaſtiques reprennent leur premiere figure, le corps choquant acquiert autant de vîteſſe pour revenir ſur ſes pas, qu'il en avoit communiqué au corps choqué, & celui-ci acquiert autant de vîteſſe pour aller en avant, qu'il en avoit d'abord reçu du corps choquant. Exemple. Que la boule élaſtique A & la boule élaſtique B ayent une maſſe égale ; que la boule B ſoit en repos, & que la boule A dirigée vers le point C vienne la frapper avec 6 degrés de vîteſſe ; l'on verra la boule A réduite au repos, tandis que la boule B s'avancera vers le point C avec 6 degrés de vîteſſe. C'eſt de cet exemple-là-même que nous tirerons dans le corps de l'ouvrage la démonſtration de ces deux dernieres Regles.

HUITIEME REGLE. *Tout corps pouſſé en même-tems horizontalement & perpendiculairement décrit une ligne diagonale.* Placez une bille à l'un des angles d'un billard ; elle ſe rendra à l'angle oppoſé, ſi elle eſt pouſſée en même-tems par deux forces dont l'une tende à lui faire parcourir la longueur & l'autre la largeur du billard.

NEUVIEME REGLE. *Tout corps qui décrit une ligne courbe eſt en même-tems animé de deux mouvemens, l'un horizontal ou de projection & l'autre perpendiculaire ou centripete, c'eſt-à-dire, dirigé vers un point fixe auquel on donne le nom de centre.* Quatre choſes ſont néceſſaires pour que la courbe décrite, ſoit une ligne circulaire. 1°. Le mouvement ou plutôt la force de projection & la force centripete doivent être tellement combinées, que l'une n'anéantiſſe jamais l'autre. 2°. La direction de la force de projection doit toujours être perpendiculaire à la direction de la force centripete. 3°. La force centripete doit toujours être égale à la force centrifuge. 4°. La vîteſſe de projection qu'a reçu le corps qui circule, doit être égale à celle qu'il auroit acquiſe en tombant librement en vertu de ſa peſanteur & en parcourant d'un mouvement uniformément accéléré la moitié du rayon du cercle qu'il décrit.

Pour ce qui regarde le mouvement en ligne elliptique, cinq choſes ſont néceſſaires à un corps qui décrit une courbe de cette eſpece. 1°. La force centripete de ce corps doit être dirigée, non pas vers le centre, mais vers le foyer de l'ellipſe. 2°. Sa force centripete & ſa force de projection doivent être tellement combinées, que l'une n'anéantiſſe jamais l'autre. 3°. La direction de la force de projection doit former tantôt un angle droit, tantôt un angle aigu & tantôt un angle obtus, avec la direction de la force centripete. L'angle eſt droit, lorſque le corps qui décrit l'ellipſe, par exemple, Mars, ſe trouve à l'Aphélie ou au Périhélie. L'angle eſt aigu, lorſque Mars deſcend de l'Aphélie au Périhélie. Enfin l'angle eſt obtus, lorſque Mars monte du Périhélie à l'Aphélie. 4°. Dans l'ellipſe tantôt la force centripete doit l'emporter ſur la force centrifuge, & tantôt la force centrifuge ſur la force centripete. Mars deſcend-il de l'Aphélie au Périhélie ? la force centripete l'emporte ſur la force centrifuge. Mars au contraire monte-t-il du Périhélie à l'Aphélie ? la force centrifuge l'emporte ſur la force centripete. C'eſt pour expliquer ce Phénomene Aſtronomique que nous prouverons dans *l'article du mouvement en ligne Elliptique* que dans l'ellipſe la force centrifuge ne ſuit pas, comme la force centripete, la raiſon inverſe des carrés des diſtances, mais la raiſon inverſe des cubes des diſtances au foyer. 5°. La vîteſſe de projection qu'a reçu le corps qui décrit une ellipſe, doit être égale à celle qu'il auroit acquise en tombant librement en vertu de sa pesanteur, & en parcourant d'un mouvement uniformément accéléré le quart du grand axe. Telle est en peu de mots la théorie du mouvement en ligne courbe que nous nous ferons un devoir de développer en son tems. Ce sera-là comme la base de notre Dictionnaire.

DIXIEME REGLE. *Tous les corps de l'Univers s'attirent mutuellement, c'est-à-dire, tendent à se réunir les uns avec les autres.* C'est-là ce que les Newtoniens appellent *gravitation mutuelle des corps.*

ONZIEME REGLE. *L'attraction se fait toujours en raison directe des masses*, c'est-à-dire, si le corps A, a quatre fois plus de matiere que le corps B, le corps A attirera quatre fois plus le corps B, qu'il n'en sera attiré.

DOUZIEME REGLE. *L'attraction suit toujours la raison inverse des carrés des distances*, c'est-à-dire, le corps A, éloigné d'une lieue du corps B plus gros que lui, en sera quatre fois plus attiré, que s'il en étoit éloigné de deux lieues. Ce sera dans l'article de l'*Attraction* que nous prouverons que Newton a eu droit de regarder ces trois dernieres loix, comme des loix générales de la nature.

Corollaire premier. Si deux corps de différente masse étoient abandonnés à leur attraction mutuelle, le chemin qu'ils feroient pour aller se joindre, seroit en raison inverse de leur masse, c'est-à-dire, le chemin que feroit le plus petit des deux l'emporteroit autant sur le chemin que feroit le plus gros, que la masse de celui-ci l'emporte sur la masse de celui-là.

Corollaire second. L'attraction que la terre

exerce ſur les différens corps que nous voyons placés ſur ſa ſurface, doit empêcher & empêche effectivement que nous ne nous appercevions de l'attraction mutuelle de ces corps.

Corollaire troiſieme. Il y a dans la Phyſique de Newton des mouvemens qui ſe font par *attraction* & d'autres par *impulſion*, comme on a dû s'en convaincre en liſant les loix générales dont nous venons de faire l'énumération.

TROISIEME PROPOSITION.

L'on doit admettre dans les eſpaces céleſtes un vide, non pas parfait & abſolu, mais imparfait & relatif, c'eſt-à-dire, les corps céleſtes ſe meuvent dans un fluide ſi rare, ſi délié & parſemé de tant de vides, qu'il eſt incapable d'oppoſer jamais à leurs mouvemens aucun dérangement ſenſible. Voyez l'explication & la preuve de cette vérité dans les articles qui ont pour titre, *vide*, *matiere ſubtile Newtonienne*, *milieu*, *tourbillons ſimples & compoſés*, *Cometes*. Newton ſe repréſente l'éther qui ſe trouve dans les eſpaces céleſtes comme ſept cent mille fois plus élaſtique & ſept cent mille fois plus rare que l'air que nous reſpirons. Il conclut de-là que la réſiſtance qu'il oppoſe aux corps ſolides qui le traverſent, doit être plus de ſix cent millions de fois moindre que celle de l'eau, & que par conſéquent les Planetes peuvent s'y mouvoir avec autant de facilité que dans le vide.

Corollaire premier. Aſſurer que le vide abſolu eſt métaphyſiquement impoſſible, c'eſt-là une eſpece de témérité.

Corollaire ſecond. Soutenir *le plein* parfait dans les eſpaces céleſtes, c'eſt-là une fauſſeté.

QUATRIEME PROPOSITION.

Le Soleil qui ſe trouve ſenſiblement au centre du Monde, & réellement à un des foyers des ellipſes que parcourent les Planetes & les Cometes autour de cet Aſtre, envoie de ſon ſein une matiere hétérogene qui nous éclaire & qui produit les différentes couleurs dont la variété fait un des plus beaux ſpectacles de l'Univers, comme nous l'avons expliqué & prouvé dans les articles de la *lumiere & des couleurs.*

Corollaire premier. C'eſt par *émiſſion* & non par *percuſſion* que nous avons la lumiere.

Corollaire ſecond. On ne comprend pas comment des Phyſiciens ont pu aſſurer que nous avions autant de lumiere pendant la nuit que pendant le jour.

Corollaire troiſieme. La lumiere n'eſt pas un corps ſimple & homogene, c'eſt-à-dire, compoſé de parties ſemblables entr'elles ; mais un corps mixte & hétérogene, c'eſt-à-dire, compoſé de parties ſpécifiquement différentes les unes des autres.

Corollaire quatrieme. Les parties hétérogenes qui compoſent le fluide lumineux, ſont les rayons *rouge*, *orangé*, *jaune*, *vert*, *bleu*, *indigo & violet*, comme il eſt démontré par les expériences du Priſme rapportées dans l'article des couleurs.

Corollaire cinquieme. Les rayons de lumiere n'ont pas tous le même degré de réfrangibilité & de réflexibilité. C'eſt le rayon rouge qui eſt le moins, & le rayon violet qui eſt le plus réfrangible & le plus réflexible de tous les rayons ; les autres cinq ſont plus ou moins réfrangibles &

réflexibles, ſuivant qu'ils ſont plus ou moins près du rayon violet.

Corollaire ſixieme. Les corps ne nous préſentent telle ou telle couleur, que parce qu'ils réfléchiſſent à nos yeux tel ou tel rayon de lumiere.

Corollaire ſeptieme. Un corps a une couleur primitive, lorſqu'il ne réfléchit à nos yeux qu'un ſeul rayon de lumiere.

Corollaire huitieme. Un corps a une couleur ſubalterne ou ſecondaire, lorſqu'il réfléchit à nos yeux pluſieurs rayons de lumiere.

Corollaire neuvieme. Un corps eſt blanc, lorſqu'il réfléchit les rayons de lumiere, ſans les décompoſer.

Corollaire dixieme. Un corps eſt noir, lorſqu'il ne réfléchit aucun rayon de lumiere.

Corollaire onzieme. Les couleurs ne ſont point dans les corps colorés, comme l'a prétendu l'école Péripatéticienne.

Corollaire douzieme. Le même rayon de lumiere différemment modifié, c'eſt-à-dire, différemment réfléchi, n'a jamais donné, & ne donnera jamais, des couleurs ſpécifiquement différentes, quoi qu'en diſent les Cartéſiens.

CINQUIEME PROPOSITION.

Les Planetes principales parcourent des ellipſes autour du Soleil en vertu des loix établies par le Créateur, au commencement du monde, comme nous l'avons expliqué dans la *Regle neuvieme de la ſeconde propoſition*, & comme nous le démontrerons dans les articles de *Copernic*, & du *mouvement en ligne Elliptique*.

Corollaire premier. Les planetes ſubalternes, c'eſt-à-dire, la Lune, les 4 Satellites de Jupiter, & les 5 Satellites de Saturne & celui de Venus parcourent en vertu des mêmes loix des Ellipſes autour de leurs Planetes principales.

Corollaire ſecond. Les Planetes principales & ſubalternes ne ſont pas emportées par des tourbillons de matiere ſubtile, comme l'a imaginé Deſcartes.

Corollaire troiſieme. Les tourbillons *composés* des Cartéſiens modernes ne ſont pas plus propres à emporter les Planetes principales & ſubalternes, que l'étoient les tourbillons *ſimples* de Deſcartes, comme nous l'avons prouvé dans l'article des *tourbillons.*

SIXIEME PROPOSITION.

Les Cometes ſont des corps Opaques qui parcourent autour du Soleil des Ellipſes fort excentriques par les mêmes loix que les Planetes ordinaires parcourent leurs Orbites ſenſiblement circulaires, comme nous l'avons prouvé dans l'article des Cometes.

Corollaire premier. Les mêmes Cometes doivent reparoître & reparoiſſent en effet après un certain nombre d'années, comme le démontre la Comete de 1759, dont nous ferons l'hiſtoire en ſon lieu.

Corollaire ſecond. Les Cometes ne doivent être viſibles, que lorſqu'elles ſont près de leur périhélie.

Corollaire troiſieme. Les Cometes ont près de leur périhélie incomparablement plus de vîteſſe, que près de leur aphélie.

Corollaire quatrieme. Les Cometes ne ſont

pas des vapeurs & des exhalaiſons élevées juſqu'à la région ſupérieure de l'atmoſphere terreſtre & enflammées par l'action des vents contraires, comme l'a penſé le Prince des Philoſophes.

Corollaire cinquieme. Les Cometes ne ſont pas des préſages de quelque grand malheur, comme l'a débité l'école Péripatéticienne.

Corollaire ſixieme. Les Cometes n'ont jamais été des Soleils qui, métamorphoſés en Planetes ſoient devenus incapables de conſerver leur tourbillon, & qui ſoient obligés d'aller de tourbillon en tourbillon rendre viſite aux différens Aſtres qui les occupent, ainſi que l'a imaginé Deſcartes.

Corollaire ſeptieme. Le mouvement des Cometes n'a pas encore été expliqué d'une maniere phyſique par les Cartéſiens modernes, quelque changement qu'ils ayent fait à leurs tourbillons.

Corollaire huitieme. Les Cometes ſeront toujours une preuve démonſtrative de la bonté du ſyſteme de Newton.

SEPTIEME PROPOSITION.

Les étoiles ſont des corps céleſtes, fixes, lumineux, innombrables, & éloignés de la terre d'une diſtance preſqu'infinie, comme nous l'avons démontré dans l'article qui commence par le mot *étoiles*.

Corollaire premier. Le mouvement diurne des étoiles d'Orient en Occident autour des pôles du monde, n'eſt pas un mouvement réel.

Corollaire ſecond. Le mouvement périodique des étoiles d'Occident en Orient autour des pôles de l'Ecliptique, n'eſt qu'un mouvement apparent.

Corollaire troisieme. L'aberration des étoiles fixes, ne vient d'aucun mouvement réel dans ces Astres.

Corollaire quatrieme. L'unique mouvement que l'on puisse donner aux étoiles fixes, est un mouvement de rotation sur leur axe.

Corollaire cinquieme. Les étoiles doivent manifester leur lumiere par les étincellemens les plus vifs & les plus sensibles.

Corollaire sixieme. Les étoiles ne doivent avoir, & n'ont en effet aucune parallaxe.

Corollaire septieme. L'on ne pourra jamais déterminer la distance qu'il y a des étoiles à la terre.

Corollaire huitieme. L'on ne pourra jamais savoir s'il y a des Planetes qui tournent autour de certaines étoiles, comme il y en a qui tournent autour de notre Soleil.

HUITIEME PROPOSITION.

La matiere subtile Newtonienne dont nous avons parlé dans l'article qui commence par les mots, *matiere subtile*, ne se trouve pas seulement dans les espaces célestes, elle est encore répandue aux environs de la terre où elle peut servir à rendre raison de plusieurs Phénomenes intéressans; tels que sont la dureté, l'élasticité, &c.

Corollaire. Puisque Newton a démontré que l'attraction agissoit en raison inverse des carrés des distances, on ne conçoit pas comment quelques Newtoniens la font agir en raison inverse des cubes des distances, pour expliquer la dureté des corps & quelques autres Phénomenes terrestres. Les Cartésiens auront toujours droit de leur objecter que les loix de la nature sont constantes

& uniformes, & qu'il n'est permis à personne de les changer à sa fantaisie.

NEUVIEME PROPOSITION.

L'on doit avoir recours à une matiere plus déliée que l'air que nous respirons pour rendre raison des Phénomenes de l'Aimant & de l'Electricité, comme nous l'avons fait voir dans les articles où ces deux questions sont discutées fort au long.

Corollaire premier. L'attraction de Newton ne doit servir en Physique, que pour rendre raison du mouvement centripete des corps.

Corollaire second. Newton n'a pas fait profession de chasser de sa Physique tout ce qu'on nomme cause mécanique.

Corollaire troisieme. Newton n'a jamais eu recours aux qualités occultes des Péripatéticiens pour expliquer les Phénomenes de la nature. Ce n'est que par ignorance ou par mauvaise foi qu'on peut lui faire un pareil reproche.

Tel est en peu de mots le systeme que nous avons suivi dans tout le cours de cet Ouvrage. Pour le mettre dans tout son jour & pour traiter d'une maniere intéressante une infinité de questions qui en dépendent, nous avons puisé dans des sources excellentes. Les principales sont les Principes, l'Optique & la Chronologie de *Newton*; les Principes de *Descartes*; les Commentaires sur Newton des Peres *le Seur & Jacquier Minimes*; les Institutions Newtoniennes de M. l'Abbé *Sigorgne*; les Mémoires de l'Académie des Sciences; le Monde Physico-Mathématique du Pere *de Chales*; le Cours de Mathématique *de Wolf*; la Physique du Pere

Fabri ; celle de M. *Désaguliers* ; les Leçons Physiques de *Privat de Molieres* ; l'Architecture Hydraulique de M. *Belidor* ; l'Astronomie de M. *Cassini* & celle de M. *de Lalande* ; l'Optique de M. *Bouguer* ; les Ouvrages de *Kircher* ; l'Anti-Lucrece de M. le Cardinal *de Polignac* ; les Ouvrages de M. *de Mairan*, & surtout ses Traités de l'Aurore boréale, de la Glace & des Forces motrices ; les Leçons Physiques & l'Electricité de M. l'Abbé *Nollet* ; l'Electricité de M. *Jallabert* ; la Mécanique de M. l'Abbé *Deidier* ; les Elémens de M. l'Abbé *de la Caille* ; le Spectacle de la Nature & l'Histoire du Ciel de M. *Pluche* ; les Entretiens Physiques du Pere *Regnault* & son ouvrage sur l'Origine ancienne de la Physique moderne ; le Calendrier & la Sphere *de Rivard* ; les Aimans artificiels de M. *Michell* ; les Ouvrages de M. *Priestley* ; le Manuel du Meunier de M. *Béguillet* ; les Analyses de plusieurs questions de Physique que l'on trouve dans les Journaux de Trévoux, des Savans, de M. l'Abbé *Rozier*, & dans plusieurs autres Ouvrages Périodiques ; enfin plusieurs questions de Physique couronnées dans différentes Académies de l'Europe. Heureux si le Lecteur reconnoît ces grands hommes dans les abrégés que nous avons fait de leurs immortels Ouvrages.

PRÉFACE

SUR LA PARTIE MATHÉMATIQUE

Du Dictionnaire de Physique.

LORSQUE nous formames, il y a 40 ans, le dessein de composer l'Ouvrage que nous donnons aujourd'hui au Public pour la neuvieme fois, deux manieres de traiter la Physique se présenterent à notre esprit, l'une hérissée de Géométrie & d'Algebre, l'autre dénuée de toute notion mathématique. La premiere, plus conforme à la méthode de Newton qui nous a fourni le fonds du systeme que nous avons embrassé, nous parut bien seche, & bien capable de rebuter les jeunes gens; la seconde, plus au goût du siecle où nous vivons, ne nous parut propre qu'à amuser des esprits superficiels qui ne connoissent d'autre occupation que la lecture des brochures & les feuilles volantes. Si nous avions vu de l'incompatibilité dans ces deux méthodes, nous n'aurions pas hésité sur le choix que nous avions à faire; nous ne croyons pas qu'on puisse mettre en parallele le solide avec l'amusant, l'agréable avec l'utile. Mais les Mathématiques & la Physique sont comme deux Compagnes qu'il seroit dangereux de séparer. C'est-là ce qui nous a engagé à donner dans cet Ouvrage tous les Traités de Mathématique dont un Physicien ne sauroit se passer. Leur nombre n'est pas immense, ils se réduisent à six. L'Arithmétique, les Elémens d'Algebre, l'Analyse des quantités finies & infinies, la Géométrie, la Trigonométrie & les Sections coniques suffisent à tout homme qui veut lire avec succès les Ouvrages des plus grands Physiciens de nos jours. Le Lecteur ne se plaindra pas de ne trouver dans ce Dictionnaire que l'Abrégé de ces Traités intéressans ; on ne les donne pas avec plus d'étendue dans les Livres de Mathématique.

L'on apprendra dans notre Arithmétique à opérer non-seulement sur les nombres entiers, simples & composés ; mais encore sur toute sorte de Fractions, sans en excepter les décimales.

Nos Elémens d'Algebre comprennent les mêmes opérations sur les Lettres.

Nous espérons que tout bon esprit, après avoir étudié notre Traité d'Analyse, sera en état non-seulement de résoudre des Problemes de plusieurs inconnues du premier & du second degré ; mais encore de trouver les forces qu'il faut combiner ensemble pour qu'un Mobile décrive un Cercle, une Ellipse, &c. Nous nous flattons qu'il pourra démontrer que la seconde loi de Képler a lieu dans l'Ellipse, comme dans le Cercle ; que la Parabole n'est pas une Courbe dont il soit difficile de trouver la quadrature, &c. Ces trois premiers Traités se trouvent dans les articles qui commencent par les mots : *Arithmétique. Fraction. Arithmétique algébrique. Arithmétique algébrique appliquée à l'Analyse. Calcul. Progressions. Proportions.*

Notre Géométrie est divisée en deux parties, l'une spéculative, l'autre pratique. La premiere partie comprend toutes les propositions des Elémens d'Euclide qui ont un rapport, même indirect, avec la Physique, celles surtout qui traitent des proportions. La seconde présente la Longimétrie, la Planimétrie, & la Stéréométrie. Il seroit trop long de faire ici l'énumération des Problemes que nous avons résolus sur la mesure des lignes, des plans & des solides; nous croyons n'en avoir omis aucun de ceux qu'on nomme *Problemes d'usage*. Ce quatrieme Traité forme l'article qui commence par le mot *Géométrie*.

Notre Trigonométrie est encore divisée en deux parties; l'une apprend à résoudre toute sorte de triangles rectilignes; l'autre, toute sorte de triangles curvilignes. Nous espérons que l'on nous saura quelque gré de la maniere dont nous avons présenté des notions qui se trouvent dans tous les Livres; nous avons tout sacrifié à la clarté. Ce cinquieme Traité se trouve dans les articles qui commencent par les mots *Logarithme. Trigonométrie rectiligne. Trigonométrie sphérique.*

Enfin le sixieme Traité de Mathématique dont nous avons cru devoir étayer notre Physique, est le Traité des Sections coniques. Les cinq manieres de couper le Cône, nous ont fait parler successivement du Triangle, de la Parabole, du Cercle, de l'Ellipse & de l'Hyperbole. Les notions algébriques que nous avons répandues dans ce Dictionnaire, nous ont donné le moyen de démontrer, par la voie de l'Analyse, les propriétés de ces Sections. C'est la voie la plus courte & la plus facile pour quiconque sait manier une équation du premier & du ſecond degré. L'on trouvera ce ſixieme Traité dans l'article qui commence par le mot *Sections coniques*.

Outre ces ſix Traités purement mathématiques, nous en avons donné une foule d'autres que l'on trouve indifféremment dans les Livres de Phyſique & dans les Livres de Mathématique. Ces Traités ſont l'Optique, la Catoptrique, la Dioptrique, la Mécanique, la Statique, l'Hydraulique, l'Hydroſtatique, la Sphere, la Gnomonique, l'Aſtronomie, les loix de Képler, les Cometes, &c.

Qu'on ne conclue pas de-là cependant que nous pouvions intituler cet Ouvrage, *Dictionnaire Phyſico-Mathématique*; ce titre pompeux ne lui conviendroit gueres dans l'état brillant où les Mathématiques ſont aujourd'hui. Si tel eût été notre projet, nous aurions donné le Calcul différentiel & intégral d'une maniere bien différente; on ne peut maintenant ſe regarder comme Mathématicien, que lorſqu'on poſſede à fond ce Calcul admirable; il eſt dans les Mathématiques ce que la Mécanique eſt dans la Phyſique. Nous avertiſſons donc ici le Lecteur que ce n'eſt pas l'envie de paſſer pour Mathématicien, mais celle de donner une Phyſique ſolide & démontrée, qui nous a fait quelquefois jetter notre faulx dans la moiſſon d'autrui. D'ailleurs nous voyons tous les jours tant de Mathématiciens agiter dans leurs Ouvrages des queſtions de Phyſique; pourquoi ne verroit-on pas des Phyſiciens introduire dans les leurs quelques notions géométriques & algébriques?

PRÉFACE

SUR LA PARTIE HISTORIQUE

Du Dictionnaire de Physique.

CEt Ouvrage ayant pour fondement & pour base un systeme général auquel se rapportent tous les articles dont il est composé, pourroit plutôt passer pour un Cours que pour un Dictionnaire de Physique. Pour le rendre plus complet, & pour lui donner en même-tems un ton moins éloigné de celui de *Dictionnaire*, nous nous sommes déterminés à y faire entrer la Partie *Historique*. Nous comprenons d'abord, sous ce titre, l'exposition des systemes généraux & particuliers de tous les Physiciens qui ont paru jusqu'à nous. Ce n'est pas là cependant ce qu'on devra regarder comme l'essentiel de cette troisieme Partie de notre Ouvrage. Ce qui en fera la base, ce sera l'Histoire critique de ces mêmes Physiciens. Ce n'est communément qu'après la lecture de leurs Ouvrages, que nous avons écrit; & lorsqu'il ne nous a pas été possible de nous les procurer (ce qui a été fort rare) nous ne nous sommes pas fait une peine d'avouer que nous parlions sur le témoignagee d'autrui.

La liaison essentielle qui se trouve entre la Physique, les Mathématiques & la Médecine, nous a donné occasion de faire l'histoire de plusieurs Médecins & d'un très-grand nombre de Mathématiciens, avec cette différence cependant que lorſqu'il s'eſt agi des Phyſiciens, nous avons cru devoir en parler, lors même qu'ils étoient médiocres ou mauvais; au lieu que pour les Médecins & les Mathématiciens, nous ne leur avons conſacré des articles, que lorſqu'ils ſe ſont fait dans le monde ſavant une réputation diſtinguée. Nous avons cru, pour éviter bien des inconvéniens, devoir nous borner à l'hiſtoire des Auteurs que la mort nous a enlevés. En voici la liſte alphabétique.

A

Aldrovandus. (*Ulyſſe*)
Alembert. (*Jean*)
Alſtedius. (*Jean-Henri*)
Amontons. (*Guillaume*)
Anaxagore. *A l'art.* Atome.
André. (*Yves*)
Archimede.
Ariſtote.
Arriaga. (*Roderic de*)
Artemon.
Auzout.

B

Bacon. (*Roger*)
Bacon. (*François*)
Baglivi. (*Georges*)
Barbay. (*Pierre*)
Barrow. (*Iſaac*)
Bauhin. (*Jean*)
Bayer. (*Jean*)
Bayle. (*François*)
Bayle. (*Pierre*)
Bernouilli. (*Jacques*)
Bernouilli. (*Jean*)
Bettini. (*Marius*)
Bianchini. (*François*)
Bion.
Bion.
Blondel. (*François*)
Blondin. (*Pierre*)
Boherhaave. (*Herman*)
Boot.
Borel. (*Pierre*)
Borelly. (*Jean-Alphonſe*)
Borrel. (*Jean*)
Bougeant. (*Guillaume*)
Bouguer. (*Pierre*)
Bouillaud. (*Iſmaël*)
Bourdelin. (*Claude*)
Bourdelin. (*Claude*)
Boyle. (*Robert*)
Bradley. (*Jacques*)
Bremond. (*François de*)
Buffon. (*Georges*)
Buhon. (*Gaſpar*)

C

Caille. (*Nicolas-Louis de la*)
Cardan. (*Jerôme*)
Caſſini. (*Jean-Dominique*)
Caſſini. (*Jacques*)
Caſtel. (*Louis-Bertrand*)
Cat. (*Claude-Nicolas le*)
Chales. (*Claude-François de*)
Chambre. (*Marin Cureau de la*)
Channevelle. (*Jacques*)
Charas. (*Moyſe*)
Chaſtelet. (*Gabrielle-Emilie

de Dieteull.)
Chatelard. (Jean-Jacques)
Chazelles. (Jean-Matthieu)
Clairaut. (Alexis-Claude)
Clarcke. (Samuel)
Clavius. (Christophe)
Copernic. (Nicolas)
Couplet. (Antoine)
Crouzas. (Jean-Pierre)

D

Dagoumer. (Guillaume)
Daniel. (Gabriel)
Dante. (Jean-Baptiste)
Dante. (Pierre-Vincent)
Dante. (Julés)
Dante. (Theodora)
Dante. (Ignace)
Dante. (Vincent)
Democrite.
Désaguliers.
Descartes. (René)
Digbi.
Diogene.
Dionis. (Pierre)
Diophante.
Dioscoride. (Pedacius)
Dodert. (Denis)
Dodoens. (Rambert)
Dominis. (Marc-Antoine de)
Duclos. (Samuel Cotreau.)
Dufay. (Charles-François de Cisternai.)
Duhamel. (Jean-Baptiste)
Duhan. (Laurent)
Duncan. (Daniel)
Dupuy.
Dutems. (Louis)
Duverney. (Guichard-Joseph)

E

Empedocle. A l'art. Atome.
Epicure.
Euclide.
Euler. (Leonard)

F

Fabri. (Honoré)
Faye. (Jean-Elie Leriget de la)
Flamsteed. (Jean)
Fizes. (Antoine)
Fontenelle. (Bernard le Bovier de)

G

Galien. (Claude)
Galilée.
Gassendi. (Pierre)
Gastaldy. (Jean-Baptiste)
Gautruche. (Pierre)
Geoffroi. (Etienne-François)
Goudin. (Antoine)
Grange. (De la)
Gregori. (Jacques)
Grew. (Néhémie)
Grey.
Grimaldy. (François-Marie de)
Guericke. (Otto de)
Guglielmini. (Dominique)

H

Hales, (Etienne)
Halley. (Edmond)
Hartsoëker. (Nicolas)
Harvée. (Guillaume)
Hawksbée (François)
Heron.
Hévélius. (Jean)
Hipparque.
Hippocrate.
Hire. (Philippe de la)
Hobbes. (Thomas)
Hoffmann. (Fréderic)
Homberg. (Guillaume)
Hook. (Robert)

Hopital. (*Guillaume-François de l'*)
Huygens. (*Chrétien*)

I

Jallabert. (*Jean*)
Isle. (*Guillaume de l'*)
Isle. (*Joseph-Nicolas de l'*)
Jussieu. (*Antoine de*)

K

Keil. (*Jean*)
Kegler.
Kepler. (*Jean*)
Kirch. (*Godefroi*)
Kircher. (*Athanase*)
Krafft. (*George Wolfgand*)
Kunckel. (*Jean*)

L

La Condamine. (*Charles-Marie de*)
Lagny.
Lami. (*Bernard*)
Laval. (*Antoine*)
Leibnitz. (*Godefroi-Guillaume*)
Lemery. (*Nicolas*)
Leucippe.
Linné. (*Charles*)
Longomontan. (*Chrétien*)

M

Magnan. (*Emmanuel*)
Mairan. (*Jean-Jacques Dortous de*)
Malebranche. (*Nicolas*)
Malpighi. (*Marcel*)
Maraldi. (*Jacques-Philippe*)
Mariotte. (*Edme*)
Marsigli. (*Louis-Ferdinand*)
Maupertuis. (*Pierre-Louis Moreau de*)
Mayer. (*Tobie*)
Meton.
Mettrie. (*Julien Offray de la*)
Molieres. (*Joseph-Privat de*)
Molyneux. (*Guillaume*)
Monnier. (*Pierre le*)
Morin. (*Louis*)
Morison. (*Robert*)
Muller. (*Jean*)
Muschembroek. (*Jean*)

N

Neper. (*Jean*)
Newton. (*Isaac*)
Niceron. (*Jean-François*)
Nievwentyt. (*Bernard*)
Nollet. (*Jean-Antoine*)

O

Ozanam. (*Jacques*)

P

Papin.
Pardies. (*Ignace Gaston*)
Pascal. (*Blaise*)
Pecquet. (*Jean*)
Perrault. (*Claude*)
Pitcarne. (*Archibal*)
Platon.
Pline *le Naturaliste.*
Pluche. (*Antoine*)
Polignac. (*Melchior de*)
Poliniere. (*Pierre*)
Pourchot. (*Edme*)
Proclus. (*Diadocus*)
Ptolomée. (*Claude*)
Pythagore.
Pytheas.

Q

Quercetan. (*Joseph*)
Quintinie. (*Jean*)

R

Rabuel. (*Claude*)
Ray. (*Jean*)
Regis. (*Pierre-Sylvain*)
Regnault.

AVIS
AU LECTEUR.

LE premier mot que vous devez chercher dans ce Dictionnaire, c'eſt le mot *Phyſique*; vous trouverez dans cet article non-ſeulement les titres des principales queſtions contenues dans cet Ouvrage, mais encore la méthode que l'on doit ſuivre, lorſque l'on veut ſe former une idée générale de la ſcience de la nature, & lire ce Dictionnaire comme on liroit un Cours complet de Phyſique.

Vous devez encore, avant que d'entreprendre la lecture des articles qui forment des eſpeces de Traités, en lire l'abrégé dans le *ſommaire* qui ſe trouve à la fin de chaque Volume. C'eſt-là que nous avons indiqué les petites fautes qui ſe ſont gliſſées dans cette édition; les Livres de ſcience ne ſauroient être imprimés avec une exactitude trop ſcrupuleuſe, & une faute devient nulle, lorſqu'on indique l'endroit où elle eſt corrigée.

DICTIONNAIRE DE *PHYSIQUE.*

A

ABDOMEN. L'on divise le corps humain en trois grandes cavités, la supérieure ou la tête, la moyenne ou la poitrine, & l'inférieure ou l'*Abdomen*. Cette troisieme cavité séparée de la seconde par le Diaphragme, est tapissée d'une membrane que les Anatomistes appellent *Péritoine*. Les principales parties qu'elle contient & qu'il n'est pas permis à un Physicien d'ignorer, sont l'estomac, le foie, la rate, le pancréas, les intestins & le mésentere ; nous en ferons la description & nous en indiquerons l'usage dans leurs articles relatifs. Nous nous contenterons de remarquer ici qu'il y a dans l'*Abdomen* dix muscles que leur figure & leur situation ont fait appeller les *deux obliques descendans*, les *deux Obliques ascendans*, les *deux Droits*, les *deux Transversaux*, & les *deux Pyramidaux*. Ces muscles sont tantôt en contraction & tantôt en dilatation. Par leur contraction la cavité de l'*Abdomen* est resserrée, & par leur dilatation elle est élargie. Ce n'est pas seulement à la digeſtion; c'eſt encore à la reſpiration que ſervent ces mouvemens alternatifs. Nous ſentons en effet que les ſeuls muſcles de la poitrine ne ſont pas en mouvement, lorſque nous ſommes obligés de déclamer, de chanter, de rire, de pouſſer des cris conſidérables, &c.

ABEILLE. C'eſt un inſecte volant d'où nous tirons la cire & le miel. Comme l'hiſtoire naturelle n'eſt pas étrangere à la Phyſique & que les Naturaliſtes ont parlé très-au long des Abeilles ; nous nous ſommes déterminés à conſacrer à cette eſpece d'inſecte un article de ce Dictionnaire.

1. L'Abeille, comme les autres inſectes, paſſe de l'état de vermiſſeau dans celui de chryſalide ou de nymphe, & de celui de nymphe dans celui de papillon. Elle demeure 10 à 12 jours dans le premier de ces trois états; environ 15 jours dans le ſecond & le reſte de ſa vie, c'eſt-à-dire, 7 à 8 ans dans le troiſieme. L'on diſtingue dans le corps de l'Abeille, comme dans le corps de l'homme, trois cavités, la tête, la poitrine & le ventre. La tête eſt armée de deux mâchoires & d'une trompe. Les mâchoires, ou plutôt les ſerres, jouent en s'ouvrant & ſe fermant de gauche à droite. Ces ſerres leur ſervent pour prendre la cire, pour la pétrir, & pour jeter dehors ce qui incommode. La trompe eſt une eſpece de chalumeau long & pointu, ſouple & mobile en tout ſens que l'Abeille porte juſqu'au fond du cœur des fleurs, & par lequel elle ſuce ce qu'elles ont de plus délicat & de plus ſpiritueux. Voilà pour la premiere cavité. La cavité moyenne, ou la poitrine forme le milieu du corps de l'Abeille; elle ſoutient les ſix pattes & les quatre ailes de cet animal. La troiſieme cavité ou le ventre eſt diſtingué en ſix anneaux qui s'alongent & s'accourciſſent, en gliſſant les uns ſur les autres. Il contient les inteſtins, la bouteille de miel, celle de venin & l'aiguillon. Les inteſtins ſervent à la digeſtion. La bouteille de miel, tranſparente comme le cryſtal, eſt comme le réſervoir du miel que l'Abeille va lever ſur les fleurs, & dont elle ne prend qu'une très-petite partie pour ſa nourriture. La bouteille de venin ou de fiel eſt à la racine de l'aiguillon, au travers duquel, comme par une eſpece de tuyau, l'Abeille fait découler

quelques gouttes de cette liqueur amere ſur la bleſſure qu'elle vient de faire. Enfin, l'aiguillon eſt compoſé de deux dards renfermés dans un étui très-pointu, qui s'ouvre, lorſqu'il a fait la premiere piquure. La douleur que l'on reſſent alors, eſt donc cauſée par deux piquures, & par l'effuſion d'un poiſon très-ſubtil. On ne la fait ceſſer qu'en arrachant l'aiguillon, & qu'en ouvrant la bleſſure, pour en faire écouler le venin. Il y a cependant des Abeilles qui n'ont point d'aiguillon. De ce genre ſont celles auxquelles on a donné le nom de *Bourdons*. Les Naturaliſtes qui remarquent que les Abeilles dont nous venons de faire la deſcription, ne ſont ni mâles, ni femelles, ajoutent que les Bourdons ſont les mâles, & qu'ils ont pour femelle une groſſe Abeille, armée d'un aiguillon, qu'on doit regarder comme la Reine de la ruche. Elle eſt unique dans une ruche de ſept à huit mille Abeilles; & il y en a deux à trois de cette eſpece dans une ruche double ou triple. Pour les Bourdons, on en remarque une centaine dans une petite ruche, & deux à trois cent dans une ruche plus forte. Ils ſont bien nourris, ils ne travaillent point, & lorſqu'ils ſortent, ce n'eſt que pour ſe promener & prendre l'air. Auſſi aux approches de l'hiver, les chaſſe-t-on preſque tous de la ruche, hors de laquelle le mauvais tems & le manque de nourriture les font périr. Cette nation laborieuſe ne ſouffre les pareſſeux, qu'autant de tems qu'ils ſont néceſſaires pour donner des ſujets à l'état.

Mais ce qu'il y a de plus intéreſſant dans cette république, c'eſt la police qui y regne. A peine les mouches à miel ont-elles choiſi une retraite, qu'elles mettent la main à l'œuvre pour s'y loger commodément. Elles ſe partagent en quatre bandes. Les unes vont chercher en campagne la cire qui doit être la matiere de l'édifice: d'autres dégroſſiſſent les matériaux & ébauchent les cellules: d'autres perfectionnent l'ouvrage: d'autres enfin (ce ſont apparemment les moins habiles) apportent à manger à celles qui ne veulent pas quitter le travail, pour aller chercher leur nourriture. Ce qu'il y a encore de plus admirable, c'eſt que dans l'eſpace d'un jour elles élevent un bâtiment de cire capable de contenir trois mille Abeilles.

L'on trouve dans ce bâtiment deux eſpeces de magasins ; l'un à cire & l'autre à miel. Les Abeilles vont chercher la cire sur la roquette, sur les pavots simples & sur presque toutes les fleurs. A leur retour elles trouvent à la porte de la ruche une partie de leurs compagnes qui les attendent pour les décharger & pour mettre le butin en sureté. Une troisieme bande est occupée à étendre la cire, à la pétrir, à la façonner, à l'épurer & à lui donner une couleur uniforme.

Outre cette cire fine, les Abeilles ont encore une cire grossiere, noirâtre & amere qu'elles ramassent sur des bois pourris, sur les pailles, sur les liqueurs altérées ou aigres, & sur des plantes d'une odeur très-désagréable. Elle leur sert de glu avec laquelle elles ont soin de boucher exactement tous les trous de leur logement. La dureté de ce mastic rend les ruches inaccessibles aux vents, & son amertume en écarte les insectes. M. Pluche rapporte à cette occasion une histoire dont il assure avoir été le témoin. Un limaçon, *dit-il*, s'avisa de se glisser dans la ruche de verre qui est à ma fenêtre. Les portieres le reçurent mal. Quelques premiers coups d'aiguillon lui firent doubler le pas. Mais le stupide animal, au lieu de regagner la porte, crut se sauver en avançant toujours. Lorsqu'il fut au milieu de la ruche, une foule de mouches lui tomberent sur le corps, & le firent expirer sous leurs coups. Comme la masse du cadavre étoit trop lourde pour être jettée hors de la ruche, & qu'il étoit essentiel d'empêcher que les vers ne s'y engendrassent, les Abeilles l'enduisirent de glu, & le mastiquerent, de façon qu'elles le rendirent incorruptible, & incapable d'exhaler aucune mauvaise odeur.

Pour ce qui regarde le miel, les Abeilles le trouvent sur les fleurs à-peu-près comme la cire. Elles le sucent avec leur trompe : elles le vuident en arrivant dans les loges du magasin : elles ferment les unes avec de la cire, pour les décoiffer au besoin en hiver : elles laissent les autres toutes ouvertes, & tout le monde y va prendre ses repas avec sobriété. Pline le naturaliste & Pluche nous ont fourni toutes ces particularités. Le premier parle des Abeilles depuis le chapitre 5 jusqu'au chapitre 21 du livre 11 de son histoire naturelle ; le second leur a consacré le 6e. & le 7e. entretiens du tome I du Spectacle de la Nature.

ABERRATIONS

ABERRATIONS *des étoiles fixes.* Les étoiles fixes nous paroissent avoir trois mouvemens, l'un d'orient en occident autour des pôles du monde, l'autre d'occident en orient autour des pôles de l'écliptique, & le troisieme autour du point réel où chaque étoile se trouve placée. Le premier se fait dans l'espace de 24 heures dans des cercles paralleles à l'équateur; le second dans l'espace de vingt-cinq mille neuf cent vingt années dans des cercles paralleles à l'écliptique, & le troisieme dans l'espace d'une année dans de très-petites ellipses; ce sont ces ellipses que les Astronomes appellent *ellipses d'aberration.* Ce n'est pas dans cet article qu'il convient d'indiquer les causes optiques de ces trois mouvemens; nous renvoyons les deux premiers à l'article de *Copernic*, & le troisieme à celui des *étoiles.*

ABSCISSE. Dans les Traités des courbes on donne ce nom à la partie de l'axe interceptée entre une ordonnée & le point que l'on a pris pour l'origine des abscisses. Consultez l'article des sections coniques.

ABSIDE. Il y a deux sortes d'absides, la haute & la basse. La haute abside est le point de l'orbite où la planete se trouve la plus éloignée, & la basse abside est celui où elle se trouve la moins éloignée du foyer. Cherchez *Aphélie* & *Apogée*, *Périhélie* & *Périgée.*

ACCÉLÉRÉ. Cette épithete convient à tout mouvement dont la vîtesse augmente suivant une certaine loi. Les corps graves, *par exemple*, descendent sur la terre avec un mouvement accéléré, parce qu'ils parcourent successivement des espaces qui suivent la progression arithmétique des nombres impairs 1, 3, 5, 7 &c. Consultez l'article de la Statique.

ACCROISSEMENT. Augmentation d'un corps. Dans les corps organisés cette augmentation ne se fait pas par *juxta-position*, c'est-à-dire, par une simple apposition extérieure de nouvelle matiere; elle se fait par *intus-susception*, c'est-à-dire, par la susception d'une matiere, qui par quelque voie que ce puisse être, pénetre l'intérieur de la partie & la pénetre dans toutes les dimensions.

Pour expliquer ce point de Physique, M. de Buffon (*hist. naturelle*, *tom.* 2, *chap.* 3, *de l'édit. in*-4°.) regarde le corps de l'animal ou du végétal comme un moule intérieur qui a une forme conſtante, mais dont la maſſe & le volume peuvent augmenter proportionnellement. Il ajoute que l'accroiſſement de l'animal ou du végétal ne ſe fait que par l'extenſion de ce moule dans toutes ſes dimenſions extérieures, & intérieures, & que cette extenſion a pour cauſe l'*intus-ſuſception* d'une matiere acceſſoire & étrangere qui pénetre dans l'intérieur, qui devient ſemblable à la forme, & identique à la matiere du moule.

Mais de quelle nature eſt cette matiere que l'animal ou le végétal aſſimile à ſa ſubſtance ? Grande queſtion que perſonne peut-être ne réſoudra jamais d'une maniere déciſive. M. de Buffon, dans le chapitre que nous venons de citer, penſe qu'il exiſte dans le monde une infinité de parties organiques *vivantes*, (remarquez-bien cette épithete) dont l'exiſtence eſt conſtante & invariable, & dont la nature eſt indeſtructible ; il penſe auſſi que les êtres organiſés ſont compoſés de ces parties organiques. Cela ſuppoſé, voici comment il raiſonne : dans la quantité d'alimens que l'animal prend pour ſoutenir ſa vie & pour entretenir le jeu de ſes organes, & dans la ſéve que le végétal tire par ſes racines & par ſes feuilles, il y a des parties brutes & des parties organiques. Il ſe fait dans le corps de l'animal & du végétal la ſéparation des unes d'avec les autres. Les premieres ſont rejettées par la tranſpiration, les ſecrétions & les autres voies excrétoires ; les ſecondes reſtent dans le corps de l'animal ou du végétal, & ſe diſtribuent à toutes les parties dans une proportion exacte, & telle qu'il n'en arrive ni plus ni moins qu'il ne faut, pour que la nutrition & l'accroiſſement ſe faſſent d'une maniere à-peu-près égale. C'eſt pour cela ſans doute que dans le tems de l'accroiſſement les corps organiſés ne peuvent encore produire ou ne produiſent que peu, parce que les parties qui croiſſent abſorbent la quantité entiere des molécules organiques qui leur ſont propres, & que n'y ayant point de molécules ſuperflues, il n'y en a point de renvoyées de chaque partie du corps, & par conſéquent il n'y a encore aucune réproduction. C'eſt encore pour cela que chez les gens aiſés les enfans arrivent plutôt à l'âge de puberté, que chez le pauvre peuple. Ceux-là en effet ſont accoutumés à des nourritures abondantes & ſucculentes; ceux-ci au contraire ſont mal & trop peu nourris.

Si par *parties organiques vivantes*, M. de Buffon ne déſigne que des particules de matiere miſes en mouvement par une cauſe extrinſeque, le ſyſteme que nous venons d'expoſer, nous paroît très-probable & très-vraiſemblable; mais ſi ſous le nom de *parties organiques vivantes*, M. de Buffon admettoit des particules de matiere eſſentiellement actives & eſſentiellement en mouvement; nous nous éleverions avec force contre un ſyſteme auſſi dangereux & auſſi faux que celui-là. Nous en démontrerons le danger à l'article *Matérialiſme*, & la fauſſeté à l'article *Inertie*. M. de Buffon eſt trop religieux & trop grand Phyſicien, pour ne pas prendre ſes *parties organiques vivantes* dans le premier de ces deux ſens. Nous l'aſſurons avec d'autant plus de fondement, que lorſqu'il s'agit de déterminer la force qui fait que cette matiere organique pénetre le moule intérieur, & ſe joint, ou plutôt s'incorpore avec lui, il compare cette force avec celle de la peſanteur, que tout le monde ſait être extrinſeque au corps peſant. Cherchez *attraction* & *gravité*.

ACIDE. Les Chymiſtes définiſſent les *Acides* des corps roides, longs, pointus, tranchans & tout-à-fait propres à s'inſinuer dans des eſpeces de gaines ou de corps poreux & ſpongieux qu'ils nomment *Alkalis*. Pour donner une idée ſenſible des uns & des autres, ils ont coutume de comparer un Acide fermé dans ſon Alkali à une épée que l'on a fait entrer dans ſon fourreau. A cette occaſion ils remarquent très-ſagement que tels corps ſont Acides par rapport aux uns & Alkalis par rapport aux autres. Les Acides ſe tirent de la Terre, des Plantes & des Animaux. Les premiers ſe nomment *Minéraux*, les ſeconds *Végétaux* & les troiſiemes *Animaux*. Le Vitriol, le Nitre, &c. contiennent beaucoup d'Acides minéraux : la plupart des Plantes & ſur-tout les Plantes Aromatiques & Marines; pluſieurs fruits, tels que le citron, la groſeille, &c. donnent beaucoup d'Acides végétaux : enfin les corps des animaux, de quelque eſpece qu'ils ſoient, renferment néceſſairement une grande quantité d'Acides dont la plupart ſervent à la digeſtion. C'eſt dans l'article des fermentations que l'on trouvera de quel ſecours ſont dans la nature les Acides & les Alkalis, & quelle est la cause physique qui pousse les uns dans les autres.

ACIER. L'acier n'est qu'un fer très dur & très-pur, qui contient beaucoup plus de soufre & de sel que le fer ordinaire. Personne n'a mieux parlé que M. de Réaumur, de la maniere de changer le fer en Acier. Voici en abrégé l'excellente méthode que donne ce grand Physicien. Il veut 1°. que l'on fasse un mélange de suie, de charbons pilés, de cendres & de sel marin pilé. La proportion qu'il donne, c'est de mettre deux parties de suie, une partie de charbons pilés, une partie de cendres & trois quarts de partie de sel marin pilé.

2°. Que l'on prépare un fourneau de fer dont la figure soit un carré long, & que l'on y jette le mélange que l'on a fait.

3°. Que l'on enterre dans ce mélange les barres de fer que l'on veut changer en acier, de telle sorte que ces barres ne se touchent pas les unes les autres & ne touchent pas les parois intérieurs du fourneau.

4°. Que ce fourneau ait un couvercle qui le ferme hermétiquement, & qui par conséquent ferme toute entrée à l'air extérieur.

5°. Que l'on enterre ce fourneau dans un feu des plus terribles ; ce feu doit durer avec la même activité, jusqu'à ce que le fer ait été changé en acier. Combien de tems faut-il pour opérer ce changement ? Voilà ce que l'on ne sauroit déterminer avec précision ; le coup d'œil d'un habile ouvrier est préférable à toutes les regles. L'on peut cependant assurer en général qu'un grain fin & délié est la marque d'un acier excellent.

6°. Que, pour rendre l'acier plus dur, on en trempe les barres encore rouges dans une eau très-froide ; il n'est pas nécessaire de mêler cette eau avec quelques autres matieres, comme l'ont prétendu quelques Auteurs.

7°. Si le fer est trop Acier, c'est-à-dire, s'il a reçu trop de soufres & trop de sels, M. de Réaumur nous apprend à le remettre au point qu'il faut pour être bon. Il le fait encore cuire, après l'avoir enterré, non pas dans un mélange dont nous avons parlé, *num.* 1 ; mais après l'avoir enveloppé de matieres alkalines, avides de soufres & de sels ; celles qui lui parurent les plus propres à rendre bon ce mauvais Acier, furent la chaux d'os & la craie.

8°. Ce sont des barres de fer forgé, que l'on change en Acier. Tout le monde sait que forger le Fer, c'est le mettre au feu, de sorte qu'il soit tout pénétré de particules ignées, & ensuite le battre, le pétrir, pour ainsi dire, à coups de marteau, tandis qu'il est ramolli.

9°. Les Fers à grains fins donnent de bons Aciers & d'une grande dureté.

10°. Le Fer fondu est un fer trop dur, trop cassant, trop rebelle au marteau, au ciseau & à la lime, en un mot, le fer fondu est une espece d'Acier trop Acier. M. de Réaumur sait le rendre aussi doux que le fer forgé. Pour en venir à bout, il mêle ensemble la chaux d'os, la poudre de charbons & la craie ; il jette ce mélange dans le fourneau dont nous avons parlé *num.* 2. Il enterre dans ce mélange le fer qu'il veut adoucir ; & il fait autour du fourneau un feu moins violent que celui qui a changé le fer forgé en Acier. Toutes ces tentatives n'ont pas été inutiles au Public ; le fer converti en Acier ne revient à M. de Réaumur qu'à 4 sols la livre. Le marteau de la porte de l'Hôtel de la Ferté, rue de Richelieu à Paris, qui est de fer forgé, a coûté 700 livres ; M. de Réaumur assure en avoir fait un pareil de fer fondu adouci pour 25 livres. Ce fut en 1722 qu'il publia son Ouvrage intitulé, *l'Art de convertir le fer forgé en Acier, & l'Art d'adoucir le fer fondu, ou de faire des ouvrages de fer fondu aussi finis que de fer forgé.* C'est cet ouvrage qui nous a fourni toutes les particularités qui se trouvent dans cet article ; il va encore nous fournir les solutions des questions suivantes.

Premiere question. Pourquoi assurons-nous que le fer fondu est une espece d'Acier trop Acier ?

Résolution. Le fer mis en fusion par le moyen d'un feu des plus violens, reçoit une grande quantité de particules sulfureuses & salines, & se change en une matiere dure & cassante ; donc le fer fondu est une espece d'Acier trop Acier.

Seconde question. Pourquoi l'Acier se rouille-t-il plus difficilement que le fer ?

Résolution. La rouille n'est qu'une dissolution des parties d'un métal occasionnée par des particules humides qui s'insinuent dans ses pores. L'Acier a beaucoup moins de pores que le fer, & ceux qu'il a sont plus étroits, que ceux du fer ; donc l'Acier doit se rouiller plus difficilement que le fer.

Troisieme question. Pourquoi l'Acier est-il plus élastique que le fer ?

Résolution. Les molécules dont les corps élastiques sont composés, doivent être en même tems flexibles & roides. Il faut encore que les pores de ces sortes de corps ne soient ni trop grands ni trop petits. Le feu & la trempe procurent ces qualités au fer que l'on change en Acier ; donc l'Acier doit être plus élastique que le fer.

ACRE. La saveur Acre est la troisieme des sept saveurs principales. Elle laisse sur la langue une impression assez désagréable. Ce sera dans l'article des *Saveurs* que nous examinerons si ce sont des sels subtils & aigus, que nous devons regarder comme la cause physique de cette impression.

ADDITION. Réduire plusieurs nombres à une somme totale qui les vaille tous, c'est les additionner. Cette premiere regle de l'Arithmétique est fondée sur ce principe, *le tout est egal à toutes ses parties prises ensemble.* Ce sera dans l'article qui commence par le mot *Arithmétique*, que nous apprendrons ce qu'il faut observer pour ne pas se tromper dans cette opération, lorsqu'elle se fait sur des nombres entiers. L'on trouvera dans les articles des *Fractions ordinaires* & des *Fractions décimales*, comment il faut additionner des nombres rompus, je veux dire des nombres qui valent moins que l'unité. L'on verra enfin dans l'article de l'*Arithmétique algébrique* comment se fait l'addition des lettres.

AEROSTAT. Globe fait d'une matiere fort légere, rempli d'un fluide moins pesant que l'air que nous respirons aux environs de la terre, & propre par-là même à s'élever dans l'atmosphere, à-peu-près comme s'éleve le liege au-dessus de l'eau, ou comme s'élevent tous les jours les vapeurs & les exhalaisons dans la région des nuages. Cette expérience que nous devons au génie de Messieurs *Etienne* & *Joseph de Montgolfier*, habitans d'Annonay en Vivarais, a fait trop de bruit, d'abord en France & ensuite dans toute l'Europe : elle a été trop répétée avec plus ou moins de succès, pour ne pas en faire l'histoire, avant de nous permettre aucune espece de réflexions.

Messieurs *de Montgolfier* firent une espece de ballon dont la circonférence étoit de cent dix pieds. Il étoit construit en toile doublée de papier, cousue sur un reseau de ficelle fixé aux toiles. Un châssis en bois de seize pieds en carré, le tenoit fixe par le bas. Sa capacité, lorsqu'il étoit parfaitement tendu, étoit d'environ 22000 pieds cubes; il déplaçoit donc une masse d'air d'environ 1938 livres, parce que le pied cube d'air que nous respirons aux environs de la terre, pese environ une once & demi. Ce ballon, non tendu & vuide d'air, ne pesoit, avec le châssis, que 500 livres; & il en pesoit 1469, lorsqu'il étoit rempli de la vapeur dont nous parlerons dans la suite. Il pesoit donc 469 livres moins que le volume d'air qu'il devoit déplacer; il devoit donc s'élever très-facilement dans l'atmosphere. En effet le 5 Juin 1783, en présence de l'assemblée des Etats du Vivarais, MM. *de Montgolfier* procéderent au développement des vapeurs qui devoient produire le phénomene. La machine déprimée, pleine de plis & presque vuide d'air, se gonfla, grossit à vue d'œil, prit de la consistance, adopta une belle forme, se tendit dans tous les points, fit effort pour s'enlever: des bras vigoureux la retinrent. Le signal fut donné; elle partit & elle s'élança avec rapidité dans l'air, où le mouvement accéléré la porta, en moins de dix minutes, à mille toises d'élévation. Elle décrivit alors une ligne horisontale de sept mille deux cent pieds; & comme elle perdoit considérablement de la vapeur dont elle avoit été remplie, elle descendit, mais si légerement, qu'elle ne brisa ni les ceps, ni les échalas de la vigne sur lesquels elle se reposa.

L'un des Auteurs de cette expérience, M. *de Montgolfier* le cadet, partit pour Paris où sa réputation l'avoit déjà devancé. Le 12 Septembre 1783, en présence de MM. les Commissaires de l'Académie Royale des Sciences, il répéta l'expérience d'Annonay avec un ballon de 70 pieds de hauteur sur 40 de diametre. Le mauvais tems en empêcha le succès. On lui délivra cependant le certificat suivant (MM. les Commissaires de l'Académie Royale des Sciences se sont transportés, aujourd'hui 12 Septembre le matin, dans la manufacture de papiers peints de M. *Reveillon*, rue de

Montreuil, fauxbourg Saint Antoine, pour être témoins des effets de la machine aérostatique de MM. *de Montgolfier.* Elle a été remplie en grande partie de Gaz, & elle a perdu terre, chargée de quatre à cinq cens livres. Mais la pluie & le vent qui avoient commencé pendant la nuit & qui ont été presque continuels pendant toute la matinée, n'ont pas permis de continuer l'expérience & ont d'ailleurs tellement fatigué la machine, qu'elle a besoin de réparations essentielles. M. *de Montgolfier* estime qu'il faut plusieurs jours pour la mettre en bon état, & qu'il est nécessaire d'attendre, pour opérer, un tems calme & serein.)

Ce fâcheux contre-tems ne découragea pas M. *de Montgolfier.* Deux jours après, on mit la main à un ballon de 57 pieds de hauteur sur 41 de diametre, qu'on construisit en bonne toile, & le 18 la machine, peinte & décorée, fut en état de souffrir un essai qu'on fit le soir même, en présence des Commissaires de l'Académie. Tout réussit parfaitement. Le lendemain 19, la machine fut établie dans la grande cour du Château de Versailles, sur un théâtre octogone qui correspondoit à l'attirail & aux cordages tendus pour la manœuvrer. Cette espece d'échafaud, recouvert & entouré de toiles de toute part, avoit dans le milieu une ouverture de plus de 15 pieds de diametre. Le dome de la machine étoit déprimé, & portoit horisontalement sur cette ouverture à laquelle il servoit de voûte; le reste des toiles étoit abattu & se replioit sur les banquettes; de sorte qu'en cet état la machine n'avoit aucune espece d'apparence & ressembloit à un amas de toiles de couleur qu'on auroit entassées sans ordre. Le dessous de l'échafaud étoit consacré pour les opérations propres à produire la vapeur. C'étoit sous la grande ouverture, recouverte par le dome de la machine, que devoit se faire ce travail. Au milieu & à terre étoit un réchaud de fer à claire voie, de quatre pieds de hauteur, sur trois de diametre, fait pour recevoir les matieres combustibles. Un entourage en forte toile, peinte & de forme circulaire, adhérant à la base du ballon, & descendant par le trou jusques sur le pavé, pouvoit être consideré comme un vaste entonnoir, comme une espece de cheminée destinée à contenir les vapeurs, &

à les conduire dans l'intérieur de la machine; de forte que les perfonnes qui devoient diriger le feu, fe trouvoient placées par ce moyen fous le ballon même; elles avoient à leur portée des provifions de paille & de laine hachée pour produire la vapeur. Quatre-vingt livres de paille & cinq de laine hachée en produifirent, en onze minutes, 37500 pieds cubes; ce qui tendit parfaitement la machine dont la capacité ne contenoit pas un plus grand nombre de pieds cubes d'air.

Avant le développement de la vapeur, Leurs Majeftés & la Famille Royale daignerent fe tranfporter dans l'enceinte & voulurent bien pénétrer jufques fous la machine même pour en examiner les détails & fe faire rendre un compte exact de tous les préparatifs de cette belle expérience.

Dès que Leurs Majeftés fe furent retirées, on remplit la machine. On la vit prefqu'auffi-tôt s'élever, fe gonfler, & déployer avec rapidité les plis & les replis dont elle étoit compofée; elle fe développa en entier; elle atteignit jufqu'au plus haut des mâts; on coupa les cordes & elle s'éleva pompeufement dans l'air à la hauteur de 240 toifes, entraînant avec elle une cage d'ofier dans laquelle étoient renfermés un mouton, un coq & un canard. Elle décrivit, en montant, une ligne inclinée à l'horifon que le vent du fud la força de prendre. Elle parut refter enfuite quelques fecondes en ftation. Enfin elle defcendit lentement dans le bois de Vaucreffon, à 1700 toifes du point d'où elle avoit été enlevée, fans que la cage & les animaux qu'elle contenoit, euffent éprouvé aucun fâcheux accident.

La machine déplaçoit un volume d'air atmofphérique du poids de 3515 livres; la vapeur qu'elle contenoit, n'en pefoit que 1757; le corps du ballon, la cage & les animaux qui y étoient renfermés, en pefoient 900; le tout pefoit donc 858 livres de moins que l'air qui avoit été déplacé. La machine ne s'éleva cependant qu'à 240 toifes; & voilà ce qui étonna tous les Phyficiens. Leur étonnement ceffa, lorfqu'ils apprirent qu'un coup de vent qui frappa fur le ballon, dans le moment où il préfentoit à l'air une très-grande furface, obligea ceux qui étoient chargés d'en faire le fervice de le retenir avec effort; cette force, jointe à celle du vent

& à la tendance qu'avoit la machine à s'enlever ; occasionnerent deux déchirures de sept pieds d'ouverture sur son sommet & dans la partie où les toiles avoient été cousues dans un mauvais sens. Voilà pourquoi le ballon de Versailles ne présenta qu'une expérience à demi-manquée. L'on forma cependant alors le projet d'enlever des hommes dans les airs ; & on l'exécuta un mois après en la maniere suivante.

M. *de Montgolfier* fit construire un ballon de forme ovale, dont la hauteur étoit de 70 pieds, le diametre de 46 & la capacité de 60000 pieds-cubes. Une galerie circulaire construite en osier & revêtue en toiles, étoit attachée par une multitude de cordes au bas de la machine ; elle avoit environ trois pieds de largeur ; il y régnoit de droite & de gauche une balustrade de 3 pieds & demi de hauteur. Cette galerie ne gênoit en aucune maniere l'ouverture d'environ quinze pieds de diametre qui étoit au bas de la machine. Au milieu de cette ouverture, on avoit placé un réchaud en fil de fer suspendu par des chaînes, au moyen duquel les personnes qui étoient dans la galerie avec des approvisionnemens de paille, avoient la facilité de développer du gaz à volonté. Cette machine pesoit au moins seize cens livres.

Le 15 Octobre 1783, M. *Pilatre de Rozier* se plaça dans la galerie. La machine fut gonflée ; elle partit en conservant le plus parfait équilibre ; elle s'éleva jusqu'à la longueur des cordes qu'on y avoit attachées pour la retenir, c'est-à-dire, jusqu'à 80 pieds de hauteur, & elle y resta en station pendant quatre minutes vingt-cinq secondes. Le gaz s'affoiblit ; l'air atmosphérique entra dans le ballon, & il descendit avec lenteur, sans que M. *Pilatre de Rozier* eût éprouvé la moindre incommodité.

Le 17, on tenta la même expérience ; un vent contraire la fit presque échouer.

Le 19, M. *de Rozier* étant placé dans la galerie avec un poids de cent livres dans la partie opposée pour faire équilibre, la machine fut enlevée à la hauteur de 200 pieds ; elle se soutint six minutes à cette élévation, sans feu dans le réchaud. Le même jour, le feu étant dans le réchaud, elle fut enlevée à 250 pieds, où elle resta en station pendant huit minutes & demie. Comme on la retiroit, un vent d'est la porta sur une touffe de très-grands arbres dans un jardin voisin où elle s'embarrassa sans perdre l'équilibre. M. *de Rozier* renouvella le gaz, & elle se retira elle-même de ce mauvais pas, en s'élevant pompeusement dans l'air au bruit des acclamations publiques. On alongea les cordes, pour faire deux autres essais dont le succès fut complet. La machine portant dans le premier M. *de Rozier* & M. *Giroud de Villette*, & dans le second M. *de Rozier* & M. le Marquis *d'Arlandes*, s'éleva à la hauteur de 324 pieds. Elle eût été portée au moins à douze cens toises d'élévation, si elle n'eût pas été retenue. Toutes ces expériences furent faites à Paris dans le jardin de M. *Reveillon*, rue de Montreuil, fauxbourg Saint Antoine.

Un mois après, c'est-à-dire, le 21 Novembre, on fit avec la même machine une expérience encore plus intéressante au château de la Muette. A une heure 54 minutes, le ballon, portant M. le Marquis *d'Arlandes* & M. *Pilatre de Rozier* avec les approvisionnemens nécessaires, s'éleva de la maniere la plus majestueuse au moins à trois mille pieds de hauteur. Il plana sur l'horison. Il traversa la Seine au-dessous de la barriere de la Conférence, & passant de-là entre l'Ecole Militaire & l'Hôtel des Invalides, il fut à portée d'être vu de tout Paris. Les voyageurs aériens satisfaits de cette expérience & ne voulant pas faire une plus longue course, se concerterent pour descendre, mais s'appercevant que le vent les portoit sur les maisons de la rue de Seve, fauxbourg Saint Germain, ils conserverent leur sang-froid ; & développant du gaz, ils s'éleverent de nouveau & ils continuerent leur route en l'air, jusqu'à ce qu'ils eurent dépassé Paris. Ils descendirent alors tranquillement dans la campagne, au-delà du nouveau boulevard, vis-à-vis le moulin de Croule-barbe, sans avoir éprouvé la plus légere incommodité, après une route de quatre à cinq mille toises dans l'espace de 20 à 25 minutes.

Ces expériences, annoncées dans les papiers publics, furent répétées dans presque toutes les villes de l'Europe. Le ciel fut couvert de ballons aérostatiques, parmi lesquels nous distinguerons celui de Lyon dont nous allons faire l'histoire intéressante. Le 22 Octobre 1783, on ouvrit à Lyon une souscription pour la construction d'un ballon de cent pieds de diametre horisontal sur cent vingt pieds de hauteur. Elle fut accueillie avec empressement, & l'on mit presque tout de suite la main à l'œuvre sous les yeux & la direction de M. *de Montgolfier* l'aîné. Le ballon fut construit en toiles communes & d'un tissu peu serré. Deux doubles de cette toile, cousus & piqués ensemble, fourrés, entre deux, par quatre feuilles de papier l'une sur l'autre, formerent cette immense enveloppe. Le haut de la machine fut doublé extérieurement avec de la toile de coton blanc, posée en forme de calotte. La manche en fut faite en drap de laine, appellé *cadis*. On y adapta une galerie en osier, assez grande pour contenir tous les approvisionnemens nécessaires aux voyageurs aériens qui furent au nombre de sept, ayant à leur tête M. *de Montgolfier* & M. *Pilatre de Rozier*. Le réchaud, correspondant au centre de la manche, fut placé un peu au-dessus de la galerie, à la portée des voyageurs. La machine développée présenta une forme sphérique très-élégante ; le pôle supérieur étant un peu relevé, & le pôle inférieur formant une espece de manche dans une proportion convenable à la grandeur & à la forme totale. On choisit pour les expériences la plaine des Breteaux. Là on construisit une estrade flanquée de deux mâts, sur laquelle on transporta le plus grand globe aérostatique qui eût encore paru. L'estrade fut ceinte d'une clôture en forme d'amphithéâtre à gradins pour y placer les Souscripteurs & les Dames.

Depuis le 10 Janvier 1784 jusqu'au 15, on fit différens essais qui réussirent plus ou moins, & l'on fixa la grande expérience au lendemain. Il y eut par malheur pendant la nuit de la pluie & de la neige & le matin il gela fortement. Malgré le mauvais tems, le Public toujours injuste & toujours impatient se rendit en foule autour de l'estrade, & quoiqu'on l'assurât que, les toiles n'ayant pas pu être mises à couvert, l'expérience ne sauroit réussir, on fut obligé de la tenter. Elle échoua parfaitement ; peu s'en fallut même que l'échec ne fût suivi de l'embrasement total de la machine. La consternation fut générale, & le murmure presque universel. Dans cette conjoncture critique, MM. *de Mont-*

golfier & *Pilatre* ne se découragerent pas. Dans deux jours & deux nuits, la machine fut raccommodée & en état d'être lancée. Elle le fut en effet le 19 à une heure après midi. Elle s'éleva pompeusement à quatre ou cinq cens toises, & elle fut portée par un vent sud-sud-ouest au-dessus des nouveaux bâtimens de la loge de la Bienfaisance où elle demeura en station environ quatre minutes. Malgré le feu qu'ils forcerent, ils descendirent par un mouvement accéléré, treize minutes après leur départ, dans un champ situé entre la loge de la Bienfaisance & le chemin de Charpennes. Cinq des sept voyageurs en furent quittes pour la peur ; il n'en fut pas ainsi des deux autres ; l'un eut une dent cassée & l'autre une contusion à la jambe. Mais ce sont-là de bien petits malheurs, si l'on pense à tous les dangers qu'ils ont courus.

La chute accélérée du ballon qui naturellement devoit être si funeste, doit être rapportée à trois causes principales, à la mauvaise qualité de l'enveloppe qui, par l'effet des pluies, de la gelée & du feu, étoit semblable à une espece de crible ; au trop grand poids dont la machine étoit chargée, à raison du mauvais état où elle se trouvoit ; à une déchirure qui se fit dans l'hémisphere supérieur & qui se prolongea tout-à-coup de vingt pieds environ sur cinq à six de large : l'air atmosphérique entrant avec force par cette déchirure, la chute devint indispensable. Elle fut si rapide, que les voyageurs se trouverent à terre, sans avoir eu le tems de penser au danger extrême qu'ils avoient couru. Rendons justice à MM. *de Montgolfier* & *Pilatre* ; ils avoient presque prédit cet accident ; aussi mirent-ils tout en œuvre, pour que le nombre des voyageurs fût réduit à eux seuls ou tout au plus à trois ; mais ils s'étoient placés dans la galerie, & aucun d'eux ne voulut abandonner le poste qu'on lui avoit promis d'occuper.

La fureur des ballons fut telle, qu'ils devinrent, même entre les mains des enfans, encore plus communs que les cerfs volans. Il fallut, pour la réprimer, que dans la plupart des villes du Royaume, la Police fît défense d'en lancer aucun sans permission ; & on ne l'accorda qu'aux personnes expérimentées & dont la fortune les mettoit en état de payer tous les dommages que pouvoient naturellement causer les expériences à petits ballons perdus. Sans cette précaution, il y eût eu des incendies sans nombre. J'ai vu à Nîmes la maison des Ecoles Royales des filles sur le point d'être incendiée par un ballon qui tomba à deux pas d'un tas immense de bois. Sans une espece de miracle cette grande maison & la plupart des maisons voisines eussent été consumées par les flammes. Terminons l'histoire des ballons à réchaud par l'examen du fluide dont ils sont remplis.

On donne à ce fluide le nom de *Gaz*, on se trompe; ce n'est dans le fond que l'air atmosphérique, plus ou moins raréfié par les matieres qu'on allume sur la grille ou dans le réchaud. Voici comment se fait cette opération. Quoiqu'avant l'expérience, la machine soit flasque & déprimée, elle contient cependant une petite quantité d'air atmosphérique. Les premieres flammes raréfient ce peu d'air, & ce peu d'air raréfié commence à faire gonfler le ballon. On alimente le feu, & alors l'air extérieur, par les loix de l'équilibre entre les fluides communicans, se porte avec impétuosité dans l'intérieur de la machine; & comme il y entre à travers ou à côté des flammes, il se raréfie, fait gonfler le ballon, & le rend spécifiquement plus léger que l'air ambiant.

Je m'en serois tenu à cette idée, si je n'avois pas eu l'avantage d'avoir une conversation avec M. *de Montgolfier* l'aîné, mon confrere à l'Académie Royale de Nîmes, conversation dans laquelle j'admirai autant son profond savoir, que sa rare modestie. Vous avez pris la nature sur le fait, *me dit-il*, & je n'ai rien à objecter contre ce mécanisme. Permettez-moi cependant de vous représenter que s'il n'y avoit dans l'intérieur de la machine, que de l'air raréfié, je ne crois pas que ce fluide fût assez léger, pour opérer le phénomene. Ce qui lui donne la légereté requise, c'est la partie aqueuse des matieres mises en combustion. Cette partie aqueuse est presque à l'instant réduite en vapeurs; & ces vapeurs, électriques de leur nature ou fortement électrisées, sont d'une très-grande légereté. Combinées avec l'air raréfié, elles forment un fluide dont la gravité spécifique est à celle de l'air atmosphérique, comme 1 est à 2. Je me rendis sans peine à ce raisonnement, & j'assure maintenant sans peine que ce qu'on appelle *Gaz Montgolfier* n'est qu'un fluide composé d'air atmosphérique raréfié par le feu & de vapeurs électriques de leur nature ou fortement électrisées.

Pour produire facilement ce fluide, il faut éparpiller la paille, de maniere qu'elle s'enflamme très-promptement & sans produire de fumée. Il faut ensuite, de distance en distance & par intervalles, jetter sur la flamme, à petites poignées, de la laine hachée. La plus menue est la meilleure, parce qu'elle s'allume mieux & qu'elle jette moins de fumée. En voilà assez sur les ballons *Montgolfier*; venons-en à ceux de MM. *Charles* & *Robert*.

A peine l'expérience d'Annonay fut-elle connue à Paris, qu'elle fit dans l'esprit de tous les Physiciens de la capitale la plus grande sensation. On voulut la répéter; & comme on ne savoit que le fait, & non la maniere de procéder de MM. *de Montgolfier*, on se détermina à remplir un ballon d'air inflammable, fluide environ huit fois plus léger que l'air atmosphérique que nous respirons aux environs de la terre. Pour enfermer ce fluide dans une espece de prison d'où il lui fût difficile de s'échapper, on choisit le taffetas qu'on enduisit de gomme élastique. Le prix de l'air inflammable, celui du taffetas & de la gomme élastique entraînoient de grandes dépenses. On ouvrit une souscription, & on fut en état de construire un ballon de 12 pieds 2 pouces de diametre, de 38 pieds 3 pouces 8 lignes de circonférence & du poids de 25 livres, y compris celui du robinet; sa capacité intérieure étoit de 943 pieds 6 lignes-cubes. Un pareil nombre de pieds-cubes d'air inflammable ne pese qu'environ onze livres; le ballon rempli de ce gaz ne devoit donc peser qu'environ 36 livres; & déplaçant un volume d'air atmosphérique d'environ 88, il devoit nécessairement s'envoler dans les airs. Il s'envola en effet du Champ de Mars où on l'avoit transporté, le 27 du mois d'Août 1783 à cinq heures du soir en présence & au grand étonnement de tout ce qu'il y a de beau dans Paris. En deux minutes il s'éleva à 488 toises. Là il trouva un nuage obscur dans lequel il se perdit; mais on le vit bientôt percer la nue, reparoître un instant à une très-grande élévation & s'éclipser dans d'autres nuages. Il se soutint trois quarts d'heure en l'air, & il tomba à côté de la remise d'Ecouen, ayant une ouverture sur ſa partie ſupérieure ; c'eſt-à-dire, à environ cinq lieues du point de ſon départ à celui de ſa chute. Ce qui fit crever le ballon, c'eſt que manquant apparemment d'air inflammable, on introduiſit de l'air atmoſphérique pour achever de le remplir & lui donner une forme bien arrondie. Nous aurons occaſion de faire remarquer dans la ſuite combien dangereuſe eſt cette mixtion. Nous tenons notre parole ; nous avons promis de commencer par l'hiſtoire de la machine aéroſtatique, ſans nous permettre aucune réflexion.

L'expérience du Champ de Mars avoit trop bien réuſſi, pour que MM. *Charles* & *Robert* s'en tinſſent à de ſi beaux commencemens. Ils travaillerent à la conſtruction d'un globe de 26 pieds de diametre qui devoit déplacer environ huit cens livres d'air atmoſphérique. Il fut fait, comme le précédent, de taffetas qu'on enduiſit de gomme élaſtique & qu'on remplit d'air inflammable. A environ vingt pieds de diſtance de la partie inférieure du globe étoit ſuſpendu une eſpece de char peint en bleu & or dans lequel devoient s'élever MM. *Charles* & *Robert*. Les frais qu'on fit pour cette belle expérience furent d'environ dix mille livres. Le premier Décembre 1783, ce globe fut tranſporté aux Tuileries. La réunion de tout le beau monde de Paris dans le jardin & ſur les terraſſes de cette Maiſon Royale, & au-dehors quatre cens mille perſonnes formoient le ſpectacle le plus ſuperbe & le plus impoſant. A une heure 40 minutes, le globe fut rempli & on le vit s'élever pompeuſement avec MM. *Charles* & *Robert*. Pouſſés par un vent foible, ils s'éleverent en paſſant ſur le fauxbourg Saint-Honoré, Mouſſeaux, &c. à la hauteur d'environ deux cens cinquante toiſes. En cinquante-cinq minutes, ils diſparurent aux yeux des ſpectateurs placés aux Tuileries. Lorſque la terre ne parut à leurs yeux que comme un grand plat, nuancé de différentes bandes griſes, noires & blanches, ils s'aſſirent, burent tranquillement leur vin de Rota & mangerent les proviſions dont ils s'étoient munis. Ils volerent ainſi pendant une heure. Ils ouvrirent la ſoupape & le globe deſcendit mollement à neuf lieues de Paris, dans la prairie de Neſle, environ deux heures après leur départ des Tuileries.

M. *Robert* ſortit du char, & le poids du leſt de la machine

machine étant diminué par cette sortie, M. *Charles* quitta la prairie de Nesle à quatre heures & un quart, & s'éleva au moins de six minutes à la hauteur d'environ treize cens soixante-huit toises. Il évalua cette élévation par son barometre qui marquant à terre 28 pouces 4 lignes, étoit alors descendu à 18 pouces 10 lignes. La descente du mercure fut donc de 9 pouces 6 lignes ou de 114 lignes ; la colonne d'air qui gravitoit à cette hauteur avoit donc treize cens soixante-huit toises de moins de longueur que celle qui gravitoit sur le barometre, lorsque la machine étoit à terre. Ce calcul est fondé sur l'expérience cent fois répétée qu'une élévation perpendiculaire de 12 toises produit dans le barometre un abaissement d'une ligne. A cette hauteur M. *Charles* se trouva dans la température la plus froide. Il ouvrit la soupape du ballon, & trente-cinq minutes après son départ, il descendit sur la terre de M. *Farrer*, à une lieue & demie de la prairie de Nesle. Tous ces faits sont constatés par d'excellens procès verbaux.

Le fluide dont MM. *Charles* & *Robert* remplissent leur ballon, est connu ; c'est l'air inflammable extrait de la limaille de fer ou d'acier par l'acide vitriolique, appellé vulgairement *huile de vitriol*. On évite sur toutes choses que la limaille ne soit ni jaunâtre, ni rouillée. On la passé par un tamis un peu gros, pour en séparer les pailles, les petits éclats de bois & les autres corps étrangers. L'acide vitriolique qu'on jette sur cette limaille épurée, doit être mélangé avec de l'eau pure, dans la proportion de trois parties d'eau sur une d'acide. Cette mixtion se fait avec précaution & à petite dose, à cause de la chaleur excessive qui résulte de cette union. Ces procédés sont maintenant trop connus en Physique, pour que je m'étende davantage sur cette matiere. Cherchez *Air inflammable*. Je ferai cependant remarquer que, pour avoir un pied-cube d'air inflammable, il faut que quatre onces de limaille de fer soient dissoutes par six onces d'acide vitriolique. La pesanteur spécifique du gaz produit par cette dissolution, est à celle de l'air que nous respirons aux environs de la terre, comme 13 est à 107 : ce qui le rend, comme nous l'avons déjà remarqué, environ huit fois plus léger que l'air atmosphérique.

Les ballons à air inflammable ne doivent pas être

remplis entierement. Arrivés dans une région où l'air eſt moins denſe & moins élaſtique que celui qui nous environne, l'air inflammable ſe dilateroit & le ballon ſe déchireroit infailliblement ; ce qui rendroit inévitable la perte des voyageurs aériens. Que ſi cependant l'on vouloit le remplir exactement, il faudroit y ajouter une ſoupape par laquelle pût s'échapper le gaz trop dilaté ; mais il faudroit auſſi que la réſiſtance du reſſort de la ſoupape fût moindre que celle de l'étoffe dont le ballon eſt compoſé. Pour empêcher tout accident occaſionné par la trop grande dilatation du gaz, on feroit encore mieux de renoncer à toute ſoupape & d'attacher au-deſſous du ballon tendu un ſecond ballon d'une capacité à-peu-près égale. Celui-ci ſeroit abſolument privé d'air atmoſphérique & auroit communication avec le premier par le moyen d'un robinet ouvert. Le gaz dilaté paſſeroit néceſſairement de lui-même du ballon ſupérieur dans le ballon inférieur, lorſque la force de l'air environnant diminueroit ; & il remonteroit dans le ballon ſupérieur, lorſque cette force augmenteroit. Cette idée ingénieuſe ne doit cependant être adaptée qu'à ce qu'on appelle *ballons perdus* ; il faut à tout ballon à char une ſoupape que les voyageurs puiſſent ouvrir & fermer à volonté.

Pour qu'ils puiſſent monter & deſcendre ſans aucun riſque dans ces ſortes de chars, on leſte la machine avec des paquets exactement peſés & portant chacun l'étiquette de leur poids. Veut-on s'élever plus ou moins ? On jette à terre plus ou moins de ces paquets. Veut-on deſcendre ? On ouvre la ſoupape ; le gaz ſort ; la machine ſe comprime ; elle répond à un volume d'air moins peſant qu'elle ; & l'on ſe trouve à terre le plus facilement du monde. C'eſt-là le procédé que mirent en uſage MM. *Charles* & *Robert* dans leur voyage du premier Décembre 1783.

Le Roi voulant conſacrer par des monumens la découverte de la machine aéroſtatique par MM. *de Montgolfier* & l'uſage qui en a été fait, chargea M. le Baron *de Breteuil*, Miniſtre & Secrétaire d'Etat, de donner des ordres néceſſaires, pour qu'il fût frappé une médaille propre à faire connoître en même-tems l'époque & les Auteurs de cette découverte. Sa Majeſté chargea également M. le Comte *d'Angivilliers*, Directeur général de ses bâtimens, de faire faire différens projets pour un monument, à être placé dans le Jardin des Tuileries, à l'endroit d'où MM. *Charles* & *Robert* se sont élevés, au moyen de la machine. Ces faits sont consignés dans la Gazette de France du 16 Décembre 1783.

Ici finit la partie purement historique des ballons aérostatiques. Nous n'avons jusqu'à présent presque rien dit de nous-mêmes. Nous n'avons eu d'autre mérite que celui de rectifier quelques calculs & de faire l'abrégé de quelques bonnes brochures qui ont paru sur cette nouvelle découverte, à la tête desquelles tout Physicien intelligent mettra celle de M. *Faujas de St. Fond* qui a pour titre : *Description des Expériences de la machine aérostatique de MM.* de Montgolfier *& de celles auxquelles cette découverte a donné lieu.* Il est tems de faire part à nos lecteurs des réflexions que nous avons promis de mettre à la suite de cette histoire impartiale; quelques-unes seront une espece de supplément à la partie historique de cet article.

Premiere réflexion. Les uns ont parlé de la découverte des ballons aérostatiques avec trop d'enthousiasme, les autres avec trop peu d'estime. Les premiers ont prétendu que par cette heureuse découverte toutes les sciences alloient changer de face & recevoir un nouvel éclat. Suivant eux, les observations se feront plus surement, les longitudes se vérifieront plus exactement, les cometes se découvriront plus facilement, &c. voilà pour l'Astronomie. On diminuera la peine des hommes de mille manieres différentes; on rendra utile une foule d'inventions dont une très-petite différence d'équilibre ou de force arrêtoit l'effet; voilà pour la Mécanique. On transportera des lettres & des effets par-dessus une armée ennemie; on franchira les plus hautes chaînes de montagnes, pour apporter les nouvelles intéressantes, &c. voilà pour la Steganographie. On connoîtra à fond la constitution de l'atmosphere; on fixera la hauteur des nuages, la région des météores aériens, aqueux & ignées; on fera les observations météorologiques, de maniere à ne laisser aucun doute sur cette importante matiere, &c.

voilà pour la Physique. On verra des globes lumineux percer au-delà des nues & y rester long-tems ; on jouira du spectacle de mille feux d'artifice qu'on exécutera dans les airs, &c. voilà pour l'agrément, & voilà ce que j'appelle parler des ballons aérostatiques avec enthousiasme.

Pour ceux qui en parlent avec indifférence, je dirois presque avec une espece de mépris, ils commencent par avancer que cette découverte n'est pas nouvelle. Ils en fixent la date à l'année 1670, & ils en font honneur à un Jésuite appellé *Pierre-François Lana de Brescia*. Cet homme de génie publia en effet en ce tems-là le projet d'une barque qui devoit se soutenir & voyager dans l'air à voiles & à rames ; il lui donna le nom de bateau volant. Au haut de quatre especes de mâts étoient attachés quatre globes de vingt pieds de diametre chacun, parfaitement vuides. Entre ces quatre mâts étoit une voile qu'on plioit & déplioit à volonté. Ces globes devoient être de cuivre d'une épaisseur presque insensible, & ils devoient enlever le bateau encore plus surement & plus vîte, que le ballon de MM. *Charles* & *Robert* n'enleve le char qui y est suspendu. La voile & les rames devoient servir à le diriger par-tout où l'on voudroit se transporter. Ce projet ne fut jamais mis à exécution.

Les détracteurs des ballons aérostatiques ne se contentent pas de vouloir enlever à MM. *de Montgolfier* la gloire d'une si belle invention ; ils ne prétendent rien moins que de faire regarder leur découverte comme une chose très-dangereuse à la société. Si ces ballons sont autorisés, quelle serrure, *disent-ils*, assurera nos propriétés ? Quelle tour pourra garantir nos villes ? Quelle flotte ne sera pas brûlée dans les ports les plus sûrs ? Quelle maréchaussée pourra arrêter nos meurtriers, nos assassins, &c. ?

Ne soyons ni panégyristes enthousiastes, ni détracteurs de mauvaise foi, & prenons dans une matiere si importante un parti aussi éloigné des déclamations indécentes, que des louanges extatiques. Voici donc le jugement que nous portons sur les ballons aérostatiques. MM. *de Montgolfier* en sont les vrais inventeurs, & MM. *Charles* & *Robert* ont commencé à perfectionner cette belle machine. L'ouvrage du P. *Lana*, ouvrage fort rare & peu connu, n'eſt jamais tombé entre leurs mains; peut-être n'en exiſte-t-il qu'un exemplaire en France, celui de la bibliothéque du Roi. Les ballons aéroſtatiques, dans l'état d'imperfection où ils ſont encore, ne peuvent ſervir qu'à l'agrément & aux obſervations météorologiques. Celui ſurtout de MM. *Charles* & *Robert*, élevé perpendiculairement & graduellement dans l'atmoſphere dans un tems calme, muni de bons barometres, thermometres, hygrometres & électrometres ſur leſquels deux bons Phyſiciens auroient continuellement les yeux, nous procureroit des obſervations précieuſes qui jetteroient un grand jour ſur l'état actuel de l'atmoſphere qui nous environne & qui fixeroient aſſez préciſément la diſtance des différentes régions où ſe forment les météores aqueux, ignées & aériens. Avant donc que de penſer à voyager dans les airs, penſons à perfectionner cette machine, de maniere qu'on puiſſe s'y élever perpendiculairement, ſans s'expoſer à aucun danger. Le premier pas eſt fait; *facilè eſt inventis addere.*

Seconde réflexion. Les ballons à la *Montgolfier* me paroiſſent ſujets à de grands inconvéniens. Le fluide dont ils ſont remplis n'étant qu'environ une fois plus léger que l'air que nous reſpirons aux environs de la terre, il faut que leur capacité ſoit immenſe, pour enlever un char, des voyageurs & les approviſionnemens néceſſaires pour le voyage. Il faut encore un feu permanent & très-violent. Un coup de vent peut faire renverſer la machine, & le feu tombant dans l'intérieur du globe, que deviendront nos Argonautes Aériens ? Je frémis, toutes les fois que je penſe au ballon de Lyon. Auſſi détournerai-je toujours quiconque voudroit ſe ſervir d'un pareil moyen, je ne dis pas pour voyager, mais même pour s'élancer dans les airs.

M. le Comte *de Milly*, de l'Académie Royale des Sciences de Paris, voudroit qu'on ne ſe ſervît du feu de paille, que pour gonfler le ballon, & qu'on ſubſtituât à ce feu, une fois éteint, des lampions à meches nombreuſes & très-groſſes. On alimenteroit ces lampions avec de l'eſprit de vin, ſi l'on ne craignoit pas la dépenſe, ou avec de l'huile ordinaire, ſi on la craignoit. Si l'on employoit ce dernier agent, l'on empêcheroit la fumée avec beaucoup de facilité, en faisant usage des meches œconomiques qui se vendent au bureau de confiance, à Paris, rue St. Honoré. Par ce moyen les voyageurs seroient maîtres de monter ou de descendre à volonté, en allumant ou en éteignant plus ou moins de meches. Cette correction a été approuvée par MM. *de Montgolfier*, dont l'aîné, dans une expérience qu'il avoit faite à Lyon, avoit employé des cornets de papier huilé, qui soutinrent un ballon, contenant trois cens pieds-cubes, par le moyen d'une livre de papier & autant d'huile. Ce ballon fut perdu de vue au bout de vingt-deux minutes.

Ce changement, tout ingénieux qu'il est, ne doit être adapté qu'aux *ballons à char.* Les *ballons perdus*, échauffés par des lampions, n'en seroient pas moins dangereux dans leur chute. Dans toute ville policée on en interdira l'usage, fussent-ils lancés par des personnes assez riches, pour payer les dommages qu'ils auroient pu causer. Il n'est jamais permis, sous prétexte de dédommagement, d'exposer des maisons, des quartiers, une recolte de blé à être consumés par les flammes. Les seuls ballons *perdus* qu'on puisse lancer sans aucun inconvénient, sont ceux qui sont faits à la façon de MM. *Charles* & *Robert.*

Troisieme réflexion. Il n'en est pas ainsi de ces derniers ballons *à char.* Il faut bien peu connoître la nature de l'air inflammable, pour s'y exposer avec sécurité. Je le demande à tout Physicien impartial : si par quelqu'un de ces accidens qui n'arrivent que trop souvent, les ressorts de la soupape qu'on ouvrira, lorsqu'on voudra descendre, viennent à se déranger, & que l'air atmosphérique entre dans l'intérieur du globe ; que deviendront nos voyageurs, s'ils se trouvent dans un air électrique ? Une simple bluette s'insinuant par les pores de la machine, mettra le feu au fluide dont elle est remplie, & le globe éclatera en des millions de pieces.

Mais ne pensons pas à des accidens qui peut-être n'arriveront jamais, & faisons à MM. *Charles* & *Robert* la demande que leur fait M. le Comte *de Mil'y.* Votre ballon, *leur dit-il*, perd chaque jour par les pores de votre machine une quantité assez considérable d'air inflammable; vous en convenez. Par cette déperdition il se forme nécessairement autour de lui une enveloppe de ce gaz, & ce gaz se mêle nécessairement avec l'air atmosphérique. Que deviendrez-vous, si vous passez à portée de l'éclair qui sort de la nue, ou si vous vous trouvez dans un air électrique ? Cette idée m'effraye ; je vois l'enveloppe de votre ballon enflammée, votre ballon consumé par les flammes, & votre char se précipiter avec la vîtesse accélérée que communique la gravité à tout corps sublunaire qui, abandonné à lui-même, tombe librement sur la terre. Ou renoncez donc à votre air inflammable, ou ne vous en servez que pour remplir des ballons de simple agrément, tels que sont ceux que nous appellons *ballons perdus*. Cette récréation physique vous coûtera cher, mais au moins ne sera-t-elle sujette à aucun inconvénient.

Quatrieme réflexion. Dans la nécessité où l'on est de renoncer à l'air inflammable, pour remplir des ballons *à char*, & à toute substance aériforme qui, combinée avec l'air atmosphérique seroit sujette à détonner, M. le Comte *de Milly* propose d'employer l'alkali volatil, substance, *dit-il*, la plus convenable par sa volatilité naturelle ; mais comme il se condense très-facilement, il avoue que, pour le tenir toujours en vapeurs, il faudra lui appliquer une chaleur convenable. Vous donnerez, *ajoute-t-il*, à votre ballon une forme sphéroïdale, dont la pointe inférieure sera terminée par un cône tronqué de fer-blanc sous lequel vous appliquerez le feu d'une ou de plusieurs lampes. Dès que vous aurez introduit l'alkali volatil en vapeurs dans l'intérieur du ballon, il s'y soutiendra, tant qu'il conservera assez de feu ; mais en se refroidissant, il se condensera, & il tombera par son propre poids dans le cône de fer-blanc qui termine le sphéroïde. Le feu qui échauffe ce cône, lui rendra bientôt les ailes que le froid lui avoit ôtées, & par ce moyen l'alkali volatil s'entretiendra toujours avec peu de soin & peu de frais dans l'état de vaporisation.

Pour prévenir la déperdition de ce fluide moteur, à mesure qu'elle s'opérera par les pores de la machine, vous aurez quelques livres d'alkali volatil dans des flacons ; avec un mâtras de métal qu'on échauffera avec une lampe & qui communiquera par une soupape dans l'intérieur du ballon.

J'avoue que ce gaz est préférable à l'air inflammable ; trouvât-on un procédé pour obtenir ce dernier à un prix vingt-cinq fois au-dessous du prix actuel, comme un Chimiste célebre de l'Académie de Dijon l'a annoncé. Mais, cependant il faut un feu permanent pour empêcher la condensation de l'alkali volatil, & ce feu permanent présente des inconvéniens sans nombre dans tout voyage aérien. De plus les dépenses seront immenses en employant cet alkali ; il se vend beaucoup plus cher que l'air inflammable qu'on obtient par la combinaison du fer avec l'acide vitriolique. *Incidit in scyllam cupiens vitare charybdim.*

Cinquieme réflexion. J'avoue ingénument que, fût-il possible de diriger dans les airs un ballon aérostatique, à-peu-près comme on dirige un vaisseau sur la mer, je ne vois pas que cette espece de navigation pût nous procurer de grands avantages. Celui qui se présente naturellement à l'esprit, & que les Souverains seuls pourroient employer, ce seroit de pouvoir donner par des courriers aériens des nouvelles intéressantes beaucoup plus promptement, qu'on ne le fait par des courriers terrestres. Mais cette navigation est-elle possible ? La chose est encore & sera, je le pense, long-tems indécise ? Ce qui paroît démontré, c'est qu'on ne peut la tenter que par un vent favorable. Elle est très-difficile en tems calme, & avec un vent contraire elle devient absolument impossible. Elle est très-difficile en tems calme, pourquoi ? Parce que les ballons aérostatiques, ceux surtout de MM. *de Montgolfier*, ayant une surface immense, ils éprouveroient dans l'air deux especes de résistance qui doivent effrayer tout homme, tant soit peu au fait de la Physique. La premiere vient de la ténacité & de la viscosité du fluide, & elle est toujours proportionnelle au tems employé à le traverser. Elle ne joue pas ici un grand rôle, les particules aériennes se séparent très-facilement les unes d'avec les autres. Il n'en est pas ainsi de la seconde ; elle vient de la quantité de matiere que le ballon doit déplacer, & elle augmente toujours avec la vîtesse du corps qui se meut dans ce fluide. Cherchez *Milieu.* Quelle force ne devroient pas employer en tems calme les navigateurs aériens, pour vaincre cette double résistance. M. *de Montgolfier* l'aîné avoue, dans un Mémoire qu'il a lu à l'Académie Royale de Nîmes, que *pour entretenir, en tems calme, la vîtesse d'un globe de dix pieds de diametre, à raison de trente pieds par seconde, il faut consommer la force constante que peuvent fournir neuf à dix hommes robustes.*

Avec un vent contraire la navigation aérienne devient absolument impossible, puisqu'il est tel vent qui feroit parcourir en sens contraire au ballon quatre-vingt-dix pieds par seconde, ce qui répond à dix-huit lieues par heure. Quelle force pourroit vaincre la violence d'un vent aussi impétueux ; & ces sortes de vents ne sont pas rares.

Je ne vois rien de plus raisonnable que ce qu'a écrit sur cette matiere un grand Physicien dans une lettre à M. *Faujas de St. Fond.* Sa lettre est peut-être la meilleure piece qu'il y ait dans la brochure dont nous avons déjà parlé. Quand on se rappelle, *dit-il*, combien la navigation maritime est ancienne & combien ses progrès ont été lents, & quand on considere en même-tems combien les naufrages, si fréquens sur les côtes & trop communs en pleine mer, prouvent que cet art a encore besoin d'être perfectionné, on ne peut exiger sans doute que la navigation aérienne puisse, à son début, atteindre à une perfection dont la navigation maritime est encore si éloignée. Il faut donc suivre pas à pas l'exemple des hommes qui les premiers se sont hasardés à naviguer sur la mer ; ils ne s'éloignoient de la terre que le moins qu'ils pouvoient ; ils n'entreprenoient pas de longs voyages, & ils ne partoient qu'avec un vent favorable. Si le vent venoit à changer pendant le cours de la navigation, ou si le tems devenoit orageux, ils relâchoient, & ils ne se rembarquoient, que quand le beau tems & un bon vent y engageoient. Avec de pareilles précautions on courroit peu de dangers dans la navigation aérienne ; on s'appliqueroit chaque jour à étudier l'élément dans lequel on navigueroit, les périls auxquels il expose & les ressources qu'il peut offrir, & on se hasarderoit peu-à-peu davantage. Je penſe cependant que les tranſports par terre & par eau auront communément la préférence ſur les tranſports par le moyen des machines aéroſtatiques dans l'uſage ordinaire de la vie, par la raiſon que la voie de la terre ſera toujours en général la plus ſûre, & que l'eau étant, à cauſe de ſa peſanteur, capable de ſoutenir de grands poids, ſans le ſecours d'aucune machine, les tranſports par ſon moyen ſeront moins coûteux & moins embarraſſans.

Sixieme réflexion. La fameuſe expérience de Dijon, tant annoncée & enfin exécutée le 25 Avril 1784, ne prouve ni pour ni contre la poſſibilité de la navigation aérienne ; elle en confirme tous les dangers. Le ballon aéroſtatique, à air inflammable, *l'Académie de Dijon*, muni d'un gouvernail & de rames, ſous la conduite de MM. *de Morveau* & *Bertrand*, partit à 4 heures 58 minutes du ſoir, & arriva à 6 heures 25 minutes près d'Auxonne, éloignée d'environ cinq lieues de la capitale de la Bourgogne. La force du vent fut l'unique moteur de ce vaiſſeau aérien en ſens horiſontal. Sa plus grande élévation fut d'environ douze cens toiſes. Avant que d'arriver à cette hauteur, où les voyageurs ſouffrirent le froid le plus vif, l'air inflammable éprouva une très-forte dilatation, occaſionnée à la fois par la chaleur du ſoleil & la diminution de denſité de l'air environnant. Ils firent jouer les deux ſoupapes ; mais elles ne ſuffirent pas à écouler le fluide, & le ballon s'ouvrit dans la partie inférieure de la longueur de 7 à 8 pouces. Le ſoleil commençant à baiſſer & le ballon s'aplatiſſant, ils virent qu'il étoit tems de choiſir le lieu de la deſcente. Ils ſe ſervirent, pour tourner vers Auxonne, des deux ſeules rames qui leur reſtoient. Le gouvernail avoit été déboîté par le vent, preſque au moment du départ. Une des rames avoit été caſſée à l'axe de ſon manche, & s'étoit détachée au premier inſtant où l'on voulut en faire uſage, pour s'éloigner de Dijon. La rame de l'équateur du même côté s'étoit engagée dans une des quatre grandes cordes, filées lors du départ. Cependant le ballon perdoit toujours plus par l'ouverture dont nous avons déjà parlé ; on ceſſa toute manœuvre & il deſcendit aſſez doucement ſur un taillis, appellé le *Chaignet*, dans le territoire de la Marche, près de *Magny-les-Auxonne*. A l'aide des habitans de ce village, il toucha terre, & les deux voyageurs sortirent de leur gondole aérienne avec autant de plaisir, que d'empressement. Ce petit voyage coûta environ dix mille écus, quelques-uns disent cinquante mille livres, à raison de dix mille livres par lieue; les voyages de plaisir des plus riches Souverains, n'ont jamais occasionné de pareilles dépenses.

La seconde expérience, faite le 12 du mois de Juin suivant, réussit beaucoup mieux que celle du 25 Avril. Les voyageurs, MM. *de Morveau* & *de Virly* parcoururent, dans l'espace d'une heure & deux minutes, neuf à dix lieues dans les airs, & prirent terre volontairement à quatre lieues & demie de Dijon, point de leur départ. Il résulte de leur procès-verbal que leurs moyens de direction ont eu leur effet en partie. Ils n'ont employé, comme la premiere fois, que le gouvernail & les rames. S'ils entreprennent un troisieme voyage, ce qui est à desirer, ils placeront les rames de l'équateur à l'extrémité d'un axe prolongé d'environ 10 à 12 pouces, pour que, dans aucun cas, leur jeu ne soit gêné par le frottement des cordes sur le ballon. Ce prolongement leur procurera la liberté de donner à la surface des pales de ces rames toute l'amplitude dont elles sont susceptibles : ce qu'on n'avoit pas fait dans la crainte qu'elles ne s'approchassent trop du ballon. Attendons cette troisieme expérience, pour avoir quelque espérance bien fondée de succès dans l'art de la navigation aérienne.

Septieme réflexion. Si l'on embarque des instrumens nécessaires aux observations, qu'on prenne garde de ne pas trop lester la machine. Trop chargée, elle s'abaisseroit, après s'être élevée de quelques toises; elle toucheroit la terre; & cet accident feroit casser infailliblement les instrumens dont on se seroit muni. Ainsi en arriva-t-il au ballon lancé à Nantes, le 14 du mois de Juin 1784, & monté par MM. *Coustard* & *Mouchet*. D'ailleurs l'expérience faite avec un ballon de taffetas verni de 30 pieds, 4 pouces de diametre, réussit très-bien. Les voyageurs s'éleverent à quinze à dix-huit cens toises & parcoururent neuf lieues dans cinquante-huit minutes. A peine furent-ils sortis de la galerie, que l'aérostat, allégé d'environ trois cens livres, s'éleva rapidement & fut perdu de vue en moins de deux minutes. Il fut retrouvé à 22 lieues de Nantes, dans un village du Poitou, peu distant de Brefenaire, vers les neuf heures du soir, trois heures après son premier départ.

Huitieme réflexion. Le voyage de M. *Blanchard* du 18 Juillet 1784 nous fait espérer qu'on parviendra tôt ou tard à diriger les aérostats dans les plaines aériennes. Cet habile Physicien partit des anciennes casernes de Rouen avec M. *Boby*, à cinq heures 15 minutes du soir, sur un ballon à air inflammable & à rames, ayant à-peu-près 210 livres de lest. Non-seulement il monta & descendit à volonté, mais encore il lutta contre un courant qui l'eût dérobé sur le champ à la vue des spectateurs enchantés de ses manœuvres. A cinq heures trente-deux minutes, il trouva un calme, & il en profita pour planer pendant quatre minutes dans les airs, y promener çà & là ses regards sur la vaste étendue de l'univers, & contempler la beauté de ces nuages roulant les uns sur les autres, comme les flots d'une mer orageuse. Après avoir traversé ces nuages, il tourna au nord, & ensuite au nord-est, pour s'échapper au vent dont il étoit furieusement contrarié. Invité par son compagnon de voyage à aller à Neuf-Chatel, petite ville de Normandie, à 9 lieues de Rouen, il y arriva à 6 heures 15 minutes. Il se releva, & tournant au nord-nord-ouest, il se rendit à 2 lieues de la mer, dont il eût entrepris le passage, si le jour n'eût pas été sur son déclin. Résolu de prendre terre, il tira la soupape, & il descendit tranquillement, à 7 heures trente minutes, dans la plaine de Puissanval, à quinze lieues de Rouen.

M. *Blanchard* assure que dans la plus grande vivacité de sa course, une lumiere ne se seroit pas éteinte dans le vaisseau. Si le fait est vrai, il a raison de conclure qu'il seroit inutile d'adapter des voiles à un ballon aérostatique ; il est évident qu'elles ne s'enfleroient jamais.

Neuvieme réflexion. Les Antiballonistes racontent avec plaisir les échecs arrivés aux ballons aérostatiques lancés en différens tems à Philadelphie, en Espagne, à Bordeaux, à Avignon, à Toulouse, à Bagnols, à Montpellier, &c. c'est-là triompher, si j'ose le dire, d'une maniere puérile. Qu'on s'en prenne aux Physiciens qui ont dirigé ces sortes d'expériences & aux Artistes qui en ont fait les préparatifs ; à la bonne heure. Mais qu'on en conclue que la découverte de MM. *de Montgolfier* est en elle-même nuisible ou même inutile ; ce seroit-là l'injustice la plus criante, le plus gauche de tous les raisonnemens. A ces différens échecs l'on opposera toujours une foule d'expériences en ce genre qui ont eu le succès le plus complet, & en particulier celle du 23 Juin 1784. Le ballon, appellé *la Montgolfiere*, de 86 pieds de haut, sur 230 pieds 6 pouces de circonférence, fut construit par ordre du Roi & lancé en présence de Leurs Majestés, de la Famille Royale & du Roi de Suede. Ce ballon étoit composé de trois parties, d'une calotte, d'un cylindre & d'un cône tronqué. La calotte, formée de 1540 peaux de mouton, avoit quarante pieds de diametre. Le cylindre renfermoit 74 lés de toile de coton, de 3 pieds 3 pouces de large sur 24 pieds de haut. Le cône étoit construit de 60 fuseaux & 14 lés intermédiaires. Ce fut à la réunion des fuseaux qu'on fixa les 12 cordes qui portoient la galerie dont la circonférence extérieure étoit de 54 pieds. Au milieu de cette galerie on suspendit un réchaud de trois pieds & demi de diametre sur deux pieds de haut. Cette machine ainsi construite & superbement décorée, pouvoit porter 25 quintaux, s'élever à la hauteur de près de deux mille toises, & faire plus ou moins de chemin en ligne horisontale, suivant la force du vent qui devoit en être l'unique moteur.

Tout réussit, comme on le desiroit. A cinq heures moins un quart du soir, au bruit des tambours qui battirent au champ, au son de la musique qui joua l'ouverture du Déserteur, & aux acclamations réitérées de tout ce qu'il y a de plus grand dans la France, *la Montgolfiere*, placée dans la cour des Ministres à Versailles, s'éleva d'abord avec une lenteur majestueuse ; bientôt après, à l'aide du feu & du vent, elle monta à une telle hauteur, qu'elle ne parut qu'un point presqu'imperceptible. Elle fut vue de tout Paris, lorsqu'elle passa au-dessus de Montmartre. A cinq heures & demie, c'est-à-dire, trois quarts d'heure après son départ, les voyageurs, MM. *Pilatre de Rozier* &

Proust, ayant consommé toutes leurs provisions combustibles, elle descendit sans accident, entre *Champlatreux* & *Chantilly*, à 12 lieues de distance du lieu d'où elle avoit été lancée.

Dixieme réflexion. M. *Blanchard* dont nous avons fait connoître le génie & les premiers succès dans notre *huitieme réflexion*, a éclipsé la gloire de presque tous les Aéronautes par la hardiesse de son entreprise. Accompagné du Docteur *Jefferies*, il partit de Douvres sur un ballon aérostatique, pour se rendre à Calais, le 7 Janvier 1785, à une heure après midi. Le vent étoit nord $\frac{1}{4}$ rhum ouest ; & à 3 heures, les Aéronautes eurent traversé la mer, & se virent au-dessus des côtes de France, entre Calais & Boulogne, ayant laissé Calais à une lieue sur la gauche. A trois heures & trois quarts, ils prirent terre, à deux lieues & demie du rivage, au-delà de la forêt de Guines, vers la pointe d'Ardes. Ce qui empêcha les voyageurs de descendre, d'abord après le passage de la mer, c'est que le vent reportoit le ballon vers l'océan, & que le terrain étoit couvert de marais, qu'il falloit nécessairement franchir, pour que le ballon descendît & touchât terre sans aucune espece de danger.

Il résulte du procès-verbal dressé sur les observations les plus exactes, qu'à deux heures le ballon de M. *Blanchard* fut vers le milieu du détroit, où il resta stationnaire à la hauteur d'environ quatre mille cinq cens pieds au-dessus du niveau de la mer. Il continua ensuite sa course vers la côte de France, tantôt en s'élevant davantage, tantôt en se baissant, même jusqu'au point d'occasionner les craintes les mieux fondées. Le vent ayant varié de plusieurs points vers l'ouest, ce qui pouvoit emporter le ballon dans la mer du nord, M. *Blanchard* a évité ce danger en dirigeant son bateau plus près du vent. Il le dirigea encore plus à l'ouest, lorsqu'il vit le vent se porter au sud & jusqu'au ouest-quart-sud-ouest ; il aima mieux s'écarter du terme de son voyage qui étoit *Calais*, que de s'exposer à faire, pour ainsi dire, naufrage au port.

Onzieme réflexion. Ceux qui ont prédit que quelque Aéronaute auroit tôt ou tard le sort du fameux *Icare*, auront bien lieu de triompher. M. *Crosbie*, Gentilhomme

Irlandois, construisit à Dublin un ballon à char. Il le lesta, & il s'embarqua, le 15 Mai 1785, pour aller naviguer dans les airs. A peine l'aérostat fut-il élevé à la hauteur des toits, qu'il retomba. M. *Crosbie*, plus mort que vif, se garda bien de remonter sur son char. Un jeune Officier, nommé *Guire*, prit sa place; il eut l'imprudence de débarrasser le ballon de tout son lest; aussi fut-il bientôt enlevé à une hauteur considérable. Un courant de sud-ouest le poussa sur la mer & le dirigea vers l'Angleterre. A peine se trouva-t-il entre le ciel & l'eau, qu'il s'apperçut que son ballon descendoit avec la plus grande vîtesse. Il entrevit par bonheur une barque de pêcheurs; il se jetta à la mer; il atteignit la barque en nageant; & ce fut par ce moyen qu'il sauva ses jours.

Apparemment M. *Crosbie* craignit qu'on n'appellât *timidité* ce que tout homme raisonnable doit appeller *prudence*. Deux mois après, c'est-à-dire, le 19 Juillet, il donna dans la même ville le spectacle toujours nouveau d'un voyage aérien, sur un ballon à air inflammable, auquel étoit appendue une gondole très-légere. Trop au fait des dangers que l'on court sur cette machine, il garnit sa gondole de vessies remplies d'air, pour la rendre insubmergible.

Cette précaution étoit nécessaire à un homme qui avoit formé le projet de traverser le canal qui sépare l'Irlande de l'Angleterre. Il s'étoit muni de 150 livres de lest. Il s'éleva d'abord considérablement & il fut porté sur la mer. Dans la crainte où il étoit de descendre, il se défit d'une partie de son lest. Il s'éleva par ce moyen dans une région si froide, que le mercure retomba tout-à-fait dans la boule de son thermometre & que l'encre de son écritoire se congéla. Résolu de descendre, il tira le cordon de sa soupape. Il lui fut impossible de la refermer; tout l'air inflammable sortit du ballon; M. *Crosbie* eut beau jetter tout le lest qui lui restoit; il ne put ralentir sa chute & il tomba dans la mer. Sa gondole se remplit d'eau, mais elle ne fut pas submergée, parce qu'elle étoit garnie d'un grand nombre de vessies, remplies d'air. Ce ne fut qu'une heure après sa chute, que notre Aéronaute fut secouru par un petit navire qui le mit sur son bord.

Apparemment qu'on tarda à recevoir en Angleterre la nouvelle de cet accident. Le Major *Money* n'auroit pas sans doute entrepris, quatre jours après, un pareil voyage à Norwik. Le 23 Juillet, à 4 heures après midi, il s'éleva dans les airs sur un ballon à air inflammable. Le vent le porta bientôt sur la mer, où il tomba, après avoir erré, pendant deux heures, au gré des différens vents qui souffloient. Son ballon déchiré n'avoit plus que l'apparence d'un parasol. Epuisé de force & prêt à être englouti, il fut recueilli, à onze heures & demi du soir par le cutter l'*Argus*. Il respiroit à peine. Des restaurans donnés à propos, & un sommeil assez tranquille dans un bon lit, le rendirent à la vie.

Si ces hardis Aéronautes eussent péri dans les eaux; c'eût bien été leur faute. N'avoient-ils pas appris, un mois auparavant, la mort tragique de MM. *Pilatre de Rozier* & *Romain* qui tenterent de traverser la Manche à Boulogne sur un double ballon, c'est-à dire, sur un ballon à réchaud surmonté d'un aérostat à air inflammable ? Ce funeste accident arriva le 15 Juin 1785. A peine furent-ils à la hauteur d'environ mille toises, qu'on apperçut à la lunette une fumée assez épaisse, & les deux Aéronautes occupés, l'un au travail du réchaud, l'autre à celui de la soupape. Tout le monde fut effrayé. L'effroi fut au comble, lorsqu'on vit le double ballon descendre avec précipitation, après une explosion assez forte, pour être entendue de la plupart des spectateurs. La nacelle se précipita & l'on y trouva les deux victimes dans l'état le plus affreux. M. *Romain*, respirant encore, a survécu quelques minutes ; mais M. *Pilatre* étoit mort, & son corps fracassé offroit une seule plaie. Il ne s'écoula que vingt minutes entre le départ & la chute des téméraires Aéronautes.

On a beaucoup raisonné sur la cause de ce funeste accident. Pour moi je pense qu'il étoit inévitable. L'air inflammable contenu dans l'aérostat, naturellement expansible, fut prodigieusement dilaté par la chaleur qui régnoit dans la *Montgolfiere* ; la dilatation de ce gaz produisit nécessairement une forte explosion ; l'enveloppe de l'aérostat tomba sur la Montgolfiere, & ce surcroît de poids occasionna sa chute.

Remarque

Remarque 1. L'on trouvera dans l'article *Navigation aérienne*, ce qui manque à ce petit Traité ſur les Aéroſtats.

Remarque 2. Ceux qui auroient eu quelque peine à nous comprendre, jetteront les yeux ſur les figures 9. 10. 11. La premiere repréſente les ballons à feu ; la ſeconde les ballons à air inflammable, la troiſieme les ballons à char.

AGE DU MONDE. Cherchez *Année de la naiſſance du Meſſie*.

AIGRE. La plupart des Phyſiciens prétendent qu'un fruit eſt aigre, lorſqu'il a une grande quantité de ſels acides. Nous examinerons cette queſtion dans l'article des *Saveurs*. Nous aſſurons par avance que la ſaveur aigre eſt la cinquieme des ſept ſaveurs principales.

AIGU. Un angle eſt aigu, lorſqu'il a moins de 90 degrés, c'eſt-à-dire, lorſqu'il eſt meſuré par un arc moindre que le quart de la circonférence d'un cercle. Une ligne tombant ſur un plan, penche-t-elle plus d'un côté que d'un autre ? Elle forme avec ce plan un angle aigu du côté vers lequel elle penche le plus. Cherchez *Géométrie* ; vous trouverez dans cet article cette matiere expliquée fort au long.

AIMANT. L'Aimant eſt un composé de pierre & de fer. Sa couleur tire pour l'ordinaire ſur le noir. Ce fut par haſard, ſuivant quelques Phyſiciens, que ſe fit la découverte de cette admirable pierre. Un Berger, nommé *Magnès*, gardoit ſon troupeau ſur le Mont Ida ; il enfonça dans la terre ſon bâton armé d'une pointe de fer ; il eut de la peine à l'en retirer. Curieux de découvrir la cauſe du nouvel obſtacle qu'il rencontroit, il creuſa autour du bâton & il en trouva la pointe attachée à un excellent Aimant.

Ceux qui regardent cette hiſtoire comme une fable, aſſurent avec beaucoup de vraiſemblance que cette pierre tire ſon nom d'une ville de la Lydie appellée *Magnétie*, ſituée ſous le Mont *Sypile*, très fécond en métaux & en Aimans. Quoi qu'il en ſoit de l'origine de l'Aimant, il eſt sûr que depuis un tems infini les plus célebres Phyſiciens ſe ſont empreſſés d'expliquer les phénomenes innombrables qu'il nous préſente. Avouons-le cependant, ils ne nous ont encore donné aucun ſyſteme que l'on puiſſe regarder comme conforme aux loix de la ſaine Phyſique ; auſſi ne propoſons-nous qu'en tremblant, & comme une pure conjecture, l'hypotheſe que nous avons choiſie pour expliquer d'une maniere vraiſemblable les expériences de l'Aimant. La voici.

1°. Chaque Aimant a deux pôles, c'eſt-à-dire, deux points dans leſquels réſide ſa force. Un de ces points s'appelle *pôle du Nord* ou *pôle Boréal*, & l'autre *pôle Auſtral* ou *Méridional* ou *pôle du Sud*. Je ſais que les Anglois donnent communément le nom de *pôle du Sud* à celui des deux qui ſe tourne vers le *Nord*, & qu'ils nomment *pôle du Nord* celui des deux qui ſe tourne vers le *Sud*; mais cependant pour être plus clair, & pour me conformer à l'uſage établi en France, je nommerai *pôle du Nord* le côté de la pierre & l'extrémité de l'aiguille aimantée qui ſe tournent vers le *Nord*, & j'appellerai *pôle du Sud* le côté de la pierre & l'extrémité de l'aiguille aimantée qui ſe tournent vers le *Midi*. Ainſi l'Aimant C, *fig.* 1. a ſon pôle du *Nord* au point B, & ſon pôle du *Sud* au point A. L'on doit ſe reſſouvenir de cette dénomination, lorſqu'on lira l'article des *Aimans artificiels*.

2°. L'Aimant C a des pôles droits & paralleles à ſon axe A B. Il eſt probable que les pores qui vont du *Nord* au *Midi* n'ont pas préciſément la même figure que ceux qui vont du *Midi* au *Nord*.

3°. Nous donnons à l'Aimant C une atmoſphere compoſée de corpuſcules magnétiques. Nous ne regardons pas ceci comme une choſe douteuſe; nous ſavons que le fer s'aimante ſans toucher l'aimant, pourvu qu'on le mette dans l'atmoſphere de la pierre d'Aimant.

4°. Nous regardons les pores de l'Aimant comme remplis de corpuſcules magnétiques.

5°. Nous regardons chaque corpuſcule magnétique comme un petit Aimant, & nous lui donnons un axe, un pôle boréal, un pôle méridional, &c.

6°. Nous ſoupçonnons que les corpuſcules magnétiques ont à-peu-près une figure ronde; ce ſoupçon eſt fondé ſur la facilité qu'ils ont de ſe mouvoir ſur leur axe. Nous ſoupçonnons encore que les corpuſcules magnétiques qui viennent de la partie boréale de la terre ne ſont pas tout-à-fait ſemblables à ceux qui viennent de la partie méridionale.

7°. Chaque corpuſcule magnétique a une direction conſtante. Libre, il tourne une des extrémités de ſon axe vers le pôle boréal de la terre, & l'autre extrémité vers le pôle méridional. Mais d'où peut venir à ces corpuſcules une direction auſſi conſtante ? Voici quelles ſont là-deſſus nos conjectures.

De tout tems les Phyſiciens ont aſſuré que la Terre étoit un grand Aimant ; nous pouvons donc aſſurer à notre tour qu'elle a des pores paralleles à ſon axe, & qu'elle nous fournit tous les corpuſcules magnétiques qui ſe trouvent dans ſon atmoſphere : nous pouvons encore aſſurer que l'émiſſion de ces corpuſcules, cauſée probablement par la violente fermentation qui regne dans le ſein de notre globe, ne peut ſe faire que par les pôles de la terre, puiſque l'ouverture par laquelle elle ſe fait, ſe trouve ou aux pôles ou aux environs des pôles ; nous pouvons enfin aſſurer que les corpuſcules magnétiques conſervent un aſpect & une direction vers les pôles de la terre ; puiſque c'eſt de-là qu'ils ſortent. Ce qui nous engage à adopter cette hypotheſe, c'eſt la facilité avec laquelle nous expliquons les expériences de l'Aimant : Nous allons rapporter les principales.

Premiere Expérience. Faites toucher à une pierre d'aimant une aiguille ou de fer ou d'acier ; elle recevra par le contact la plupart des propriétés de l'Aimant.

Explication. Le fer & l'acier ont des pores à-peu-près ſemblables à ceux de l'Aimant ; auſſi les appelle-t-on des Aimans commencés. Faites-vous toucher une aiguille de fer ou d'acier à une pierre d'Aimant ? Il ſort de cette pierre des corpuſcules magnétiques qui vont ſe loger dans les pores de l'aiguille & qui lui communiquent les principales propriétés de l'Aimant.

Remarquez I. Que ſi vous enterrez une pierre d'Aimant dans la limaille de fer & que vous l'en retiriez quelques momens après, vous appercevrez la limaille attachée à deux endroits préférablement à tous les autres ; ce ſont-là les deux pôles de la pierre.

Remarquez II. Que l'extrémité S de l'aiguille d'acier N S, *fig.* 2. qui touche le pôle boréal B de la pierre C D, acquiert une vertu méridionale, c'eſt-à-dire, acquiert une vertu qui la fera tourner vers le pôle de la terre opposé à celui que regardoit le pôle de la pierre qui a servi à l'aimanter. En voici la raison physique : Les corpuscules magnétiques qui sortent du pôle boréal B de la pierre CD, entrent dans l'aiguille d'acier en conservant constamment leur direction : donc ils y entrent la face boréale la premiere ; donc l'extrémité N de l'aiguille NS qui ne touche pas la pierre CD, doit acquérir la vertu boréale ; donc l'extrémité S de l'aiguille NS qui touche le pôle boréal B de la pierre CD, doit acquérir une vertu méridionale.

Il est aisé de prouver par un semblable raisonnement que, si l'extrémité S de l'aiguille d'acier NS, touchoit le pôle méridional A de la pierre CD, elle acquerroit une vertu boréale.

Remarquez III. Que l'aiguille d'acier H ne s'aimantera pas sensiblement, si vous vous contentez de lui faire toucher l'équateur EQ de la pierre CD. La raison en est évidente ; les aiguilles ne s'aimantent, que parce qu'elles reçoivent des corpuscules magnétiques qui sortent par les pores de l'Aimant auxquels on les présente. A l'Equateur EQ de l'Aimant CD, il n'y a presque point de pores ; est-il étonnant que l'aiguille d'acier H touche cet Equateur, sans s'aimanter sensiblement ?

Seconde Expérience. Suspendez sur un pivot une aiguille aimantée, vous verrez une de ses extrémités tournée vers le pôle boréal de la terre, & l'autre extrémité vers le pôle méridional.

Explication. Tout le jeu de l'Aimant & des corps aimantés, vient des corpuscules magnétiques qui sont renfermés dans leurs pores. Ces corpuscules magnétiques se tournent d'un côté vers le pôle boréal de la terre, & de l'autre côté vers le pôle méridional ; n'est-il pas naturel qu'ils tournent leurs Aimans avec eux & qu'ils communiquent à leur axe une direction constante vers les deux pôles de la terre ?

De-là l'aiguille aimantée se trouve-t-elle sous l'Equateur ; vous la verrez parallele à l'horison, pourquoi ? Parce que l'axe des corpuscules magnétiques conserve la même direction que l'axe de la terre. Par la même raison l'aiguille aimantée doit être sous les pôles perpendiculaire à l'horison. Enfin dans les pays septentrionaux, l'extrémité qui regarde le pôle boréal, &

dans les pays méridionaux, l'extrémité qui regarde le pôle méridional, doit s'incliner vers l'horifon ; auffi tout cela arrive-t-il dans la pratique.

Remarquez cependant que l'aiguille aimantée ne fe tourne pas exactement d'un côté vers le pôle boréal & de l'autre vers le pôle méridional de la terre, mais qu'elle décline tantôt vers l'orient & tantôt vers l'occident. L'on n'en fera pas furpris, fi l'on fait attention qu'il y a dans le fein de la terre des mines d'aimant & de fer dont les atmofphores s'étendent fort au loin : de ces atmofpheres, il vient des corpufcules magnétiques vers l'aiguille aimantée ; ces corpufcules viennent-ils des régions occidentales ? L'aiguille décline vers l'occident ; elle déclinera au contraire vers l'orient, fi ces corpufcules viennent de quelque mine fituée dans les pays orientaux.

Troifieme expérience. Préfentez le pôle boréal B de l'Aimant D au pôle méridional A de l'Aimant C, *fig.* 1. ces deux aimans s'attireront.

Explication. Ces deux Aimans ainfi placés font chacun entourés d'une atmofphere homogene ; leurs atmofpheres fe touchent, fe confondent, prennent la figure ronde & chaffent les deux Aimans à leur centre commun. La même chofe arrive tous les jours à deux gouttes d'eau qui ne fauroient fe toucher fans fe confondre, & fans prendre la figure ronde. Par une raifon toute contraire ces deux Aimans fe fuiroient, fi vous préfentiez le pôle boréal de l'un au pôle boréal de l'autre ; n'en foyons pas étonnés, dans cette feconde hypothefe les atmofpheres de ces deux Aimans deviennent hétérogenes, non pas quant à la matiere qui les compofe, mais quant à la direction des corpufcules magnétiques. Si leurs atmofpheres font hétérogenes, elles ne fauroient fe mêler enfemble, lors même qu'elles fe touchent ; & l'on doit en être auffi peu furpris, qu'on l'eft de voir l'eau & l'huile fe toucher, fans fe confondre.

Concluez de-là que l'attraction magnétique eft bien différente de l'attraction Newtonienne. Celle-ci a pour caufe une loi générale du Créateur, comme il eft prouvé dans l'article de l'*Attraction* ; celle-là eft l'effet d'un fluide magnétique forti des pôles de la terre, & répandu autour de la pierre d'aimant, comme nous l'avons expliqué en expoſant notre hypotheſe.

Quatrieme Expérience. Diviſez en deux ſegmens, ou, en deux parties un Aimant P par ſon axe A B, *fig.* 3. ces deux ſegmens ſe fuiront l'un l'autre.

Explication. En diviſant l'Aimant P par ſon axe A B, les pôles A & B n'ont pas changé de place ; donc après la diviſión le pôle boréal B du ſegment A B C doit regarder le pôle boréal B du ſegment B D A. Il en eſt de même de leurs pôles méridionaux ; donc ſuivant les principes que nous avons établis dans l'explication de la troiſieme expérience, les deux ſegmens A B C & B D A doivent ſe fuir l'un l'autre après la diviſion.

Il ſuit de-là que ſi vous diviſiez l'Aimant P perpendiculairement à ſon axe A B, c'eſt-à-dire, par ſon Equateur C D, les deux ſegmens devroient s'attirer l'un l'autre ; auſſi le voyons- nous arriver dans la pratique.

Cinquieme Expérience. Préſentez à un des pôles A de l'Aimant G, *fig.* 4. l'extrémité d'une aiguille de fer ou d'acier ; préſentez enſuite l'autre extrémité de la même aiguille à un des pôles S de l'Aimant N, de telle ſorte que l'aiguille ſoit ſuſpendue entre ces deux Aimans ; tirez enfin horiſontalement l'Aimant N ; vous verrez que, quoiqu'il ſoit beaucoup plus foible que l'Aimant G, cependant l'aiguille abandonnera l'aimant G pour ſuivre l'aimant N.

Explication. Tout le monde ſait qu'un aimant armé a beaucoup plus de force qu'un aimant déſarmé. Armé, il ſoutient quelquefois un poids cent quatre-vingt fois plus grand, que lorſqu'il étoit déſarmé. Tel étoit un des aimans que l'on voyoit autrefois à Lyon dans le cabinet de M. du Puget. Ne ſoyons pas ſurpris de la force prodigieuſe des aimans armés ; par le moyen de l'armure, les corpuſcules magnétiques, non-ſeulement ne s'évaporent pas, mais encore, au lieu d'être épars çà & là, ils vont tous ſe réunir dans les deux boutons que l'on nomme les deux pôles. Cela ſuppoſé, il nous ſera très-aiſé d'expliquer l'expérience que nous venons de propoſer ; déſignons ſeulement par des chiffres les deux extrémités de l'aiguille d'acier ſuſpendue entre les deux aimans G & N, & nommons 1 l'extrémité de l'aiguille qui touche l'aimant G ; nommons 2 l'extrémité de l'aiguille que l'on applique à l'aimant N ; nommons enfin C l'aiguille entiere.

L'aiguille d'acier C devient comme l'armure de l'aimant G ; donc la plupart des corpuſcules magnétiques ſortis de l'aimant G vont ſe raſſembler à l'extrémité 2, & non pas à l'extrémité 1 de l'aiguille C ; donc l'extrémité 2, doit beaucoup plus s'attacher au foible aimant N que l'extrémité 1 ne s'attache au fort aimant G ; donc l'on ne ſauroit tirer horiſontalement l'aimant N, ſans que l'aiguille C quitte l'aimant G, & ſuive l'aimant N.

Remarquez que l'on arme un aimant en appliquant à chacun de ſes pôles une plaque d'acier terminée par un bouton. Ces deux boutons ſont les deux endroits où va ſe réunir toute la force des deux pôles ; auſſi eſt-ce ſur un des deux boutons que l'on doit frotter ce que l'on veut aimanter. Nous avons déjà apporté quelques-unes des cauſes phyſiques qui occaſionnent l'augmentation de force dans un aimant armé ; en voici encore deux que l'on ne ſera pas fâché de ſavoir.

1°. L'Acier étant plus poli que la pierre d'Aimant ; il reſte moins d'air entre l'Acier & les corps qui s'attachent immédiatement à lui, qu'il n'en reſteroit entre la pierre & ces corps.

2°. L'Acier a des pores moins larges que l'Aimant ; les corpuſcules magnétiques qui ſortent de l'Aimant, pour entrer dans l'armure d'Acier, paſſent d'un endroit plus large dans un endroit plus étroit ; ils accélerent donc leur mouvement, & par conſéquent leur force eſt augmentée.

Sixieme Expérience. Ayez un fort Aimant ; choiſiſſez deux aiguilles d'Acier, faites toucher à l'une un des boutons de l'armure, & contentez-vous de mettre l'autre dans l'atmoſphere de l'Aimant, éloignée de deux à trois lignes du même bouton. Ces deux aiguilles s'aimanteront, & M. le Monnier aſſure qu'elles prendront des aſpects différens, c'eſt-à-dire, ſi l'extrémité ſupérieure de l'aiguille qui touche l'armure reçoit la vertu boréale, l'extrémité ſupérieure de l'aiguille qui ne touche pas l'armure, recevra la vertu méridionale.

Explication. L'aiguille d'Acier qui touche l'armure, s'aimante par le moyen des corpuſcules magnétiques qui ſortent de l'Aimant ; & l'aiguille qui ne touche pas l'armure s'aimante par le moyen des corpuſcules magnétiques qui venoient dans l'Aimant ; car nous ſommes perſuadés que les corpuſcules magnétiques qui ſe trouvent répandus dans l'Atſmoſphere terreſtre, réparent abondamment les pertes que peut faire l'Aimant. Cela ſuppoſé, voici comment on peut raiſonner : il eſt probable que les corpuſcules qui ſortent de l'Aimant, entrent dans les corps qu'ils aimantent, tout différemment de ceux qui venoient dans l'Aimant & qui ont trouvé ſur leur chemin des corps à aimanter ; donc l'expérience dont parle M. le Monnier, n'eſt pas inexplicable, ainſi que l'ont prétendu bien des Savans.

Remarquez que le côté de la pierre d'Aimant qui regardoit le pôle boréal de la terre, lorſque la pierre étoit encore dans la mine, regarde le pôle méridional, lorſqu'elle eſt hors de la mine ; de même le côté de la pierre d'Aimant, qui dans la mine regardoit le pôle méridional de la terre, regarde hors de la mine le pôle boréal. Ce fait très-conforme aux principes que nous avons établis, eſt aſſuré par la plupart de ceux qui ont travaillé ſur l'Aimant. Voici comment nous l'expliquons dans notre hypotheſe. Le côté qui dans la mine regardoit le pôle boréal de la terre, eſt réellement le pôle boréal de la pierre d'Aimant, & le côté qui dans la mine regardoit le pôle méridional de la terre, eſt réellement le pôle méridional de la pierre d'Aimant. La terre eſt un grand Aimant ; donc, ſuivant les regles que nous avons données dans la troiſieme expérience, le pôle boréal d'un Aimant particulier doit fuir le pôle boréal de la terre ; donc le côté de la pierre d'Aimant qui dans la mine regardoit le pôle boréal de la terre, doit hors de la mine fuir ce même pôle. Tout cela ne doit rien changer cependant à la dénomination dont nous avons parlé au commencement de cet article, *num.* 1.

Il eſt tems d'examiner ſi les hypotheſes propoſées par les plus grands Phyſiciens, ont quelque degré de probabilité ; c'eſt-là ce que nous allons faire dans les Corollaires ſuivans.

COROLLAIRE PREMIER.

L'Hypotheſe de Deſcartes ſur l'Aimant, n'eſt pas encore entierement abandonnée ; voici comment la propose ce génie inventeur.

1°. De chaque pôle céleste il tombe sur la terre une matiere très-subtile, composée de particules faites en forme de Vis.

2°. Les Vis qui tombent du pôle céleste boréal ne sont pas tournées dans le même sens que celles qui tombent du pôle céleste méridional.

3°. La terre a des pores droits, paralleles à son axe & faits comme des Ecrous.

4°. Les Ecrous dont nous parlons, sont faits en des sens opposés, c'est-à-dire, les uns sont propres à donner entrée au fluide magnétique qui tombe du pôle céleste boréal, & les autres à celui qui vient du pôle céleste méridional.

5°. L'Aimant a des pores à-peu-près semblables à ceux de la terre. Ces idées romanesques une fois métamorphosées en principes ; voici comment raisonne Descartes.

Du pôle céleste boréal il tombe un fluide qui trouvant dans le sein de la terre des pores disposés à le recevoir, entre par le côté boréal de notre Globe & sort par son côté méridional ; ce fluide ne rencontrant pas dans l'air des pores disposés à lui laisser continuer sa route en ligne droite, se replie vers la terre, rase sa surface extérieure, rentre par son côté boréal, sort encore par le côté méridional, & forme un vrai tourbillon autour de la terre.

La même chose arrive au fluide qui tombe du pôle céleste méridional. Il entre d'abord par le côté méridional de la terre, sort par son côté boréal, & tourbillonne autour de notre Globe pour rentrer par son côté méridional. Telle est l'Hypothese de Descartes sur la matiere magnétique, elle est tirée de la partie 4e. de ses principes de Philosophie imprimés, à Amsterdam chez le fameux Daniel Elsevir, *page* 194, *Paragraphe* 146. Les questions suivantes en feront connoître la fausseté.

Premiere Question. Le systeme de Descartes sur l'Aimant n'est-il pas l'ouvrage d'une belle imagination ?

Seconde Question. Est-il probable que la terre & l'Aimant ayent des pores, tels que Descartes les suppose ?

Troisieme Question. Est-il vraisemblable que le fluide

magnétique se meuve dans la terre & dans l'Aimant; plus facilement, que dans l'Atmosphere terrestre ?

Quatrieme Question. Est-il possible qu'il n'y ait pas un choc très-violent entre le tourbillon magnétique qui va du Midi au Nord, & celui qui va du Nord au Midi; & si ce choc est nécessaire, comment ces deux tourbillons conserveront-ils leur mouvement ?

Cinquieme Question. Le mouvement d'Occident en Orient que Descartes donne au tourbillon solaire, ne doit-il pas détruire celui qu'il donne aux tourbillons magnétiques.

L'impossibilité que je trouve à répondre à ces questions d'une maniere physique, m'a fait abandonner l'hypothese de Descartes sur l'Aimant; celle de Gassendi n'est pas plus recevable.

COROLLAIRE SECOND.

Le fameux Gassendi a recours à ses Atomes pour expliquer les Phénomenes de l'Aimant. Il prétend qu'il sort de cette pierre des Atomes faits en forme de hameçons, qui accrochent le fer & qui l'emmenent comme enchaîné vers l'Aimant. C'est ainsi qu'il parle à la fin de la *page* 132 du Tome second de sa Physique. *Cùm hîc sit non modò attractio, seu mutua accessio, sed firma etiam adhæsio alterius ad alterum; quod sine quibusdam quasi catenulis, uncinulisque, aut si mavis, quasi brachiolis chelisve quibusdam præstari posse non videatur; idcircò concipiendum esse speciem à magnete (ac etiam à ferro, maximèque postquàm fuit excitatum) diffusam, radiosè fieri, &c.*

Ce systeme n'est pas plus physique que celui de Descartes. La démonstration en est tirée de l'impossibilité qu'il y a de répondre aux questions suivantes.

Premiere Question. Est-il probable que l'Aimant contienne dans son sein des corpuscules crochus, comme le veut Gassendi ?

Seconde Question. Par quel mécanisme ces corpuscules crochus entraînent-ils le fer vers l'Aimant ?

Troisieme Question. Pourquoi ces corpuscules n'entraînent-ils pas d'autres corps, par exemple, les autres métaux ?

Quatrieme Question. Pourquoi deux Aimans se fuyent-ils aussi souvent qu'ils s'attirent ?

Cinquieme Question. Pourquoi les Aimans & les corps aimantés ont-ils une de leurs extrémités tournée vers le pôle boréal de la terre, & l'autre extrémité vers le pôle méridional ?

Sixieme Question. Pourquoi l'aiguille aimantée est-elle sous l'Equateur parallele à l'horison ? pourquoi sous les pôles lui est-elle perpendiculaire ? pourquoi enfin voit-on dans les pays septentrionaux l'extrémité qui regarde le pôle boréal, & dans les pays méridionaux l'extrémité qui regarde le pôle austral, s'incliner vers l'horison ?

Septieme Question. Pourquoi l'aiguille aimantée décline-t-elle tantôt vers l'Orient, & tantôt vers l'Occident ?

Huitieme Question. Pourquoi le côté de la pierre d'Aimant qui regardoit le pôle boréal de la terre, lorsque la pierre étoit encore dans la mine, regarde-t-il le pôle méridional, lorsqu'elle est hors de la mine ?

Lorsque les Gassendistes, s'il s'en trouve encore quelqu'un, auront répondu à ces questions d'une maniere physique, nous penserons alors à défendre leur systeme.

AIMANT Artificiel. A l'Aimant naturel succede comme nécessairement l'Aimant artificiel. On donne ce nom à de petits barreaux d'Acier, à qui Messieurs Knigt, Michell & Canton en Angleterre, & Mrs. Duhamel, Anthéaume & le Maire en France ont su communiquer assez de vertu magnétique, pour les rendre supérieurs en force aux meilleurs aimans naturels. Ce n'est pas là le seul avantage que les premiers ont sur les seconds. En voici plusieurs autres.

1°. Pour avoir un bon aimant artificiel, il ne faut d'autre dépense, que celle d'acheter l'acier dont il est composé, & d'autre peine que celle de le forger en barres d'un calibre & d'une forme convenables ; au lieu qu'il en coûte beaucoup pour acquérir un bon aimant naturel & qu'il faut employer beaucoup de peine & de travail à dresser ses pôles, si on veut l'armer.

2°. Les aimans artificiels sont non-seulement plus forts que les aimans ordinaires, mais encore ils sont plus propres à communiquer une vertu proportionelle à leur force.

3°. Il est fort peu d'aimans naturels propres à aimanter des aiguilles d'Acier trempé *de tout ſon dur*, à moins qu'elles ne ſoient fort petites ; tandis qu'on les aimante fort aiſément avec les aimans artificiels.

4°. Les aimans artificiels peuvent être facilement rétablis dans leur premiere force, lorſqu'ils viennent à la perdre par la ſuite des tems ; les aimans naturels au contraire, preſqu'auſſi expoſés que les artificiels à perdre leur premiere vertu, ne peuvent la recouvrer que très-difficilement.

5°. L'on peut donner aux aimans artificiels telle forme que l'on voudra, ce que l'on ne peut pas toujours faire pour les aimans naturels, &c.

Attirés par tous ces avantages, les Phyſiciens ont imaginé différentes méthodes de compoſer des aimans artificiels ; nous allons rapporter les plus courtes & les plus infaillibles.

Méthode de Mr. Michell. Préparez une douzaine de lames d'acier d'Allemagne ou d'acier commun, peſant environ une *once* & *trois quarts* chacune, longues de *ſix pouces* & larges d'un *demi-pouce*, ſur un peu plus de *deux lignes* d'épaiſſeur ; trempez-les dans un tems où le feu n'eſt ni trop vif, ni trop lent ; marquez ces lames en donnant à l'une de leurs extrémités un coup de ciſeau, lorſqu'elles ſont encore chaudes ; après les avoir trempées, éclairciſſez-en les extrémités ſur un marbre, ou ſur une pierre à aiguiſer les raſoirs. Les lames d'acier étant ainſi préparées, il faut travailler à placer le pôle du *Nord* à l'extrémité marquée, & le pôle du *Sud* à celle qui ne l'eſt pas. Pour le faire, rangez une demi-douzaine de ces lames de maniere qu'elles forment une ligne *Nord* & *Sud*, & que le bout de la premiere qui n'eſt pas marqué, touche le bout marqué de la ſuivante, faiſant attention que les bouts marqués de toutes ces lames regardent le Septentrion. Cela fait, prenez un aimant armé, & placez ſes deux pôles ſur la premiere des ſix lames, le pôle du *Sud* vers le bout marqué de la lame qui eſt deſtiné à devenir le pôle du *Nord*, & le pôle du *Nord* vers le bout non marqué qui eſt deſtiné à devenir le pôle du *Sud*. Coulez enſuite la pierre ſur la ligne des lames d'un bout à l'autre trois à quatre fois, prenant garde qu'elles en ſoient toutes touchées. Après cette premiere opération ôtez de leur place les deux lames du milieu, placez les aux deux extrémités de la ligne, & substituez en leur place celles qui auparavant terminoient la ligne, en conservant toujours la même disposition par rapport aux bouts marqués & non marqués; faites glisser votre pierre dans le même sens sur les quatre lames seulement du milieu, & elles seront aimantées par-dessus. Pour en aimanter le dessous, vous renverserez la ligne entiere des lames; vous ferez couler la pierre sur la seconde, troisieme, quatrieme & cinquieme lames; vous transporterez ensuite au milieu les deux lames qui terminoient la ligne; vous les aimanterez à leur tour & vous aurez la matiere d'un aimant artificiel.

Cette opération faite, vous partagerez en deux faisceaux vos six lames aimantées; vous séparerez ces deux faisceaux par une regle de bois longue de *cinq pouces*, large d'un *demi-pouce*, & épaisse de *deux lignes*; vous ferez en sorte que les trois aimans qui composent le premier faisceau ayent leurs pôles du *Nord* placés en bas, & les trois aimans qui composent le second faisceau ayent leurs pôles du *Nord* placés en haut; vous arrêterez par un fil ces deux faisceaux séparés par la regle de bois, & vous vous en servirez comme d'un aimant naturel pour aimanter, suivant la méthode que nous avons déjà prescrite, les six lames d'Acier qui restent.

Mr. Michell remarque, 1°. que cette seconde demie douzaine recevra une vertu magnétique bien plus forte, que celle des premieres lames dont on vient de se servir pour les aimanter. Aussi conseille-t-il de placer cette premiere demi-douzaine sur une ligne, & de l'aimanter à son tour avec le secours de la derniere demi-douzaine, à qui elle vient elle-même de communiquer la vertu magnétique. Il conseille encore de leur faire changer de rôle, & de se servir tour-à-tour d'une de ces deux demi-douzaines pour aimanter l'autre, jusques à ce que toutes ces lames ayent reçu autant de vertu qu'elles en peuvent conserver; ce que vous connoîtrez, lorsqu'elles porteront chacune, par un seul de leurs pôles, un poids de fer d'une bonne livre.

Il remarque 2°. que puisque les six lames aimantées

dont on fait usage pour aimanter les autres, doivent être placées trois d'un côté avec leurs pôles du *Nord* en bas, & trois de l'autre avec leurs pôles du *Sud* en bas, & qu'il arrive que quand divers aimans réunis ont leurs pôles de même nom placés ensemble, ces aimans se nuisent ordinairement les uns aux autres; M. Michell remarque, dis-je, qu'il est absolument nécessaire de ne jamais placer en même tems deux lames d'un même côté, mais qu'il faut les mettre une à une. Ainsi en plaçant la premiere du faisceau à droite, il faut en même-tems placer la premiere du faisceau à gauche, &c. & les faire pencher, afin qu'elles puissent s'appuyer l'une contre l'autre par le haut. On doit en agir de même, lorsqu'on les ôte de dessus la ligne à aimanter.

Il remarque 3°. que si l'aimant dont on se sert pour donner un commencement de vertu aux six premieres lames d'acier, se trouve trop foible, l'on fera bien de les aimanter toutes les douze selon les regles précédentes, avant que de les tremper, parce qu'elles seront en état de recevoir la vertu magnétique avec beaucoup plus de facilité. On en trempera ensuite la moitié; on l'aimantera avec la moitié qui reste non trempée; on trempera enfin celle-ci, & on procédera de même, &c.

Méthode de M. le Maire. Attachez le barreau d'acier que vous voulez aimanter à un autre de même métal beaucoup plus long; vous l'aimanterez plus parfaitement que par la pratique ordinaire. L'expérience suivante démontrera la bonté de cette méthode. M. le Maire en présence de M. Duhamel, membre de l'Académie Royale des Sciences, prit le bout d'une lame de sabre, long *d'un pied*, large par le bas *d'un pouce*, & pesant 4 *onces*, 2 *gros*, 36 *grains*. Il l'aimanta le mieux qu'il fut possible avec une très-bonne pierre, mais à la façon ordinaire, en le coulant de toute sa longueur sur les armures de la pierre. Cette lame porta étant chargée peu-à-peu, 4 *onces* & 2 *gros*.

Il prit ensuite une lame aussi tirée d'un sabre, longue de 2 *pieds*, 7 *pouces*, 8 *lignes*, & large *d'un pouce*. Cette lame étoit d'acier trempé & poli, & avoit à-peu-près une égale largeur aux deux bouts. Elle pesoit 10 *onces*, 2 *gros*, 45 *grains*. On l'aimanta à l'ordinaire le mieux qu'il fut possible ; en se servant toujours de la même pierre, & elle porta en cet état 10 *onces*, 2 *gros*, 45 *grains*.

Enfin, il posa la petite lame sur la grande, de façon que l'extrémité pointue de la petite excédoit de 4 *pouces*, l'extrémité de la grande. Il les lia l'une à l'autre en cette position avec de la ficelle. Il les aimanta toutes deux, posant la pierre à l'extrémité de la grande lame, & finissant par l'extrémité pointue de la petite. Il délia ensuite les lames, & il les sépara pour éprouver leur force magnétique. La petite soutint 7 *onces*, 3 *gros*, 36 *grains*, & porta par conséquent, aimantée de cette façon, 3 *onces*, 1 *gros*, 36 *grains* de plus qu'étant aimantée à l'ordinaire. La grande lame au contraire ne soutint que 8 *onces*, 1 *gros*, 46 *grains*, de sorte qu'elle perdit par cette opération 2 *onces* & 71 *grains*. Cette Expérience insérée dans les Mémoires de l'Académie Royale des Sciences de l'année 1745, donna occasion à M. Duhamel d'imaginer la Méthode suivante.

Méthode de M. Duhamel. 1°. Prenez 4 grandes barres & deux petites, les unes & les autres du meilleur Acier d'Angleterre. Les 4 grandes barres auront 2 *pieds*, 6 *pouces de longueur*; 12 à 15 *lignes de largeur* & 5 *ou* 6 *d'épaisseur*. Elles seront trempées *dur* & bien polies; & pour distinguer leurs pôles, un de leurs bouts sera marqué d'une S, & l'autre d'une N. Les deux petites barres, destinées à devenir dans la suite les barreaux magnétiques, auront 8 à 10 *pouces de longueur*, sur environ 6 *lignes de largeur*, & 4 *lignes d'épaisseur*. Elles doivent être trempées *fort dur* & bien polies, & elles doivent avoir leurs extrémités distinguées par les lettres S & N.

2°. Ayez deux Parallélipipedes de fer doux de 6 à 7 *lignes de largeur*, *de* 4 *lignes d'épaisseur* & de 16 *lignes de longueur*. Comme ces morceaux de fer se placent sur le bout des barres, on les nomme les *contacts*.

3°. Aimantez deux des grandes barres suivant la méthode ordinaire, c'est-à-dire, en les coulant de toute leur longueur l'une après l'autre sur les armures de la pierre d'aimant.

4°. Ayez une petite regle de bois de 8 *à* 10 *pouces*

de longueur, *de 4 lignes d'épaisseur*, & *de 3 lignes de largeur*.

5°. Placez parallelement l'une à l'autre, avec la regle de bois entre deux, & les *contacts* au bout, les deux grandes barres d'acier qui n'ont pas été aimantées; de façon que le bout N de l'une soit de même côté que le bout S de l'autre.

6°. D'abord après les *contacts*, & toujours sur la même ligne, placez les deux grandes barres d'Acier qui sont déjà un peu aimantées, de telle sorte que le bout N d'une des deux barres aimantées touche le *contact* vis-à-vis le bout S d'une des deux barres non aimantées, & le bout S de l'autre barre aimantée touche le *contact* vis-à-vis le bout N de la même barre non aimantée. Ceux à qui cet arrangement paroîtra obscur, jetteront les yeux sur la *Figure cinquieme* dont voici l'Explication. Les barres 1 & 2 sont les deux barres d'acier aimantées: les barres 3 & 4 sont les deux barres d'acier à aimanter: la regle 5 est la regle de bois dont il est parlé *num.* 4°. les deux parallélipipedes 6 & 7 sont les *contacts*.

7°. Tout étant ainsi disposé, passez trois ou quatre fois l'armure N de la pierre d'aimant depuis le bout S de la barre 1 jusqu'au bout N de la barre 2, faisant couler l'armure tout le long de la barre 3 que l'on se propose d'aimanter. Cela suffit, pour que la barre 3 soit aimantée sur une de ses faces. Vous l'aimanterez sur l'autre face en la retournant, & en recommencant la même opération.

8°. Mettez la barre 4 à la place de la barre 3, de façon que le bout N de la barre 1 touche le *contact* vis-à-vis le bout S de la barre 4, & le bout S de la barre 2 touche l'autre *contact*, vis-à-vis le bout N de la même barre 4. Passez trois ou quatre fois l'armure N de la pierre d'aimant depuis le bout S de la barre 1 jusqu'au bout N de la barre 2, & la barre 4 sera aimantée sur une de ses faces. Vous la retournerez & l'aimanterez sur l'autre face, en recommençant la même opération.

9°. Pour augmenter la force magnétique des quatre grandes barres d'Acier, vous répéterez 2 ou 3 fois la même

même opération, mettant alternativement les barres 1 & 2 au milieu, & ensuite les barres 3 & 4. Cela fait, vous n'aurez plus besoin de pierre d'aimant pour communiquer une grande vertu aux deux petits barreaux d'Acier dont nous avons parlé.

10°. Pour aimanter ces deux petits barreaux 8 & 9; vous leur donnerez la place marquée *dans la Figure* 6e.; au lieu d'aimant, vous vous servirez de deux grandes barres 3 & 4; vous placerez sur le milieu du petit barreau 8 le bout N de la barre 3 & le bout S de la barre 4; vous ferez couler la barre 3 jusques à l'extrémité S de la barre 1, & la barre 4 jusques à l'extrémité N de la barre 2: Vous répéterez cette même opération trois ou quatre fois sur les deux faces des petits barreaux, & vous pouvez être assuré de leur avoir communiqué une vertu magnétique des plus fortes.

Méthode de M. Anthéaume. Cette Méthode consiste à communiquer la vertu magnétique à un barreau d'Acier sans le secours d'aucun aimant, soit naturel, soit artificiel. Ce digne Emule de M. Duhamel raconte qu'il placa un fil de fer entre deux masses de même métal, (c'étoient deux étaux.) Il le frotta avec une tringle, comme il auroit fait avec un aimant; & par cette opération ce fil de fer reçut assez de vertu pour porter un autre fil de fer aussi pesant que lui.

Je conseillerois à ceux qui voudroient tenter une pareille expérience de placer leur fil de fer sur la ligne méridienne.

A ces différentes méthodes nous ajouterons celle dont on doit se servir pour aimanter les aiguilles de Boussole. La voici en peu de mots. Prenez deux barreaux d'acier auxquels l'on ait communiqué une forte vertu magnétique; mettez-le en ligne directe, de façon que le pôle *Nord* de l'un se trouve en contact avec le pôle *Sud* de l'autre; prenez une aiguille de Boussole; posez-la sur les barreaux magnétiques, en faisant en sorte que son centre se trouve directement au-dessus de la ligne de contact des deux barreaux. L'aiguille étant posée de cette façon, appuyez sur son centre, & tirez les barreaux de chaque côté; l'aiguille acquerra par cette seule friction une vertu magnétique très-considérable. Cette expérience que l'homme le moins adroit peut faire dans quelques minutes, nous prouve combien grand est le service qu'a rendu à la Physique M. Knight, inventeur des aimans artificiels, puisque pour aimanter une aiguille avec une pierre excellente, l'on doit réitérer les frictions jusqu'à 100 ou 150 fois; encore l'aiguille ne reçoit-elle pas autant de vertu, qu'elle en auroit reçu par le moyen d'un aimant artificiel à la premiere friction.

Le Phénomene le plus surprenant que présentent à des yeux physiciens les aimans artificiels, c'est de renverser les pôles des aimans naturels. Voici le fait. Prenez un aimant naturel, par exemple, l'aimant C *Fig.* 7e.; placez-le entre les deux aimans artificiels 1 & 2, tellement que le pôle austral de l'aimant 1 touche le pôle austral de l'aimant C, & le pôle boréal de l'aimant 2 touche le pôle boréal du même aimant C; si vous laissez cet aimant dans cette position, ses pôles, après un très-petit espace de tems, seront absolument renversés, c'est-à-dire, que le pôle A de l'aimant C deviendra son pôle boréal, & le pôle B son pôle austral. M. Knight tenta cette expérience devant la Société de Londres, & elle lui réussit dans l'espace de 30 secondes.

L'hypothese que nous avons embrassée, nous fournit l'explication de ce Phénomene. L'aimant artificiel 1 est plus fort que l'aimant naturel C; donc celui-ci doit recevoir plus de corpuscules magnétiques, qu'il n'en donne. Cela supposé, voici comment on peut raisonner. Les corpuscules qui sortent du pôle A de l'aimant 1 entrent dans l'aimant C, en conservant constamment leur direction; donc ils y entrent la face australe la premiere; donc la face boréale des corpuscules qui entrent dans l'aimant C doit se trouver au point A; donc le point A doit devenir pôle boréal de l'aimant C.

On prouvera par un raisonnement semblable que le point B du même aimant C doit devenir son pôle austral.

Nous finirons cet article par quelques avis que donne M. Knight à ceux qui veulent conserver leurs aimans artificiels dans toute leur vigueur. Il ne faut jamais, suivant cet Docteur, tirer de leur étui les barreaux magnétiques un à un, mais les faire glisser ensemble. Lorsqu'on veut s'en servir, on doit, pour les séparer, les ouvrir comme on ouvre un compas. Ils ne doivent jamais se toucher latéralement, mais toujours en pointe & par leurs pôles attractifs. Il ne faut ni les placer auprès d'une grosse masse de fer, ni les fatiguer à enlever des poids considérables, ou à renverser les pôles des aimans naturels. Toutes ces particularités & toutes les méthodes que nous avons données dans cet article, sont tirées en partie d'un traité sur les aimans artificiels, composé en Anglois par M. Michell, & très-élégamment traduit en François par le pere Rivoire, & en partie d'une excellente préface que ce pere a mise à la tête de sa traduction. Cherchez *Analogie*. Nous avons examiné dans cet article s'il faut en établir une entre la matiere électrique & la matiere magnétique.

AIR. L'Air que nous respirons est un corps fluide, grave & élastique, répandu jusqu'à une certaine hauteur aux environs de la terre, & dont nous ignorons parfaitement la figure; quelques conjectures que les Physiciens, à l'exemple de Descartes, ayent voulu faire là-dessus. La fluidité de l'air est démontrée par la facilité avec laquelle nous divisons ses parties; sa gravité par le Barometre que l'on place dans le récipient de la machine pneumatique, & dont on voit le mercure descendre, à mesure que l'on pompe l'air contenu dans le récipient; enfin son élasticité par les effets merveilleux du fusil à vent. C'est dans les articles de la *fluidité*, de la *gravité* & de l'*élasticité* des corps considérés en général, que l'on explique pourquoi l'air est un corps fluide, grave & élastique. Ces trois qualités, que le commun des Physiciens reconnoît dans l'air que nous respirons, nous servent à expliquer sans peine les expériences les plus curieuses; nous allons en rapporter quelques-unes.

Premiere Expérience. Prenez une bouteille de verre mince, plate & pleine d'air; ajustez-la sur une platine de la machine pneumatique, de sorte que l'orifice de la bouteille corresponde à l'orifice de la platine; pompez l'air renfermé dans la bouteille; vous la verrez éclater en des millions de parties.

Explication. L'air extérieur n'étant plus en équilibre

avec l'air renfermé dans la bouteille, doit en pousser les parois, l'une contre l'autre, avec toute la force que lui donnent sa pesanteur & son ressort ; elle doit donc crever & éclater en des millions de parties.

Il n'est pas à craindre que le même accident arrive au récipient de la machine pneumatique, lorsqu'on en a pompé l'air qu'il contenoit ; fait en forme de voûte, il a des parties qui se soutiennent mutuellement, & que l'action de l'air extérieur presse vers un centre commun.

Seconde Expérience. Percez avec une aiguille l'extrémité d'un œuf ; mettez-le dans un petit verre, de sorte que l'extrémité percée soit en bas ; placez le tout sous le récipient, & pompez l'air : vous verrez la matiere liquide sortir presque entiere de la coque.

Explication. Pompez-vous l'air du récipient ? aussitôt l'air renfermé dans l'œuf se dilate ; dilaté, il dilate la matiere liquide, & il la chasse hors de la coque par l'extrémité que vous avez percée. Voulez-vous faire rentrer dans la coque la matiere de l'œuf ? Faites rentrer l'air dans le récipient ; sa force remettra bientôt les choses dans leur premier état.

Ce qui arrive à l'œuf placé sous le récipient dont on pompe l'air, arrive non-seulement à une pomme ridée qu'on voit se dérider, & qu'on prendroit pour une pomme qu'on vient de cueillir ; mais encore à une vessie flasque dont le col est bien lié, qu'on voit s'enfler prodigieusement par la dilatation de quelques bulles d'air qu'elle contenoit.

Troisieme Expérience. Mettez un animal, par exemple, un oiseau sous le récipient de la machine pneumatique, & pompez l'air ; vous verrez l'oiseau tomber en convulsion ; & si vous ne rendez l'air, vous le verrez périr sans retour.

Explication. Les animaux placés dans le vuide, y périssent & par le défaut de respiration, & par la dilatation de l'air qui se trouve renfermé dans leur corps ; le défaut de respiration empêche le cœur d'avoir ses mouvemens alternatifs de *sistole* & de *diastole*, c'est-à-dire, ses mouvemens de contraction & de dilatation ; il empêche par conséquent le sang de circuler. L'air qui se trouve renfermé dans le corps de ces mêmes animaux, n'étant plus pressé par l'air extérieur, se dilate considérablement; dilaté, il rompt les prisons où il se trouve comme renfermé; & il cause à l'animal une mort précédée par les plus violentes convulsions. Si vous mettez dans un verre plein d'eau un petit poisson, & qu'après avoir placé le tout sous le récipient, vous pompiez l'air, la même expérience vous réussira avec quelques circonstances particulieres : 1°. A mesure que vous pomperez, vous verrez sortir des bulles d'air de dessous les écailles du poisson par les ouies & par la bouche; 2°. Le poisson, devenu par la dilatation de l'air intérieur respectivement plus léger qu'un pareil volume d'eau, se tiendra à la surface de l'eau, sans pouvoir aller au fond; 3°. Le poisson mourra, mais ce ne sera qu'après plusieurs heures; l'air lui est moins nécessaire qu'aux animaux terrestres; 4°. Lorsque l'on fera rentrer l'air dans le récipient, le poisson devenant plus petit, & par conséquent plus pesant que le volume d'eau auquel il répond, retombera au fond du vase, & ne remontera plus à la surface de l'eau.

Quatrieme Expérience. Placez sous le récipient de la machine pneumatique une grosse chandelle bien allumée, & pompez l'air; vous verrez la flamme diminuer sensiblement, & après quelques coups de piston, la flamme s'éteindra tout-à-fait.

Explication. La flamme ne peut subsister, si les parties qui l'entretiennent, se dissipent, & vont occuper une partie du vuide qui se trouve autour du corps lumineux. C'est-là précisément ce qui arrive à la chandelle que l'on place sous le récipient d'où l'on pompe l'air; les parties qui entretiennent la flamme, n'étant plus retenues par l'air grossier qui l'environnoit, se dissipent; & au lieu de parvenir jusqu'à l'œil du spectateur, elles occupent une partie du vuide que l'on a fait autour de la chandelle.

Il ne doit pas être facile aux Cartésiens d'expliquer ce fait d'une maniere probable; car enfin si après avoir pompé l'air, le récipient est aussi plein qu'auparavant, pourquoi la flamme se dissipe-t-elle? Si la lumiere ne vient pas de la chandelle, mais si elle est répandue en ligne droite depuis mon œil jusqu'à la chandelle, pourquoi n'en sens-je pas l'impression? Me dira-t-on que le mouvement de la flamme cesse ? Je le sais ; mais dans le systeme Cartésien il ne devroit pas cesser, dès qu'on a pompé l'air. Ce n'étoit pas l'air qui avoit donné à la flamme son mouvement en tous sens ; ce mouvement ne devroit donc pas cesser par l'absence de l'air grossier. Les Cartésiens assurent donc, sans aucune bonne raison, que le récipient de la machine pneumatique est aussi plein, après que l'on en a pompé l'air, qu'il l'étoit, avant qu'on le pompât.

Quoi qu'il en soit de cette objection à laquelle les Cartésiens pourroient donner dans le fond une réponse assez plausible, concluons de cette quatrieme expérience, 1°. que le bois doit se consumer bien plus promptement pendant les grands froids, qu'en tout autre tems ; pourquoi ? parce que la flamme étant environnée d'un air plus dense, elle doit se dissiper plus difficilement.

Concluons, 2°. qu'un réchaud de charbons allumés doit bientôt s'éteindre ; s'il est exposé aux rayons du soleil, sur-tout pendant l'été ; pourquoi ? parce que ce réchaud est environné d'un air fort raréfié.

Concluons, 3°. que le souffle de la bouche, ou le vent doit éteindre une bougie ; pourquoi ? parce que l'un & l'autre dissipent les parties de la flamme, & qu'ils séparent le feu de son aliment ; si cette dissipation ne peut pas avoir lieu, l'inflammation augmentera, bien loin de cesser.

Cinquieme Expérience. Mettez un verre de biere sous un petit récipient de la machine pneumatique, & pompez l'air ; vous verrez monter d'abord des milliers de petites bulles ; vous verrez ensuite la biere mousser.

Explication. Les particules d'air renfermées dans les interstices de la biere, & délivrées de la pression de l'air extérieur, se dégagent de leur prison, se dilatent & s'enflent. Dilatées & enflées, elles deviennent respectivement plus légeres que la biere ; elles doivent donc gagner la surface de cette liqueur, en s'enveloppant chacune d'une pellicule très-mince de biere ; & c'est-là précisément ce qui la fait mousser.

Par la même raison l'esprit de vin & l'eau s'élevent à gros bouillons dans le vuide. L'eau tiede cependant bouillonne plutôt que l'eau froide, parce que les particules d'air trouvent plutôt dans celle-là que dans celle-ci des issues libres pour se dégager.

Sixieme Expérience. Mettez de l'eau dans un verre ; sur la surface de l'eau, mettez une éponge impregnée d'eau ; placez le tout sous le récipient & pompez l'air ; vous verrez d'abord l'éponge s'élever un peu ; si vous faites rentrer l'air, l'éponge s'enfoncera ; si vous pompez l'air de nouveau, l'éponge remontera & surnagera.

Explication. Dès que vous commencez à pomper, l'éponge doit s'élever un peu, parce que l'air qu'elle renferme délivré de la pression de l'air extérieur, se dilate & rend l'éponge respectivement plus légere que l'eau. Faites-vous rentrer l'air dans le récipient ? L'éponge doit s'enfoncer, parce que comprimée par l'air qui survient, elle devient respectivement plus pesante que l'eau. Enfin pompez-vous l'air de nouveau ? l'éponge doit remonter par les mêmes principes d'Hydrostatique.

Septieme Expérience. Ayez une petite figure humaine d'émail, dont l'intérieur soit creux & rempli d'air, & qui ait dans la jambe une petite éminence percée de dehors en dedans ; jettez-la dans une bouteille remplie d'eau, & fermez l'orifice de la bouteille avec un parchemin, ou avec quelque chose d'équivalent ; lorsque vous presserez du pouce le parchemin, la petite statue se plongera jusqu'au fond de la bouteille ; & lorsque vous cesserez de le presser, la petite statue remontera.

Explication. La petite statue est respectivement plus légere que le volume d'eau auquel elle correspond : elle doit donc surnager, lorsque vous ne pressez pas du pouce le parchemin qui ferme l'orifice de la bouteille. Mais pressez-vous ce parchemin ? Vous faites entrer l'eau dans l'intérieur de la petite statue ; vous comprimez l'air qui y étoit renfermé, & vous rendez la petite figure relativement plus pesante que le volume d'eau auquel elle répond ; elle doit donc se plonger jusqu'au fond de la bouteille. Cessez-vous de comprimer le parchemin ? L'eau sort de l'intérieur de la petite statue ; l'air se remet dans son premier état ; la petite figure redevient respectivement plus légere que l'eau ; elle doit donc remonter & surnager.

Huitieme Expérience. Prenez deux hémispheres concaves de cuivre, si connus sous le nom de machine de

Magdebourg ; joignez-les en forme de globe ; & pour rendre leur jonction plus exacte, mettez entre deux un cuir mouillé, troué au milieu ; ajustez le tout à la machine pneumatique ; pompez l'air & fermez ensuite le robinet de la machine de Magdebourg. Tant que ce robinet sera fermé, vous ne pourrez pas séparer ces deux hémispheres l'un de l'autre ; mais si vous ouvrez le robinet pour laisser entrer l'air, la moindre force les désunira.

Explication. Lorsque vous avez pompé l'air renfermé dans la concavité des deux hémispheres de la machine de Magdebourg, l'air extérieur les presse l'un contre l'autre ; il n'est pas surprenant que vous ne puissiez pas les séparer ; puisqu'il faudroit employer une force plus grande, que celle d'une colonne d'air dont la base auroit autant de diametre que le globe de Magdebourg. Voulez-vous les séparer facilement ? Ouvrez le robinet, & laissez rentrer l'air, la moindre force les désunira ; pourquoi ? Parce que l'air renfermé dans la concavité des deux hémispheres sera autant d'effort pour s'étendre, & par conséquent pour les séparer l'un de l'autre, que l'air extérieur en fait pour les joindre.

Quelque persuadé que l'on soit de la pesanteur & du ressort de l'air ; les questions suivantes ne paroîtront pas inutiles à ceux qui voudront approfondir cette matiere.

Je demande, 1°. pourquoi je ne sens pas le poids de la colonne d'air que je porte sur ma tête ; ce poids est en lui-même très-considérable, puisqu'il est égal à celui d'une colonne d'eau qui auroit ma tête pour base, & dont la hauteur seroit de 32 pieds ?

La réponse à cette question se présente d'elle-même ; les colonnes d'air sont en équilibre les unes avec les autres ; donc je ne dois pas en ressentir le poids. Est-ce que l'eau n'est pas environ mille fois plus pesante que l'air ? Les Plongeurs cependant ne sentent pas au fond de la mer le poids immense de la colonne d'eau qui correspond à leur tête, parce qu'elle est en équilibre avec les colonnes latérales.

Je demande, 2°. pourquoi le verre d'un barometre rempli de mercure pese plus que s'il n'étoit rempli que d'air ? Il paroît que le mercure étant en équilibre avec l'air extérieur, je n'en devrois pas sentir le poids ; c'est-là du moins la conſéquence naturelle que l'on doit tirer de la réponſe à la premiere queſtion.

Mais que l'on examine la choſe de près ; l'on verra que lorſqu'on porte un verre de barometre rempli de mercure, ce n'eſt pas le poids du mercure que l'on ſent ; on ſent ſeulement le poids de la colonne d'air qui gravite ſur l'orifice du barometre que l'on a fermé hermétiquement. Ce même verre n'eſt-il rempli que d'air ? Alors on ne ſent plus le poids de la colonne dont nous venons de parler ; pourquoi ? Parce qu'elle ſe met en équilibre avec celle qui ſoutenoit auparavant le mercure à environ 27 pouces de hauteur.

Je demande, 3°. pourquoi le mercure s'éleve à la même hauteur, ſoit que le barometre ſoit placé dans une chambre, ſoit qu'il ſoit placé en pleine campagne ? Il paroît que dans le ſecond cas il devroit monter beaucoup plus haut que dans le premier, puiſqu'en pleine campagne la colonne d'air eſt incomparablement plus longue que dans une chambre.

Mais cette difficulté s'évanouira, ſi l'on prend garde que l'air de la chambre communique avec l'air extérieur. En effet, l'air eſt un fluide peſant ; donc il exerce ſa preſſion en tout ſens ; donc l'air extérieur doit preſſer latéralement l'air de la chambre où l'on a placé le barometre ; donc le mercure de ce barometre doit s'élever au-deſſus de ſon niveau, non-ſeulement par l'action de l'air renfermé dans la chambre, mais encore par l'action de l'air extérieur ; donc dans une chambre le barometre doit monter auſſi haut qu'en pleine campagne.

Je demande, 4°. à quelle hauteur s'élevera le mercure, ſi le barometre eſt placé dans une chambre fermée hermétiquement ?

Je réponds, que ſi l'air de la campagne & celui de la chambre fermée hermétiquement ont préciſément la même denſité, le mercure s'élevera à la même hauteur, ſoit qu'on place le barometre en pleine campagne, ſoit qu'on le place dans la chambre dont nous parlons ; pourquoi ? Parce que dans cette chambre les planchers & les murailles compriment autant l'air intérieur, que le comprimeroit l'air extérieur, ſi l'on détruiſoit ces planchers & ces murailles.

Je demande, 5°. pourquoi dans un tems de pluie le barometre baiſſe au-deſſous de ſa hauteur moyenne, c'eſt-à-dire, au-deſſous de 27 pouces & demi ? Il paroît que l'air étant dans ce tems-là plus peſant, le mercure devroit monter, & non pas deſcendre.

Que dans un tems de pluie l'air ſoit plus ou moins peſant, ce n'eſt pas là ce que j'examine ; ce que je ſais, c'eſt qu'en France & dans toute notre zone tempérée, l'air dans un tems pluvieux perd beaucoup de ſon élaſticité. Or, puiſque les variations du barometre dépendent non-ſeulement de la peſanteur, mais encore du reſſort de l'air ; il eſt néceſſaire que, ce reſſort diminuant conſidérablement dans un tems pluvieux, le barometre baiſſe alors au-deſſous de ſa hauteur moyenne.

Je demande, 6°. pourquoi dans un tems pluvieux l'air que nous reſpirons perd beaucoup de ſon élaſticité ?

Pour ſatisfaire à cette queſtion, je remarque que les molécules dont un corps élaſtique eſt compoſé, doivent être en même tems flexibles & roides. Sans cette flexibilité les corps élaſtiques ne ſe comprimeroient jamais, & ſans cette roideur ils ne reprendroient pas leur premiere figure. Cela ſuppoſé, voici comment je raiſonne : l'humidité qui regne dans un tems pluvieux, communique une trop grande flexibilité aux particules dont l'air eſt compoſé ; donc dans ce tems-là l'air doit beaucoup perdre de ſon élaſticité. Auſſi ſous la zone torride, l'air, naturellement trop ſec, devient-il plus élaſtique dans les tems de pluie.

Corollaire premier. La fluidité, la peſanteur & l'élaſticité ſont les trois principales qualités de l'air que nous reſpirons.

Corollaire ſecond. Un tonneau plein & percé ou par le bas ou à côté ſeulement, ne doit point couler, à moins que le trou ne ſoit conſidérable ; pourquoi ? Parce que l'air étant fluide & peſant, preſſe en tout ſens la liqueur contenue dans le tonneau, & l'empêche de s'échapper. Voulez-vous vuider facilement le tonneau ? Faites une ouverture à ſa partie ſupérieure ; le poids de l'air qui s'inſinuera par ce nouveau trou, contrebalancera le poids de celui qui agit contre le trou inférieur ou contre le trou latéral, & la liqueur s'écoulera par son propre poids.

Corollaire troisieme. Il est très-facile de déterminer la force avec laquelle l'air comprime la surface du Globe terrestre. En voici les principes & la méthode. 1°. La surface de la terre contient environ 5, 547, 800, 000, 000, 000, pieds carrés. 2°. Un pied-cube d'eau pesé 64 livres. 3°. Une colonne d'eau de 32 pieds de hauteur est en équilibre avec une colonne d'air de même base; donc l'atmosphere comprime autant le globe terrestre, que si sa surface étoit couverte de 32 pieds d'eau. 4°. Multipliez 64 par 32; vous aurez pour produit 2048. 5°. Multipliez 5, 547, 800, 000, 000, 000, par 2048; vous aurez pour produit 11, 361, 894, 400, 000, 000, 000 livres, *expression de la force avec laquelle l'Atmosphere comprime la surface du Globe terrestre.*

Corollaire quatrieme. On assure que M. Hales a condensé l'air 1838 fois plus, & que M. Boyle l'a dilaté 13679 fois plus qu'il ne l'est aux environs de la terre. Tout cela n'est pas contraire aux loix de la saine Physique. Nous savons que l'air a une force de ressort prodigieuse, & qu'il est par conséquent capable d'une très-grande condensation, & d'une très-grande dilatation.

AIRS Factices. Il faut comprendre sous ce titre les différentes especes d'air qu'on se procure depuis quelques années par le moyen des fermentations, dissolutions, &c. Je vais en faire l'énumération intéressante, en gardant, autant qu'il me sera possible, l'ordre purement alphabétique. La plupart des expériences que je rapporterai, nous les devons au Docteur Priestley que nous regardons comme notre Maître dans cette branche encore neuve de la Physique moderne. Quelle que soit l'autorité de cet illustre Physicien, je n'ai pas cru devoir me fier à ses résultats. J'ai vu faire avec toute la dextérité possible les expériences que je présente à mes lecteurs. Pour y réussir plus infailliblement, l'on s'est servi de l'appareil dont M. Sigaud de la Fond donne la description dans l'excellent ouvrage qu'il a composé sur les différentes especes d'airs factices. Aussi fais-je plus de fond sur ces expériences, que sur celles que j'ai faites moi-même. Le nom d'*Air* convient-il à ces différens fluides ? Ce n'est pas ce que j'examine ici, je ne cherche qu'à me rendre intelligible ; & je ne me mettrois pas à la portée de tout le monde, si je préférois des termes, peut-être plus propres, à des termes plus usités. Les réflexions que j'ai à faire sur ces différentes dénominations, je les garde pour la fin de cet intéressant article.

AIR Acide. Vapeur ou fumée de l'esprit de sel. Mettez de la limaille de cuivre au fond d'une petite bouteille : jettez-y par-dessus une quantité proportionnée d'esprit de sel : faites chauffer ce mélange; il s'en élevera une vapeur à laquelle on a donné le nom d'air acide. Cette vapeur est plus pesante que l'air atmosphérique : une chandelle allumée s'y éteint. Avant que de s'éteindre, & au moment où on la rallume, elle présente une flamme, semblable à celle qu'on observe, lorsqu'on jette du sel commun dans le feu. L'eau impregnée d'air acide, forme l'esprit de sel le plus fort que l'on ait jamais vu ; elle dissout le fer avec la plus grande rapidité.

On se procure encore de l'air acide en faisant fermenter le sel commun avec une petite quantité d'huile de vitriol concentrée, & en échauffant légerement ce mélange.

Lorsqu'on met une légere couche d'huile d'olives sur l'esprit de vitriol, & qu'on échauffe légerement le fond de la petite bouteille qui contient ce mélange, l'on a une vapeur qu'on appelle *Air acide vitriolique*. J'avertis cependant le lecteur que l'air acide que j'unirai dans l'article suivant avec l'air alkalin, est celui que donne la fermentation de l'esprit de sel avec la limaille de cuivre.

AIR Alkalin. Vapeur de l'esprit volatil de sel ammoniac. Mettez de l'esprit volatil de sel ammoniac dans une bouteille mince : échauffez-la avec la flamme d'une chandelle, il s'en élevera tout de suite une vapeur abondante à laquelle on a donné le nom d'air alkalin. Le mélange de l'air acide avec l'air alkalin donne d'abord un beau nuage blanc qui remplit toute la capacité du vaisseau où l'on a introduit ces deux especes d'air. Le nuage enfin se précipite, & il donne un sel blanc solide, qui n'est autre chose qu'un sel ammoniac ordinaire. L'air alkalin est évidemment plus léger que l'air acide. En voici la preuve démonstrative. Introduisez l'air alkalin dans un vaisseau contenant de l'air acide; le nuage se répandra à l'instant dans tout le vaisseau jusqu'au sommet. Introduisez au contraire l'air acide dans un vaisseau contenant de l'air alkalin ; le nuage blanc qu'ils formeront, ne paroîtra d'abord qu'au fond du vaisseau, & ce ne sera que peu-à-peu & graduellement qu'il montera jusqu'à son sommet : preuve sensible que l'air acide se rend d'abord au fond du vaisseau qui renferme l'air alkalin, & que par conséquent celui-ci est plus léger que celui-là. L'air alkalin est légerement inflammable. Le Docteur Priestley plongea une chandelle allumée dans un grand vaisseau cylindrique rempli d'air alkalin ; elle s'éteignit trois à quatre fois de suite : mais à chaque fois la flamme fut considérablement augmentée, par l'addition d'une autre flamme de couleur jaune-pale ; & la derniere fois cette flamme légere descendit du haut du vaisseau jusqu'au fond.

On se procure encore de l'air alkalin, en remplissant une bouteille d'un mélange composé d'une partie de sel ammoniac & de trois parties de chaux éteinte. La chaleur d'une chandelle chasse de ce mélange une quantité prodigieuse d'air de cette espece.

Concluez de ce que nous venons de dire, qu'il y a une vraie affinité, pour ne pas dire une vraie identité, entre l'air alkalin & l'*alkali volatil fluor*. Pour s'en procurer, *dit M. Sage*, mêlez exactement une partie de sel ammoniac pulvérisé avec trois parties de chaux éteinte : introduisez ce mélange dans une cornue lutée; versez dans cette cornue une quantité d'eau égale à celle du sel ammoniac ; adaptez & luttez-y un grand récipient, dont vous laisserez le *foramen* ouvert : durant la distillation il se produira une grande quantité d'air; cet air entraînera un alkali volatil très-pénétrant, que vous pouvez coërcer en le faisant passer à travers l'eau distillée, dans laquelle l'alkali restera combiné, tandis que l'air s'échappera.

Tout le monde sait maintenant que l'alkali volatil fluor, est le remede le plus efficace dans les asphyxies, c'eſt-à-dire, dans l'état de privation ſubite du pouls, de la reſpiration, du ſentiment & du mouvement. Le 10 Mai 1777, l'Empereur (ſous le nom de M. le Comte de Falckenſtein) procura à l'Académie des Sciences le plus grand honneur auquel puiſſe aſpirer une compagnie littéraire. Ce Prince voulut bien aſſiſter à une de ſes ſéances. En ſa préſence, M. Lavoiſier mit un moineau dans un bocal où il verſa de l'*air fixe* dont nous ferons bientôt connoître la nature & les propriétés. A peine eut-il verſé cet acide, que l'oiſeau s'agita, & tomba ſur le côté. M. Lavoiſier le retira du bocal, & le préſenta pour mort à Sa Majeſté Impériale. M. Sage demanda l'oiſeau; dès qu'on le lui eut remis, il verſa dans le creux de ſa main environ un gros d'alkali volatil fluor, & il y poſa le bec de l'animal; au premier ſigne de mouvement qu'il donna, il le mit ſur la table; mais à peine eut-il étendu ſes ailes, qu'il retomba: M. Sage le préſenta de nouveau & de la même maniere à l'alkali volatil, qui acheva de produire ſon effet; l'animal ſe tint ſur ſes pattes, marcha, battit des ailes & s'envola.

M. Sage a été aſſez heureux pour rappeller à la vie des hommes dont les uns avoient été ſuffoqués par la vapeur acide du charbon & les autres par celle de la fermentation vineuſe. Pour en venir à bout, il ne ſe contenta pas de mettre de l'alkali volatil fluor dans leurs narines, il leur en fit encore prendre dans de l'eau; & tous ces malades recouvrerent la ſanté la plus parfaite. Je n'en ſuis pas étonné; je comprends, comme ce grand Phyſicien, que les acides qui ont cauſé l'aſphyxie dont nous venons de parler, ſe combinant avec l'alkali qu'on leur préſente, il doit en réſulter un mixte qui n'aura rien de mal-faiſant, & qui fera ceſſer le ſpaſme occaſionné par le picotement des acides qui avoient pénétré juſques dans les poumons. Ce n'eſt pas ici au reſte un raiſonnement démonſtratif: c'eſt un raiſonnement qui me paroît conforme aux loix de la ſaine Phyſique.

M. Sage, que nous ne ſaurions trop citer, prétend que l'alkali volatil fluor eſt un remede très-propre à rappeller à la vie ceux qui ont eu le malheur de ſe noyer. Leur aſphyxie, *dit-il*, n'eſt point produite par l'eau qu'ils avalent, ni par celle qui pourroit s'introduire dans leurs poumons ; elle eſt évidemment produite par le défaut de reſpiration : la portion d'air, reſtée dans leurs poumons, ne peut manquer de s'y décompoſer ; cette décompoſition produit un acide méphitique qui déchire ce viſcere, & qui en fait ceſſer toutes les fonctions. Préſentez donc à cet acide l'alkali volatil fluor ; il ſe combinera avec lui, & de cette combinaiſon il réſultera néceſſairement un mixte très-bienfaiſant. Alors l'air extérieur ne trouvera plus d'obſtacle ; il s'introduira dans les poumons, & l'aſphyxie ceſſera au même inſtant.

Ici l'expérience vient très-à-propos confirmer la bonté de cette théorie : le 20 Juillet de l'année 1777, un homme ivre ſe jetta dans la Seine où il prétendoit marcher, ſans s'enfoncer ; mais comme il n'étoit pas muni d'un corſet fait de liege piqué & recouvert de toile, le courant l'emporta bientôt, & il diſparut. Il y avoit plus de vingt minutes qu'il étoit ſubmergé, quand un batelier le tira de l'eau, ſans mouvement, ſans pouls, les yeux ouverts & immobiles. Une perſonne charitable introduiſit de l'alkali volatil dans les narines du noyé, & lui en verſa quatre ou cinq gouttes dans la bouche ; auſſi-tôt cet homme fit une grande expiration, rejetta une eau écumeuſe, & dit en ſe redreſſant, *je me porte bien.*

Le même M. Sage prétend que l'alkali volatil fluor eſt un remede efficace contre la morſure de la vipere, la piquure des inſectes, la brûlure, les coups de Soleil, la rage & l'apoplexie. Il part du principe que ces maladies ſont cauſées par des acides qu'il faut fermer dans des alkalis, & il appuye ſon ſentiment ſur les expériences les plus frappantes & les mieux conſtatées. Quels éloges, quelles récompenſes ne mérite pas un homme qui conſacre au ſoulagement de l'humanité, les talens les plus rares & les plus diſtingués !

AIR Déphlogiſtiqué. Air plus ſalubre que celui que nous reſpirons. Pour mettre le lecteur en état de connoître la nature de cette eſpece d'air, nous le renvoyons à l'article *Air inflammable*, auquel l'air déphlogiſtiqué paroît diamétralement oppoſé, *contraria contrariis oppoſita magis eluceſcunt.* Il trouvera dans cet article la différence qui ſe trouve entre l'air inflammable & l'air phlogistiqué, & celle qu'il y a entre l'air phlogistiqué & l'air déphlogistiqué. Nous lui mettrons sous les yeux les différentes méthodes d'extraire facilement de tels & tels corps cette derniere espece d'air. Nous examinerons pourquoi l'air déphlogistiqué est plus salubre que l'air atmosphérique. Nous verrons enfin à quels usages il peut être employé. Cherchez *Air inflammable.*

AIR Fixe. Vapeur ou fumée occasionnée par telle & telle fermentation. Dans les brasseries, par exemple, on trouve toujours, au-dessus de la liqueur fermentante, une grande couche d'environ un pied d'épaisseur; c'est à cette vapeur qu'on a donné le nom d'air fixe. Elle est plus pesante que l'air atmosphérique. Ce ne sont pas seulement les chandelles allumées, ce sont encore les copeaux allumés, les tisons ardens qui s'éteignent dans cette vapeur. Si l'on verse pendant quelque tems l'eau d'un vaisseau dans un autre, en les tenant tous les deux le plus près qu'il est possible de la liqueur fermentante, on l'impregnera nécessairement d'air fixe, & cette eau ainsi impregnée aura toutes les propriétés de la meilleure eau de Pyrmont ou de Seltz.

Pour vous procurer facilement de l'air fixe, mettez de la craie au fond d'une bouteille; versez un peu d'eau sur la craie; versez ensuite de l'huile de vitriol sur ce mélange; il s'en élevera une fumée que vous recevrez facilement dans une bouteille remplie d'eau, si vous avez un appareil monté; vous verrez ce nouvel air prendre la place de l'eau qu'il a chassée. Que si vous n'avez point d'appareil monté, voici comment vous opérerez. Vous attacherez une vessie de cochon, vuide d'air, au col de la bouteille qui contient les matieres en fermentation, & elle se remplira nécessairement d'air fixe. Au lieu de craie, on peut se servir de toute espece de matiere calcaire, de toute espece de marbre pulvérisé, &c.

Les insectes & les animaux qui respirent fort peu, sont suffoqués dans l'air fixe, mais ils n'y meurent pas sur le champ. M. Priestley a éprouvé qu'une grosse grenouille enfla beaucoup & parut bien près de mourir, après avoir été tenue environ six minutes sur la liqueur fermentante; mais il ajoute qu'elle revint, lorsqu'elle fut remise dans l'air commun. Le même Auteur

Auteur a remarqué que l'air fixe est promptement funeste à la vie végétale. Des Jets de menthe aquatique qu'il plaça sur la liqueur fermentante, moururent dans moins d'un jour. Une rose rouge, fraîchement cueillie, y perdit sa couleur dans le même intervalle de tems, & devint d'une couleur pourpre ; une autre rose rouge y devint parfaitement blanche.

L'air fixe cependant a des propriétés bien précieuses ; il est antiseptique, & il nous fournit par conséquent un remede efficace dans les fievres putrides. Cela doit être ; l'air fixe est un acide, puisque l'eau qui en est impregnée, dissout le fer ; la matiere putride est un alkali. Que doit-il donc nécessairement arriver, lorsqu'on se servira de l'air fixe dans ces sortes de maladies ? Les alkalis qui ont causé la putridité, se combineront avec les acides qu'on leur présentera ; il résultera de cette combinaison un mixte bienfaisant ; & le malade, si la maladie est simple & le remede sagement administré, ne sauroit manquer par ce moyen de recouvrer la santé. C'est aux Maîtres de l'art à prononcer sur la bonté d'un raisonnement qui me paroît très-conforme aux loix de la saine Physique.

L'expérience vient encore ici très-à-propos à notre secours. M. Hey raconte qu'un jeune homme, logé chez lui, appellé M. Lightbowne, fut saisi d'une fievre qui, après avoir duré environ dix jours, commença à être accompagnée de tous les symptômes qui indiquent un état putrescent des fluides. M. Hey se servit de tous les remedes qu'on donne ordinairement dans ces sortes de maladies, & ce ne fut que lorsqu'il vit le malade dans un danger prochain qu'il eut recours à l'air fixe. Il lui fit boire pendant deux jours, tantôt du vin d'orange vigoureux qui contenoit une bonne quantité d'air fixe, tantôt de l'eau qu'il avoit impregnée d'air fixe dans l'atmosphere d'une grande cuve de moût de biere en fermentation. Il ajouta à cette boisson salutaire des lavemens réitérés d'un air dégagé de la craie par le moyen de l'huile de vitriol ; & après ce court intervalle de tems, le malade fut hors de danger & dans l'état de la plus parfaite convalescence. M. Hey fit part de cette cure au Docteur Priestley, qui a inféré la relation de cet habile Médecin, dans l'ouvrage qui a pour titre, *Expériences & obfervations fur différentes efpeces d'air*; on la trouve à la fin du *Tome I*, *pag.* 379 & *fuivantes*. De ce grand nombre d'expériences que l'on rapporte dans l'*Appendix*, qui termine ce premier volume, l'on peut conclure hardiment que l'air fixe n'eft pas feulement un excellent remede dans les fievres putrides, mais encore dans les Phthifies pulmonaires. Plufieurs malades de cette derniere efpece ont été parfaitement guéris, en refpirant les vapeurs d'un mélange effervefcent de craie & de vinaigre. L'on confeille cependant de n'employer ce remede que dans le dernier période de la phthifie pulmonaire, c'eft-à-dire, lorfqu'il y a une expectoration purulente.

Il eft une maniere bien fimple de fe procurer un air fixe, encore plus antifeptique que ceux dont nous venons de parler : la voici. Mettez dans une bouteille une partie de fucre blanc & une partie de fel de tartre alkali pulvérifés : mêlez enfemble ces deux efpeces de poudre ; jettez fur ce mélange douze parties de fuc de limon ; le tout fermentera, & il s'en élevera une vapeur que vous pourrez recevoir, comme l'air fixe ordinaire. Lorfque vous voudrez vous fervir de ce mélange pour rendre la fanté à des malades attaqués d'une fievre putride maligne, voici comment vous opérerez. Vous pulvériferez dans un mortier 20 grains de fucre blanc & 20 grains de fel de tartre alkali : vous jetterez fur ce mélange 4 dragmes de fuc de limon : vous broyerez le tout enfemble, & vous empêcherez l'air fixe de s'échapper, en verfant fur le tout en fermentation 4 dragmes d'eau de fontaine : à peine l'aurez-vous verfée & remuée, que vous ferez prendre ce liquide au malade. L'air fixe qu'il contient fe dégagera dans fon eftomac ; & fi l'on donne ce remede au moins quatre fois en 24 heures, (il feroit mieux de le réitérer d'heure en heure) le malade fera bientôt hors de danger. Je confeillerois de préparer le remede dans la chambre même du malade, ou du moins dans un lieu qui en fût très-peu éloigné ; fans cette précaution effentielle, il ne produira pas l'effet que vous attendez. Lorfque vous aurez cette attention, le fuc-

de limon sera la derniere chose que vous verserez ; & à peine l'aurez-vous versé & remué, que vous serez prendre le remede à votre malade.

M. Mitier, l'un des Médecins ordinaires de l'Hôtel-Dieu de Nîmes, a prouvé par les expériences les plus décisives, l'efficacité du remede dont nous venons de parler. Le nommé Jacques Barreau, natif de Toulouse, paroisse de la Dalbade, âgé de 26 ans, fut transporté à l'hôpital le 6 Juillet 1779 ; il étoit attaqué d'une fievre de pourriture simple. On mit en usage les remedes ordinaires dans ces sortes de maladies : vomitif le jour même qu'il entra, saignée le soir, purgation le lendemain, purgation réitérée le 9 du même mois, loch béchique & incisif, parce que le malade se plaignoit de la poitrine, & qu'il ne crachoit que très-difficilement. Tous ces remedes administrés à propos, n'empêcherent pas la maladie d'empirer ; elle eut bientôt tous les caracteres d'une fievre putride-maligne ; la langue du malade étoit aussi noire que le charbon, & le délire étoit presque continuel. Alors M. Mitier eut recours au remede dont nous avons déjà donné la recette ; c'étoit le 12 du mois. Le malade le prit de deux en deux heures, & dans l'intervalle on lui donnoit un verre de tisane d'orge, acidulée avec l'huile de vitriol ; trois jours après le malade fut hors de danger.

Presque en même tems le même remede fut ordonné par M. Mitier, au nommé François Dar, travailleur de terre, natif de Tournon, diocese de Valence. Il fut traité les premiers jours, comme Jacques Barreau, parce que les symptômes de sa maladie étoient les mêmes. Lorsque la fievre se fut déclarée maligne, on lui fit prendre de deux en deux heures, le remede en question & la même tisane dans l'intervalle ; & au bout de quatre jours le malade fut hors de danger. Ces deux guérisons n'ont étonné personne. L'on connoît l'habileté de M. Mitier, & l'on sait qu'il renchérit sur ses ancêtres qui pendant plus de cent cinquante ans, ont rendu à l'Hôpital de Nîmes, les services les plus signalés.

Le lecteur, au reste, peut faire fond sur ces deux observations ; j'ai visité moi-même ces malades avec M. Mitier, fils, Docteur, comme M. son pere, en médecine de l'Univerfité de Montpellier. Le compte qu'il a bien voulu me rendre de ces fortes de maladies, les vues qu'il m'a communiquées pour la guérifon de plufieurs autres, les fuccès qu'il a déjà eu auprès de certains malades pour qui je m'intéreffois & que je regardois comme défefpérés, tout cela me confirme dans l'idée où je fuis depuis long-tems, qu'il eft des familles privilégiées où la fcience de la Médecine eft comme héréditaire.

Je dois ajouter ici, que, pour pouvoir préfenter ce remede comme une regle de conduite dans les maladies putrides-malignes, j'ai voulu être préfent, lorfqu'on le préparoit. M. Cambon, qui pour lors préfidoit à la Pharmacie de l'Hôtel-Dieu de Nîmes, voulut bien me le permettre ; & fi mon fuffrage pouvoit le flatter, je n'aurois que des éloges à donner à fon zele & à fa dextérité.

Nos deux malades étoient en convalefcence, lorfqu'on tranfporta des prifons à l'Hôtel-Dieu, un homme attaqué d'une fievre putride-maligne. La maladie avoit fait les plus grands progrès ; je vis cet homme dans un état déplorable. M. Mitier ordonna l'air fixe. Le malade, pour qui la mort naturelle n'avoit rien d'effrayant, refufa d'abord de le prendre ; on l'y détermina cependant. Il prit un jour le remede ; mais il le prit de maniere à en empêcher tout l'effet. Lorfqu'on le lui préfentoit, il faifoit mille difficultés, avant de l'avaler, c'eft-à-dire, qu'il le prenoit, lorfque prefque tout l'air fixe s'étoit évaporé. Il ne fut pas poffible le fecond jour de lui en faire prendre une feule dofe. Auffi fuccomba-t-il bientôt à la force du mal. Cette mort me paroît être une des bonnes preuves que l'on puiffe apporter en faveur de la bonté du remede que nous confeillons dans les fievres putrides-malignes.

Les lavemens d'air fixe, tirés de la craie par le moyen de l'huile de vitriol, font, comme nous l'avons indiqué, un excellent remede dans la maladie dont nous venons de parler. M. Thomas Percival, Docteur en Médecine, de la Société Royale de Londres, en a fait plufieurs fois l'heureufe expérience. Depuis le 8 Janvier 1772, jufqu'au 22 du même mois, il ordonna à un jeune-homme, attaqué d'une fievre putride-maligne, tous les remedes ufités en pareille occafion ; il lui fit même boire de l'eau impregnée d'air fixe, provenant de nouvelle biere en fermentation. Malgré tous ces remedes, le malade étoit en danger de succomber à la force du mal. M. Percival eut alors recours aux lavemens d'air fixe, dégagé de la craie par le moyen de l'acide vitriolique. Il introduisit cet air dans une vessie de cochon, vuide d'air ordinaire. Lorsqu'elle en fut remplie, il fit mettre la canule à l'orifice de cette vessie; & rien ne fut plus facile, en la pressant peu-à-peu, que de donner cet air en forme de lavement; ils opérerent la guérison du malade. Le 23, les selles furent moins fréquentes, moins ardentes & moins fétides; l'assoupissement fut moindre, & il n'y eut plus de soubresauts dans les tendons. Le 24, il alla assez bien, pour pouvoir discontinuer les lavemens. Le 25, tous les signes de putréfaction furent dissipés: la langue & les dents furent nettes; les selles naturelles, l'haleine & la transpiration sans odeur désagréable. Le malade commença à prendre des alimens, & entra en parfaite convalescence.

Les mêmes lavemens donnés, de deux en deux heures, à Marie Grundi, âgée de 17 ans, l'empêcherent de succomber à la fievre maligne la plus terrible. Ce fut encore entre les mains du Docteur Percival, que cette malade eut le bonheur de tomber. La gazette salutaire nous fournit plusieurs autres faits qu'il seroit inutile de rapporter. Nous ne devons pas oublier que c'est un Dictionnaire de Physique, & non pas un Dictionnaire de Médecine, que nous donnons au public.

L'expérience paroît encore prouver que l'application extérieure de l'air fixe est un excellent remede pour les ulceres sordides. Mais comme les Maîtres de l'art paroissent donner la préférence à l'air nitreux, nous renvoyons cette discussion à l'article *Air nitreux*.

AIR inflammable. C'est-là le nom qu'on donne à toute vapeur qui s'enflamme comme d'elle-même, ou qu'on enflamme facilement. Depuis un tems immémorial ceux qui travaillent aux mines, se sont apperçus qu'auprès de la voûte de certains lieux souterrains, il se soutient une vapeur beaucoup plus légere que l'air commun, laquelle est sujette à prendre feu avec une explosion, à-peu-près semblable à celle de la poudre à canon. L'existence de l'air inflammable n'est pas une découverte dont les Physiciens modernes puissent se glorifier. Ce qui leur est propre, & ce que nous leur devons, ce sont des méthodes excellentes d'extraire facilement l'air inflammable de telle & telle substance. Voici celle qui me paroît la meilleure & la plus simple. Mettez au fond d'une bouteille une certaine quantité de limaille de fer, d'où vous aurez séparé toute partie hétérogene. Jettez un peu d'eau sur cette limaille. Versez sur ce mélange une quantité proportionnée d'excellente huile de vitriol ; le tout fermentera violemment, & il s'en élevera une vapeur inflammable que vous recevrez comme vous avez fait l'air fixe, extrait de la craie par le moyen de l'huile de vitriol. Cherchez *Air fixe*. Une simple bluette électrique enflamme cette vapeur & lui fait faire l'explosion la plus terrible. Cherchez *Fusil électrique*. L'on tire encore l'air inflammable du zinc & de l'étain pulvérisés ; c'est toujours par l'huile de vitriol que se fait cette extraction. L'on a éprouvé qu'on en tiroit beaucoup moins de l'étain que du fer & du zinc. Le charbon de bois contient beaucoup d'air inflammable. Pour l'en retirer, prenez un canon de fusil que vous remplirez de charbon de bois brisé. Luttez le plus exactement que vous pourrez à l'orifice de ce canon un tuyau de pipe ou de verre. Liez à l'autre extrémité de ce tuyau une vessie de cochon, vuide d'air. Faites chauffer à un feu violent votre canon de fusil, vous verrez la vessie de cochon se remplir d'air inflammable.

L'air inflammable, de quelque substance qu'il soit tiré, a toujours une odeur forte & désagréable. Cette odeur se fait sentir à travers les parois d'un vaisseau de verre, plongé dans l'eau. Les animaux meurent aussi subitement & de la même maniere dans l'air inflammable, que dans l'air fixe, c'est-à-dire, que leur mort est précédée de convulsions. J'en excepte cependant les guêpes. M. Priestley en mit deux dans l'air inflammable & il les y laissa long-tems, l'une y demeura une heure entiere. Elles cesserent bientôt de se mouvoir ; on les auroit prises pour mortes. Mais remises pendant demi-heure dans l'air libre, elles revinrent à la vie & parurent aussi bien portantes qu'auparavant.

L'air inflammable tiré du charbon de bois par le

moyen du canon de fusil, me paroît être un fluide composé presqu'entierement de phlogistique. J'entens avec tous les chimistes par *Phlogistiques* le principe inflammable qui se trouve plus ou moins abondamment dans tous les corps. Ce principe inflammable ne me paroît pas être précisément le fluide ignée ; c'est le fluide ignée combiné avec des particules propres à s'enflammer. Cherchez *Feu*. L'air inflammable est donc distingué de l'air phlogistiqué, puisque celui-ci est un mixte composé d'air ordinaire & d'une trop forte dose de phlogistique ; tel est l'air atmosphérique dans le tems des grandes chaleurs, tel est encore l'air qu'on respire, lorsqu'on se trouve auprès d'un grand feu. L'air salubre, j'en conviens, contient du phlogistique ; & comment seroit-il respirable, comment seroit-il fluide, s'il en étoit totalement privé ? Cherchez *Fluidité* ; mais il n'en contient ni trop ni trop peu. Quelle est la dose précise, pour que l'air respirable ait acquis le plus parfait degré de salubrité ; voilà une question que je range sans peine dans la classe des problemes impossibles. Nos Physiciens modernes nous parlent d'un air beaucoup plus salubre que l'air atmosphérique ; ils l'appellent *air déphlogistiqué*. Servons-nous pour le présent de cette épithete que je prouverai être très-impropre à la fin de l'article des airs factices, & voyons de quelle maniere on peut se le procurer.

C'est surtout de la chaux de mercure, connue sous le nom de *Précipité rouge*, que l'on extrait l'air déphlogistiqué. Ceux qui ne sont pas chimistes & qui liront cet article, seront charmés de savoir comment le mercure se réduit en précipité rouge. Voici la méthode qui me paroît la plus simple. Mettez dans un matras une livre de mercure : Faites-la dissoudre par l'acide nitreux : Mettez cette dissolution dans une cucurbite de verre large & peu élevée : Placez-la sur un bain de sable : Faites évaporer la liqueur jusqu'à siccité ; il vous restera une masse saline blanche, que vous pulvériserez dans un mortier de verre. Mettez cette poudre dans un matras, que vous placerez sur un bain de sable. Chauffez le vaisseau par degrés, jusqu'à ce que la matiere qu'il contient soit calcinée & qu'elle soit devenue en dessus d'une couleur jaune orangée :

Laissez refroidir le vaisseau, & ensuite cassez-le ; vous en retirerez une matiere dont les différentes couches auront différentes couleurs ; la couche supérieure sera d'un jaune orangé, la couche inférieute d'un rouge vif, & les couches intermédiaires auront des couleurs moyennes entre le rouge & le jaune orangé. Pulvérisez cette matiere dans un mortier de verre ; vous aurez du *Précipité rouge*. Si vous voulez en tirer l'air qu'on appelle *déphlogistiqué*, voici comment il faut opérer. Mettez dans un matras environ une once de *Précipité rouge* : Luttez au col de ce vaisseau un tube de verre recourbé, dont la branche horisontale soit de 15 à 18 pouces de longueur, afin que l'extrémité du tube d'où l'air doit sortir, soit suffisamment éloignée du feu : Etablissez le matras sur un réchaud de charbons allumés : Poussez le feu avec modération, vous verrez d'abord sortir l'air atmosphérique que le vaisseau & le tube contenoient ; vous le laisserez échapper. L'air contenu dans le *Précipité rouge* sortira ensuite par l'action du feu, & ce sera là l'air déphlogistiqué. Si vous n'avez point d'appareil monté, vous le recevrez dans une vessie de cochon, comme les autres especes d'air dont nous avons déjà parlé.

Cette méthode me paroît préférable à celles du Docteur Priestley qui place, tantôt au foyer d'une excellente lentille, tantôt dans un canon de fusil les matieres d'où il veut extraire l'air déphlogistiqué. Ce n'est pas seulement du précipité rouge qu'on l'extrait, on le tire encore de plusieurs autres chaux métalliques & surtout de la chaux de plomb, appellée *Minium* ; mais l'air qu'on en retire, est & moins abondant & moins pur que celui que donne le précipité rouge; l'air extrait du *Minium* est plus ou moins mêlé d'air fixe.

Une chandelle brûle très-bien dans l'air déphlogistiqué, & une souris y vit trois fois plus de tems que dans l'air ordinaire. M. Priestley eut la curiosité de goûter cette espece d'air ; il le respira avec un siphon de verre. La sensation qu'éprouverent ses poumons ne fut pas différente de celle que cause l'air commun. Mais il lui sembla que sa poitrine se trouva singulierement dégagée, & à l'aise pendant quelque tems. Aussi regarde-t-on l'air déphlogistiqué comme plus salubre que l'air atmosphérique. Nous avons remarqué dans l'article de l'air fixe que plusieurs malades attaqués de phthisie pulmonaire, avoient été parfaitement guéris en respirant les vapeurs d'un mélange effervéscent de craie & de vinaigre. Nous avons ajouté qu'il ne falloit employer ce remede, que lorsque la maladie est à son dernier période, c'est-à-dire, lorsque l'expectoration est purulente. Ne pourroit-on pas conseiller dans les commencemens de la maladie, & pour en prévenir les suites fâcheuses, la respiration de l'air déphlogistiqué, de celui surtout qu'on tire du précipité rouge ? C'est aux Maîtres de l'art à prononcer sur la bonté du remede que nous indiquons ; nous nous ferons toujours un devoir de ne pas jetter notre faulx dans la moisson d'autrui. Si l'on suivoit inviolablement cette sage maxime, l'on ne trouveroit pas tant de mauvaise Physique dans les ouvrages de Médecine, & tant de mauvais remedes dans les ouvrages de Physique.

L'on a tenté différentes voies pour découvrir la pesanteur spécifique de l'air déphlogistiqué ; l'on n'est encore parvenu qu'à des à-peu-près. L'on n'a tiré aucun éclaircissement de l'air extrait du minium ; cet air est toujours mêlé avec l'air fixe, & l'on sait que celui-ci est le plus pesant de tous les airs factices. L'on n'a pas mieux réussi, en pesant, avant & après l'extraction, les matieres qui donnent de l'air déphlogistiqué ; c'est-là la plus fautive de toutes les méthodes ; elle donne des résultats effrayans, & l'air déphlogistiqué ne seroit pas aussi salubre qu'on l'assûre, s'il avoit une pareille pesanteur. Le moyen le plus simple est de remplir la même vessie de cochon, tantôt d'air commun, & tantôt d'air déphlogistiqué, & d'avoir une balance exacte pour la peser. M. Priestley a fait cette expérience, & il nous assure que cette vessie, remplie d'air commun, pesa 7 scrupules, 17 grains ; il ajoute qu'elle pesa 7 scrupules & 19 grains, lorsqu'elle fut remplie d'air déphlogistiqué : ce qui donneroit à celui-ci plus de pesanteur, qu'à celui-là. Mais ce ne sont là que des à-peu-près sur lesquels un Physicien exact ne fera jamais grand fond.

L'air déphlogistiqué est plus salubre que l'air atmosphérique; les Physiciens en conviennent. D'où lui vient cette qualité précieuse? Voilà ce qu'il faut examiner avec attention. M. Priestley prétend que cette espece d'air contient moins de phlogistique que l'air ordinaire; & voilà, suivant ce docteur, d'où lui vient sa grande salubrité. Je mis, *dit-il*, (pag. 58, Tom. 2.) une partie d'air nitreux dans deux de cet air, comme si j'eusse voulu examiner la pureté de l'air commun, & j'observai que la diminution fut évidemment plus grande, que celle qu'auroit essuyée l'air commun traité de même. Je fus alors pleinement satisfait sur la nature de cette nouvelle espece d'air; c'est-à-dire, que je conclus qu'elle doit contenir originairement moins de phlogistique que l'air commun, puisqu'elle est capable d'en recevoir davantage de l'air nitreux.

M. Priestley ne regarde pas maintenant cette regle comme bien sûre. Voici ce qu'on lit dans les nouvelles de la république des lettres & des arts, à l'article de Londres, en date du 13 Juillet 1779. (On a cru que l'on pouvoit conclure le plus ou moins de pureté de l'atmosphere que nous respirons, des phénomenes que présente le mélange de l'air nitreux avec l'air commun: Mais il paroît que ce moyen de juger de la pureté de l'air commun, est sujette à nous induire en erreur, du moins quand on emploie le procédé ordinaire, qui consiste à faire passer le mélange des deux airs, par le moyen de l'eau, dans un tube gradué. M. Priestley, qui ne peut être suspect en pareille matiere, publie, dans son quatrieme volume, l'insuffisance de son procédé pour juger de l'état de l'air. J'ai trouvé, *dit-il*, qu'il se fait une différence considérable dans les dimensions ou le volume du mélange d'airs, par une circonstance dans la maniere de les mêler, circonstance dont je ne soupçonnois pas l'action. Je suis le maître, *ajoute-t-il*, d'occasionner une différence de 500 parties d'une mesure, en faisant monter l'air dans le tube avec vîtesse ou lenteur: Plus il monte lentement, moins il y a d'espace occupé par le mélange. M. Priestley s'est assuré que cet effet ne vient point de ce que le mélange est fait depuis plus ou moins de tems, & il avertit qu'il n'a pas encore pu en trouver la cause.)

Pour moi qui n'oserois avancer que l'air qu'on appelle *déphlogistiqué*, ait plus ou moins de phlogistique que l'air ordinaire, je conjecture que cet air n'est pas distingué de l'air élémentaire, principe constituant du précipité rouge, ou de tel autre corps d'où l'on a coutume de l'extraire; & je ne le crois plus salubre, que parce qu'il est plus pur, & moins mélangé de parties hétérogenes, dont la plupart rendent nuisible l'air que nous respirons.

Nous n'avions gueres répété que les expériences de M. *Priestley*, lorsque nous assurames en 1781 qu'un animal vit trois fois plus de tems dans l'air déphlogistiqué, que dans l'air atmosphérique ordinaire. Nous voyons maintenant avec plaisir que notre assertion ne contient rien que de conforme à la plus exacte vérité. M. le Comte *de Morozzo* a fait depuis lors sur la respiration animale dans ce *gaz* des expériences aussi précieuses, que décisives. Elles sont consignées dans le Journal de Physique du mois d'Août 1784. Comme ce Journal n'est pas entre les mains de tout le monde, nous croyons rendre service au Public, en insérant dans cet article ce qu'il y a de plus intéressant dans l'excellent Mémoire de M. le Comte *de Morozzo*, auquel nous ajouterons quelques explications qui paroissent y manquer. Nous voyons avec plaisir que dans ce siecle les personnes de la plus haute distinction se font gloire de contribuer efficacement au progrès des connoissances humaines, surtout lorsqu'elles tendent au bien de l'humanité.

1°. Ce grand Physicien a éprouvé que l'air déphlogistiqué, tiré du nitre, est aussi bon, que celui qu'on retire du précipité rouge. Découverte précieuse, parce que celui-là coûte beaucoup moins, que celui-ci : les Physiciens ne sont pas, pour l'ordinaire, en état de faire de grandes dépenses.

2°. Il remplit deux flacons égaux, contenant chacun neuf onces d'eau, l'un d'air atmosphérique, l'autre d'air déphlogistiqué. Il y renferma deux moineaux adultes, & il scella ensuite parfaitement ces deux flacons. La durée de leur vie fut,

Dans l'air atmosphérique, ... 1 heure 5 minutes ;
Dans l'air déphlogistiqué, environ 4 heures.

Cette expérience répétée avec des flacons d'une plus grande capacité, donna toujours à-peu-près les mêmes résultats.

Une bougie allumée, plongée dans le flacon rempli d'air atmosphérique, vicié par l'animal qui y étoit mort, s'éteignit tout de suite à l'orifice. M. le Comte *de Morozzo* n'en fut pas étonné. Ce qui le surprit & ce qui a surpris bien d'autres Physiciens, c'est qu'une autre bougie allumée, plongée dans le flacon rempli d'air déphlogistiqué, vicié pendant environ 4 heures par la respiration du moineau qui y mourut, y conserva son brillant & sa vivacité, & y brûla comme si l'animal n'y fût pas mort. L'Auteur du Mémoire est en état de donner, mieux que personne, l'explication de ce phénomene. Puisqu'il ne l'a pas fait, nous tâcherons bientôt d'en donner une qui soit conforme aux loix de la saine Physique.

3°. Nous savons par expérience que si, dans un vase rempli d'air atmosphérique dans lequel on a laissé mourir un animal, on en introduit un second de la même espece, il y meurt dans deux à trois minutes, & qu'un troisieme n'y vit pas une minute. Il n'en est pas ainsi de l'air déphlogistiqué. Six moineaux adultes, introduits successivement dans un flacon rempli de ce gaz, de la capacité de trente onces d'eau, y vécurent plus ou moins, le premier six heures trente minutes, le sixieme une heure trois minutes.

La bougie allumée, introduite dans le flacon après la mort du dernier animal, brûla encore avec une vivacité surprenante.

La même expérience fut répétée sur dix moineaux adultes, le dixieme vécut vingt-une minutes dans cet air vicié par la respiration des neuf premiers qui y avoient perdu la vie.

La bougie allumée, introduite dans le même air, après la mort du dixieme moineau, y brûla avec presqu'autant de vivacité que dans l'air déphlogistiqué pur. Ces faits, rapportés dans le Mémoire de M. le Comte *de Morozzo*, ne sont suivis d'aucune explication; ils en demandent cependant une bien détaillée; c'est ici qu'il faut la placer.

EXPLICATION des expériences faites par M. le Comte de Morozzo.

L'air déphlogiſtiqué pur n'eſt pas ſeulement plus ſalubre que le meilleur de tous les airs atmoſphériques, il ne doit même contenir aucune partie, aucun atome qui ne ſoit reſpirable. L'animal ne peut donc y mourir, en y entrant, que lorſqu'il aura été vicié dans preſque toutes ſes parties, & alors la bougie allumée s'y éteindra, à l'inſtant qu'elle y ſera plongée. Ne brûle-t-elle pas cette bougie dans l'air atmoſphérique que nous reſpirons tous les jours ; & ne ſavons-nous pas que dans cet air les deux tiers ſont toujours viciés, & qu'il n'eſt qu'un tiers d'air reſpirable dans celui qui nous environne ? Voilà un fait bien effrayant, & dont il faut bien convaincre les Magiſtrats chargés de la police ; ils n'en ſeroient que plus exacts à entretenir la propreté dans les Villes. C'eſt à la mal-propreté qui y regne, qu'il faut attribuer tant de maladies épidémiques qui enlevent à l'Etat un ſi grand nombre d'utiles citoyens. Cherchez *Méphitiſme*.

Ce que nous avons dit juſqu'à préſent prouve ſans doute la ſalubrité de l'air déphlogiſtiqué ; ce que nous allons dire, le prouvera encore mieux. Il eſt peu d'air auſſi méphitique que l'air fixe. Il ne vicie cependant l'air déphlogiſtiqué, de maniere à occaſionner l'extinction ſubite de la bougie, que lorſque dans le mélange il ſe trouve cinq parties d'air fixe ſur une partie d'air déphlogiſtiqué. La bougie brûle avec une flamme moins vive que dans l'air commun, dans un mélange compoſé de quatre parties d'air fixe & une partie d'air déphlogiſtiqué. La quantité de charbon dont la vapeur vicie l'air atmoſphérique, de maniere à le rendre non reſpirable, doit être ſix fois plus grande, pour vicier à ce point une pareille quantité d'air déphlogiſtiqué. Quand eſt-ce enfin que les hommes, éclairés par la Phyſique, feront uſage du nitre, pour ſe procurer un air auſſi ſalutaire ? qu'ils en faſſent fréquemment brûler dans les appartemens ; c'eſt-là le vrai moyen d'étendre les limites de la vie humaine.

Autre qualité précieuſe de l'air déphlogiſtiqué. Les

animaux tombés en asphyxie dans un air méphitique, & mis dans l'air déphlogistiqué, reprennent le mouvement & la vie, lorsque surtout l'on expose au soleil le flacon qui en est rempli. Ce gaz a, en cette occasion, la vertu de l'alkali volatil fluor. L'air déphlogistiqué ne seroit-il pas composé de parties alkalines & l'air méphitique de parties acides; & leur mélange ne produiroit-il pas dans cette occasion une véritable neutralisation, à-peu-près comme elle s'opere par le mélange de l'air fixe & de l'alkali volatil fluor? C'est aux Chimistes à éclairer les Physiciens sur cette matiere, & à détruire ou à confirmer la conjecture que nous venons de hasarder. Cherchez *Alkali volatil fluor* & *Asphyxie.* Cherchez aussi *Gaz.*

Air méphitique. Air rendu nuisible par le mélange qui se fait de cette substance élémentaire avec telle & telle vapeur. Rien n'est plus capable d'infecter l'air que nous respirons, que le charbon allumé, la putréfaction, la respiration des animaux, &c. Entrons ici dans un détail d'autant plus intéressant, que nous joindrons à cet article différentes méthodes de purifier l'air atmosphérique.

Tout le monde sait combien grand est le danger auquel on s'expose, lorsqu'on a l'imprudence d'allumer du charbon de bois dans un appartement fermé. La vapeur qui s'en exhalera, infectera bientôt l'air de la chambre; cet air ne sera plus propre à être respiré; & tous ceux qui le recevront dans leur poitrine, tomberont infailliblement dans l'asphyxie la plus complete, c'est-à-dire, ils seront sans pouls, sans respiration, sans sentiment & sans mouvement. L'Alkali volatil fluor est le remede le plus propre à les faire sortir de cet état. Cherchez *air alkalin* & *alkali.* M. Priestley suspendit dans un vaisseau de verre un charbon du poids de deux grains; il l'alluma en faisant tomber sur ce charbon le foyer d'une lentille. Il assure que par cette opération l'air contenu dans le vaisseau fut diminué d'un cinquieme; il ajoute que l'eau de chaux qu'il y avoit placée, devint trouble par la précipitation de la chaux; & il prétend que la flamme ne sauroit subsister dans cet air ainsi diminué: preuve évidente qu'il n'est plus propre à la respiration. En effet mettez dans le récipient d'une machine pneumatique une chandelle allumée & un moineau ; pompez l'air ; vous ne verrez tomber l'oiseau en convulsions, que lorsque la chandelle sera éteinte. Lors donc qu'on sera obligé d'allumer du charbon de bois dans une chambre où je suppose une bonne cheminée ; qu'on en ouvre les portes & les fenêtres ; qu'on sorte de la chambre, lorsque le charbon commencera à s'allumer, & qu'on n'y rentre, que lorsqu'il aura été réduit en braise. Je penserois volontiers que le charbon allumé produit une grande quantité d'air inflammable, phlogistique trop l'air ordinaire & le rend par-là même très-nuisible aux hommes & aux animaux.

La putréfaction animale & végétale infecte l'air dans lequel elle se fait, & les particules nuisibles qui s'exhalent des corps putréfiés, causent souvent des maladies mortelles à ceux qui ont l'imprudence de les respirer. Aussi dans les villes policées ne souffre-t-on dans les rues aucune espece de fumier. Le mal seroit encore plus grand, il seroit même sans remede, si la putréfaction se faisoit dans un lieu fermé. Mettez dans une bouteille remplie d'air salubre un animal mort ; bouchez-la exactement, & laissez y l'animal jusqu'à ce qu'il soit corrompu ; introduisez ensuite dans cette bouteille un animal en vie, de la même ou de différente espece ; vous l'y verrez mourir, souvent sur le champ. J'en excepte cependant les mouches, les papillons, les pucerons & les autres insectes de cette espece ; ils vivent très-bien dans un air corrompu par l'effluve putride. Les plantes en végétation nous fournissent un moyen infaillible de purifier cet air, & la raison physique de cet effet se présente comme d'elle-même. Ce n'est pas seulement par leurs racines, c'est aussi par leurs feuilles que les plantes se nourrissent. L'effluve putride sera donc extrait de l'air corrompu, par les feuilles des plantes en végétation qu'on y placera, & l'air deviendra par-là même propre à être respiré sans danger. Aussi conseillerois-je que l'on mît dans les chambres des malades & dans les salles des hôpitaux, un certain nombre de pots contenant des plantes qui n'eussent pas encore reçu leur accroissement. M. Priestley a fait des expériences sans nombre, pour faire passer cette vérité pour un principe incontestable. Il les communiqua au Docteur Franklin, dont les connoiſſances en Phyſique ſont auſſi étendues & auſſi ſûres, que celles qu'il a dans la politique; & celui-ci lui fit la réponſe ſuivante.

« Que les végétaux ayent le pouvoir de rétablir l'air » qui a été corrompu par les animaux; c'eſt un ſyſteme » qui me paroît raiſonnable & parfaitement d'accord » avec les autres loix de la nature. Ainſi le feu purifie » l'eau dans tout l'univers: il la purifie par la diſtilla- » tion, en l'élevant en vapeurs & la faiſant retomber » en pluie: il la purifie encore par la filtration, lorſ- » que, lui conſervant ſa fluidité, il permet à la pluie » de pénétrer la terre. On ſavoit déjà que les ſubſtan- » ces animales putrides fourniſſoient un aliment conve- » nable aux végétaux, lorſqu'elles étoient mêlées avec » la terre, & appliquées comme engrais; & mainte- » nant il paroît que les mêmes ſubſtances putrides, mê- » lées avec l'air, ont un effet ſemblable. L'état vigou- » reux de votre menthe dans l'air putride, ſemble indi- » quer que l'air eſt corrigé par la ſouſtraction, & non » par l'addition de quelque choſe. J'eſpere que ceci » mettra des bornes à la fureur qu'on a d'arracher les » arbres qui croiſſent autour des maiſons, & détruira » le préjugé où l'on eſt, malgré nos derniers progrès » dans l'art du jardinage, que leur voiſinage eſt con- » traire à la ſanté. Je ſuis aſſuré par une longue obſer- » vation, que l'air des bois n'a rien de mal ſain; car » nous autres Américains, avons par-tout nos maiſons » de campagne au milieu des bois, & il n'eſt aucun » peuple ſur la terre qui jouiſſe d'une meilleure ſanté » que nous. »

Quelque nuiſible que ſoit l'air des cimetieres, il le ſeroit encore bien davantage, s'il n'y avoit pas quantité de plantes qui par leurs racines & par leurs feuilles abſorbent une grande partie de l'effluve putride qui s'exhale des cadavres qu'on y a inhumé. L'on feroit bien ſans doute de ſemer ſur les foſſes qu'on vient de couvrir, quelques-unes de ces graines qui levent dans l'eſpace de 24 heures. Tout ceci n'eſt pas oppoſé à la précaution qu'il faut prendre de placer les cimetieres le plus loin qu'on pourra des endroits habités. L'on ne ſauroit trop inviter les Magiſtrats à veiller avec la plus grande

grande exactitude à l'observation de la loi qui défend d'inhumer dans les Eglises. Les funestes accidens arrivés à l'ouverture des caveaux, sont trop connus & en trop grand nombre, pour que nous en fassions ici l'énumération.

L'air fermé est presque aussi infecté par la respiration des hommes & des animaux, que par la putréfaction animale & végétale. L'affreuse expérience du *cachot noir*, doit faire trembler quiconque a l'imprudence de respirer un air aussi nuisible. Dans la guerre que les Anglois soutinrent contre les Indiens à Coli-corta dans le Bengale, ceux-ci dans une action firent cent quarante-six prisonniers. Ils les enfermerent dans un cachot obscur. L'air fut tellement vicié par la respiration de ces pauvres malheureux, qu'ils y périrent presque tous dans l'espace d'une nuit. Pouvoit-il en arriver autrement ? Ne sait-on pas que l'air qu'on rend par l'expiration, s'est imprégné dans la poitrine d'un effluve, plus ou moins putride, dans les personnes même qui jouissent de la meilleure santé ? Sans cette imprégnation sans doute les maladies seroient & plus communes & plus dangereuses. Les plantes en végétation sont aussi propres à rétablir l'air vicié par la respiration des hommes & des animaux, que celui qui l'a été par la putréfaction animale & végétale.

Il est plusieurs autres vapeurs qui rendent méphitique l'air que nous respirons. Il n'est pas possible d'en faire l'énumération dans un ouvrage où l'on ne traite pas *ex professo* une pareille matiere. Je crois cependant devoir avertir qu'il est très-dangereux de faire brûler des chandelles dans un petit endroit exactement fermé. Le feu qu'on pourroit allumer à la cheminée que je veux bien y supposer, ne feroit pas capable de purifier entierement l'air que la flamme d'une ou de plusieurs chandelles qui s'y consument, auroit infecté. L'on a vu des animaux périr, presque sur le champ, lorsqu'on les a placés sous un assez grand récipient où l'on avoit fait brûler une seule chandelle du poids d'un quarteron. La meilleure précaution qu'il convienne de prendre, lorsqu'on n'est pas assez riche pour brûler de la bougie, c'est d'ouvrir de tems en tems la porte & la fenêtre de ce petit appartement ; & d'en renouveller l'air par l'introduction de celui qui est respirable.

Nous terminerons cet article par le funeste accident arrivé à Narbonne ; le lecteur comprendra qu'il n'est rien qui rende plus méphitique l'air, que les exhalaisons des latrines qu'on veut vuider. Sept personnes, occupées à cette opération, furent suffoquées par ces vapeurs malignes. Malgré tous les soins qu'on donna à ces pauvres malheureux, un seul fut rendu à la vie. L'Académie des Sciences, consultée sur cet événement, nomma pour commissaires Messieurs Morand, Portal & Vicq-d'Azir ; elle les chargea d'indiquer les moyens de prévenir de pareils effets. Ces habiles Physiciens ont répondu qu'il falloit, avant que les vuidangeurs descendissent dans les fosses, employer le ventilateur, jeter dans la fosse de la chaux en poudre, y faire diverses aspersions d'eau, & découvrir la fosse le plus qu'il sera possible.

Quant au traitement des personnes suffoquées par cet air méphitique, ils ordonnent d'exposer les malades au grand air, de faire des aspersions d'eau froide sur leurs corps & principalement sur le visage. On fera entrer, *disent-ils*, de l'air dans leurs poumons, à la faveur d'un tuyau introduit dans le nez ou dans la bouche : on poussera sous leur nez des vapeurs stimulantes, telles que le vinaigre des quatre voleurs, l'esprit volatil de sel ammoniac, avec la précaution de les empêcher de pénétrer dans la bouche. Aussi-tôt que la déglutition pourra s'exécuter, même foiblement, on leur introduira dans la bouche quelques cuillerées d'eau fraîche, à laquelle on aura ajouté du vinaigre ou quelqu'autre acide. Les mouvemens vitaux commençant à renaître, on fera des frictions sur tout leur corps avec un morceau de flanelle imbibé de vinaigre ou de quelqu'autre liqueur stimulante. S'il y a des signes de pléthore, ou que le sujet se soit blessé en tombant, il faudra recourir à la saignée suivant l'exigence des cas. Les lavemens un peu irritans seront nécessaires ; ceux que l'on prépare avec le savon & le sel de cuisine, conviennent beaucoup dans ce cas. Les potions cordiales & l'émétique ne doivent jamais être employés ; on excepte l'émétique en lavage, si le malade avoit beaucoup mangé, avant son accident.

Les commissaires avertissent que ce traitement peut être employé dans les asphyxies causées par le tonnerre, par les vapeurs des cuves en fermentation, par celles du charbon, ainsi que par les émanations des puits & des cloaques. Ces avis salutaires sont extraits de la gazette de France du 24 Août 1779.

Nous avons rapporté à l'article *Air alkalin*, les guérisons opérées par M. Sage, par le moyen de l'*alkali volatil fluor* dans les asphyxies causées par la vapeur du charbon & par celles de la fermentation vineuse. Il est bon d'indiquer différens remedes, afin que, dans des occasions aussi critiques, l'on puisse, au défaut de l'un, se servir de l'autre.

AIR Nitreux. Vapeur ou fumée de l'esprit de nitre ou de l'eau régale. Faites dissoudre dans l'esprit de nitre du fer, du cuivre, du laiton, de l'étain, de l'argent, du mercure, du bismuth & du nickel; & employez l'eau régale pour faire dissoudre de l'or & du régule d'antimoine; vous aurez dans tous ces cas une vapeur à laquelle on a donné le nom d'*Air nitreux*. Si vous voulez en faire usage, vous le recevrez dans une bouteille, ou dans une vessie de cochon, comme on reçoit l'air fixe que donne la dissolution de la craie par l'huile de vitriol. Cherchez *Air fixe*. La dissolution du plomb, par l'esprit de nitre ne donne de l'air nitreux que très-difficilement, & par un procédé que nous rapporterons dans la suite; il se tire encore de tous les demi-métaux, excepté du zinc d'où l'on ne l'a pas encore extrait. La platine même, dissoute dans l'eau régale, donne de l'air nitreux. Cet air a des propriétés dont les unes sont nuisibles, & les autres très-avantageuses. Une chandelle allumée s'y éteint, mais sa flamme paroît un peu agrandie dans toute sa circonférence par une autre flamme bleuâtre qui s'y joint au moment où elle va s'éteindre; preuve évidente que l'air nitreux, comme l'air alkalin, est légerement inflammable. Les animaux meurent plus ou moins vîte dans l'air nitreux; M. Priestley y vit mourir une souris à l'instant qu'elle y fut exposée; il a vu arriver le même accident aux guêpes, aux mouches & aux papillons; les grenouilles & les limaçons en supportent l'action pendant un quart d'heure ; mais enfin ces animaux y meurent : voilà ses propriétés nuisibles. Venons-en à ses propriétés avantageuses.

L'air nitreux est encore plus antiseptique que l'air fixe ; il n'a pas seulement le pouvoir de préserver de la putréfaction les substances animales, il a encore celui de rétablir les substances qui sont déjà putréfiées. M. Priestley prit deux souris, l'une nouvellement tuée, l'autre mollasse & pourrie. Il les mit toutes les deux dans l'air nitreux au mois d'Août de l'année 1772. Il ne les en retira que 25 jours après, & il les trouva parfaitement exemptes de puanteur, même en les découpant en plusieurs endroits. La souris qui avoit été mise dans cet air prétendu, immédiatement après avoir été tuée, étoit tout-à-fait ferme ; la chair de l'autre étoit toujours molle ; mais elle avoit perdu toute sa mauvaise odeur. Il n'en arriva pas de même à une souris qu'il mit dans l'air fixe. Lorsqu'un mois après il ouvrit la bouteille où l'animal étoit renfermé, il s'en exhala une puanteur insupportable : preuve évidente que l'air nitreux est encore plus antiseptique que l'air fixe. Il seroit donc un remede efficace dans les fievres putrides, par la même raison physique que nous avons apportée à l'article *Air fixe*. C'est l'eau ou le vin imprégnés de cette espece d'air qui devroient être la boisson la plus ordinaire dans ces sortes de maladies. Il ne faudroit pas hasarder témérairement les lavemens d'air nitreux. Un chien bien portant sur lequel on voulut faire l'épreuve de ce remede, donna des signes manifestes de mal-aise tant qu'il le retint, ce qui dura assez long-tems ; cependant au bout de quelques heures, il fut aussi vif que jamais, & il parut n'avoir rien souffert de l'opération. Cette expérience, je l'avoue, ne prouve rien ; toute espece de remede doit jeter dans le mal-aise un animal bien portant ; mais lorsqu'il s'agit de la vie des hommes, les craintes les plus mal fondées doivent faire tenir sur ses gardes un habile Médecin ; & ce n'est que dans le cas où le malade va succomber évidemment à la force du mal, qu'il est permis de hasarder un remede douteux. Je pense cependant que dans les chambres des malades attaqués de fievres malignes & putrides, de même que dans les salles des hôpitaux, l'on pourroit faire diſſoudre différens métaux dans l'eſprit de nitre ; la vapeur qui s'en exhaleroit, purifieroit l'air, & empêcheroit ceux qui ſervent les malades, de contracter ces ſortes de maladies ; c'eſt aux maîtres de l'art à prononcer ſur la bonté d'un avis que je ne ſais que haſarder ; il ne me convient pas de parler autrement ; en traitant ces ſortes de matieres.

M. Prieſtley penſoit qu'on pourroit peut-être appliquer le pouvoir antiſeptique de l'air nitreux à différens uſages, comme à la conſervation des oiſeaux, des poiſſons, des fruits, &c. Il conſeilloit de mêler pour cet effet cette eſpece d'air à différentes proportions, tantôt avec l'air commun, tantôt avec l'air fixe. Il croyoit même que les anatomiſtes pourroient, peut-être, tirer parti de cette propriété de l'air nitreux, pour conſerver dans leur état de ſoupleſſe naturelle les ſubſtances animales. M. Hey en fit l'eſſai ; mais il trouva qu'au bout de quelques mois, différentes ſubſtances animales s'étoient ridées dans cet air, & n'y avoient pas conſervé leur forme naturelle : tant il eſt vrai qu'il ne faut faire aucun fond ſur les idées les plus heureuſes, avant d'avoir conſulté l'expérience. C'eſt ſur ce principe inconteſtable qu'eſt fondé ce ſage proverbe : *expérience paſſe ſcience.*

M. Prieſtley fut ſurpris avec raiſon qu'après avoir tiré l'air nitreux de ſix métaux, proprement dits, par le moyen de l'eſprit de nitre & de l'eau régale, il ne lui fût pas poſſible d'en tirer du plomb par la même voie ; cette eſpece de jeu de la nature le jetta dans la plus grande ſurpriſe. Il employa donc un nouveau procédé, ou plutôt il renforça le premier. Il remplit de petit plomb une bouteille de cryſtal ; il verſa ſur ce plomb de l'eſprit de nitre fumant, & il échauffa le fond de la bouteille avec la flamme d'une chandelle ; il eut alors de l'air nitreux parfaitement ſemblable à celui qu'il avoit retiré des autres métaux par le procédé ordinaire.

Il paroît démontré que la peſanteur ſpécifique de l'air nitreux eſt la même que celle de l'air atmoſphérique. Trois chopines de cet air ont paru tantôt plus peſantes & tantôt plus légeres d'un demi-grain, qu'un égal volume d'air commun.

Nous avons dit à la fin de l'article de l'*Air fixe*, que

l'application extérieure de cet air sur les ulceres, pouvoit être un très-bon remede. Cette application se fait, tantôt en exprimant adroitement sur la plaie l'air fixe contenu dans une vessie de cochon, tantôt en recevant sur la partie ulcérée la vapeur qui s'éleve, lors de la fermentation de l'acide avec la craie, ou tel autre corps qui lui est analogue. Un Médecin, *dit M. Percival*, qui avoit un aphte ulcéré à la pointe de la langue, trouva un grand soulagement dans l'application de l'air fixe à la partie affectée, tandis que les autres remedes étoient sans effet. Il tint sa langue sur un mélange effervescent de potasse & de vinaigre; & comme ce bain de vapeur appaisoit toujours la douleur, & l'emportoit même presque à coup sûr, il y revint toutes les fois que le tourment, causé par l'ulcere, étoit plus grand qu'à l'ordinaire. Il essaya une combinaison de potasse & d'huile de vitriol bien étendue d'eau; mais cela lui causa de l'irritation & augmenta sa douleur : sans doute à cause de quelques particules acides lancées sur la langue par la violence de l'effervescence; car un papier teint en pourpre avec du suc de raves, tenu à une égale distance au-dessus des deux vaisseaux (dont l'un contenoit la potasse & le vinaigre & l'autre le même alkali avec l'esprit de vitriol foible) ne fut pas altéré par le premier, & fut taché de rouge en différens endroits par le second.

Je m'étonne qu'après une expérience aussi décisive, M. Percival ait conseillé l'application extérieure de l'air nitreux sur les ulceres. Apparemment qu'il ne supposoit pas qu'elles affectassent une partie aussi délicate que la langue. Voici cependant comment il s'exprime dans l'*appendix* qui termine le premier volume de l'ouvrage de M. Priestley, *pag.* 395. (Si l'air fixe est capable de corriger la matiere purulente dans les poumons, on peut raisonnablement inférer qu'il sera également utile, appliqué extérieurement aux ulceres sordides, & l'expérience confirme cette conclusion. Cet air appliqué même à un *Cancer*, tandis que le cataplasme de carotte étoit sans effet, a adouci la sanie, modéré la douleur, & produit une meilleure digestion. Les cas que j'ai en vue, sont maintenant dans l'hôpital de Manchester, sous la conduite de mon ami, M. White; dont le public connoît bien l'habileté & le savoir dans la chirurgie & dans l'art d'écrire.

Deux mois se sont écoulés depuis que j'ai écrit ces observations, & le même remede a été appliqué assidument pendant cette période, mais sans aucun nouveau succès. Le progrès des cancers semble être arrêté par l'air fixe; mais il est à craindre qu'on n'en obtienne pas la guérison. On peut cependant regarder comme une acquisition précieuse un remede palliatif dans une maladie désespérée & aussi dégoutante. Peut-être l'*air nitreux* seroit-il encore plus efficace... Il l'emporte sur l'air fixe en qualité d'adoucissant & d'antiseptique.)

Si l'on se sert de l'*air nitreux* comme remede intérieur ou extérieur, ce ne doit être qu'avec de grandes précautions & en désespoir de cause. Le docteur Guillaume Bewley nous assure avoir changé en *eau-forte* légere une petite quantité d'eau commune qu'il imprégna d'air *nitreux*. Une personne digne de foi m'a raconté qu'un malade à qui l'on avoit ordonné un lavement d'*air nitreux*, avoit expiré dans le tems de l'opération. Comme cependant elle n'a pas été témoin de ce funeste accident, je ne garantis pas le fait.

Cet air au reste se conserve, dans une vessie de cochon, beaucoup mieux que la plupart des autres airs factices. M. Priestley y en a conservé pendant 15 jours. Dans un à deux jours, la vessie devint rouge & se contracta beaucoup dans toutes ses dimensions. L'air qui y étoit contenu perdit très-peu de sa propriété particuliere de diminuer l'air commun.

Les métaux donnent plus ou moins d'air nitreux en cet ordre : le fer, le cuivre, le laiton, l'argent & le mercure; c'est-à-dire, que le fer est celui qui en donne le plus & le mercure le moins. M. Priestley a extrait 16 mesures d'air nitreux de 20 grains de fer, & il n'en a extrait que 4 mesures & demie de 139 grains de mercure.

Le Nickel & le Bismuth en donnent aussi abondamment. Le même Physicien en a tiré 4 mesures de 12 grains de nickel, & 6 mesures de 29 grains de bismuth. Le Nickel & le Bismuth sont deux substances semi-métalliques. Le premier, suivant M. Cronstedt, qui a beaucoup travaillé sur cette matiere, a ses mines particulieres ; on en trouve d'assez abondantes dans la Saxe. Il est jaune à l'extérieur, blanc comme de l'argent dans sa fracture avec des couleurs changeantes. Il est composé de petites lames assez semblables à celles du Bismuth. Il est dur & cassant, & il n'est que foiblement attiré par l'aimant. Il se dissout dans l'acide nitreux. La dissolution est d'une couleur verte très-vive, & elle laisse précipiter une poudre noire dont M. Baumé prétend qu'on n'a pas encore assez examiné les propriétés. Le Nickel, pesé à la balance hydrostatique, perd dans l'eau entre un huitieme & un neuvieme de son poids.

Pour le Bismuth, nous en avons parlé en son lieu : cherchez *Bismuth*. L'on tire enfin du sucre une assez grande quantité d'air nitreux. Mettez pour cela dans un matras deux onces de sucre pulvérisé & quatre onces d'esprit de nitre. Echauffez ce mélange ; vous aurez de l'excellent air nitreux que vous recevrez, comme vous avez reçu l'air déphlogistiqué, que vous avez extrait du *précipité rouge*. Nous conseillons même aux commençans de se servir plutôt de sucre, que de toute autre matiere, pour se procurer de l'air nitreux. Plus le sucre sera rafiné, & mieux l'expérience vous réussira.

AIR Spathique. Vapeur qui s'éleve, lors de la fermentation de l'huile de vitriol avec le spath, ou pierre calcaire, cristallisée sous différentes formes. L'on trouve le spath dans le voisinage d'une mine de métal. Sa couleur dépend de la nature du métal qui y est entré dans sa cristallisation. Le plomb le rend jaune ; le fer le rend rouge ; l'étain noir, & le cuivre bleu. Le spath de Derbishire, province méridionale d'Angleterre, est le meilleur de tous & le plus propre à l'expérience que nous allons rapporter. Pulvérisez ce spath : Remplissez de cette poudre le quart d'une bouteille : Versez sur cette matiere pulvérisée une quantité proportionnée d'huile de vitriol : Quelque tems après, échauffez très-modérément votre bouteille ; il s'en élevera une vapeur à laquelle on a donné le nom *d'air acide spathique* ; vous la recevrez, comme vous avez fait les autres especes d'air dont nous avons déjà parlé. Ayez soin de vous servir pour cette opération d'une forte bouteille ; cet acide corrode le verre ; il y fait même souvent des trous qui le traversent de part en part. Lorsque l'eau est mise en contact avec cette espece d'air, sa surface se blanchit ; bientôt après elle est rendue opaque par une pellicule pierreuse qui forme une séparation entre l'air & l'eau. Dès que cette pellicule est formée, l'air spathique s'insinue à travers ses pores & ses crevasses ; l'eau s'éleve ; elle présente une nouvelle surface qui, comme la premiere, devient opaque & pierreuse ; & ainsi de suite, jusqu'à ce que toute la masse de l'air spathique ait formé avec l'eau différentes incrustations. On ramasse ces différentes pellicules ; on les fait sécher, & on les réduit en une poudre blanche, d'abord acide au goût, & ensuite insipide, lorsqu'on a eu soin de la laver dans beaucoup d'eau pure. Cette expérience est de M. Priestley. Faute de spath de Derbishire, nous avons été dans l'impossibilité de la répéter. D'ailleurs elle n'est que curieuse ; & le bien de l'humanité étant la fin que nous nous proposions dans toutes nos opérations, nous ne nous sommes pas mis grandement en peine de nous en procurer. Lorsque les chimistes auront découvert quelque propriété salutaire dans la poudre spathique, nous ferons cette expérience avec autant de zele que toutes les autres.

M. Priestley nous avertit qu'il plongea une chandelle allumée dans l'air acide spathique, & qu'elle s'y éteignit, sans présenter dans sa flamme aucune couleur particuliere. Il ajoute que du mélange de cet air avec l'air alkalin, il résulte d'abord un nuage blanc, & ensuite un sel qui n'est soluble ni dans l'eau, ni dans l'esprit de vin. J'invite les chimistes à en chercher les propriétés ; je souhaite qu'elles puissent nous être de quelque utilité ; ce sera là le moyen de me faire travailler sur l'air acide spathique avec autant d'ardeur que je l'ai fait sur tous les autres. J'ai tout lieu d'espérer que l'article des *Airs factices* sera un de ceux dont le lecteur sera le moins mécontent. Je ne l'ai composé, qu'après avoir lu & relu tous les ouvrages de M. Priestley : C'est une riche mine que tout Physicien doit exploiter avec autant de patience, que de courage. J'avoue cependant que, si je n'avois eu que ce secours, je n'aurois jamais osé présenter mes idées au public. Il me restoit dans l'esprit, après ces lectures réitérées, toutes réfléchies qu'elles avoient été, des milliers de nuages qui m'empêchoient d'écrire avec la netteté qui doit caractériser un ouvrage de science. Ils n'ont été dissipés, que lorsque j'ai eu l'honneur de discuter cette matiere avec M. le Marquis de Baschi & Mme. la Marquise d'Avarai sa sœur, & le plaisir de les voir extraire l'un & l'autre de différens corps les différentes especes d'airs dont je viens de faire la description & d'indiquer les usages. J'ai plus puisé de lumieres dans ces savantes conversations, que dans tous les ouvrages que j'ai lus sur les airs factices ; & ces ouvrages bien surement ne sont pas en petit nombre. Terminons nos dissertations sur les airs *Acide*, *Alkalin*, *Déphlogistiqué*, *Fixe*, *Inflammable*, *Méphitique*, *Nitreux & Spathique* par quelques réflexions que j'ai promis de faire à la fin de cet intéressant article.

1°. Les expériences sur les *airs factices* ne sont encore ni assez nombreuses, ni assez uniformes, ni assez réfléchies, pour pouvoir être le fondement d'une théorie raisonnable. Que nos Physiciens s'attachent à défricher cette terre que je regarde encore comme inculte. Qu'ils accumulent expériences sur expériences, pour tâcher de trouver la nature sur le fait. Qu'ils écartent surtout pendant quelques années tout esprit de systeme. Sans cette précaution que je crois être absolument nécessaire, ils plieront leurs expériences au systeme qu'ils auront imaginé, & ils nous présenteront comme des faits incontestables des résultats qu'ils auront cru trouver, tandis que tel & tel autre assurera avoir eu par le même procédé un résultat tout contraire. Si la Physique de Newton est préférable à celle de Descartes, c'est que celui-ci s'est constamment écarté de cette regle, & que celui-là s'est toujours fait un devoir de la garder. Ecoutez ce que dit M. de Fontenelle dans le parallele qu'il fait de ces deux grands hommes. L'un (*Descartes*), prenant un vol hardi, a voulu se placer à la source de tout ; se rendre maître des premiers principes par quelques idées claires & fondamentales, pour n'avoir plus qu'à descendre aux phénomenes de la nature, comme à des conséquences nécessaires : L'autre, (Newton) timide, ou plus modeste, a commencé sa marche par s'appuyer sur les phénomenes, pour remonter aux principes inconnus, résolu de les admettre, quels que les pût donner l'enchaînement des conséquences. L'un part de ce qu'il entend nettement pour trouver la cause de ce qu'il voit. L'autre part de ce qu'il voit, pour en trouver la cause, soit claire, soit obscure. Les principes évidens de l'un ne le conduisent pas toujours aux phénomenes, tels qu'ils sont ; les phénomenes ne conduisent pas toujours l'autre à des principes assez évidens. *Eloge historique de Newton par M. de Fontenelle.*

2°. Le Docteur Priestley a fait différens systemes sur l'atmosphere terrestre. Tantôt il veut qu'elle doive son origine aux volcans. Si l'on considere, *dit-il*, la quantité prodigieuse d'air inflammable que produit la combustion des moindres morceaux de bois & de charbon, on ne trouvera pas impossible que les *Volcans* dont presque toute la terre a été couverte, puisqu'on en trouve par-tout des traces, aient été l'origine de notre atmosphere. *Tom.* 1, *pag.* 431. Tantôt il assure que l'air atmosphérique est un composé d'acide nitreux, de terre & de phlogistique. Voici ce qu'on lit à la *page 67 du tome second :* Il ne resta aucun doute dans mon esprit que *l'Air atmosphérique*, ou la chose que nous respirons, ne soit un composé d'acide nitreux & de terre, avec autant de phlogistique qu'il en faut pour le rendre élastique, & avec ce qu'il en faut de plus pour le faire descendre de son état de pureté parfaite à la qualité médiocre qu'il a dans la nature. Par-tout M. Priestley déclame contre ceux qui admettent un air élémentaire, créé comme la terre, le feu & l'eau, pour être principe constituant des corps. Il y a, je crois, *dit-il*, peu de maximes en Physique, mieux établies dans tous les esprits que celle-ci, que l'air atmosphérique, (abstraction faite des diverses matieres étrangeres qu'on a toujours supposées dissoutes & mêlées dans cet air) est une substance *élémentaire simple*, indestructible & inaltérable, du moins autant que l'on suppose que l'est l'élément de l'eau. Je m'assurai cependant bientôt, dans le cours de mes recherches, que l'air de l'atmosphere n'est pas une substance inaltérable ; puisque le phlogistique dont il se charge par la combustion des corps, par la respiration des animaux & par différens procédés chimiques, l'altere & le déprave au point de le rendre totalement incapable de servir à l'inflammation des corps, à la respiration des animaux, & aux autres usages auxquels il est propre. Je découvris aussi que l'agitation dans l'eau, le procédé de la végétation, & probablement d'autres procédés naturels le rétablissent dans sa pureté primitive, en le dépouillant du phlogistique superflu. *Tom.* 2, *pag.* 37.

Personne sans doute n'est plus en état que le Docteur Priestley, de faire un systeme sur l'atmosphere terrestre. Il seroit cependant à souhaiter que les nouvelles expériences dont il a enrichi la Physique moderne, eussent précédé celui qu'il a imaginé ; il les auroit faites avec un esprit moins prévenu, & elles auroient par-là même procuré plus efficacement le progrès & l'avancement des sciences. Nous l'exhortons à déposer pendant quelques années tout esprit de systeme, & à s'adonner avec une nouvelle ardeur à la partie expérimentale de cette nouvelle branche de Physique. Nous lui prédisons qu'il renoncera bientôt à tout ce qu'il a écrit sur la nature de l'atmosphere de la terre. Il est démontré géométriquement que cette atmosphere a plus de deux cent soixante lieues perpendiculaires au-dessus de la surface de notre globe : Cherchez *Aurore boréale* ; comment des vapeurs, des exhalaisons & d'autres matieres de cette espece pourroient-elles s'élever à cette hauteur ? Ne savons-nous pas qu'elles ne s'élevent & qu'elles ne peuvent s'élever qu'à quelques lieues au-dessus de nous ?

3°. Dans ce grand nombre *d'airs factices* qu'on prétend avoir nouvellement découvert, l'air méphitique & celui qu'on appelle *déphlogistiqué* peuvent seuls conserver le nom *d'Air* ; l'air élémentaire est comme la base de ces fluides mixtes.

4°. J'appellerois volontiers *Air épuré* celui qu'on appelle *déphlogistiqué* ; j'en ai apporté la raison à la fin de l'article *Air inflammable*.

5°. Je donnerois sans peine le nom de *Vapeurs* aux autres especes d'airs, & j'ajouterois à ce mot des épithetes dont chacune feroit connoître le corps d'où telle vapeur a été extraite par la voie des fermentations, dissolutions, &c. Cette dénomination me paroît plus claire, que celle de *Gaz* que bien de Physiciens leur donnent. Ces trois dernieres réflexions ne sont pas opposées à la maniere de penser de M. Priestley. Ceux qui veulent, *dit-il*, appliquer le terme *Air* à une *substance* & non à une *forme*, en sont bien les maîtres, & pourvu que nous nous entendions mutuellement, il ne résultera aucun inconvénient de l'emploi d'un différent langage; mais dans ce cas il faut que ces mêmes personnes soient uniformes dans leurs objections & dans leur pratique, & n'appellent, du nom *d'Air*, que ce qui consiste, selon elles, en cette seule *substance élémentaire* à laquelle elles affectent d'approprier ce terme. J'ajouterai aussi que ces personnes feroient bien de prouver qu'il existe une pareille substance élémentaire, & de concilier avec leur hypothese les faits que j'ai découverts *Tom.* 3, *pag.* 158. Nouvelle preuve que M. Priestley n'a pas tiré son systeme de ses expériences; mais qu'il n'a fait la plupart de ses expériences, que pour établir & prouver son systeme.

AIRE. On entend par l'aire d'une figure l'espace renfermé entre les côtés qui la terminent. On parle souvent en Physique de l'aire d'un carré parfait, d'un carré long, d'un triangle, d'un cercle, &c. C'est n'avoir pas la teinture des premiers élémens de la Géométrie, que d'ignorer que l'on trouve l'aire d'un carré parfait en multipliant un de ses côtés par lui-même; ainsi un des côtés d'un carré parfait contient-il 10 pieds? Son aire contiendra 100 pieds carrés.

On connoît l'aire d'un carré long en multipliant sa longueur par sa hauteur; un carré long a-t-il 10 pieds de longueur & 8 de hauteur? Son aire sera de 80 pieds carrés.

On connoît l'aire d'un triangle en multipliant sa base par la moitié de sa hauteur; un triangle a-t-il 12 pieds de base, & 8 de hauteur? Il aura 48 pieds d'aire. Tout le monde sait que la hauteur d'un triangle se mesure par la ligne perpendiculaire tirée du sommet du triangle sur la base.

On connoît l'aire d'un cercle en multipliant sa circonférence par le quart de son diametre ; un cercle a-t-il une circonférence de 60 pieds & un diametre de 20 pieds ? Il aura une aire de 300 pieds. On sait que la circonférence d'un cercle est sensiblement triple de son diametre ; ainsi connoissant le diametre d'un cercle, il est très-aisé de connoître sensiblement sa circonférence. On sait encore que les aires de deux cercles sont comme les carrés de leurs diametres. Ainsi le cercle C a-t-il un diametre d'un pied, & le cercle D un de deux pieds ? L'aire de celui-ci sera quadruple de l'aire de celui-là, parce qu'on pourra dire, l'aire du cercle C est à l'aire du cercle D, comme le carré de 1, c'est-à-dire, 1, est au carré de 2, c'est-à-dire, 4.

On connoît enfin l'aire d'une Ellipse, en mesurant l'aire d'un cercle dont le diametre soit une ligne moyenne proportionnelle entre le grand axe & le petit axe de cette Ellipse. Supposons, par exemple, qu'une Ellipse ait un grand axe de 100 pieds, & un petit axe de 9, elle aura la même aire qu'un cercle de 30 pieds de diametre. Voyez la démonstration de toutes ces assertions dans l'article de la Géométrie pratique où vous trouverez la mesure de presque toute sorte d'aires.

ALDROVANDUS (Ulysse) naquit à Bologne au commencement du 16e. siecle, c'est-à-dire, entre l'année 1515 & l'année 1530. Il professa dans la suite la Philosophie & la Médecine dans la célebre Université de cette ville avec tout le succès & tout l'éclat possible. Aldrovandus est sans contredit un des plus grands Philosophes naturalistes que le monde ait encore produit ; il avoit même pour cette partie de la Philosophie ce que l'on peut appeller une espece de fureur ; témoins les fréquens voyages & les dépenses incroyables qu'il fit pour se perfectionner dans l'histoire de la nature. Il s'attacha principalement aux oiseaux dont il nous a laissé une très-ample histoire. On assure que, pour s'en procurer des figures bien exactes & au vif, il eut à ses gages pendant plus de 30 années les plus habiles artistes de l'Europe. On ajoute qu'il en est tel à qui il faisoit une rente annuelle de deux cent louis. Ces folles & excessives dépenses le conduisirent à l'hôpital de Bologne où il se retira après avoir perdu la vue, & où il mourut chargé d'années & d'infirmités en 1605. Il donna au public pendant sa vie 4 Volumes *in-folio*, dont un est sur les insectes & les trois autres sur les oiseaux. Sa marche est uniforme, mais en même tems singuliere, & quelquefois de mauvais goût. Lorsqu'il parle d'un insecte ou d'un oiseau, il ne se contente pas de rapporter ce qu'en ont dit les Naturalistes ; il rapporte encore ce que les Historiens en ont écrit, ce que les Législateurs en ont ordonné, & ce que les Poëtes en ont feint. Il explique les différens usages auxquels on les emploie dans l'économique, dans la Médecine, dans l'Architecture & dans les autres arts. Il parle enfin des moralités, des devises, des énigmes, de hiéroglyphes, des médailles, & de quantité d'autres choses qui n'ont souvent qu'un rapport très-indirect avec son objet. Qu'on en juge par ce qu'il dit sur l'Aigle dans le premier livre de son *Ornithologie*. Il consacre à cet oiseau 39 chapitres qui comprennent 90 pages. Le premier est sur la dignité de l'Aigle. Dans le second, il fait l'énumération de quelques personnes connues, dont le nom propre a été *Aquila*. Dans le troisieme, il cherche l'étymologie de ce mot. Dans le quatrieme, il fait comme la description générale de l'Aigle. Dans le cinquieme & sixieme chapitres il parle de ses sens & surtout de sa vue perçante. Dans le septieme, il distingue l'Aigle en mâle & en femelle. Dans le huitieme, il décrit les endroits que cet oiseau fréquente le plus volontiers. Il parle dans les 12 chapitres suivans de son vol, de son naturel, de sa docilité, de sa voix, de sa maniere de vivre, de la maniere dont il éleve ses petits, de ses bonnes qualités, de la chasse à l'Aigle, des antipathies & des maladies de cet oiseau. Le vingt-unieme chapitre qu'il a intitulé *Historica*, contient un tas d'histoires inventées à plaisir. C'est-là qu'il raconte la fin tragique de plusieurs Aigles privés que la douleur a empêché de survivre à leurs bienfaiteurs, & que l'on a vu se précipiter dans les flammes des buchers où l'on brûloit les corps de ceux qui les avoient nourris & apprivoisés. Ce qu'il y a de plus remarquable dans les 18 derniers chapitres, ce sont les superstitions des Payens, dont l'Aigle a été le sujet ; les hiéroglyphes, les emblemes ; les fables & les apologues dont il a été l'occasion ; enfin les usages que l'on peut faire de l'Aigle dans la médecine ; la peinture, l'architecture, & le blason. Après cette énumération l'on ne sera pas surpris qu'Aldrovandus n'ait parlé que d'un assez petit nombre d'oiseaux dans ses trois gros volumes d'Ornithologie. Après sa mort on ramassa avec soin tous ses papiers, & on y trouva la matiere de 9 gros volumes *in-folio*, que différens savans se chargerent de mettre en ordre, & qu'on a donnés au public en différens tems. Il y a trois volumes sur les quadrupedes, un volume sur les serpens & les dragons, un sur les poissons, & sur les monstres, un sur les animaux qui n'ont point de sang, un sur les arbres, & un sur les fossiles. La collection des œuvres d'Aldrovandus est donc de 13 volumes *in-folio* ; elle tient encore très-bien son coin dans un cabinet d'histoire naturelle, malgré le grand nombre d'excellens livres que nous avons sur cette matiere.

Le jugement que nous avons porté d'Aldrovandus, est conforme en tous ses points, à celui qu'en a porté M. de Buffon dans le premier Tome de son Histoire Naturelle, *pag.* 37 *& suiv. de l'édition in* - 12. Voici comment s'exprime ce célebre Ecrivain. (Aldrovandus, le plus laborieux & le plus savant de tous les Naturalistes, a laissé, après un travail de 60 ans, des volumes immenses sur l'Histoire Naturelle.... On les réduiroit à la dixieme partie, si on en ôtoit toutes les inutilités & toutes les choses étrangeres à son sujet. A cette proxilité près, qui, je l'avoue, est accablante, ses livres doivent être regardés comme ce qu'il y a de mieux sur la totalité de l'Histoire Naturelle. Le plan de son ouvrage est bon, ses distributions sont sensées ; ses divisions bien marquées, ses descriptions assez exactes, monotones, à la vérité, mais fidelles : l'historique est moins bon, souvent il est mêlé de fabuleux, & l'Auteur y laisse voir trop de penchant à la crédulité. J'ai été frappé en parcourant cet Auteur, d'un excès ou d'un défaut qu'on retrouve presque dans tous les livres faits il y a cent ou deux cent ans, & que les savans d'Allemagne ont encore aujourd'hui ; c'est de cette quantité d'érudition inutile dont ils grossissent à dessein

dessein leurs ouvrages, en sorte que le sujet qu'ils traitent, est noyé dans une quantité de matieres étrangeres sur lesquelles ils raisonnent avec tant de complaisance, & s'étendent avec si peu de ménagement pour les Lecteurs, qu'ils semblent avoir oublié ce qu'ils avoient à vous dire, pour ne vous raconter que ce qu'ont dit les autres. Je me représente un homme comme Aldrovandus, ayant une fois conçu le dessein de faire un corps complet d'Histoire Naturelle, je le vois dans sa Bibliothéque lire successivement les Anciens, les Modernes, les Philosophes, les Théologiens, les Jurisconsultes, les Historiens, les Voyageurs, les Poëtes, & lire sans autre but que de saisir tous les mots, toutes les phrases qui de près ou de loin ont rapport à son objet ; je le vois copier & faire copier toutes ces remarques, les ranger par ordre alphabétique ; & après avoir rempli plusieurs porte-feuilles de notes de toute espece, prises souvent sans examen & sans choix, commencer à travailler un sujet particulier, & ne vouloir rien perdre de tout ce qu'il a ramassé..... Qu'on juge après cela de la portion d'Histoire Naturelle qu'on doit s'attendre à trouver dans ce fatras d'écritures ; & si en effet l'Auteur ne l'eût pas mise dans des articles séparés des autres, elle n'auroit pas été trouvable, ou du moins elle n'auroit pas valu la peine d'y être cherchée.

ALEMBERT (Jean le Ron d') Secrétaire perpétuel de l'Académie Françoise, Membre de celle des Sciences, de la Société Royale de Londres, de l'Académie de Berlin, de Russie, de Suede, &c. naquit à Paris en l'année 1717. Il a été littérateur, Philosophe, Physicien & Mathématicien. Nous ne devons pas, dans un Dictionnaire de Physique, rendre compte de ses ouvrages de littérature, si l'on en excepte son superbe discours qui sert de *Prospectus* à l'Encyclopédie ; il appartient à toutes les sciences, & c'est sans contredit l'ouvrage le plus parfait qui soit sorti de sa plume. Nous souscrivons volontiers au jugement de l'Auteur des trois Siecles de la littérature françoise, lorsqu'il dit : *Si la profondeur des vues, l'intelligence du plan, l'ordonnance des distributions, l'exposition des ma-*

tieres ; l'exactitude des regles, la vigueur des pensées ; l'heureuse aisance des tours, la noblesse du style eussent été capables d'animer les exécuteurs de ce grand dessein, comme tous ces traits réunis ont réussi à attirer les suffrages & les souscriptions, toute l'Europe seroit en possession du trésor des sciences qu'elle attendoit, & M. d'Alembert *n'auroit pas eu la douleur d'avoir contribué par un bel ouvrage à faire naître de fausses espérances.* Il porte un jugement aussi sain sur ses autres ouvrages de littérature, à l'article *Alembert ;* nous y renvoyons le lecteur.

D'Alembert a étudié la nature avec attention, il s'est occupé avec soin de la recherche de la vérité ; il mérite donc le beau titre de Philosophe. Il a paru tel dans tous ses ouvrages, & surtout dans ses Elémens de Philosophie qu'on ne peut lire, sans se former une juste idée de la Logique, de la Métaphysique, de la Morale, de la Physique générale, des Mathématiques, de l'Algebre, de la Géométrie, de la Mécanique, de l'Astronomie, de l'Optique, de l'Hydrostatique, & de l'Hydraulique. Il est vrai qu'après avoir lu ces élémens, on ne sait aucun de ces Traités. Et comment pourroit-on les apprendre par la lecture, par l'étude même la plus réfléchie d'une brochure *in*-12 de 298 pages ? Mais il est vrai aussi qu'après les avoir lus avec attention, on a envie d'apprendre ces sciences dans leurs sources, & qu'on ne sera pas étranger dans les conversations qui rouleront sur pareilles matieres. Aussi les Elémens de Philosophie de *d'Alembert* ont-ils fait fortune dans un siecle où l'on veut presque tout savoir, sans rien apprendre.

C'est ici le lieu de venger *d'Alembert* de l'affreuse calomnie qu'on lui a faite, en voulant le faire passer pour un de ces Philosophes, prétendus esprits forts, qui, surtout en matiere de Religion, se donnent la liberté de tout *penser*, de tout *dire* & de tout *écrire.* C'est dans ses Ecrits même & surtout dans ses *Réflexions sur l'abus de la critique* que je trouve sa justification. Il étoit trop Philosophe ; il avoit le caractere trop fier & trop décidé, pour écrire d'une façon & penser de l'autre.

On ne sauroit se dissimuler, *dit-il*, (pag. 325) que

les Principes du Christianisme sont aujourd'hui indécemment attaqués dans un grand nombre d'écrits. Il est vrai que la maniere dont ils le font pour l'ordinaire, est très-capable de rassurer ceux que ces attaques pourroient alarmer. Le desir de n'avoir plus de frein dans les passions, la vanité de ne pas penser comme la multitude, ont bien fait plus d'incrédules, que l'illusion des sophismes.... Cette grêle de traits émoussés ou perdus, lancés de toutes parts contre le Christianisme, a jetté l'effroi dans le cœur de nos plus pieux Ecrivains. Empressés de soutenir la cause & l'honneur de la Religion, qu'ils croyoient en danger, parce qu'ils la voyoient outragée, ils ont été, pour ainsi dire, à la découverte de l'impiété dans tous les livres nouveaux, & il faut avouer qu'ils y ont fait une moisson tristement abondante.

Plus on seroit coupable de prêcher l'irréligion, *ajoute-t-il*, (pag. 362) plus il est criminel d'en accuser ceux qui ne la prêchent pas en effet. En cette matiere, plus qu'en toute autre, c'est sur ce qu'on a écrit qu'on doit être jugé, & non sur ce qu'on est soupçonné mal à propos de penser ou d'avoir voulu dire. La foi est un don de Dieu qu'il ne dépend pas de nous seuls de nous procurer; & tout ce que la société ordonne, est de respecter ce don précieux dans ceux qui ont le bonheur d'en jouir. C'est aux hommes à prononcer sur le discours, & à Dieu seul à juger les cœurs. Ainsi l'accusation d'irréligion, surtout lorsqu'on l'intente devant le public, ne sauroit être appuyée sur des preuves trop convaincantes & trop notoires.

Il dit enfin sur la fin de sa lettre à *Jean-Jacques Rousseau*: l'Eglise Romaine a un langage consacré sur la Divinité du Verbe, & nous oblige à regarder impitoyablement comme Ariens tous ceux qui n'emploient pas ce langage. Vos Pasteurs diront qu'ils ne reconnoissent pas l'Eglise Romaine pour leur Juge; mais ils souffriront apparemment que je la regarde comme le mien.

Après un langage si orthodoxe, pourroit-on, sans l'injustice la plus criante, mettre *d'Alembert* au nombre des prétendus esprits forts, des prétendus Philosophes de ce siecle? Nous le répétons avec complaisance: il a été Philosophe, en prenant ce terme dans le sens le plus naturel & le plus honorable.

Il a été aussi Physicien & grand Physicien. La preuve en est consignée dans ceux de ses ouvrages qui ont pour titre : Traité de Dynamique. Traité de l'équilibre. Theorie de la résistance des fluides. Recherches sur différens points importans du systeme du monde. Recherches sur la cause générale des vents, &c. Tous ces ouvrages sont marqués au bon coin, & ils sont trop connus, pour que j'en fasse ici l'analyse. Je remarquerai cependant qu'on a été un peu étonné que, dans son traité des vents, il ait formé l'inconcevable dessein de soumettre aux regles immuables de l'Algebre le plus inconstant, le plus irrégulier de tous les Météores.

Quelques succès que *d'Alembert* ait eu dans la Physique, il en a eu de bien plus grands dans les Mathématiques. Pour s'en convaincre, je renvoie le lecteur non-seulement aux deux ouvrages qui ont pour titres : *Recherches sur la précession des équinoxes* & *nova tabularum lunarium emendatio*, mais surtout aux articles de Mathématique de l'Encyclopédie ; ils répondroient parfaitement à la beauté du *Prospectus* s'ils avoient un peu plus de clarté. C'est presque-là l'unique défaut qu'on puisse reprocher à *d'Alembert* dans ses ouvrages de Physique & de Mathématique ; le commun des lecteurs n'est pas toujours assez savant pour le suivre, & c'est-là ce qui dégoûte ceux qui veulent étudier les sciences dans les Dictionnaires, dans l'Encyclopédie surtout avec laquelle, selon la promesse des Auteurs, l'on devoit pouvoir se passer de tout autre livre. Il eût été cependant à souhaiter pour le bien des Sciences & pour celui de la Religion, que tous les autres articles de l'Encyclopédie eussent été traités dans le goût de ceux que *d'Alembert* y a insérés. L'immortel Auteur des trois siecles de la Littérature françoise n'auroit pas eu droit de dire que *d'Alembert* avoit eu la douleur d'avoir contribué par un bel ouvrage à faire naître de fausses espérances. Il eût encore été à souhaiter que, dans la république des Sciences & des Lettres, *d'Alembert* n'eût jamais voulu exercer un Empire, toujours trop dur, quelquefois despotique ; il eût eu alors autant d'amis, que d'admirateurs. Ce grand homme mourut à Paris le 30 Octobre 1783 *à l'âge de 66 ans.*

ALGEBRE, Cherchez *Arithmétique algébrique.*

ALKALI. Mot arabe qui dans notre langue répond à celui de *soude*. On divise les alkalis en *fixes* & en *volatils*. Les uns & les autres ont des propriétés communes. Mis sur la langue, ils y laissent une saveur âcre & brûlante qui ressemble assez à l'odeur de l'urine. Mêlés avec le sirop violat, ils le verdissent. Jettés dans le creuset, ils entrent en fusion, à un feu modéré; alors ils dissolvent toutes les terres qu'on leur présente, & leur communiquent la plupart de leurs propriétés. Enfin présentés aux acides, ils s'unissent ensemble, & de cette union il résulte ce qu'on appelle en Chimie *Neutralisation*. Aussi les Physiciens, toujours accoutumés aux comparaisons sensibles, pour se mettre à la portée de tout le monde, comparent-ils volontiers l'*acide* avec l'épée hors de son fourreau; l'*alkali* avec le fourreau vuide; & l'*acide* uni à son *alkali*, avec l'épée qu'on a fait entrer dans son fourreau. Ils remarquent encore que tels corpuscules sont *acides* par rapport aux uns & *alkalis* par rapport aux autres. Ils se servent aussi d'une comparaison, pour se rendre plus intelligibles. Ayez, *disent-ils*, une épée à double fourreau; le fourreau intérieur fera les fonctions d'*alkali* vis-à-vis l'épée, & il fera les fonctions d'*acide* vis-à-vis le fourreau extérieur. Ces sortes de comparaisons, je le sais, ne feront guere fortune en Chimie; mais elles sont reçues en Physique depuis un tems immémorial; cela nous suffit pour avoir droit de les insérer dans un ouvrage de cette espece.

Les trois regnes de la nature nous fournissent des alkalis en abondance. L'alkali fixe se tire surtout du regne végétal. C'est une substance saline qu'on sépare des cendres des végétaux par l'opération suivante : faites brûler en plein air les plantes, & laissez consumer la braise, jusqu'à ce qu'il ne reste plus que des cendres; lessivez ces cendres avec de l'eau pure jusqu'à ce que cette eau sorte insipide; faites enfin évaporer la lessive jusqu'à siccité; vous aurez pour lors le sel alkali fixe de la plante que vous avez brûlée. L'opération aura été bien faite, si le sel est d'un beau blanc mât, sans aucune marque de cristallisation & sans odeur.

M. *Baumé* prétend que l'alkali fixe contient toujours

une terre surabondante, & tellement étrangere à sa nature, que lorsqu'on l'en a séparé, il ne perd aucune de ses propriétés. J'ai gardé nombre de fois, *dit-il*, dans des flacons bouchés de cristal, de l'alkali fixe très-pur, en liqueur : il a toujours déposé une plus ou moins grande quantité de terre blanche, en conservant néanmoins toute sa vertu.

Cette espece d'alkali supporte la plus grande violence du feu dans des vaisseaux clos, sans s'élever, & voilà pourquoi on l'appelle *Alkali fixe*.

Il n'en est pas ainsi de l'alkali volatil dont la mobilité est prodigieuse. C'est une matiere saline qu'on tire surtout du regne animal, tantôt par la décomposition des parties constituantes des animaux, tantôt par la putréfaction de ces mêmes parties. On le retire encore en abondance de la liqueur excrémentitielle, connue sous le nom d'urine; & voilà pourquoi on l'appelle tantôt *alkali animal* & tantôt *alkali urineux*. L'alkali volatil exposé à l'air, se dissipe à l'instant. Mis dans des vaisseaux clos, il s'éleve, à une chaleur fort modérée & bien inférieure à celle de l'eau bouillante ; & voilà d'où lui vient le nom d'*alkali volatil*. On assure assez communément en Chimie, qu'il doit sa grande volatilité à une huile très-subtile qui entre dans sa composition.

On rend *fluor* l'alkali volatil par la manipulation suivante : distillez dans une cornue de verre un mélange de trois livres de chaux, éteinte à l'air, & d'une livre de sel volatil dissous dans une suffisante quantité d'eau ; vous en retirerez une liqueur vive, pénétrante, beaucoup plus caustique & beaucoup plus volatile, que ne l'étoit l'alkali volatil avant cette opération. M. *Baumé* nous assure qu'il est ensuite bien difficile de le faire reparoître sous la forme concrete.

Autre manipulation, elle est de M. *Sage*. Mêlez exactement une partie de sel ammoniac pulvérisé avec trois parties de chaux éteinte : introduisez ce mélange dans une cornue lutée : versez dans cette cornue une quantité d'eau égale à celle du sel ammoniac : adaptez & luttez-y un grand récipient dont vous laisserez le *foramen* ouvert : durant la distillation il se produira une grande quantité d'air ; cet air entraînera un alkali très-pénétrant ; que vous pouvez coercer, en le faisant passer à travers l'eau distillée, dans laquelle l'alkali restera combiné, tandis que l'air s'échappera.

M. *Sage* prétend que l'*alkali volatil fluor* est un remede efficace contre la morsure de la vipere, la piqûre des insectes, la brûlure, les coups de soleil, la rage, l'apoplexie & surtout l'asphyxie. Cherchez *Asphyxie*.

ALSTEDIUS (Jean Henri) a été peut-être l'homme le plus érudit du dix-septieme siecle : c'est le premier qui ait tenté d'exécuter le vaste, le magnifique projet d'Encyclopédie que donna, il y a plus de 150 ans, l'illustre Chancelier Bacon. Celle d'Alstedius parut vers le milieu du siecle passé en 4 volumes *in folio* latins. Ce savant Auteur, après avoir fait connoître, au commencement de son premier volume, qu'il savoit très-bien tout ce qu'on appelle *Langues savantes*, traite de la *Grammaire*, de la *Rhétorique*, de la *Logique*, de l'*Art oratoire* & de l'*Art poëtique*. Son second volume contient la *Métaphysique*, la *Pneumatique*, la *Physique*, l'*Arithmétique*, la *Géométrie*, la *Cosmographie*, l'*Astronomie*, la *Géographie*, l'*Optique* & la *Musique*. Il parle dans son troisieme volume de la *Morale*, de *l'Economique*, de la *Politique*, de la *Scholastique*, de la *Théologie*, de la *Jurisprudence*, de la *Médecine*, de la *Mécanique générale* & *particuliere*, *Physique* & *Mathématique*. Il donne enfin dans son quatrieme volume les regles de la *Mémoire artificielle*, de *l'Histoire*, de la *Chronologie*, de *l'Architecture*, & de la *Critique*. Tout ce qu'on peut dire en général à la louange de cette Encyclopédie, c'est que, si le projet de Bacon eût pu être mis à exécution par un seul homme, dans un tems où la plupart des sciences étoient encore au berceau, Alstedius en feroit venu à bout. L'Arithmétique est le moins mauvais, & la Physique, l'un des plus mauvais de ses traités. C'est dans sa Météorologie qu'il regarde les cometes comme formées par des vapeurs & des exhalaisons métalliques élevées jusqu'à la région supérieure de l'atmosphere terrestre, & enflammées par une espece de fermentation interne. C'est-là encore qu'il regarde ces astres comme les présages funestes des plus grands malheurs. Aussi invite-t-il ses lecteurs à recourir alors à la priere & à la pénitence. *Quoties igitur videmus cometas, ita statuamus, his tantis ignibus homines moneri, ut se præparent ad impendentes calamitates patienter ferendum & preces ad Deum fundant cum verâ pœnitentiâ conjunctas.* Alstedius mourut à Albe-Jule en Transilvanie en l'année 1638. Il n'étoit âgé que de 50 ans.

ALUN. L'alun est un sel fossile & minéral d'un goût acide. Il est très-astringent & il laisse dans la bouche un sentiment de douceur. Il y en a de différente espece. L'alun de Rome est un sel en pierres rouges & transparentes. L'alun de roche est en pierres blanches, luisantes & souvent fort grosses. L'alun de plume est en petits morceaux de deux ou trois pouces de grosseur. Il est composé d'une multitude de beaux filamens droits, blancs, brillans comme du crystal, & qui forment une touffe assez semblable aux franges d'une plume. On le tire d'Egypte, de Sardaigne & de Milo, Isle de l'Archipel. Il est peu commun. Le principal usage de l'alun est dans la teinture. Il est comme le lien qui unit les couleurs aux étoffes, & l'encre ou les enluminures au papier. Sans l'appui de l'alun, l'encre perceroit le papier, & l'effort de l'air sépareroit bientôt la teinture d'avec l'étoffe, ou en terniroit toute la vivacité. Ces particularités & celles de l'article sur *l'ambre* sont tirées du Tome troisieme du Spectacle de la Nature.

AMALGAMER. C'est mêler le mercure avec quelque métal fondu. Le métal par ce mélange devient propre à s'étendre sur les ouvrages.

AMALGAME. Cherchez *Electricité*.

AMBRE. C'est une substance jaune qui a la même odeur, la même électricité & peut-être la même nature que le bitume. Ce n'est pas seulement au fond & le long des côtes de la Mer Baltique qu'on va le chercher, on le trouve encore dans la terre même, en plusieurs endroits de la Prusse, ordinairement couché parmi des matieres vitrioliques & bitumineuses, qui sont posées par lits les unes sur les autres, comme différentes feuilles minces qu'on prendroit au premier aspect pour du bois.

Pour l'ambre gris, on ne peut faire que de pures conjectures sur son origine. Les pêcheurs de la nouvelle Angleterre assurent que c'est primordialement une liqueur de couleur citrine, qui s'épaissit en forme de boules du poids de plusieurs livres dans la vessie de la baleine nommée *Cachalot*, mais uniquement dans la vessie du mâle, & lorsqu'il est devenu vieux.

AMER. C'est la seconde des 7 saveurs primitives. Un corps amer est composé de molécules irrégulieres, couvertes d'inégalités & mal cuites.

AMIANTE. C'est une pierre filamenteuse, c'est-à-dire, une pierre composée de fils serrés les uns contre les autres. On détache adroitement ces fils pour les mettre au rouet, & on en fait *l'asbeste* qui n'est autre chose qu'une toile qui non-seulement résiste au feu, mais qui encore se purifie & se blanchit dans cet élément.

AMONTONS, (Guillaume) fils d'un Avocat de Normandie, naquit à Paris le 31 Août 1663. C'est lui qui a mis les Barometres dans l'état où nous les voyons à présent. La Physique lui doit encore, outre sa fameuse théorie des frottemens, des remarques très-intéressantes sur les Thermometres, les Hygrometres & les Clepsydres. La Clepsydre de M. Amontons peut servir sur mer; de la maniere dont elle est faite, le mouvement le plus violent que puisse avoir un vaisseau, ne la dérange point. L'on trouve toutes les pieces que ce Physicien a composées, en partie dans les mémoires de l'Académie des Sciences où il fut reçu en l'année 1699, & en partie dans un livre dédié à cette même compagnie, & intitulé *Remarques & Expériences Physiques sur la construction d'une nouvelle Clepsydre, sur les Barometres, Thermometres & Hygrometres.* Il mourut le 11 Octobre 1708 à l'âge de 45 ans. L'on assure dans son éloge historique que le public perdit par sa mort plusieurs inventions utiles qu'il méditoit sur l'Imprimerie, sur les vaisseaux, sur la charrue. L'on assure encore qu'il ne voulut faire aucun remede pour recouvrer l'ouïe qu'il perdit n'étant encore qu'écolier de troisieme, soit qu'il désespérât de guérir de sa surdité, soit qu'il se trouvât bien de ce redoublement d'attention & du recueillement qu'elle lui procuroit, semblable en quelque chose à cet ancien qui se creva les yeux pour n'être pas distrait dans ses méditations philosophiques.

AMPLITUDE. L'amplitude d'un astre est l'arc de l'horison compris entre l'Equateur & cet astre, quand il se trouve à l'horison. Si on mesure cet arc, lorsque l'aftre fe leve; on lui donne le nom d'amplitude orientale. Si on le mefure, lorfque l'aftre fe couche, on l'appelle amplitude occidentale. Les Etoiles qui font dans l'Equateur, n'ont aucune amplitude, foit orientale, foit occidentale : toutes les autres en ont une, plus ou moins grande, fuivant qu'elles font plus ou moins éloignées de l'Equateur. Pour comprendre fans peine ce point d'Aftronomie, jettez un coup d'œil fur l'article de ce Dictionnaire où il eft parlé des Etoiles, après vous être formé une idée nette de la Sphere.

ANALYSE. Cherchez *Arithmétique Algébrique appliquée à l'Analyfe.*

ANALOGIE. Les Mathématiciens confondent ce terme avec celui de proportion géométrique. Pour les Phyficiens, ils le confondent avec celui de *Similitude*. Lorfqu'ils affurent, par exemple, qu'il y a une vraie analogie entre les caufes du tonnerre & celles des tremblemens de terre, cela fignifie que les caufes qui produifent le tonnerre dans l'atmofphere, font femblables à celles qui produifent dans le fein de la terre les fecouffes dont notre globe eft de tems en tems agité. Cherchez *Tonnerre & tremblemens de terre.* Depuis plufieurs années nous avons découvert une analogie entre la matiere électrique & le fluide nerveux. Cherchez *Electricité médicale*; nous en foupçonnons une pareille entre les fluides électrique & magnétique, & fi je viens à bout de l'établir dans cet article, je conclurai fans peine qu'il regne une analogie entre les fluides nerveux, électrique & magnétique.

Pour procéder méthodiquement dans une recherche auffi intéreffante, voici la marche que je crois devoir tenir avec un lecteur que je fuppofe au fait des articles *Aimant*, *Electricité*, *Efprits vitaux*, *Feu.*

Parmi les expériences magnétiques & électriques, je choifirai les plus frappantes, les plus connues, les mieux conftatées ; je les oppoferai une à une ; j'en ferai remarquer la reffemblance ; & cette reffemblance fera comme le fondement & la bafe de l'analogie que je préfume.

Cette analogie préfente quelques difficultés, je ne les pafferai pas fous filence ; je les propoferai naïvement, & je tâcherai d'y répondre de maniere à les faire regarder plutôt comme des chicanes vétilleuſes, que comme des objections ſenſées & raiſonnables.

Enfin s'il regne une analogie entre les fluides nerveux, électrique & magnétique, il faut néceſſairement un ſyſteme général dans lequel on explique ſans peine & d'une maniere conforme aux loix de la nature, les phénomenes que j'aurai déjà rapportés. Ce ſyſteme je le bâtirai ; & ce ſera par où je terminerai un article que je conſacre au bien de l'humanité.

Parmi ce grand nombre d'expériences magnétiques & électriques que je pourrois apporter en preuve de l'analogie que je veux établir, je me borne à ſix eſpeces différentes que je me contenterai d'indiquer, puiſque chaque eſpece contient des milliers d'expériences individuelles.

1°. Un corps actuellement électrique eſt un corps qui tantôt attire & tantôt repouſſe des corps légers, tels que les pailles, les plumes, les feuilles de métal & cent autres matieres dont la nature eſt connue de tous les Phyſiciens.

Les attractions & les répulſions nous les appercevons dans les corps magnétiques. Suſpendez en effet ſur un pivot une aiguille aimantée, & ſuſpendez-la de maniere qu'elle ſoit dans un parfait équilibre ; préſentez le pôle boréal d'un aimant au pôle méridional de l'aiguille ſuſpendue, ces deux aimans s'attireront ; vous les verrez au contraire ſe fuir, ſi vous préſentez le pôle boréal de l'aimant au pôle boréal de l'aiguille, ou le pôle méridional de l'un au pôle méridional de l'autre.

2°. Parmi les corps électriques les uns le ſont par eux-mêmes & les autres par communication. Les matieres vitrifiées & les matieres réſineuſes forment la premiere claſſe ; la ſeconde comprend ſurtout les métaux & les corps vivans.

Mais ces deux claſſes ne les diſtingue-t-on pas dans le regne magnétique ? Ne ſait-on pas que la premiere comprend ces corps noirâtres, compoſés de pierre & de fer, dont on trouve des mines abondantes dans différens endroits de la terre, & ſurtout ſur le mont Sypile, ſous lequel a été bâtie la ville de Magnétie ? Dans la ſeconde claſſe entrent néceſſairement tous les corps aimantés, mais ſurtout ces petits barreaux d'acier que

MM. Knigt, Michell & Canton en Angleterre, MM. Duhamel, Anthéaume & le Maire en France, MM. Hell & Mesmer en Allemagne ont su rendre supérieurs aux plus forts aimans naturels. Nous voilà même maintenant obligés de ranger les corps vivans dans cette seconde classe. Nous avons appris par les gazettes salutaires du 6 & 13 Avril 1775, que MM. Hell & Mesmer ont communiqué la vertu magnétique aux hommes & aux animaux ; ils assurent même que de dix personnes magnétisées, l'une le fut jusqu'au point de ne pouvoir pas approcher de dix pas une malade, sans lui causer les plus vives douleurs.

3°. Tout corps électrisé, soit qu'il l'ait été par frottement ou par communication, est entouré d'un fluide subtil, qui s'étend plus ou moins loin, suivant que l'électricité a été plus ou moins forte, & c'est ce fluide qui lui sert d'atmosphere. L'existence n'en est pas révoquée en doute. Combien de fois n'ai-je pas rendu électriques des corps, en les plaçant dans l'atmosphere du conducteur de la machine ? Cette expérience n'est pas nouvelle, M. l'Abbé Nollet me marquoit il y a quelques années (sa lettre est imprimée, c'est la 19e. de son recueil) qu'il avoit vu maintes fois une enclume suspendue à plus d'un pied du globe, étinceller sans comparaison plus fortement que le tuyau de métal qui servoit de conducteur.

Les corps magnétiques nous présentent les mêmes phénomenes. Nous avons remarqué à l'article *Aimant*, que si l'on fait toucher à une aiguille d'acier un des boutons de l'armure d'un fort aimant, & que l'on se contente de mettre une autre aiguille du même acier dans l'atmosphere de l'aimant, éloignée de 2 à 3 lignes du même bouton, nous avons remarqué, dis-je, que ces deux aiguilles s'aimanteront, avec cette différence purement accidentelle, que si l'extrémité supérieure de l'aiguille qui touche l'armure reçoit la vertu boréale, l'extrémité supérieure de l'aiguille qui ne touche pas l'armure, recevra la vertu méridionale.

L'atmosphere des corps électrisés est composée d'un fluide assez subtil, pour s'insinuer sans peine à travers les corps les plus durs ; il paroît même que cette matiere traverse plus facilement les métaux, que l'air ;

semblable en cela à l'atmosphere des corps magnétiques dont la matiere traverse très-facilement le verre, s'insinue sans peine dans le fer & l'acier, & agit sur un malade à travers un mur, sans aucune communication directe, & à l'éloignement de 8 à 10 pieds. Ce dernier fait est consigné dans la gazette dont j'ai déjà parlé.

4°. Un corps électrisé par communication perd communément toute sa vertu par l'attouchement d'un corps qui ne l'est pas, ou qui ne l'est qu'imparfaitement.

Tels sont précisément les barreaux d'acier aimantés. Maniés trop souvent & sans précaution, exposés à l'air sans nécessité, ils perdent bientôt la vertu qui leur a été communiquée ; & ce n'est pas sans raison que M. Knigt a fait faire pour eux des étuis où l'air ne puisse pas pénétrer, & d'où on ne les tire qu'avec des précautions infinies. Cherchez *Aimant artificiel.*

5°. Un des plus grands phénomenes de la machine électrique, c'est sans doute le coup fulminant qu'on donne par le moyen du tableau magique ou de la bouteille de Leyde ; expérience très-dangereuse, qui donne la mort aux animaux, qui a coûté la vie à un grand Physicien, & qui, en ma présence, la faillit coûter à un jeune homme âgé d'environ vingt ans, qui, contre mon avis, voulut, en hiver & dans un tems de bise, faire entrer dans son corps les deux courans électriques qui donnent une commotion violente dans les deux bras, dans la poitrine, dans les entrailles & dans tout le corps.

Et bien, ce terrible phénomene M. Mesmer vient de le renouveller par le moyen de l'aimant artificiel. Il annonce au monde savant qu'il a rempli des flacons de matiere magnétique où ce fluide est aussi comprimé, que l'est la matiere électrique dans la bouteille de Leyde. Il assure que par ce moyen une malade a senti des secousses douloureuses aux articulations des bras, du col, à la tête, & il ajoute que ces secousses ressembloient parfaitement à nos secousses électriques. M. Hell est un des garans de ce fait, & M. Hell est un homme trop savant & trop connu, pour qu'on puisse révoquer en doute son témoignage.

6°. La machine électrique n'est pas, comme tant d'autres, une machine de pure curiosité. C'est un fait constant que parmi les malades à qui elle a procuré, sinon une parfaite guérison, du moins de grands soulagemens, les uns étoient attaqués de vertiges opiniâtres qui les faisoient marcher d'un pas chancelant & qui leur obscurcissoient la vue; les autres étoient tourmentés d'une sciatique qui leur causoit les douleurs les plus aiguës; la plupart enfin étoient ou totalement paralytiques, ou hémiplétiques: cherchez *Electricité médicale.*

Que nous faudroit-il, pour être en droit de soupçonner une analogie entre le fluide magnétique & le fluide électrique? Il faudroit sans doute que l'aimant fût entre les mains des Physiciens un remede à de pareils maux. Et bien, la chose paroît sûre. Nous avons appris par les nouvelles publiques qu'à Vienne en Autriche, Messieurs Hell & Mesmer ont opéré, par le moyen de l'aimant artificiel, des guérisons aussi surprenantes. On nous parle en particulier d'un voyageur Anglois qui fut attaqué à Vienne d'une crampe d'estomac très-violente. Il appliqua sur la partie malade un des aimans artificiels de M. Hell, & bientôt après il fut non-seulement soulagé, mais guéri parfaitement. Cette guérison presque subite engagea M. Hell à construire des aimans artificiels en forme d'anneaux, larges de 2 à 3 doigts & de l'épaisseur du fer blanc; & ces anneaux appliqués sur le col, le ventre, les cuisses, les bras & les pieds ont procuré la santé à des malades tourmentés de spasme & de convulsions; ils ont même rendu l'usage des membres à des estropiés; & entre les mains de M. Mesmer, ils ont été un remede efficace contre l'apoplexie & la paralysie. J'ai voulu moi-même, avec l'aide ou plutôt sous la direction d'un Médecin célebre (*) qui s'est fait un nom dans le monde savant, tenter à Nîmes sur plusieurs malades les expériences de l'aimant artificiel: ils jouissent tous actuellement d'une meilleure santé. Mais comme les seules personnes à qui les maux de dent faisoient souffrir les douleurs les plus cruelles,

---

(*) *M. Razoux dont nous avons parlé à l'article* Inoculation.

ont été presque subitement soulagées ; en appliquant un des pôles de l'aimant artificiel sur la dent gâtée, je ne puis apporter que ces dernieres expériences en preuve de l'analogie que je veux établir entre les fluides nerveux, électrique & magnétique. Mais cette analogie présente quelques difficultés. Je m'arrête aux deux principales & je vais tâcher de les faire évanouir.

Premiere difficulté. Quiconque ne reconnoît pas une analogie entre les fluides électrique & magnétique dira d'abord sans contredit, que l'un est inflammable & que l'autre ne l'est pas, & il fera remarquer que du plus fort aimant artificiel personne n'a encore tiré une ombre de bluette ; il ajoutera même qu'on ne manqueroit pas de rire d'un Physicien qui tenteroit une pareille expérience.

Réponse. Mais si celui qui raisonne de la sorte, a déjà reconnu une analogie entre les fluides nerveux & électrique, n'a-t-il pas fourni des armes contre lui-même, & ne sait-il pas qu'on riroit avec plus de raison d'un Médecin qui tenteroit d'enflammer le fluide nerveux, qu'on ne le feroit d'un Physicien qui chercheroit à tirer des bluettes d'un aimant artificiel ?

Supposons donc un homme qui ferme les yeux à la lumiere, c'est-à-dire, un homme qui ne reconnoisse aucune analogie entre les fluides nerveux & électrique ; de quel moyen me servirois-je pour faire évanouir sa prétendue difficulté ? D'un moyen tout-à-fait simple. Je lui ferois remarquer que dans tout systeme où l'on explique les phénomenes électriques, l'inflammation n'est regardée que comme un phénomene purement accidentel. J'ajouterois que ce phénomene est causé par telles & telles particules étrangeres qui viennent se joindre par hasard au feu électrique qui se trouve dans tel ou tel mouvement. N'est-il pas évident, *lui dirois-je*, qu'un bâton de cire d'Espagne, frotté par la main la plus seche, est un corps actuellement électrique ? Ne lui voyez-vous pas attirer le tabac en poudre, les pailles, les feuilles de métal ? Et bien, tentez d'en tirer une bluette ; & lorsque vous en serez venu à bout, je tenterai moi-même d'en tirer une de l'aimant artificiel. Ce ne sera pas donc cette premiere difficulté, qui détruira l'analogie que j'ai établie entre le fluide électrique & le fluide magnétique.

Seconde difficulté. Suſpendez ſur un pivot une aiguille aimantée ; vous la verrez conſtamment ſe tourner vers les deux pôles de la terre. Suſpendez en même tems une aiguille non aimantée ; communiquez-lui la vertu électrique ; pourquoi ne cherche-t-elle pas les mêmes pôles ? Et ſi elle ne les cherche pas, pourquoi ſoupçonneroit-on une analogie entre le fluide électrique & le fluide magnétique ?

Réponſe. Il en eſt de la direction vers les deux pôles de la terre pour l'aiguille aimantée, comme de la bluette pour l'éguille électriſée. Celle-ci eſt produite par des particules inflammables, & celle-là par une matiere particuliere qui vient ſe joindre au feu électrique, dont l'aiguille aimantée eſt pénétrée & environnée, & cette matiere particuliere a des propriétés ſingulieres dont je ferai l'énumération dans le ſyſteme que je vais propoſer.

SYSTEME

Où l'on explique les Phénomenes dépendans de l'Analogie qui regne entre les fluides nerveux, électrique & magnétique.

Préſenter un agent, non pas imaginaire, mais réel ; un agent qui ſe meuve d'une maniere conforme aux loix de la plus sûre Mécanique, & dont les mouvemens, tantôt ſimples, tantôt compoſés, puiſſent ſervir à expliquer une foule de phénomenes ; voilà ce que c'eſt que former un ſyſteme général ou particulier, & voilà à quoi je me ſuis engagé au commencement de cet important article. Préſentons donc un agent général dont l'exiſtence ſoit inconteſtable. A cet agent général, joignons trois agens ſubalternes. Ces agens ſubalternes, mêlons-les ſucceſſivement avec l'agent général. Leur mixtion nous donnera tantôt le fluide nerveux, tantôt le fluide électrique, & tantôt le fluide magnétique. Ces trois fluides, faiſons-les mouvoir de maniere, que de leurs différens mouvemens naiſſe comme naturellement l'explication phyſique des phénomenes les

les plus compliqués ; & nous aurons un syſteme où nous ſerons aſſurés que l'imagination n'aura eu aucune part. Entrons en matiere ſans autre préambule, & avertiſſons ſeulement le lecteur que le *feu élémentaire* eſt l'agent général dont nous parlons.

Le feu élémentaire, ſubſtance auſſi ancienne que le monde, ſubſtance répandue par-tout avec plus ou moins d'abondance, eſt un fluide infiniment délié, dont le mouvement *en tout ſens* eſt d'une rapidité incompréhenſible. Et comment pourroit-on révoquer en doute quelqu'une de ces qualités ? Ne ſait-on pas que le feu traverſe les pores du verre, s'inſinue à travers les corps les plus durs & les plus compacts ? Ne voit-on pas avec quelle facilité la flamme conſume quelque corps que ce ſoit ? N'apperçoit-on pas dans l'eau bouillante le mouvement *en tout ſens* dont je parle. Mais comment expliquer d'une maniere phyſique ce mouvement *en tout ſens* ? La choſe eſt difficile, j'en conviens ; mais elle ne m'a jamais paru impoſſible ; & cette queſtion que bien des Phyſiciens ont mis ſans raiſon au rang des problemes inſolubles, je crois l'avoir réſolue à l'article *Feu* auquel je renvoie le lecteur. C'eſt donc le *feu élémentaire* que je regarde comme l'agent général, comme l'ame, comme l'eſſence du ſyſteme que je propoſe.

A ce feu élémentaire, ajoutez maintenant ce qu'il y a de plus ſubtil, de plus délié dans la ſubſtance du ſang ; formez-en un fluide mixte ; introduiſez ce fluide dans le canal qui ſe trouve au milieu de chaque nerf ; vous aurez le fluide nerveux. Mais par quel mécaniſme ſe fait ce mélange ? De quelle maniere ſe fait cette introduction ? Voilà ce qu'il faut expliquer, & voilà ce que j'eſpere faire d'une maniere conforme aux loix de la Phyſique.

Les plus grands Phyſiciens, les Médecins les plus renommés conviennent que les deux ſubſtances qui compoſent le cerveau, ſont ſéparées en différentes couches, & percées d'un nombre innombrable de trous qui deviennent toujours plus petits, à meſure qu'ils approchent plus du centre ovale où ſe trouve l'origine des nerfs. Une grande partie du ſang qui ſort du cœur, eſt portée dans le cerveau par le moyen des arteres.

Là elle tombe comme dans un crible propre à séparer les parties les plus subtiles d'avec les parties les plus grossieres. Celles-ci se rendent dans les veines, & celles-là dans les nerfs au milieu desquels, comme je l'ai déjà dit, est un canal disposé à les recevoir. Est-il rien de plus simple que ce mécanisme ?

Du fluide nerveux, passons au fluide électrique. Vous le formerez très-facilement, si au feu élémentaire vous ajoutez des particules hétérogenes très-déliées qui se trouvent dans ce qu'on appelle *corps électrique*. Ces particules sont communément inflammables. Ce sont des particules huileuses, sulfureuses, bitumineuses, &c. Employez toujours le frottement, & souvent le mouvement de rotation, pour faire sortir ce fluide mixte des corps électriques *par eux-mêmes* ; introduisez-le dans les corps électriques *par communication* ; faites entrer dans ces derniers corps, tantôt un seul courant, tantôt deux courans opposés de matiere électrique ; formez sur-tout une atmosphere dense autour des corps parfaitement électrisés, & ne formez qu'une atmosphere rare autour de ceux qui ne le sont qu'imparfaitement, vous n'aurez, je vous l'assure, aucune peine à expliquer les phénomenes électriques les plus compliqués, les plus terribles, les plus frappans. Cherchez *Electricité*.

Le fluide magnétique est composé, comme les deux premiers, du feu élémentaire & d'une matiere propre Cette matiere propre est un fluide très-subtil, formé de globules dont chacun a un axe, un pôle boréal, un pôle méridional & une direction constante vers les deux pôles de la terre. Mais d'où nous viennent ces globules, & d'où leur vient à eux-memes la direction constante dont je parle ? Question très-difficile à résoudre & sur laquelle on ne peut faire que des conjectures heureuses. C'est à l'article *Aimant* qu'on trouvera celles que nous avons cru pouvoir hasarder.

Ce fluide magnétique entre-t-il en abondance & naturellement dans des corps qui ont des pores droits & paralleles à leur axe ? Il forme comme nécessairement des aimans naturels ; & il n'en forme que d'artificiels, lorsqu'il y entre par artifice.

Faisons maintenant quelques réflexions sur le syste

me que je viens de proposer. A consulter l'expérience, on est obligé de reconnoître une analogie entre les fluides nerveux, électrique & magnétique. Mon systeme sans doute ne la détruit pas ; pourroit-on ne pas l'admettre entre trois fluides, tous infiniment déliés, tous infiniment propres à s'insinuer dans les nerfs, tous mis en mouvement, & animés, pour ainsi dire, par le feu élémentaire ?

A consulter l'expérience, les fluides nerveux, électrique & magnétique, suivent les loix inviolables d'une mécanique aussi sûre, que cachée à nos yeux. Peut-être me trompé-je, la chose est très-aisée en Physique : il me paroît cependant que dans mon systeme j'expliquerois sans peine les phénomenes les plus compliqués de l'aimant & de l'Electricité.

Enfin à consulter l'expérience, l'aimant & la machine électrique, entre les mains d'un habile Physicien, nous fournissent des remedes efficaces dans les maladies qui attaquent les nerfs & surtout dans les paralysies totales ou partielles. Dans mon systeme je rends raison sans peine d'une expérience qu'on ne sauroit trop répéter pour le bien de l'humanité. En effet un membre n'est paralytique, que lorsque le fluide nerveux ne coule pas librement dans les conduits que la nature lui a préparés. Cette interruption de cours a pour cause ordinaire quelque humeur coagulée qui bouche l'origine de certains nerfs. Rien n'est plus propre à dissiper ces obstructions, que les épreuves électriques & magnétiques. Elles introduisent dans le corps du malade un fluide infiniment délié, un fluide dont les parties sont dans un mouvement incompréhensible, un fluide surtout dont la nature est analogue à celui d'où dépend essentiellement tout le jeu de nos nerfs. Mon avis, je le sais, ne sauroit être d'un grand poids, lorsqu'il s'agit de remede & de maladie ; j'honore & je crains la médecine, mais j'ignore les secrets d'une science très-utile au genre humain. Je pense cependant que les vomitifs, les eaux minérales, les frictions, les sternutatoires & tous les remedes que la coutume a fait ordonner jusqu'à présent en grande cérémonie, sont plus dispendieux & moins efficaces, que nos secousses électriques & les secousses magnétiques de M. Mesmer.

ANASTOMOSE. La jonction d'une artere avec une veine s'appelle *Anastomose* en langage anatomique.

ANATOMIE. L'anatomie est la science du corps humain par la voie de la dissection. Nous avons inséré dans ce Dictionnaire les connoissances anatomiques qu'il seroit honteux à un Physicien d'ignorer; nous nous sommes surtout étendu sur la description des organes des sens internes & externes; je veux dire, du cerveau, de l'œil, de l'oreille, &c. Nous avons conclu de cet admirable mécanisme qu'il existe une intelligence suprême, une sagesse toute-puissante dont la nature en général, & l'homme en particulier, offre l'empreinte à nos yeux.

ANDRÉ (Yves) Professeur-Royal de Mathématique, de la société des Belles-Lettres de Caën, naquit à Chateaulin, petite ville de la Basse-Bretagne, le 22 Mai 1675. Il fit ses premieres études d'humanité & de philosophie à Quimper, après lesquelles il entra chez les Jésuites le 13 Décembre 1693. Pour donner une idée juste du mérite du pere André, il faudroit le présenter comme homme de lettres, Métaphysicien, Physicien & Mathématicien. Mais le caractere de cet ouvrage ne nous permettant de le considérer que sous les deux derniers de ces rapports, nous renvoyons le lecteur à son *Essai sur le Beau*; il se convaincra par lui-même qu'un bel esprit, ami des Muses, peut allier les subtilités de la plus profonde Métaphysique avec toutes les graces de la littérature. Aussi lorsque l'*Essai sur le Beau* parut en 1741, le public l'attribua-t-il aux beaux esprits les plus célebres de la capitale. Cependant le ton de décence qui régnoit dans cette composition, décéla la profession de l'Auteur. Délicat jusqu'au scrupule sur le *decorum*, le pere André avoit donné à sa matiere des bornes plus étroites que ne l'auroit fait un homme du monde; il avoit su couvrir les *graces* du manteau de la Philosophie, sans empêcher de les reconnoître. C'est-là la réflexion qu'a fait M. l'Abbé Guyot, Prédicateur du Roi, dans l'éloge qu'il a consacré à la mémoire du pere André, des œuvres posthumes duquel il a bien voulu être l'éditeur. Les deux premiers volumes de ces œuvres posthumes, contiennent dix-neuf discours, dont le premier & le second appartiennent directement à la Physique: ils sont sur le corps humain: en voici le début & le plan. *Une machine com-*

posée d'un nombre infini de parties hétérogenes, solides, molles, fluides, spiritueuses, toutes renfermées sous une enveloppe commune : une machine en même-tems élégante & majestueuse, qui s'éleve perpendiculairement sur deux piédestaux, l'un à droite, l'autre à gauche, surmontés par deux colonnes obliques, brisées au milieu pour s'aller joindre par leurs sommets aux extrémités d'une espece d'anneau, comme dans une base, laquelle soutient en l'air un édifice à trois étages, qui se communiquent par des ouvertures ménagées avec art dans les planchers qui les séparent : une machine vivante & ambulante, qui contient en elle-même le principe de son mouvement & de sa conservation, non-seulement pour quelques années, mais quelquefois pour des siecles, en un mot le corps humain, c'est l'ouvrage incomparable dont je me propose de vous exposer les merveilles, du moins les principales. Car qui oseroit entreprendre de les renfermer toutes, je ne dis pas dans un discours, mais dans une bibliothéque entiere ?.... Ainsi sans vous donner le spectacle d'une dissection anatomique dont la vue n'est pas toujours des plus agréables au commun des spectateurs, je me contenterai de vous en donner une représentation qui n'ensanglantera pas la scene. Et pour vous tracer d'abord une idée générale de mon dessein, nous allons considérer la machine du corps humain sous quatre aspects différens, qui en embrasseront tout l'essentiel.

1°. Comme une machine statique & composée de parties solides, qui forment, pour ainsi dire, la charpente de l'édifice ou du vaisseau que nous habitons.

2°. Comme une machine hydraulique, dont le mouvement, dont la substance même dépend de l'action des liqueurs qu'elle renferme dans des canaux répandus par-tout pour en arroser toutes les parties.

3°. Comme une machine pneumatique, où l'air entre par dehors pour animer le sang qui la fait vivre, & qui, au dedans est animée par des esprits encore plus subtils, de la nature du feu ou de la matiere éthérée.

4°. Comme une machine chimique, assortie de toutes ses pieces, pour travailler de concert au grand œuvre de la vie. En voilà assez, pour donner une idée de la netteté de l'esprit, & de la légereté de la plume du pere André, & pour inspirer à tout Physicien, homme de goût, l'envie de lire en entier les discours dont nous venons de présenter le plan général. Son onzieme discours est dans le goût des deux premiers ; il y traite des *sens extérieurs*, & il en determine les organes avec l'exactitude d'un Physicien qui paroît très-versé dans l'étude de l'Anatomie. Les ouvrages que le pere André a composé en qualité de Mathématicien sont, un *Traité d'Arithmétique*, des *Elémens de Géométrie*, une *Géométrie pratique*, des *Elémens d'Astronomie*, un Traité mathématique & historique de *Géographie* & *d'Hydrographie*, des *Elémens de Mécanique*, un Traité *d'Optique*, un Traité *d'Architecture civile & militaire*. C'est-là apparemment l'espece de cours de Mathématique qu'il avoit composé en qualité de professeur, emploi qu'il a exercé avec distinction à Caën pendant 33 ans. Aucun de ces Traités n'a encore été donné au public. M. l'Abbé Guyot, qui a bien voulu se charger du soin de les revoir, assure qu'on y trouvera de la clarté & de la précision, de la facilité & quelquefois même de l'enjouement. Il faudroit qu'on pût y trouver de la profondeur. Mais le pere André n'avoit jamais lu les grands ouvrages de Mathématique; c'est-là même une tache à sa mémoire que la fidélité de l'histoire ne nous permet pas de cacher. Nous en jugerons par les vers qu'il adressa à son ami M. de Fontenelle, au sujet de sa *Théorie des tourbillons Cartésiens* qui parut en 1752. Voici comment il y parle de l'attraction dont il paroît qu'il n'avoit pas la moindre idée.

En vain pour détruire un systeme
Dicté par la nature même,
A son plus fameux nourrisson,
Vous livrez l'univers à des vertus magiques ;
Dans vos espaces phantastiques,
N'entendrez-vous donc point la voix de la raison ?
De l'attraction & du vuide
Vous ne ferez jamais rien sortir de solide.
*Qu'est-ce qu'*Attraction *? Un mot privé de sens,*
Jadis trouvé par l'ignorance,
Pour couvrir son orgueil d'un masque de science ;
Et pour le même emploi rappellé dans nos tems.
Le vuide est encor moins. Voilà donc deux néans,
Deux néans érigés en deux ressorts du monde,
Pour faire marcher avec art

Toute notre machine ronde
Par un calcul fait au hasard.
Que direz-vous, races futures,
Quand un jour vous verrez dans nos œuvres obscures;
Le repos assigné pour pere au mouvement;
Et par une burlesque audace
Le vuide mis à la place
Des Cieux & du firmament?
Eh quoi! craignons-nous donc que le plein n'embarrasse
Par une contre-impulsion
Du souverain moteur la divine action?
Voilà l'opprobre de notre âge:
Dire que le Tout-Puissant
Sans le secours du néant,
Ne sauroit faire un bel ouvrage.

Le Pere André avoit 77 ans, lorsqu'il composa cette piece de poësie. Dix ans après, il fut le triste témoin de la surprenante catastrophe qui est arrivée en France à sa Compagnie. Plein de résignation à la volonté de Dieu, il se retira à l'Hôpital de Caen où il mourut dix-huit mois après dans la quatre-vingt-neuvieme année de son âge.

ANÉLECTRIQUE. On donne cette épithete à tout corps électrisable par communication. Cherchez *Idio-électrique* & *Electricité.*

ANGLE. On nomme *Angle* l'ouverture de deux lignes qui se touchent en un point, & qui ne forment pas une même ligne. Les deux lignes sont-elles droites? l'angle sera rectiligne. Les deux lignes sont-elles courbes? l'angle sera curviligne; l'une des deux lignes est-elle droite & l'autre courbe? l'angle sera mixte; nous apprendrons en parlant du cercle quelle est la mesure des angles obtus, droits & aigus.

ANIMAUX. Les animaux sont composés d'un corps & d'une ame. Ce que nous avons dit du corps de l'homme, on pourra l'appliquer à celui de la plupart des animaux. Pour leur ame, quoiqu'inférieure à celle de l'homme & d'une espece différente, elle n'est pas pour cela l'objet de la Physique; aussi ne croyons-nous pouvoir en parler que dans un Dictionnaire de

Métaphysique. D'ailleurs nous avons traité à fond & d'une maniere neuve cette importante matiere dans notre ouvrage intitulé, *le véritable Systeme de la Nature*. Nous l'avons terminé par une dissertation sur *l'Ame des Bêtes*. Nous y renvoyons le lecteur. Les Cartésiens, je le sais, regardent les bêtes comme de purs automates ou de pures machines ; mais ont-ils raison ? La solution des questions suivantes mettra cette matiere dans tout son jour ; c'est-là le seul point de Physique qu'il nous soit permis de traiter dans un ouvrage comme celui-ci.

Premiere Question. Les animaux gardent-ils dans leurs mouvemens les loix de la mécanique ?

Réponse. Pour satisfaire à cette question, je prends deux loix que les Cartésiens eux-mêmes regardent comme deux regles générales de la mécanique. On les exprime en ces termes.

Tout corps en mouvement tend à parcourir une ligne droite.

Le changement de mouvement est toujours proportionnel à la force motrice qui l'occasionne.

Je le demande maintenant à tout Physicien impartial. Un chien qui revoit son maître & qui lui témoigne son attachement par des caresses, des transports, des sauts de toute espece ; un cerf qui fuit la poursuite d'un chien qui fait retentir l'air de ses aboyemens ; un singe qui copie avec grace le ridicule des hommes ; tous ces animaux gardent-ils exactement la premiere de ces deux loix, ou plutôt, ne sont-ils pas aussi indifférens que nous à parcourir une ligne courbe ou une ligne droite ?

Ils ne sont pas plus fidelles à la seconde loi. Un chien, au premier signal de son maître, court avec impétuosité vers l'endroit qu'on lui indique ; le même signe l'arrête dans sa course, quelque rapide qu'elle soit ; je le demande encore ; y a-t-il quelque proportion entre la cause & l'effet, entre le changement de mouvement & la force motrice qui l'a occasionné ; & n'est-on pas obligé de convenir que les animaux ne gardent pas dans leurs mouvemens les loix de la mécanique ?

Corollaire. Les animaux ne ſont pas de pures machines ; pourquoi ? Parce qu'une machine diſpenſée des loix de la mécanique eſt une chimere.

Seconde Queſtion. Les animaux ont-ils de la connoiſſance ?

Réponſe. Pour démontrer que les animaux ont de la connoiſſance, je vais apporter en preuve quelques hiſtoires que M. le Cardinal de Polignac, tout attaché qu'il eſt au ſentiment des Cartéſiens, a rapportées dans le livre ſixieme de ſon *Antilucrece.* Voici comment parle ſon incomparable traducteur. Un aigle traverſoit les airs ; un milan le voit, l'attaque & le harcele en lui portant des coups redoublés. Peu touché de l'attentat d'un vil ſujet, le roi des oiſeaux ne s'en apperçoit pas même & continue ſa route. A ſon retour le téméraire milan revient à la charge : il lui arrache une plume ; & fier de cette dépouille il la porte dans ſon bec comme un trophée. L'aigle irrité le ſaiſit, & lui faiſant grace de la vie, il le laiſſe ſans plume ſur un rocher. Que fera-t-il en cet état ? Il rougit de ſurvivre à ſa défaite : cependant ſa courageuſe fierté ne le quitte pas encore. Nud, tranſi de froid, ſe défendant à peine contre la faim, il ſonge à ſe venger. Cet eſpoir anime & repaît ſa colere ; nourri de vermiſſeaux, il attend avec impatience que ſes forces & ſes plumes renaiſſent. Ce jour arrive enfin. Il prend l'eſſor, plein du projet d'employer contre un ennemi trop redoutable, ſinon la force, au moins l'artifice. Un pont de bois miné par le choc des eaux & par les années s'offre à ſes regards, & dans le milieu il apperçoit une ouverture. Ce lieu lui paroît propre à ſervir de piege : il le choiſit pour le théâtre & l'inſtrument de ſa vengeance. D'abord il paſſe par cette ouverture une partie du corps, & l'ayant reconnue ſuffiſante, il eſſaye de la traverſer doucement : il recommence enſuite en s'y plongeant d'un vol rapide. Après s'en être aſſuré par des épreuves réitérées, il s'éleve dans les cieux, & va chercher ſon vainqueur : il le découvre, & d'un air inſultant va droit à ſa rencontre. L'aigle indigné fond ſur lui. Le traître fuit & ſe ſauve vers le pont ; à peine en a-t-il traverſé l'ouverture, que l'aigle avec une impétuoſité que redoublent la fureur & l'eſpérance, ſe précipite dans cette gorge trop étroite pour lui, s'y embarrasse & malgré les vains efforts de ses ailes, se trouve arrêté par le milieu du corps. Le milan accourt aussi-tôt, lui arrache toutes ses plumes, & content d'avoir usé de représailles, il se retire satisfait & vengé.

A ce premier exemple je vais en ajouter un encore plus frappant. Dans l'Ukraine l'on voit rangées en bataille des troupes nombreuses de renards sauvages ; les uns sont fauves, les autres noirs. Ils ne vivent que des productions de la terre. Ils se contentent de moissonner de vertes campagnes, d'amasser dans leurs retraites souterraines des provisions de fourrages ; & c'est la possession de ces cavernes ou des prairies qui fait l'unique sujet de leurs querelles. Lorsqu'une aveugle passion de vaincre s'empare de ces féroces animaux, la terre, du sombre creux de ses cavernes, vomit un peuple de combattans furieux. Ils se répandent d'abord dans la plaine divisés par pelotons & sans ordre, mais bientôt on les voit former sous un chef différens bataillons. Les deux armées tracent leur camp dans la prairie, dont la conquête est l'objet de leur ambition, & chacune se range sous une ligne opposée. Un cri guerrier donne le signal. Animés par ces sons effrayans, ils se livrent à leur impétueuse fureur. Tout se choque, tout se mêle en un instant : les coups se confondent ; la couleur montre à chacun l'ennemi sur lequel doivent tomber les siens, & la terre rougit inondée de sang. Enfin, la victoire se déclare : les vaincus prennent la fuite, & vont chercher loin de-là des pâturages plus sûrs. L'armée victorieuse, sans les poursuivre, s'empare aussi-tôt des cavernes abandonnées, & se borne à ravager les prairies qu'elle vient de conquérir. Mais la prévoyante cruauté des vainqueurs fait subir à leurs prisonniers, des peines d'une espece singuliere. Ils ne se contentent pas de les renfermer dans des fosses profondes, & de les condamner aux rigueurs d'une prison qui ne finit qu'avec leur vie. Lorsque les premiers frimats annoncent le retour de l'hiver, ils menent dans la prairie ces esclaves, uniquement conservés pour le transport des provisions, les obligent de se renverser & de tenir les pattes élevées, de peur que le foin ne s'échappe, les chargent ensuite, tirent par la queue les chariots animés, & labourent toute la route avec le dos ensanglanté de ces malheureux.

Quelles preuves pour le sentiment que je défends, ne me fournissent pas cent autres especes d'animaux? Peut-être le renard nous a-t-il appris à dresser des pieges, à fouiller les entrailles de la terre, à percer les montagnes; peut-être devons-nous à l'imitation de quelqu'une de ses manœuvres la découverte des métaux? Avant nous le Castor savoit enfoncer des pieux au fond d'une riviere, bâtir sur pilotis, opposer des digues à la violence des eaux. C'est lui qui le premier a lié des pieces de bois avec du ciment. L'homme est devenu navigateur, en voyant cet animal creuser le tronc d'un arbre, y laisser une branche pour s'en servir comme d'un gouvernail, & confier à cette espece de barque ses petits encore trop foibles pour nager. Que dirai-je de l'ardeur dont les animaux sont enflammés pour la propagation de leur espece, & des marques de tendresse qu'ils donnent à leurs petits. De la part des meres, quels soins pour les nourrir! quel courage pour les défendre! elles craignent tout pour eux & rien pour elles-mêmes: il n'est point alors de danger qu'elles ne bravent, d'ennemi qu'elles n'attaquent. L'amour maternel leur donne des forces; une valeur héroïque anime leurs transports. Tous ces traits & une infinité d'autres qu'il seroit trop long de rapporter, ne prouvent-ils pas évidemment que les animaux ne sont pas destitués de toute connoissance?

Corollaire premier. Si les animaux étoient de pures machines, ils seroient pure matiere.

Corollaire second. La matiere ne peut produire aucune connoissance, comme nous le prouverons dans l'article qui commence par le mot *matérialisme*; donc les animaux ne sont pas pure matiere, & par conséquent ils ne sont pas de pures machines.

ANNÉE. Il y a des années solaires & des années lunaires. Les premieres contiennent 365 jours & environ 6 heures; les secondes ne comprennent que 354 jours, 8 heures & 48 minutes. L'une & l'autre se nomment astronomiques. L'année civile ordinaire a 365 jours, & l'année civile bissextile 366. Voyez l'article du Calendrier, N°. 2.

ANNÉE de la naissance du Messie. C'est l'Ere chrétienne. Fixer cette grande époque, c'est un probleme qui paroît d'abord étranger à la Physique; mais comme on peut le résoudre assez facilement par le moyen des étoiles fixes, ce probleme devient phyco-chronologique, & nous avons droit d'en chercher ici la solution. Avant que de poser aucun principe, nous croyons devoir avertir nos lecteurs que 68 chronologistes ont travaillé sérieusement sur une matiere aussi importante. Trente, dont les plus célebres sont St. Jérôme, Pic de la Mirandole, Salmeron & Petau, placent l'Ere chrétienne entre les années 3740 & 3984 depuis la création du monde. Deux la placent l'an du monde 4000; ce sont Marc-Antoine Capel & le P. Tirin. Treize autres chronologistes, parmi lesquels se trouvent Salian, Sponde, Labbe & Riccioli la mettent entre les années 4004 & 4832. Le seul Métrodore la fixe à l'année 5000. Vingt autres veulent que ce grand événement soit arrivé entre les années 5049 & 5872. Suidas & Onuphre Panvin le reculent, l'un jusqu'à l'an 6000 & l'autre jusqu'à l'an 6310. Le grand Newton avoit commencé à calculer ce probleme : mais il n'a conduit sa chronologie, que jusqu'à la mort de Darius Codomannus, dernier Roi de Perse. Son travail cependant nous a été d'un grand secours; & pour la solution d'un probleme aussi compliqué, j'ai tiré grand parti d'une observation qu'il a faite sur les étoiles fixes; ce sera là une de nos *données* ou *connues*.

Observation Préliminaire. Les étoiles sont des corps célestes, lumineux par eux-mêmes; ce sont autant de soleils, éloignés de la terre d'une distance presque infinie. La grande différence qui se trouve entre le soleil & les étoiles qui forment les 12 constellations connues sous les noms du *Bélier*, du *Taureau*, &c., c'est que celui-là parcourt chaque année le Zodiaque, & que celles-ci ne le parcourent que dans l'espace de vingt-cinq mille neuf cent vingt ans. Elles ne parcourent donc chaque année qu'environ 50 secondes du Zodiaque, & un degré de 72 en 72 ans. Ce mouvement est-il réel ? N'est-il qu'apparent ? Question fort étrangere au sujet que je traite; elle est d'ailleurs décidée à l'article

Copernic; c'eſt ſur le fait que je m'appuye, & non ſur la cauſe.

Newton aſſure dans ſa chronologie que, du tems du Centaure Chiron, & lors du voyage des Argonautes, la premiere étoile de la conſtellation du *Bélier* ſe trouvoit à 22 degrés 22 minutes de la conſtellation des *Poiſſons*. Il obſerva ſur la fin de l'année 1689 que cette même étoile étoit éloignée de ce point du ciel de 36 degrés 29 minutes, & le fameux Hallei prétend que tout l'aſtronomique de la chronologie de Newton eſt inconteſtable. Cela ſuppoſé, voici comment il raiſonne.

Depuis le voyage des Argonautes juſques ſur la fin de l'année 1689, la premiere étoile de la conſtellation du *Bélier* a parcouru ſur le Zodiaque 36 degrés, 29 minutes; ce qui, à raiſon d'un degré parcouru en 72 ans, donne préciſément 2627 années; donc entre le commencement du voyage des Argonautes & la fin de l'année 1689, il s'eſt écoulé 2627 ans.

De 2627 ans ôtez 1689, il vous reſtera 938; donc il faut fixer le voyage des Argonautes à environ 938 ans avant l'Ere chrétienne, ou, comme dit Newton, à environ 43 ans après la mort de Salomon. *Igitur cùm 72 anni conſumantur ad peragrandum unum gradum, hoc intervallum eſt 2627 annorum. Hos computa ab anno 1689 jam peracto.... antiquiora tempora verſus, & perſpicies ſic Argonautarum expeditionem referri ad annum poſt Salomonis interitum circiter quadrageſimum tertium.*

Premier Probleme Préliminaire. Fixer l'année de la mort de Salomon.

C'eſt par la Vulgate que nous allons réſoudre ce probleme. Indépendamment de la révélation qui la rend infaillible, il n'eſt point d'hiſtoire ancienne auſſi sûre, auſſi détaillée, auſſi reſpectable que celle-ci.

Réſolution. La mort de Salomon arriva l'an du monde 3010.

Preuve. N°. 1°. Depuis la création du monde juſqu'au Déluge, il s'eſt écoulé 1656 ans. La Vulgate l'aſſure en termes exprès. Voici ce qu'il y a, dans les chapitres V & VII de la Géneſe, d'analogue à cette propoſition.

Depuis la création du monde jusqu'à la naissance de Seth, il s'est écoulé	130 ans.
Depuis la naissance de Seth jusqu'à la naissance d'Enos	105
Depuis la naissance d'Enos jusqu'à la naissance de Caïnan.	90
Depuis la naissance de Caïnan jusqu'à la naissance de Malaléel	70
Depuis la naissance de Malaléel jusqu'à la naissance de Jared.	65
Depuis la naissance de Jared jusqu'à la naissance d'Hénoch.	162
Depuis la naissance d'Hénoch jusqu'à la naissance de Mathusalem	65
Depuis la naissance de Mathusalem jusqu'à la naissance de Lamech	187
Depuis la naissance de Lamech jusqu'à la naissance de Noé	182
Depuis la naissance de Noé jusqu'au Déluge.	600
Somme Totale	1656

Donc depuis la création du monde jusqu'au Déluge, il s'est écoulé 1656 ans.

N°. 2°. Depuis le Déluge jusqu'à la naissance d'Abraham, il s'est écoulé 292 ans. La preuve en est tirée du Chapitre XI. de la Génese.

Deux ans après le Déluge naquit Arphaxad, fils aîné de Sem	2 ans.
Depuis la naissance d'Arphaxad jusqu'à la naissance de Salé, il s'est écoulé	35
Depuis la naissance de Salé jusqu'à la naissance d'Heber	30
Depuis la naissance d'Heber jusqu'à la naissance de Phaleg	34
Depuis la naissance de Phaleg jusqu'à la naissance de Reu	30
Depuis la naissance de Reu jusqu'à la naissance de Sarug	32
Depuis la naissance de Sarug jusqu'à la naissance de Nachor	30

Depuis la naissance de Nachor jusqu'à la naissance de Tharé 29
Depuis la naissance de Tharé jusqu'à la naissance d'Abraham 70

Somme Totale 292

Donc depuis le Déluge jusqu'à la naissance d'Abraham, il s'est écoulé 292 ans; mais depuis la création du monde jusqu'au Déluge, il s'en étoit écoulé 1656, *num.* 1 ; donc depuis la création du monde jusqu'à la naissance d'Abraham, il s'est écoulé 1948 ans.

Ici se présentent deux difficultés qu'il est nécessaire de faire évanouir au plutôt : l'une est tirée du Chapitre III de l'Evangile selon Saint Luc, & la seconde du Chapitre VII des Actes des Apôtres.

Premiere difficulté. On lit au Chapitre III de l'Evangile selon Saint Luc, *versets* 35 & 36, que Salé fut fils de Caïnan, & Caïnan fils d'Arphaxad; ce qui ne s'accorde pas avec le Chapitre XI de la Génese où l'on lit qu'Arphaxad eut pour fils aîné Salé.

Réponse. Les plus savans critiques nous font remarquer qu'Arphaxad fut pere de Caïnan à l'âge de 18 ans & Caïnan pere de Salé à l'âge de 17, ce qui, dans ce tems-là, étoit une preuve d'incontinence. Moyse, pour dérober à son peuple l'incontinence de ces deux Patriarches, crut devoir omettre Caïnan dans la généalogie de Sem ; & il fit cette omission, sans rien déranger à la chronologie, puisque dans les deux systemes Arphaxad n'avoit que 35 ans lors de la naissance de Salé. Saint Luc remit Caïnan à sa place, lorsque l'exemple & la connoissance du fait fut sans conséquence. Nous avons donc eu raison d'avancer dans notre chronologie que depuis la naissance d'Arphaxad jusqu'à la naissance de Salé, il s'étoit écoulé 35 ans.

Seconde difficulté. On lit au Chapitre VII des Actes des Apôtres, *verset* 4, qu'Abraham attendit la mort de son pere Tharé pour se retirer dans la terre de Canaan, *& indè, postquàm mortuus est pater ejus, transtulit illum in terram istam in qua nunc vos habitatis.*

Il est marqué au Chapitre XII de la Génese, *verset* 4, qu'Abraham fit cette transmigration à l'âge de 75 ans, *ſeptuaginta quinque annorum erat Abraham, cùm egrederetur de Haran.*

Nous ſuppoſons dans notre ſyſteme de chronologie que Tharé n'avoit que 70 ans, lors de la naiſſance d'Abraham; donc nous devons ſuppoſer que Tharé eſt mort à l'âge de 145 ans, puiſque 70 & 75 ne font que 145. Mais nous liſons au *verſet* 32 du Chapitre XI de la Géneſe, que Tharé eſt mort à Haran à l'âge de 205 ans; donc notre ſyſteme de chronologie ne s'accorde pas avec tous les endroits de l'ancien & du nouveau Teſtament.

Réponſe. Pour concilier tant de paſſages dont l'oppoſition paroît ſi évidente, nous diſtinguerons avec Saint Auguſtin & la plupart des Chronologiſtes deux différentes vocations, & par conſéquent deux différens départs d'Abraham pour la terre de Canaàn, l'un à l'âge de 75, l'autre à l'âge de 135 ans.

Abraham approchoit de ſa 75e. année, lorſque ſon pere Tharé prit la réſolution de quitter Ur de Chaldée, que les mines de ſoufre & de bitume rendoient mal ſain, & de ſe retirer dans la terre de Canaan. On ne ſait les raiſons pourquoi il ſe fixa à Haran, ville de la Méſopotamie, ſituée au nord de la Chaldée. Alors Abraham à qui le Seigneur avoit déjà fait connoître ſes volontés, continua ſa route, & ſe tranſporta pour la premiere fois dans la terre de Canaan. Soixante ans après, inſtruit ou par révélation divine, ou par des voies purement naturelles que la fin de ſon reſpectable pere approchoit, il ſe rendit à Haran, d'où, après avoir rendu les derniers devoirs au ſaint Patriarche, le Seigneur l'obligea encore de ſortir pour retourner dans la terre de Canaan; ce ne fut même qu'alors qu'il lui promit ſolennellement de le faire le pere & le fondateur d'un grand peuple, de rendre ſon nom illuſtre, de le combler de bénédictions & de réſerver pour ſes deſcendans la poſſeſſion de la terre où il lui commandoit de ſe retirer. Voilà donc tous ces différens paſſages conciliés enſemble de la maniere du monde la plus heureuſe. Abraham avoit 75 ans, lors de ſon premier voyage ou de ſa premiere tranſmigration dans la terre de Canaan; & c'eſt de cette premiere tranſmigration que parle Moyſe au Chapitre XII

XII de la Génese, lorsqu'il dit *septuaginta quinque annorum erat Abraham, cùm egrederetur de Haran.*

Saint Etienne parle de sa seconde transmigration; lorsqu'il assure, au Chapitre VII des Actes des Apôtres, que Tharé étoit mort, lorsque le Seigneur ordonna à Abraham de se retirer dans la terre de Canaan, *& indè, postquàm mortuus est pater ejus, transtulit illum in terram istam in qua vos habitatis :* Abraham étoit alors âgé de 135 ans.

Ajoutez à ces 135 ans les 70 années qu'avoit Tharé, lors de la naissance d'Abraham, vous aurez les 205 ans qu'il a vécu; donc Abraham vint au monde la 292e. année depuis le Déluge & la 1948e. année depuis la création du monde.

N°. 3°. Depuis la naissance d'Abraham jusqu'à l'année où les Israëlites sortirent de l'Egypte, il s'est écoulé 505 ans. Les Chapitres XXI, XXV, XLVII, L, de la Génese, & les Chapitres I & VII de l'Exode, nous en fournissent la preuve.

Depuis la naissance d'Abraham jusqu'à la naissance d'Isaac, il s'est écoulé	100 ans.
Depuis la naissance d'Isaac jusqu'à la naissance de Jacob	60
Depuis la naissance de Jacob jusqu'à la retraite de ce Patriarche auprès de son fils Joseph.	130
Depuis cette retraite jusqu'à la mort de Joseph.	70
Depuis la mort de Joseph jusqu'à la naissance de Moyse	65
Depuis la naissance de Moyse jusqu'à l'année où les Israëlites sortirent de l'Egypte . . .	80
Somme totale	505

Donc depuis la naissance d'Abraham jusqu'à l'année où les Israëlites sortirent de l'Egypte, il s'est écoulé 505 ans. Mais nous avons trouvé (*num.* 1. 2.) que depuis la création du monde jusqu'à la naissance d'Abraham, il s'est écoulé 1948 ans; donc depuis la création du monde jusqu'à l'année où les Israëlites sortirent de l'Egypte, il s'est écoulé 2453 ans.

Remarque. Comme l'intervalle de 505 années écou

lées depuis la naiſſance d'Abraham juſqu'à l'année où les Iſraëlites ſortirent de l'Egypte, comme cet intervalle, dis-je, demande pluſieurs éclairciſſemens, nous allons répondre aux queſtions ſuivantes.

Premiere Queſtion. De ce que Joſeph a vécu 110 ans, pourquoi conclut-on qu'il s'eſt écoulé 70 années depuis le jour où il reçut ſon pere en Egypte juſqu'à ſa mort ?

Réponſe. Lorſque Jacob ſe retira en Egypte auprès de ſon fils, Joſeph étoit alors dans ſa quarantieme année. En effet il avoit 30 ans, lorſqu'on le préſenta à Pharaon, pour expliquer le fameux ſonge que ce Prince avoit eu pendant la nuit, *triginta autem annorum erat, quandò ſtetit in conſpectu Regis Pharaonis. Gen. cap. XLI.* Joſeph eut donc 37 ans à la fin des 7 années de fertilité, dont il eſt parlé dans ce même chapitre. Il ſe fit connoître à ſes freres à la fin de la ſeconde année de ſtérilité, *biennium enim eſt quo cœpit fames eſſe in terra, Gen. cap. XLV*; & ce fut vers le milieu de l'année ſuivante que Jacob vint le trouver en Egypte; donc Joſeph étoit dans ſa quarantieme année, lorſque Jacob ſe retira en Egypte; donc, ſi Joſeph a vécu 110 ans, l'on a droit de conclure qu'il s'eſt écoulé 70 ans depuis le jour où il reçut ſon pere en Egypte juſqu'à ſa mort, parce que 40 & 70 font 110.

Seconde Queſtion. De ce que Moyſe ne vint au monde, que quelque tems après que Pharaon eut ordonné à ſes ſujets de précipiter dans le fleuve tous les enfans mâles des Hébreux établis en Egypte, pourquoi conclut-on qu'il s'eſt écoulé 65 ans, depuis la mort de Joſeph juſqu'à la naiſſance de Moyſe ?

Réponſe. 1°. Qu'on liſe avec attention les Chapitres XXIX & XXX de la Géneſe, l'on ſe convaincra que Levi, biſaïeul de Moyſe, n'avoit que 3 ans de plus que Joſeph. Mais nous venons de prouver que Joſeph avoit 40 ans, lorſqu'il reçut en Egypte ſon pere Jacob; donc Levi en avoit 43, lors de la retraite de ce Patriarche.

2°. Nous liſons au Chapitre XLVI de la Géneſe, *verſet* 11, que Levi entra en Egypte, dans le même tems que Jacob, avec ſes trois fils Gerſon, Caath &

Merari. Caath, le ſecond de ſes fils, ne devoit alors avoir qu'une douzaine d'années; les Patriarches ne ſe marioient gueres avant l'âge de 30 ans, *num.* 1. *premiere difficulté.*

3°. On lit au Chapitre VI de l'Exode, *verſet* 18 que Caath, grand pere de Moyſe, mourut à l'âge de, 133 ans; donc depuis l'entrée de Caath en Egypte juſqu'à ſa mort, il s'eſt écoulé 121 ans; donc depuis la mort de Joſeph juſqu'à la mort de Caath, il s'eſt écoulé 51 ans, puiſque Joſeph a vécu 70 ans avec Caath en Egypte.

4°. Il ſuit de la lecture réfléchie du Chapitre I de l'Exode que la perſécution contre les Juifs ne ſe déclara en Egypte qu'après la mort de Caath, & que l'édit de précipiter dans le fleuve tous les enfans mâles des Hébreux ne fut porté que la troiſieme année de cette perſécution; on peut donc compter 55 ans depuis la mort de Joſeph juſqu'à la publication de cet édit.

5°. On ne peut pas lire le Chapitre II de l'Exode, ſans être convaincu qu'Amram, pere de Moyſe, ne ſe maria qu'après la publication de l'édit en queſtion, & que Marie, ſœur de Moyſe, avoit huit à neuf ans, lorſque ſon frere fut expoſé ſur les eaux; on peut donc compter 10 ans depuis la publication de l'édit juſqu'à la naiſſance de Moyſe. Mais on en compte 55 depuis la mort de Joſeph juſqu'à la publication de l'édit; donc depuis la mort de Joſeph juſqu'à la naiſſance de Moyſe, il s'eſt écoulé 65 ans.

Troiſieme Queſtion. Puiſque la perſécution contre les Juifs n'éclata en Egypte que 52 ans après la mort de Joſeph, & 13 ans avant la naiſſance de Moyſe, cette perſécution n'a donc duré que 93 ans; car Moyſe n'avoit que 80 ans, lorſqu'il délivra ſon peuple de la ſervitude de Pharaon. Cependant Saint Etienne dans les Actes des Apôtres lui donne 400 ans de durée, *erit ſemen ejus in terra aliena, & ſervituti eos ſubjicient & malè tractabunt annis quadringentis, cap. VII, verſ.* 6.

Réponſe. Saint Etienne, dans le texte que l'on vient de citer, ne parle pas ſeulement du tems que dura la perſécution que les Juifs endurerent en Egypte, il parle aussi du tems que ce peuple demeura dans ce Royaume infidelle. Les 400 ans dont il est ici question, ne se rapportent pas seulement aux mots *subjicient & malè tractabunt*; ils se rapportent encore à ces paroles *erit semen ejus in terra aliena.*

Il est bien vrai que depuis la retraite de Jacob en Egypte, jusqu'à la sortie des Israëlites sous la conduite de Moyse, il ne s'écoula que 215 ans. Mais 215 ans auparavant, Abraham, pour éviter les suites de la famine qui désoloit la terre de Canaan, s'étoit déterminé à entrer en Egypte, en qualité de voyageur & d'étranger; & avec ce chef du péuple de Dieu, la nation entiere fut censée entrer dans ce Royaume: & voilà les 430 ans dont il est parlé au Chapitre XII, verset 40 de l'Exode, *habitatio autem filiorum Israël qui manserunt in Ægypto, fuit quadringentorum triginta annorum.*

N°. 4°. Depuis l'année où les Israëlites sortirent de l'Egypte sous la conduite de Moyse, jusqu'à la mort de Salomon, il s'est écoulé 557 ans. En voici la preuve, tirée toujours de la Vulgate.

Depuis l'année où les Israëlites sortirent de l'Egypte sous la conduite de Moyse jusqu'à l'année où ils entrerent dans la terre promise sous la conduite de Josué, il s'est écoulé. . . . . 40 ans.

Populus autem qui natus est in deserto per quadraginta annos itineris latissimæ solitudinis, incircumcisus fuit. Lib. Josue, cap. V. vers. 5 & 6.

Depuis l'année où les Israëlites entrerent dans la terre promise sous la conduite de Josué, jusqu'à l'année où Salomon jetta les fondemens du temple de Jerusalem, il s'est écoulé. 480

Factum est ergo quadringentesimo & octogesimo anno egressionis filiorum Israël de terra Ægypti, in anno quarto, mense Zio (ipse est mensis secundus) regni Salomonis super Israël, adi-

ficari cœpit domus Domino. Lib. 3 Regum, cap. VI, verf. 1.

Depuis l'année où Salomon jetta les fondemens du temple de Jerufalem, jufqu'à la mort de ce Prince, il s'eft écoulé	37

Dies autem quos regnavit Salomon.... quadraginta anni funt. Lib. 3. Reg. cap. XI, verf. 42.

Somme totale	557

Donc depuis l'année où les Ifraëlites fortirent de l'Egypte fous la conduite de Moyfe jufqu'à la mort de Salomon, il s'eft écoulé 557 ans. Raffemblons fous un même coup-d'œil ces différentes époques, pour trouver l'année précife de la mort de ce Prince.

1°. Depuis la création du monde jufqu'au Déluge, il s'eft écoulé N°. 1°.	1656 ans.
2°. Depuis le Déluge jufqu'à la naiffance d'Abraham N°. 2°.	292
3°. Depuis la naiffance d'Abraham jufqu'à l'année où les Ifraëlites fortirent de l'Egypte N°. 3°.	505
4°. Depuis l'année où les Ifraëlites fortirent de l'Egypte jufqu'à la mort du Roi Salomon	557
Somme totale	3010

Donc Salomon mourut l'an depuis la création du monde 3010, & voilà le premier Probleme préliminaire réfolu.

Second Probleme préliminaire. Fixer les années écoulées entre la mort de Salomon & le commencement du voyage des Argonautes.

Réfolution. Entre la mort de Salomon & le commencement du voyage des Argonautes, il s'eft écoulé environ 43 ans.

Preuves. 1°. A Salomon fuccéda Roboam qui régna	17 ans.

Decem & septem annis regnavit in Jerusalem. Lib. 3. Reg. cap. XIV, vers. 21.

2°. A Roboam succéda Abias qui né régna que 3

Tribus annis regnavit in Jerusalem. Lib. 3. Reg. cap. XV, vers. 2.

3°. Entre le commencement du regne d'Asa, successeur d'Abias, & la victoire qu'il remporta sur Zara, Roi d'Ethiopie, il s'écoula . . . . 14 A. 3 M.

Cùmque venissent in Jerusalem mense tertio anno decimo quinto regni Asa. Lib. 2. Paral. cap. XV, vers. 10.

4°. Entre la défaite de Zara, Roi d'Ethiopie, & le commencement du voyage des Argonautes, il doit s'être écoulé environ . . . 9

Ici l'histoire profane vient à notre secours. Cette défaite rendit Zara méprisable aux habitans de l'Egypte inférieure; ils se révolterent contre lui; ils se choisirent Osarsiphe pour Roi; & celui-ci, pour se maintenir sur le trône & pour chasser les Ethiopiens de ses nouveaux états, fit alliance avec Asa, Roi de Jerusalem, lequel vint à son secours à la tête d'une nombreuse armée. Les Ethiopiens, chassés de l'Egypte inférieure, se retirèrent du côté de Memphis dont ils firent une ville très-forte. Toutes ces guerres & tous ces troubles engagerent les principaux des Grecs à envoyer des députés aux habitans du Pont-Euxin & des côtes de la Méditerranée, soumis auparavant aux Egyptiens; & ce fut pour transporter ces députés que fut construit le vaisseau *Argo*. Je le demande maintenant à tout lecteur intelligent; tous ces différens événemens peuvent-ils être arrivés en moins de

7 à 9 ans ; à compter depuis la victoire d'Asa, Roi de Jerusalem, sur Zara, Roi d'Ethiopie.

Somme totale, environ 43

Donc entre la mort de Salomon & le commencement du voyage des Argonautes, il s'est écoulé environ 43 ans.

Probleme principal. Fixer l'année de l'Ere chrétienne.

Résolution. Il faut fixer l'Ere chrétienne à environ 3991 ans depuis la création du monde.

Preuves. 1°. Depuis la création du monde jusqu'à la mort de Salomon, il s'est écoulé 3010 ans; la Vulgate le marque en termes exprès. *Premier Probleme préliminaire.* 3010

2°. Le voyage des Argonautes eut lieu, environ 43 ans après cette mort; l'histoire profane est d'accord sur ce fait avec l'histoire Sainte. *Second Probleme préliminaire.* Environ 43

3°. Depuis le commencement du voyage des Argonautes jusqu'à l'année de l'Ere chrétienne, il s'est écoulé 938 ans; le plus grand astronome du monde l'a calculé, *Observation préliminaire* 938

Somme totale 3991

Donc il faut fixer l'Ere chrétienne à environ 3991 ans depuis la création du monde.

Ici finiroit cet article, si je n'avois pas à réfuter un nouveau systeme qu'on nous a présenté d'une maniere très-séduisante dans un ouvrage où l'on prétend que la création de la terre a précédé d'environ soixante mille ans la création du premier homme. Nous ne l'examinerons pas du côté de la révélation ; nous laisserons un soin si important à ceux qui par état sont les gardiens du sacré dépôt de la Foi & les Juges naturels dans les matieres qui ont rapport à la Religion sainte que nous professons. D'ailleurs dans son ouvrage (les Epoques de la nature) l'Auteur témoigne le plus grand respect pour nos traditions sacrées, & il s'imagine n'avoir rien avancé de contraire aux idées de l'historien inspiré par la vérité même. A la bonne heure (*dit-il*, *pag.* 51 *édit. in-12.*) que l'on soutienne rigoureusement que depuis la création de l'homme, il ne s'est écoulé que six ou huit mille ans, parce que les différentes généalogies du genre humain depuis Adam, n'en indiquent pas davantage; nous devons cette foi, cette marque de soumission & de respect à la plus ancienne, à la plus sacrée de toutes les traditions, &c. c'est donc en Physicien que je vais examiner le systeme de M. *de Buffon*, indiqué depuis long-tems dans son Histoire Naturelle, & enfin entierement développé dans la partie de son supplément qui contient ce qu'il appelle les *sept Epoques de la nature.* Le respect que j'ai pour ce grand homme, ne m'empêchera pas d'assurer que je ne le regarde pas comme conforme aux loix les plus inviolables de la saine Physique. Entrons ici dans un détail qui ne sauroit lui déplaire; il s'intéresse trop sincerement aux progrès des connoissances humaines, pour ne pas avoir en horreur toute maxime destructive de la liberté dont on doit jouir dans l'empire des sciences.

Environ soixante mille ans avant la création d'Adam, *dit M. de Buffon*, Dieu tira du néant le soleil & les étoiles. Il y eut une explosion terrible dans une étoile, voisine du soleil. Par cette explosion toutes ses parties furent dispersées; ces parties dispersées formerent différens globes lumineux, lesquels n'ayant plus de centre ou de foyer commun, furent forcés d'obéir à la force attractive du soleil qui dès lors en devint le pivot & le foyer; & voilà l'origine des cometes. Une de ces cometes s'approcha assez près du soleil, pour en sillonner la surface. Elle en sépara une quantité de matiere; elle leur communiqua un mouvement de projection; de ce torrent de matiere projetée il se forma un globe lumineux par l'attraction mutuelle des parties; & voilà l'origine de la terre qui ayant reçu, par le moyen d'une comete, un mouvement en ligne horisontale & gravitant perpendiculairement vers le soleil en raison inverse des carrés des distances, a dû nécessairement tourner périodiquement autour de lui dans une courbe elliptique.

Le tems de l'incandefcence pour le globe terreftre a duré, fuivant M. *de Buffon*, 2936 ans; celui de fa chaleur au point de ne pouvoir le toucher, a duré 34270 ans; il a fallu 12794 ans, pour que la mer baiffât jufqu'au niveau où nous la voyons aujourd'hui; pendant 10000 ans les feux fouterrains ravagerent la terre par leurs explofions & la rendirent inhabitable. Ce ne fut donc qu'après foixante mille ans qu'elle fut en état de recevoir fes premiers habitans. Quelle fable! Ne falloit-il pas une imagination auffi brillante que celle de M. *de Buffon* & un ftyle auffi féduifant que le fien, pour engager un Phyficien à lire jufqu'au bout une pareille théorie? Non, je ne crains pas de le dire: c'eft ici le roman de *Defcartes* qu'il a rajeuni & qu'il a embelli de toutes les graces de la littérature. Cherchez dans le corps de l'ouvrage *Cartéfianifme*.

Un fyfteme auffi romanefque doit naturellement amufer, mais il ne fera jamais tort à la narration de la création du monde, confignée dans nos livres Saints. On ne trouve dans cette fimple & majeftueufe narration aucune fuppofition arbitraire, aucun arrangement imaginé à loifir & ingénieufement foutenu. *Moyfe* n'a point écrit de génie; il n'a point fait de fyfteme: il s'en eft tenu à des faits qu'on ne peut contefter ou révoquer en doute, qu'en combattant la fincérité de l'Auteur ou plutôt la fidelité de Dieu même.

Mais enfin fur quelles preuves peut-on fe fonder pour affurer, non pas idéalement & hypothétiquement, comme l'avoit fait *Defcartes*, mais réellement & abfolument, comme vient de le faire M. *de Buffon*, que dans fon origine la terre a été un foleil qui, après foixante mille ans, eft devenu planete habitable? On en apporte plufieurs; je m'arrête aux deux principales.

La chaleur, *dit-on*, que le foleil envoie à la terre eft affez petite, en comparaifon de la chaleur propre du globe terreftre; & cette chaleur envoyée par le foleil ne feroit pas feule fuffifante, pour maintenir la nature vivante; donc la terre dans fon origine a été un foleil dont les différentes couches fe font fucceffivement refroidies, & la chaleur qui lui eft propre ne peut venir que de ce que les couches intérieures n'ont pas encore acquis ce refroidiffement.

Qu'il y ait dans la terre un fond permanent de chaleur indépendante de l'action du soleil ; voilà ce qu'aucun Physicien n'a jamais révoqué en doute. Mais que pour en apporter la cause, il soit nécessaire de métamorphoser la terre, de soleil en planete, voilà ce que nous avons démontré faux à l'article *Feux souterrains*, auquel nous renvoyons le lecteur.

La seconde preuve sur laquelle M. *de Buffon* a fondé son systeme, lui paroît démonstrative ; aussi y revient-il avec complaisance presqu'à chaque page dans ses époques. On a trouvé (dit-il pag. 26) & on trouve encore tous les jours en Sibérie, en Russie & dans toutes les contrées du Nord, de l'ivoire en grande quantité ; ces défenses d'éléphant se tirent à quelques pieds sous terre. On trouve ces ossemens & ces défenses en tant de lieux différens & en si grand nombre, qu'on est forcé de convenir que ces animaux étoient autrefois habitans naturels des contrées du Nord, comme ils le sont aujourd'hui des contrées du Midi. Cette zone froide étoit donc alors aussi chaude, que l'est aujourd'hui notre zone torride ; car il n'est pas possible que la forme constitutive du corps des animaux ait pu changer au point de donner le tempérament du renne à l'éléphant, ni de supposer que jamais ces animaux du midi, qui ont besoin d'une grande chaleur pour subsister, eussent pu vivre & se multiplier dans les terres du nord, si la température du climat eût été aussi froide, qu'elle l'est aujourd'hui.

Ces faits supposés, voici comment raisonne M. *de Buffon*. Les contrées du nord (dit-il pag. 236) ont joui pendant long-tems du même degré de chaleur dont jouissent aujourd'hui les terres méridionales, & dans ce tems-là ces dernieres étoient brûlantes & par conséquent inhabitables. Les éléphans, les rhinocéros, les hippopotames & toutes les especes qui ne peuvent se multiplier actuellement que sous la zone torride, vivoient donc & se multiplioient dans les terres du nord. A mesure que ces terres se refroidissoient, ces animaux cherchoient des terres plus chaudes ; & comme tous les climats depuis le nord jusqu'à l'équateur, ont joui successivement du degré de chaleur convenable à leur nature, ces animaux ont habité successivement les différens climats de ce même continent. D'abord ils ont passé du 60e. au 50e.

degré ; puis du 50e. au 40e. ; ensuite du 40e. au 30e. & du 30e. au 20e. ; enfin du 20e. à l'équateur & au-delà à la même distance.

M. *Gmelin* qui a parcouru la Sibérie en savant Naturaliste, & qui y a ramassé lui-même plusieurs ossemens d'éléphans, pense que des inondations survenues dans les terres méridionales ont chassé les éléphans vers les contrées du nord, où ils ont tous péri par la rigueur du climat.

Mais pourquoi recourir à des inondations qu'on ne fait que supposer & dont on n'apporte aucune preuve ; pourquoi ne pas recourir au déluge universel, admis, je ne dis pas seulement par l'Historien sacré, mais encore par une foule d'Historiens profanes de toutes les Religions du monde ? Voici comment en parle M. *de Buffon* (Hist. Natur. tom. I. pag. 198 & suiv. édit. *in-quarto.*) Des Auteurs, comme *Burnet*, *Wisthon* & *Woodward*, ont fait une faute qui nous paroît mériter d'être relevée, c'est d'avoir regardé le déluge comme possible par l'action des causes naturelles, au lieu que la sainte Ecriture nous le présente comme produit par la volonté immédiate de Dieu ; il n'y a aucune cause naturelle qui puisse produire sur la surface entiere de la terre la quantité d'eau qu'il a fallu pour couvrir les plus hautes montagnes ; & quand même on pourroit imaginer une cause proportionnée à cet effet, il seroit encore impossible de trouver quelqu'autre cause capable de faire disparoître les eaux.... Nos Auteurs ont fait de vains efforts pour rendre raison du déluge ; leurs erreurs de Physique au sujet des causes secondes qu'ils emploient, prouvent la vérité du fait, tel qu'il est rapporté dans la sainte Ecriture, & démontrent qu'il n'a pu être opéré que par la cause premiere, par la volonté de Dieu.... On doit regarder le déluge universel comme un moyen surnaturel dont le Tout-Puissant s'est servi pour le châtiment des hommes, & non comme un effet naturel dans lequel tout se seroit passé selon les loix de la Physique. Le déluge universel est donc un miracle dans sa cause & dans ses effets.... Il faut nous borner à en savoir ce que la sainte Ecriture nous en apprend ; avouer en même tems qu'il ne nous est pas permis d'en savoir davantage ; & furtout ne pas mêler une mauvaife Phyfique avec la pureté du Livre faint.

Le déluge univerfel une fois fuppofé comme un fait certain, il me paroît très-facile d'expliquer d'une maniere conforme aux loix de la Phyfique le tranfport, non pas des éléphans vivans, mais de leurs cadavres, des terres du midi dans les contrées du nord. La terre eft un fphéroïde applati vers les pôles & élevé vers l'équateur ; le fait eft démontré géométriquement, & M. *de Buffon* l'a avancé comme un principe inconteftable. Tous les animaux, excepté ceux qui furent confervés dans l'arche, périrent fous les eaux du déluge. Leurs cadavres, ceux du moins des éléphans, des rhinocéros, des hippopotames, fuivirent néceffairement la pente naturelle des eaux dans le tems de leur retraite ; & comme les pôles font les parties les plus baffes du globe terreftre, les contrées polaires boréales & méridionales dûrent les recevoir. Voilà pourquoi fans doute l'on trouve tant d'offemens d'éléphans en Sibérie, en Ruffie & dans tous les pays du nord.

Concluons donc que le roman de *Defcartes*, rajeuni & embelli par M. *de Buffon*, peut bien nous amufer, mais non pas nous éclairer fur l'âge du monde. J'ai fixé cet âge à l'an, depuis la création du monde, 5776 ; j'attens, pour changer de fyfteme, un ouvrage qui foit conforme aux loix de la Phyfique & qui ne foit pas oppofé à la révélation.

ANTARCTIQUE. Ce terme fignifie méridional.

ANTIMOINE. C'eft un compofé de foufre, de vitriol & de différens corpufcules métalliques. On le trouve non-feulement dans fes propres mines, mais encore dans les mines d'argent. On le diffout avec l'eau régale. Mêlé avec le tartre cru & le falpêtre raffiné, il donne ce que les chimiftes appellent, *régule d'antimoine*.

ANTIPODES. La Terre a une figure à-peu-près fphérique ; l'hémifphere diamétralement oppofé à celui que nous habitons, porte le nom d'antipodes : nous donnons auffi ce nom aux peuples qui ont leur Zénith dans l'endroit où nous avons notre Nadir. Cette définition n'eft exactement vraie que dans la bouche de ceux qui font fous l'équateur ; parce que fi l'on conçoit une ligne tirée de leur Zénith à leur Nadir, elle passera par le centre de la Terre.

AORTE. L'aorte ou la grande artere est un gros vaisseau qui se trouve au côté gauche du cœur, & qui se divise en ascendante, & en descendante. De l'aorte ascendante tirent leur origine les arteres qui se trouvent au-dessus du cœur, & de l'aorte descendante viennent celles qui se trouvent au-dessous du cœur.

APHÉLIE. Les astres qui tournent autour du soleil, ne sont pas toujours également éloignés de lui ; ils sont dans leur aphélie, lorsqu'ils sont dans leur plus grande distance ; ils sont dans leur périhélie, lorsqu'ils sont dans leur plus petite distance du soleil ; & ils sont dans leur distance moyenne, lorsqu'ils sont aussi éloignés de leur aphélie, que de leur périhélie. Les astronomes ont observé que la plus grande distance de la terre au soleil est de 20976 $\frac{7}{11}$ rayons terrestres ; sa plus petite distance de 20275 $\frac{1}{5}$ & sa distance moyenne de 20626. Tout le monde sait qu'un rayon terrestre contient environ 1433 lieues.

APOGÉE. Un astre est apogée, lorsqu'il est dans sa plus grande distance ; & il est périgée, lorsqu'il est dans sa plus petite distance de la terre. L'apogée de la lune n'est pas immobile ; il correspond tantôt à un point du ciel, tantôt à un autre, & il parcourt tous les jours d'occident en orient 6 minutes, 41 secondes, 1 tierce. Nous parlerons de ce mouvement dans l'article de la lune ; ce sera peut-être l'article de Physique le plus difficile à discuter.

APRE. La saveur âpre est la quatrieme des 7 saveurs principales. Elle annonce des molécules mal cuites. En effet un fruit est âpre, lorsqu'il n'est pas encore mûr.

ARC-EN-CIEL. On apperçoit souvent dans le ciel deux arcs à la fois, l'un intérieur & l'autre extérieur. Dans l'arc intérieur les couleurs sont rangées en cet ordre en allant de la partie inférieure à la partie supérieure, le violet, l'indigo, le bleu, le vert, le jaune, l'orangé & le rouge. Dans l'arc extérieur les couleurs sont rangées dans un ordre tout différent, le rouge occupe la partie inférieure & le violet la partie supérieure.

Voyez l'explication de ce phénomene dans l'article des couleurs.

ARCHIMEDE de Syracuse a été sans contredit un des plus grands hommes de l'antiquité. Les machines qu'il a inventées, nous prouvent qu'il a excellé surtout dans l'astronomie, la mécanique, & la catoptrique. Ces machines sont 1°. une sphere de verre dont les cercles avoient les mêmes mouvemens, que ceux du ciel; 2°. une vis qui servit à rendre l'Egypte habitable, en épuisant les eaux dont elle étoit inondée; nous en avons parlé dans la *mécanique* : 3°. des miroirs qui réduisirent en cendre les vaisseaux de Marcellus qui assiégeoit Syracuse; nous avons discuté ce fait dans l'article de la *catoptrique.* Nous devons encore à Archimede la méthode de découvrir si un métal est falsifié ou non; nous l'avons rapportée dans l'article de *l'hydrostatique.* Ce grand homme connoissoit si bien la nature du levier, & avoit tellement approfondi les regles de la mécanique, qu'il osa dire au Roi Hiéron son parent, que, s'il avoit une autre terre pour placer ses machines, il leveroit sans peine celle que nous habitons. Un vrai Physicien ne trouve rien d'exagéré dans cette proposition. On raconte d'Archimede des choses presque incroyables. Il aimoit l'étude avec tant de passion, que ses domestiques étoient obligés de l'arracher par force de son cabinet dans la crainte où ils étoient que le manque de nourriture ne le fît tomber en défaillance. Il étoit si transporté de joie, lorsqu'il avoit fait quelque découverte, qu'il oublioit alors les bienséances les plus indispensables; témoin l'état où il étoit, lorsqu'au sortir du bain, il courut à sa maison en criant comme un insensé par toute la ville, *je l'ai trouvé, je l'ai trouvé*; il parloit du moyen qu'il avoit de découvrir si l'orfévre avoit mêlé quelque métal à la couronne du Roi Hiéron. Il étudioit avec tant d'application, qu'il ne s'apperçut pas du tumulte qui régnoit dans Syracuse, lorsque cette ville fut prise d'assaut. Pourquoi viens-tu m'interrompre? Répondit-il au soldat vainqueur qui lui demandoit son nom. Cette réponse porta ce brutal à mettre à mort le seul homme que Marcellus avoit ordonné de conserver. Ce fut la 208e. année avant Je-

Jus-Christ qu'arriva cette mort tragique. Marcellus en fut au désespoir ; il combla de biens & d'honneurs les parens de ce grand homme. Cet article auroit été plus plus étendu, s'il nous avoit été permis de considérer Archimede comme mathématicien ; on sait quels progrès il a fait dans la Géométrie. Mais dans un livre comme celui-ci, nous n'avons dû parler de lui que relativement aux ouvrages & aux découvertes dont il a enrichi la Physique.

ARCTIQUE. L'on donne ce nom au pôle boréal, parce qu'il n'est pas éloigné de la constellation que les Astronomes appellent *la grande ourse.*

ARÉOMETRE. C'est une petite phiole de verre à long col, fermée hermétiquement, pleine d'air, & dont le fond est garni d'un peu de mercure. Nous renvoyons à l'hydrostatique l'explication physique de cet instrument.

ARGENT. Les plus fameux Chimistes assurent que l'argent est composé de mercure, de soufre & de sel ; ils assurent encore qu'il y a beaucoup moins de particules salines & beaucoup plus de pores dans l'argent que dans l'or ; aussi ces deux métaux different-ils spécifiquement entre eux. Les plus riches & les plus abondantes mines d'argent sont sans contredit celles qui se trouvent dans le Potosi, province du Pérou, dans l'Amérique méridionale. Les deux premieres furent ouvertes en 1545 ; on appella l'une *Rica* & l'autre *Diego Centeno.* On en découvrit en 1712 deux encore plus précieuses dans le même pays, l'une est à huit lieues d'*Arica* & l'autre est près de *Cusco.* La mine de Salseberyt en Suede, quoiqu'inférieure à celles du Pérou, contient cependant des choses très-remarquables. On y voit un salon soutenu par des colonnes d'argent. Il y a des cabarets, des maisons, des écuries, des chevaux, & un moulin à vent qui va continuellement dans cette espece de ville souterraine, & qui sert à élever les eaux. Dans les mines l'argent est renfermé dans la pierre. Pour l'en retirer, on met cette pierre en poussiere ; avec de l'eau on fait de cette poussiere une pâte qu'on laisse un peu sécher : On pétrit de nouveau cette pâte avec du sel marin : Enfin on y jette du mercure, &

on la pétrit une troisieme fois pour avoir un *amalgame*, c'est-à-dire, un composé de terre, de sel marin, de mercure & d'argent broyés ensemble : On lave *l'amalgame* dans différentes eaux, jusqu'à ce qu'il ne reste qu'une masse composée de mercure & d'argent, qu'on nomme *Pigne* : On pose la *Pigne* sur un trépied, au-dessous duquel est un vase rempli d'eau : On couvre le tout avec de la terre en forme de chapiteau, que l'on environne de charbons ardens : l'action du feu sépare l'argent du mercure, & fait tomber celui-ci dans l'eau où il se condense.

ARISTOTE, Fils de Nicomachus, naquit à Stagyre, 384 ans avant la naissance de J. C. Les anciens l'ont regardé comme le plus vaste & le plus beau génie que la nature eût produit, & ils l'ont surnommé le *Prince des Philosophes* ; nos modernes au contraire se font un devoir de le mépriser, j'ai presque dit, de le tourner en ridicule. On peut accuser les premiers d'exagération dans les éloges qu'ils lui ont donnés ; on doit reprocher aux seconds leur précipitation dans le jugement qu'ils ont porté sur les ouvrages d'un si grand homme. Il est sûr en effet que sa Logique, sa Rhétorique, sa Poëtique & ses livres des animaux seront toujours regardés comme autant de chef-d'œuvres. Ce dernier ouvrage fut composé par l'ordre d'Alexandre le Grand dont Aristote avoit été précepteur. Ce prince lui envoya 800 talens pour fournir à la dépense de cette entreprise, & lui donna, pour travailler sous ses ordres, tous les chasseurs & tous les pêcheurs qu'il lui demanda. Il est encore sûr qu'Aristote a traité la plupart des points de Physique dont les modernes se glorifient d'avoir fait la découverte ; telles sont les questions du mouvement de la terre dans l'Écliptique, de la gravité de l'air, de la circulation du sang, &c. La premiere de ces questions est examinée dans le chapitre 13e. & réfutée dans le chapitre 14e. de son second livre sur le ciel ; la seconde est démontrée vers le milieu du 14e. chapitre du quatrieme livre du même traité ; la démonstration est fondée sur l'expérience qui nous apprend qu'un balon vuide pese moins qu'un balon rempli d'air : La troisieme question est supposée comme une

une chose connue de tout le monde à la fin du troisieme & dernier chapitre sur les causes physiques du sommeil & de la veille. Il est sûr enfin que ceux qui ne rendent pas au Prince des Philosophes toute la justice qu'il mérite, n'ont lu que ses ouvrages ou traduits en très-mauvais latin, ou défigurés par les Arabes qui, pour donner une suite à la plupart de ses livres de Physique, furent obligés de suppléer bien des feuilles que les insectes avoient rongées. Cette derniere réflexion est tirée du livre 13e. de Strabon. Voici encore quelques particularités intéressantes sur la vie d'Aristote. Ce philosophe, lors même qu'il étoit disciple de Platon, s'adonna à l'étude avec tant de fureur, que, pour ne pas succomber au sommeil, il étendoit hors du lit une main dans laquelle il avoit une boule d'airain, afin de se réveiller au bruit qu'elle faisoit en tombant dans un bassin. Les Magistrats d'Athenes lui donnerent une espece d'enclos aux environs de la ville, appellé le *Lycée*; ce fut là qu'il fonda la secte des *Péripatéticiens*, Philosophes qui disputoient en se promenant. Dans une de ses leçons un de ses disciples lui demanda comment il faut définir un bon ami; c'est, *lui répondit-il*, une ame dans deux corps. Il mourut à l'âge de 63 ans, non à Athenes d'où les calomnies d'Eurymedon, prêtre de Cérès, qui l'accusa d'impiété, l'obligerent de sortir, mais à Chalcis, ville de la Grece. Quelques-uns ont écrit, je le sais, qu'Aristote confus de ne pouvoir pas découvrir la cause physique du flux & du reflux de la mer, se précipita dans ce bras de la méditerranée que l'on nomme *l'Euripe*, en disant *non possum te capere*, *cape me*. Mais cette histoire est regardée par tous les bons critiques comme une fable destituée de toute vraisemblance.

ARITHMÉTIQUE. Tout le monde sait que l'Arithmétique, ou, la science des nombres, est un traité absolument nécessaire en Physique; aussi, quelque étendu que soit cet article, ne le regardera-t-on pas comme contenant des points inutiles à ceux qui veulent faire quelque progrès dans cette science.

1°. On se sert pour exprimer tous les nombres possibles de dix caracteres auxquels on a donné le nom de chiffres; ce sont les suivans.

signifie		signifie	
1.......	un.	6.......	six.
2.......	deux.	7.......	sept.
3.......	trois.	8.......	huit.
4.......	quatre.	9.......	neuf.
5.......	cinq.	0.......	zero.

2°. La dixieme des figures précédentes ne signifie rien par elle-même, mais elle sert à faire signifier les autres, comme on le verra dans la suite.

3°. Une des dix figures précédentes, prise seule, signifie des unités.

4°. Lorsque l'on range plusieurs de ces figures sur la même ligne droite, la premiere, en commençant de droite à gauche, signifie des unités, la seconde des dizaines, la troisieme des centaines, la quatrieme des mille, la cinquieme des dizaines de mille, la sixieme des centaines de mille, la septieme des millions, la huitieme des dizaines de millions, la neuvieme des centaines de millions, la dixieme des milliards, la onzieme des dizaines de milliards, & la douzieme des centaines de milliards. S'il y avoit plus de 12 chiffres, (ce qui est rare dans les calculs ordinaires) l'on iroit jusqu'à billions, trillions, quatrillions, &c. ainsi le nombre 667458645 livres, signifie six cent soixante-sept millions, quatre cent cinquante-huit mille, six cent quarante cinq livres.

Corollaire. La valeur des chiffres va croissant de dix en dix; c'est sur ce principe que sont fondées toutes les regles d'Arithmétique que nous allons donner.

DE L'ADDITION.

Additionner, c'est réduire plusieurs nombres, soit simples, soit complexes, à une somme totale qui les vaille tous. Je nomme *nombres simples* tous ceux qui sont d'une même dénomination, c'est-à-dire, tous ceux qui représentent des choses d'une même espece, par exemple, des livres, ou des sols, ou des deniers, &c. Je nomme *nombres complexes* ceux qui sont de dénomination différente, c'est-à-dire, je nomme *nombres complexes* plusieurs nombres dont les uns représenteroient des livres, les autres des sols, les autres des deniers,

&c. L'addition est fondée sur ce principe incontestable (*le tout est égal à toutes ses parties prises ensemble.*) Pour ne pas vous tromper dans cette opération.

1°. Rangez tous les nombres proposés, de façon que les unités se trouvent précisément sous les unités, les dizaines sous les dizaines, les centaines sous les centaines, &c.

2°. Commencez à faire l'addition de toutes les unités. Si leur somme vous donne une ou deux dizaines, par exemple, 20, vous marquerez 0 & vous transporterez 2 aux dizaines; si elle vous donne deux dizaines & quelques unités par-dessus, par exemple, si elle vous donne 25, vous marquerez 5 & vous transporterez 2 aux dizaines.

3°. La même regle doit se garder, lorsque l'on passe des dizaines aux centaines, des centaines aux mille, &c.

4°. L'on doit séparer par une ligne la somme trouvée d'avec les nombres donnés. Toutes ces regles vont s'éclaircir dans les exemples suivans.

Probleme premier. Additionner des nombres simples.

Exemple.

A.	5089
B.	709
C.	34
D.	8
S.	5840

Résolution. Pour additionner les nombres ABCD, je commence 1°. par les unités 9, 9, 4 & 8 dont le *total* vaut 30; je mets 0 dans le nombre S, & je transporte 3 aux dizaines.

2°. J'en viens aux dizaines 3, 8 & 3 dont le total vaut 14; je mets 4 dans le nombre S, & je transporte un aux centaines.

3°. J'en viens aux centaines 1 & 7 dont le total vaut 8 que je mets dans le nombre S.

4°. J'en viens aux mille dont le total est 5 que je mets dans le nombre S, & je dis que ce nombre représente les quatre supérieurs ABCD.

Démonstration. Le *tout* est égal à toutes ses parties

prises ensemble ; donc le nombre S est égal aux quatre nombres ABCD.

Pratique. Lorsqu'on recommence l'addition, en prenant les colonnes de bas en haut, & que l'on trouve la même somme, c'est-là une preuve infaillible de la bonté de la premiere opération.

Remarque. Lorsque les nombres que l'on veut réduire à une somme totale sont complexes, c'est-à-dire, lorsqu'ils sont composés, par exemple, de livres, de sols & de deniers ; il faut disposer les chiffres de maniere que les deniers soient sous les deniers, les sols sous les sols, & les livres sous les livres ; il faut ensuite assembler les deniers pour en faire des sols, & les sols pour en faire des livres ; il suffit pour cela de savoir qu'une livre vaut 20 sols, & un sol 12 deniers. C'est ainsi que l'on a opéré dans l'exemple suivant.

Probleme second. Additionner des nombres complexes.

Exemple.

A.	15 liv.	15 sols	10 den.
B.	16	16	9
S.	32 liv.	12 sols	7 den.

Résolution. Pour additionner les nombres A & B ; voici comment je raisonne : 10 & 9 font 19 deniers ; 19 deniers valent un sol 7 deniers, je mets 7 dans le nombre S, & je transporte 1 aux sols.

J'en viens ensuite aux sols, & je dis 1 & 5 & 6 font 12 ; je mets 2 dans le nombre S, & je transporte 1 aux dizaines de sols que je trouve être au nombre de 3 ; & comme 3 dizaines de sols valent une livre & une dizaine de sols, je mets 1 dans le nombre S, & je transporte 1 aux livres.

J'en viens enfin aux livres, lesquelles additionnées comme dans l'exemple du *Probleme premier*, me donnent 32 que je mets au nombre S.

Remarquez 1°. Qu'il est très-facile d'additionner des *jours*, des *heures*, des *minutes* & des *secondes*, lorsque l'on sait que le *jour* est de 24 *heures*, *l'heure* de 60 *minutes*, & la *minute* de 60 *secondes*. C'est sur ce principe que l'on s'est fondé dans l'exemple suivant.

EXEMPLE DE L'ADDITION DES TEMS.

Jours.	*heures.*	*minutes.*	*secondes.*
38.	15.	50.	42.
42.	18.	12.	15.
25.	12.	16.	17.
106.	22.	19.	14.

Remarquez 2°. Que le *Quintal* est de 100 livres, la *livre* de 16 onces, *l'once* de 8 *gros* ou *dragmes*, la *dragme* de 3 *deniers*, & le *denier* de 24 *grains*. On ne s'est pas écarté de ces regles dans l'addition suivante.

EXEMPLE DE L'ADDITION DES POIDS.

quint.	*liv.*	*onces.*	*gros.*	*den.*	*grains.*
8.	25.	12.	6.	2.	15.
9.	85.	10.	4.	2.	18.
7.	55.	13.	5.	1.	16.
25.	67.	5.	1.	1.	1.

Remarquez 3°. Que lorsque l'on veut additionner des *mesures* en longueur, l'on doit savoir que la *toise* vaut 6 *pieds*, le *pied* 12 *pouces*, le *pouce* 12 *lignes*, & la *ligne* 12 *points*. Il seroit inutile d'apporter des exemples de ces sortes d'additions.

DE LA SOUSTRACTION.

Soustraire un nombre d'un autre, c'est retrancher un nombre moindre d'un plus grand. Cette opération est fondée sur le principe suivant : *toutes les parties prises ensemble sont égales au tout.* Voici quelles sont les regles que vous devez observer.

1°. Ecrivez au-dessus le nombre dont vous devez faire la soustraction, & mettez par-dessous celui qui doit être soustrait, de maniere que les unités soient sous les unités, les dizaines sous les dizaines, &c.

2°. Tirez une ligne qui sépare le *restant* d'avec le nombre qui doit être soustrait.

3°. Quand le chiffre supérieur est plus grand que l'inférieur, écrivez-en la différence dans le *restant*.

4°. Quand le chiffre supérieur est égal à l'inférieur, écrivez o dans le *restant*.

5°. Quand le chiffre supérieur est moindre que l'inférieur, empruntez une unité du chiffre précédent. Dans les nombre de la même espece cette unité vaut 10. Si vous l'empruntiez d'un nombre de différente espece, par exemple, des sols pour la transporter aux deniers, elle vaudroit 12; des livres pour la transporter aux sols, elle vaudroit 20; des toises pour la transporter aux pieds, elle vaudroit 6, &c.

6°. L'on n'emprunte jamais rien d'un zero, mais l'on fait cet emprunt sur le premier chiffre positif qui le précede, & ensuite ce zero vaut 9. Toutes ces regles vont s'éclaircir dans les exemples suivans.

Probleme premier. Soustraire un nombre simple d'un nombre simple.

Exemple.

A.	5003
B.	4559
R.	444

Résolution. Pour soustraire le nombre B du nombre A; voici comment j'opere: 1°. j'emprunte une unité du chiffre 5 du nombre A, laquelle ajoutée au chiffre 3 fait 13; j'ôte 9 de 13, le reste est 4 que je mets dans le nombre R. 2°. j'ôte 5 de 9, le reste est 4 que je mets dans le nombre R. 3°. j'ôte encore 5 de 9, le reste est 4 que je mets dans le nombre R. 4°. j'ôte 4 de 4, le reste est o qui me devient parfaitement inutile. Je dois donc trouver dans le nombre R 444.

Démonstration. La somme des nombres B & R additionnés ensemble est égale au nombre A; donc l'opération précédente a été bien faite, puisque toutes les parties prises ensemble sont toujours égales au tout.

Pratique. Additionnez dans toute sorte de Soustractions le second & le troisieme nombres; & si l'opération a été bien faite, leur somme sera égale au premier nombre, c'est-à-dire, au nombre dont vous avez fait la soustraction.

Demande-t-on pourquoi dans l'exemple précédent, depuis l'emprunt que l'on a été obligé de faire sur le chiffre 5 du nombre A, les zero qui viennent d'abord après, valent chacun 9, ou pour mieux dire, valent 990? la raison en est évidente; l'unité empruntée du chiffre 5 vaut réellement 1000, & cependant elle n'a été comptée que 10, puisqu'elle a été transportée au rang des unités; donc pour éviter une erreur de 990, les zero dont nous parlons, doivent valoir chacun 9.

Probleme second. Soustraire un nombre complexe d'un nombre complexe.

	Toises	*Pieds*	*Pouces*	*Lignes*	*Points.*
A.	15.	4.	9.	8.	3.
B.	12.	5.	9.	9.	4.
R.	2.	4.	11.	10.	11.

Résolution. Pour soustraire le nombre complexe B du nombre complexe A; voici comment je raisonne. Puisque le chiffre 3 du nombre A est plus petit que le chiffre 4 du nombre B, j'emprunte une unité du nombre 8, cette unité vaut 12; de 15 ôtez en 4, le reste est 11 que je mets dans le nombre R.

J'en viens ensuite aux lignes; pour pouvoir faire la Soustraction, j'emprunte une unité du nombre 9, cette unité vaut 12; de 19 ôtez 9, le reste est 10 que je mets dans le nombre R.

Des lignes je passe aux pouces; & comme pour pouvoir faire la soustraction, je suis obligé d'emprunter du chiffre 4 une unité qui vaut 12; j'ôte 9 de 20, le reste est 11 que je mets dans le nombre R.

Comme je ne puis pas soustraire 5 de 3, j'emprunte une unité sur les toises, cette unité vaut 6: j'ôte 5 de 9, le reste est 4 que je mets dans le nombre R.

Enfin je soustrais 12 de 14, & je mets le restant 2 dans le nombre R. Les preuves de la soustraction opérée sur les nombres complexes sont les mêmes que celles que l'on apporte ; lorſque l'on opere ſur les nombres ſimples.

DE LA MULTIPLICATION.

La multiplication eſt une opération par laquelle un nombre eſt ajouté à lui-même, autant de fois qu'il y a d'unités dans un autre. En effet, multiplier 12 par 4, c'eſt ajouter 4 fois 12. Le nombre ajouté à lui-même, ſe nomme *multiplicande* ; le nombre qui détermine combien de fois le *multiplicande* doit être ajouté à lui-même, ſe nomme *multiplicateur*, & le nombre qui vient de cette opération, ſe nomme *produit.* Multipliez, par exemple, 10 par 5, vous aurez 50 ; dans cette occaſion 10 eſt le *multiplicande*, 5 le *multiplicateur*, & 50 le *produit.* Pour ne donner dans aucune erreur, voici les regles que vous devez obſerver.

1°. Sachez par cœur les produits des neuf premiers chiffres ; nous avons commencé par 5 dans la Table ſuivante ; les autres ſont trop aiſés, pour être ignorés même des premiers Commençans.

	produit		*produit*		*produit*		*produit*
5 fois 5	25	6 fois 6	36	7 fois 7	49	8 fois 8	64
5 fois 6	30	6 fois 7	42	7 fois 8	56	8 fois 9	72
5 fois 7	35	6 fois 8	48	7 fois 9	63		
5 fois 8	40	6 fois 9	54			9 fois 9	81
5 fois 9	45						

2°. Ecrivez le *multiplicateur* ſous le *multiplicande*, de façon que les unités répondent aux unités, les dizaines aux dizaines, &c.

3°. Commencez votre opération du côté droit, & que le premier nombre du *multiplicateur* de ce côté-là multiplie ſucceſſivement tous les nombres du *multiplicande.*

4°. Lorſqu'un produit particulier ſurpaſſera 10, retenez comme dans l'addition les dizaines, pour les ajouter au *produit* du chiffre voiſin à gauche.

5°. Dès que cette premiere opération eſt faite, venez

au second nombre du *multiplicateur* qui doit encore multiplier tous les chiffres du *multiplicande*, en allant toujours, suivant la coutume, de droite à gauche, & ainsi du 3e., 4e. & 5e. nombres, si le multiplicateur a beaucoup de chiffres.

6°. Dans chaque opération de la multiplication, le premier produit s'écrit sous le nombre qui multiplie actuellement; les autres produits s'écrivent sur la même ligne, en allant toujours de droite à gauche.

7°. Zero multiplicateur, ou, multiplicande, ne produit jamais que des zero.

8°. Additionnez tous les nombres produits par les différentes multiplications, & le total est la somme que vous cherchez. Toutes ces regles ont été gardées dans l'exemple suivant qui a le nombre A pour *multiplicande*, le nombre B pour *multiplicateur*, & le nombre P pour *produit*.

Probleme premier. Multiplier un nombre simple par un nombre simple.

Exemple.

A.	609
B.	42
	1218
	2436
P.	25578

Résolution. Pour multiplier le nombre A par le nombre B, voici comment je raisonne : 2 multipliant 9 donne 18, je mets 8 sous le premier chiffre du Multiplicateur, & je retiens 1 que je transporte aux dizaines. Je dis ensuite; 2 multipliant 0 ne donne que 0, je mets donc l'unité retenue en droite ligne à la gauche de 8. Je dis enfin; 2 multipliant 6 donne 12, je mets ce 12 toujours sur la même ligne en l'avançant d'un pas, & voilà la premiere opération faite.

Je passe au second chiffre du Multiplicateur B en disant; 4 multipliant 9 donne 36, je mets 6 sous la colonne des dizaines, & je retiens 3 pour les centaines. Je dis ensuite; 4 multipliant 0, donne 0; je mets donc à la gauche de 6 le chiffre 3 que j'avois retenu. Je dis enfin ; 4 multipliant 6 donne 24 que j'avance sur la même ligne.

Cette seconde opération étant faite, j'additionne les 2 produits, & la somme totale me donne le nombre P que je cherche.

Démonstration. L'on a dans le cas présent la proportion suivante, 1 : 42 : 609 : 25578, c'est-à-dire, 1 est à 42, comme 609 sont à 25578, puisqu'en multipliant d'un côté les deux termes extrêmes 1 & 25578, & de l'autre les deux termes moyens 42 & 609, l'on a précisément la même somme ; ce qui marque une vraie proportion Géométrique, comme nous le prouverons en son lieu. Cela supposé, voici comment je raisonne.

Toute vraie multiplication est une opération dans laquelle l'*unité* est au *multiplicateur*, comme le *multiplicande* est au *produit* ; puisque dans toute multiplication le *produit* n'est formé que par le *multiplicande* ajouté autant de fois à lui-même qu'il y a d'unités dans le *multiplicateur* ; mais dans le cas présent l'on a cette proportion ; donc dans le cas présent l'on a une vraie multiplication.

Pratique. Lorsqu'on saura les regles de la *division* ; voici comment on pourra se convaincre qu'une *multiplication* est exacte. Divisez le *produit* par le *multiplicateur* ; & si l'opération a été bien faite, le *quotient* sera égal au *multiplicande*.

Probleme second. Abréger les opérations de la multiplication.

Premier Exemple.

```
A.      3400
B.      2300
------------
        0000
       0000
     10200
     6800
------------
P.  7820000
```

Second Exemple.

```
A.      33
B.      23
----------
       102
       68
----------
P.  7820000
```

Résolution. Quand les nombres qu'on multiplie sont terminés par des o, l'on fait l'opération sans avoir égard aux o, & l'on ajoute au *produit* les o du *multiplicateur* & du *multiplicande*. Ainsi pour multiplier le nombre A par le nombre B, ne prenez pas pour modele le premier, mais le second des deux exemples supérieurs.

Probleme troisieme. Multiplier un nombre complexe par un nombre simple.

Exemple.

A. 7 liv.	12	s.	8 d.
B.	25	cannes.	
P. 175 liv.	300	s.	200 d.

Résolution. Lorsque l'on vous donne à multiplier un nombre complexe par un nombre simple, c'est-à-dire, lorsque l'on vous demande, par exemple, à combien montent 25 cannes d'étoffe à 7 liv. 12 sols 8 den. la canne ; il faut que le nombre simple 25 multiplie séparément chaque espece, en commençant par la plus petite. Nous apprendrons dans la suite comment se fait la réduction des especes supérieures, par exemple, des deniers aux sols, & des sols aux livres.

Remarque. Lorsque l'on veut multiplier un nombre complexe par un nombre complexe, l'on doit se servir de la *regle de trois* dont nous parlerons à la fin de cet article. Demande-t-on, par exemple, combien valent 7 toises, 5 pieds, 8 pouces de maçonnerie à 30 liv. 7 sols 5 den. la toise, voici comment j'opere. 1°. Je réduis les deux nombres complexes, chacun à sa moindre espece, ce qui me donne d'un côté 572 pouces, & de l'autre 7289 deniers. 2°. Comme je sais qu'une toise vaut 72 pouces, je dis, si 72 pouces coûtent 7289 deniers, combien coûteront 572 pouces ?

DE LA DIVISION.

La division est une opération dans laquelle on cherche combien de fois un nombre est contenu dans un autre, par exemple, combien de fois 25 est contenu dans 250. Le nombre 25 se nomme *diviseur*, le nombre 250 se nomme *dividende*, & le nombre 10 qui marque combien de fois 25 est contenu dans 250, se nomme *quotient*. Voici les regles que vous devez observer, lorsque vous divisez un nombre par un autre.

1°. Ecrivez le *diviſeur* ſous le *dividende* en allant, non pas de la droite à la gauche, ſuivant la coutume, mais de la gauche à la droite.

2°. Si le *diviſeur* a pluſieurs chiffres, par exemple ; deux, écrivez-les ſous les deux premiers du *dividende*, pourvu que les deux premieres figures du *dividende* ne ſoient pas moindres que le *diviſeur*; car alors il faudroit mettre le premier chiffre du *diviſeur* ſous le ſecond chiffre du *dividende*. Ce que nous avons dit d'un *diviſeur* compoſé de deux chiffres par rapport aux deux premieres figures du *dividende*, nous le dirons d'un *diviſeur* compoſé de 3 ou 4 chiffres par rapport aux 3 ou 4 premieres figures du *dividende*.

3°. Cherchez combien de fois le premier chiffre du *diviſeur* ſe trouve contenu dans le premier ou dans les deux premiers chiffres du *dividende*. S'il s'y trouve contenu 6 fois, marquez 6 au *quotient*. Multipliez enſuite tous les chiffres du *diviſeur* par le *quotient* 6. Ecrivez-en le *produit* ſous le *diviſeur*. Otèz ce produit de la partie du *dividende* qui lui répond. Marquez le *reſtant* comme dans la ſouſtraction ordinaire, & voilà la premiere opération faite.

4°. S'il reſte dans le *dividende* des chiffres auxquels le *diviſeur* n'ait pas été appliqué, ajoutez un de ces chiffres au *reſtant* de la ſouſtraction, & recommencez l'opération comme auparavant. S'il en falloit ajouter deux, au lieu d'un, pour pouvoir faire la diviſion, il faudroit mettre 0 au quotient, avant que de deſcendre le dernier des deux chiffres.

5°. La derniere opération étant faite, s'il reſte quelque choſe, mettez ce *reſtant* à côté du *quotient*, & le *diviſeur* au-deſſous en forme de fraction.

6°. Lorſque vous diviſerez un nombre par un autre, prenez garde que le *produit* qui viendra de la multiplication du *diviſeur* par le *quotient* ne ſoit pas plus grand que la partie du *dividende* qui répond actuellement au *diviſeur*; car alors il faudroit recommencer l'opération, & mettre un moindre nombre au *quotient*. Il eſt facile de tomber dans cette faute, lorſque le ſecond ou le troiſieme chiffre du *diviſeur* eſt un peu grand, comme 6, 7, 8, 9. Toutes ces regles ne paroîtront pas obſcures à ceux qui les appliqueront à l'exemple ſuivant.

Probleme premier. Diviser un nombre simple par un nombre simple.

Exemple.

A.	135088	Q.	$504\ \frac{268}{16}$
B.	268		
	1340		
	1088		
	268		
	1072		
	16		

Résolution. Pour diviser le nombre A par le nombre B, je mets 268 sous 1350, & je me demande à moi-même ; 2 combien de fois est-il dans 13 ? Il y est 6 fois ; mais comme en multipliant 268 par 6, la soustraction ne pourroit pas se faire, je mets seulement 5 au *quotient* Q. Je multiplie ensuite 268 par 5, le *produit* est 1340. Enfin je soustrais 1340 de 1350, le *restant* est 10, & voilà la premiere opération faite.

Pour faire la seconde opération, je descends 8 à côté du restant 10, & comme je vois que le *dividende* 108 est plus petit que le diviseur 268, je mets o au *quotient* Q, & je descends encore 8 à côté de 108, pour pouvoir faire la troisieme opération dans laquelle je me comporte précisément comme dans la premiere. En effet je mets le *diviseur* 268 sous le *dividende* 1088 ; je vois que 2 est 5 fois dans 10, je ne mets cependant que 4 au *quotient* Q pour pouvoir faire la soustraction. Je multiplie 268 par 4, le *produit* est 1072. Je soustrais 1072 de 1088, le restant est 16 que je mets à côté du *quotient* Q, & le *diviseur* 268 par dessous, en les séparant l'un de l'autre par une petite ligne.

Démonstration. L'on a dans le cas présent la proportion suivante ; $1 : 504\ \frac{16}{268} :: 268 : 135088$, c'est-à-dire, l'*unité* est au *quotient*, comme le *diviseur* est au *dividende.* En effet multipliez d'un côté 135088 par 1, le *produit* est 135088. Multipliez de l'autre côté 504 par 268, le produit est 135072 ; ajoutez à cette somme le nombre 16 qui étoit resté de la derniere soustraction, vous aurez précisément 135088 ; donc l'on a dans le cas présent la proportion que nous venons d'énoncer. Cela supposé, voici comment je raisonne : la division est une opération dans laquelle le *diviseur* est contenu autant de fois dans le *dividende*, qu'il y a *d'unités* dans le *quotient* : donc la division est une opération dans laquelle *l'unité* est au *quotient*, comme le *diviseur* est au *dividende* ; mais dans l'exemple supérieur nous avons cette proportion ; donc dans l'exemple supérieur nous avons une vraie division.

Pratique. Lorsque vous voulez savoir si une division a été bien faite, multipliez le *diviseur* par le *quotient* ; & si le *produit* est égal au *dividende*, concluez qu'il ne s'est glissé aucune faute dans votre opération.

Probleme second. Abréger les opérations d'une division dont le diviseur est terminé par des zero.

Premier Exemple.

A. 324755 Q. 1082 $\frac{155}{300}$
B. 300

2475
300
2400

755
300
600

155

Second Exemple.

A. 3247|55 Q. 1082 $\frac{155}{300}$
B. 3|00

024
3
24

007
3
6

1

Résolution. Lorsque le *diviseur* est terminé par des zero, l'on abrege la division en effaçant à la fin du *dividende* autant de chiffres, qu'il y a de zero à la fin du *diviseur.* C'est-là ce que nous avons fait dans le second des exemples supérieurs. Comme le *diviseur* B est terminé par deux zero, nous avons séparé 55 à la fin du dividende A. Ces chiffres séparés ne doivent pas cependant être négligés, on les met en fraction à côté du *quotient* Q. Ainsi lorsqu'il s'agira d'opérer sur deux nombres semblables au *dividende* A & au *diviseur* B, le second des deux exemples précédens doit être votre modele, & non pas le premier.

Probleme troisieme. Abréger les opérations d'une division dont le diviseur & le dividende sont terminés par des zero.

Résolution. L'on doit dans cette occasion effacer autant de zero dans le *dividende*, que dans le *diviseur*, & opérer ensuite à l'ordinaire. C'est-là ce que nous avons fait dans le second des exemples suivans.

Premier Exemple.

A. 417000 Q. 166 $\frac{2000}{2500}$
B. 2500

16700
2500
15000

17000
2500
15000

2000

Second Exemple.

A. 4170 Q. 166 $\frac{20}{25}$
25

167
25
150

170
25
150

20

Probleme quatrieme. Diviser un nombre complexe par un nombre simple.

Exemple.

A. 34 liv. 18 s. 8 d.
B. 4
ou bien
C. 8385 den. Q. 2096 $\frac{1}{4}$
B. 4
8

038
4
36

25
4
24

1

Résolution. L'on me donne à diviser par 4, c'est-à-dire, à partager entre 4 personnes 34 liv. 18 sols, 9 den. Pour en venir à bout, je réduis tout en deniers, & j'ai 8385 deniers que je divise par 4 suivant les regles ordinaires. J'ai pour quotient Q 2096 deniers & $\frac{1}{4}$, c'est-à-dire, j'ai pour chaque personne 8 liv. 14 sols, 8 den. & $\frac{1}{4}$ de denier. Mais comment peut-on réduire les livres en deniers & les deniers en livres ? c'est-là ce que nous allons apprendre maintenant.

De la Réduction.

La réduction est une opération par laquelle on change tantôt une espece supérieure eu une espece inférieure, & tantôt une espece inférieure en une espece supérieure, sans rien changer à la valeur équivalente de la somme sur laquelle on opere. La premiere de ces réductions se fait par la multiplication & se nomme *réduction descendante* ; la seconde se fait par la division & s'appelle *réduction ascendante*. Pour n'avoir aucune peine dans

dans ces sortes d'opérations, ayez toujours présens à l'esprit, les principes suivans.

1°. Une *livre* vaut 20 *sols*; & puisqu'un *sol* vaut 12 *deniers*, une *livre* vaut 240 *deniers*.

2°. Lorsqu'il s'agit de *poids*, une *livre* vaut 16 *onces*; & puisqu'un *marc* vaut 8 *onces*, une *livre* vaut 2 *marcs*.

3°. Une *once* vaut 8 *gros* ou *dragmes*, & par conséquent un *marc* vaut 64 *gros*, & une *livre* en vaut 128.

4°. Un *gros* vaut 3 *deniers*, & par conséquent une *once* vaut 24 *deniers*, un *marc* en vaut 192, & une *livre* 384.

5°. Un *denier* vaut 24 *grains*, & par conséquent un *gros* vaut 72 *grains*, une *once* en vaut 576, un *marc* 4608, & une *livre* 9216.

6°. La *toise* vaut 6 *pieds*; & puisque le *pied* vaut 12 *pouces*, la *toise* vaut 72 *pouces*.

7°. Le *pouce* vaut 12 *lignes*, & par conséquent le *pied* vaut 144 *lignes*, & la *toise* en vaut 864.

8°. La Ligne vaut 12 *points*, & par conséquent le *pouce* vaut 144 *points*, le *pied* en vaut 1728 & la toise 10368.

9°. Le jour est de 24 *heures*; & puisque l'*heure* est de 60 *minutes*, le jour est de 1440 *minutes*.

10°. La *minute* contient 60 *secondes*, & par conséquent *l'heure contient* 3600 *secondes*, & le jour en contient 86400. Ces connoissances supposées, l'on n'aura point de peine à faire les réductions suivantes.

Probleme premier. Réduire 5786 livres en sols.

Exemple.

A.	5786 livres
B.	20 sols.
P.	115720 sols.

Résolution. Pour réduire le nombre A en sols, je le multiplie par le nombre B, parce qu'une livre vaut 20 sols; & j'ai pour produit le nombre P.

Si l'on demande pourquoi l'on n'a fait qu'une opération, quoique le multiplicateur 20 soit composé de 2 chiffres; l'on répondra que l'on a pu en agir ainsi, parce que ce multiplicateur est terminé par un o, comme nous l'avons expliqué dans l'article de la multiplication.

Probleme second. Réduire 5786 livres en deniers.

Exemple.

A.	5786 livres.
B.	240 deniers.
	23144
	11572
P.	1388640 deniers.

Résolution. Pour réduire le nombre A en *deniers*, je le multiplie par le nombre B, parce qu'une livre vaut 240 *deniers*, & j'ai pour *produit* le nombre P.

Remarquez que pour multiplier 5786 livres par 240 deniers, l'on n'a fait que deux opérations, parce que le multiplicateur est terminé par un o.

Probleme troisieme. Réduire en livres 272122 grains.

Exemple.

A.	272122 grains.
B.	9216 grains.
	18432
	87802
	9216
	82944
	4858
Q.	29 livres $\frac{4858}{9216}$.

Résolution. Pour réduire le nombre A en *livres*, je le divise par le nombre B, parce que la *livre* vaut 9216 *grains*, & j'ai le quotient Q, c'est-à-dire, 29 livres & 4858 *grains.*

Probleme quatrieme. Réduire en *onces* 4858 grains.

Exemple.

A. 4858 grains.
B. 576 grains.
4608

250

Q. 8 onces $\frac{250}{576}$

Résolution. Pour réduire le nombre A en onces, il n'y a qu'à *savoir* qu'une *once* vaut 576 grains, & l'on trouvera que ce nombre contient 8 *onces* & 250 *grains.*

Probleme cinquieme. Réduire en gros 250 *grains.*

Exemple.

A. 250 grains.
B. 72 grains. Q. 3 gros $\frac{34}{72}$.
216

34

Résolution. Puisque le *gros* vaut 72 *grains*, divisez le nombre A par le nombre B, & vous aurez pour *quotient* 3 *gros* & 34 *grains.*

Probleme sixieme. Réduire en *deniers* 34 *grains.*

Exemple.

A. 34 grains.
B. 24 grains. Q. 1 den. $\frac{10}{24}$

10

Résolution. Un *denier* vaut 24 grains; donc 34 *grains* doivent me donner pour *quotient* 1 *denier* 10 *grains.* Donc le nombre proposé dans le Probleme troisieme contient 29 *livres*, 8 *onces*, 3 *gros*, 1 *denier* & 10 *grains.*

Quelque nécessaire que soit à un Physicien la connoissance de ces regles, il ne doit pas s'en tenir à ces premiers Elémens. Il doit encore savoir la *regle de trois directe & inverse*, la maniere dont on extrait les racines *carrée* & *cubiqne*, & la maniere dont on opere sur les *Fractions décimales* & *non décimales.* Nous allons donner une partie de ces regles à la fin de ce Traité ; le Lecteur trouvera les autres dans leurs articles relatifs.

De la Regle de Proportion.

Quatre nombres sont en proportion géométrique, lorsque le premier est au second, comme le troisieme est au quatrieme. Les quatre nombres 1, 3, 10, 30 sont en proportion géométrique, parce que de même que 1 est le tiers de 3, de même 10 est le tiers de 30. Les Géometres, au lieu de dire, 1 est à 3, comme 10 est à 30, disent, pour être plus courts ; 1 : 3 :: 10 : 30, ou 1 : 3 = 10 : 30, ou enfin 1 | 3 || 10 | 30.

Lorsque l'on a les 3 premieres nombres d'une proportion géométrique, & que l'on veut trouver le quatrieme, l'on doit multiplier le troisieme par le second, diviser le produit par le premier nombre, & le *quotient* vous donne le quatrieme nombre que vous cherchez. L'on vous donne, par exemple, les 3 nombres 2, 4, 10, & l'on vous dit de finir la proportion géométrique. Pour en venir à bout, vous multiplierez 10 par 4 ; vous diviserez le produit 40 par 2, & le *quotient* 20 vous donnera le quatrieme nombre que vous cherchez. En effet 2 : 4 :: 10 : 20. C'est-là ce que l'on appelle *regle* de *proportion* ou *regle de trois :* c'est, comme vous venez de le voir, *une opération dans laquelle à 3 nombres donnés l'on cherche un quatrieme proportionnel géométrique.* Cette regle se divise en *directe* & *inverse*, en *simple* & *composée.* En voici différens exemples.

Probleme peemier. Faire une *regle de trois* directe.

Exemple.

20 cannes de draps coûtent 350 livres, combien coûteront 30 cannes du même drap ?

ARRANGEMENT

Des trois nombres donnés.

20 : 350 :: 30 : au quatrieme nombre que l'on cherche.

MULTIPLICATION.

multiplicande	350
multiplicateur	30
produit	10590

DIVISION.

dividende	10500
diviseur	20
quotient	525

SOLUTION.

20 canes : 350 livres :: 30 cannes : 525 livres.

Explication. Pour faire la regle que l'on vient de proposer, arrangez 1°. en forme de proportion géométrique les 3 nombres 20, 350 & 30.

2°. Multipliez 350 par 30.

3°. Divisez le produit 10500 par 20, & le *quotient* 525 vous donnera le quatrieme nombre que vous cherchez, c'est-à-dire, le *quotient* vous marquera combien coûteront 30 cannes du même drap dont 20 cannes ont coûté 350 livres.

Démonstration. Il est prouvé dans l'article qui commence par le mot *Géométrie*, que quatre nombres sont en proportion géométrique, lorsqu'en multipliant d'un côté le premier & le quatrieme, & de l'autre le second & le troisieme nombres, l'on a deux *produits* égaux. Cela supposé, voici comment je raisonne. 525 multipliés par 20 me donnent pour *produit* 10500. Il en est de même de 350 multipliés par 30; donc 20 : 350 :: 30 : 525; donc les 30 cannes de drap dont on parle, coûteront 525 livres.

Remarque.

L'exemple que l'on vient de proposer renferme évidemment une regle de *trois* directe, parce que le quatrieme nombre inconnu doit être d'autant plus grand que le troisieme nombre 30, que le second nombre 350 est plus grand que le premier nombre 20. Si le nombre inconnu devoit être d'autant plus grand que le troisieme nombre *donné*, que le second nombre est plus petit que le premier ; ou bien, si le nombre inconnu devoit être d'autant plus petit que le troisieme nombre *donné*, que le second nombre est plus grand que le premier, alors l'on auroit à faire une regle de *trois* inverse, & pour en venir à bout, il faudroit multiplier le premier nombre *donné* par le troisieme, diviser le *produit* par le second, & le *quotient* seroit le nombre inconnu que l'on cherche. En voici un exemple.

Probleme second. Faire une regle de *trois* inverse.

Exemple.

20 cannes de drap coûtent 350 livres ; combien de cannes en aura-t-on pour 525 livres ?

ARRANGEMENT

Des trois nombres donnés.

20 : 350 :: le nombre que l'on cherche : 525.

MULTIPLICATION.

multiplicande	525
multiplicateur	20
produit	10500

DIVISION.

dividende	10500
diviseur	350
quotient	30

SOLUTION.

20 cannes : 350 livres :: 30 cannes : 525 livres.

Explication. Pour faire la regle de *trois* dont nous venons de parler, il a fallu 1°. tellement arranger les

3 nombres donnés; que le troisieme nombre 525 occupât la quatrieme place dans la proportion que l'on a été obligé de faire, & le nombre *inconnu* la troisieme.

Il a fallu 2°. multiplier 525 par 20.

Il a fallu 3°. diviser le *produit* 10500 par 350; & le *quotient* 30 a donné le nombre que l'on cherchoit, c'est-à-dire, 30 cannes.

Démonstration. 20 cannes : 350 livres :: 30 cannes : 525 livres, *par la démonstration précédente*; donc la regle proposée a été bien faite.

Corollaire. La regle de *trois* n'est inverse, que lorsque celui qui la propose en a mal disposé les termes; comme il est aisé de s'en appercevoir, si l'on veut comparer les deux exemples précédens.

Remarque.

Les deux regles de *trois* que nous venons de proposer, sont *simples*; l'exemple suivant nous en fournira une *composée*.

Probleme troisieme. Faire une regle de *trois* composée directe.

Exemple.

4 hommes ont dépensé 24 écus en 12 jours, combien en dépenseront 20 hommes en 30 jours?

ARRANGEMENT

Des nombres donnés.

4 multipliant 12 : 24 :: 20 multipliant 30 : au quatrieme nombre que l'on cherche.

ou

48 : 24 :: 600 : au quatrieme nombre que l'on cherche.

MULTIPLICATION.

multiplicande	600
multiplicateur	24
produit	14400

DIVISION.

dividende	14400
diviseur	48
quotient	300

SOLUTION.

48 : 24 :: 600 : 300.

Explication. La regle que l'on vient de proposer renferme 5 termes que l'on réduit à trois; en multipliant le nombre des jours par le nombre des hommes. Cette réduction donne 48, 24 & 600. Ces nombres arrangés à la maniere ordinaire donnent pour quatrieme terme 300 écus, que dépenseront 20 hommes en 30 jours.

Demonstration. 48 : 24 :: 600 : 300, puisque de même que le premier terme est double du second, de même le troisieme terme est double du quatrieme; donc le Probleme proposé a été résolu.

Remarque.

Si l'on avoit voulu résoudre ce Probleme par deux regles de *trois*, l'on auroit dit 1°. si 4 hommes dépensent 24 écus, combien en dépenseront 20? & l'on auroit trouvé que cette dépense seroit montée à 120 écus.

L'on auroit dit 2°. si 12 jours donnent 120 écus de dépense, combien en donneront 30? & l'on auroit eu pour quatrieme terme 300 écus, comme dans la premiere opération.

Probleme quatrieme. Faire une regle de *trois* composée inverse.

Exemple.

4 hommes ont dépensé 24 écus en 12 jours, en combien de tems 20 hommes dépenseront-ils 300 écus?

ARRANGEMENT

Des termes donnés.

4 : 24 :: 20 : à un quatrieme terme qui exprime

la dépenſe que feroient 20 hommes ; ce quatrieme terme eſt 120 écus.

12 : 120 :: le nombre que l'on cherche : 300.

MULTIPLICATION.

multiplicande	300
multiplicateur	12
produit	3600

DIVISION.

dividende	3600
diviſeur	120
quotient	30

SOLUTION.

12 : 120 :: 30 : 300.

Explication. C'eſt en faiſant 2 regles de *trois*, l'une *directe* & l'autre *inverſe*, que l'on a eu la ſolution du Probleme propoſé dans l'exemple ſupérieur. En effet l'on a d'abord dit ; ſi 4 hommes dépenſent 24 écus, combien en dépenſeront 20 hommes ? l'on a dit enſuite ; 12 jours ſont à 120 écus, comme le nombre de jours que l'on cherche, eſt à 300 écus.

Démonſtration. 12 : 120 :: 30 : 300 ; puiſque 12 multipliant 300 produit autant que 30 multipliant 120 ; donc le Probleme propoſé a été bien réſolu.

Remarque.

Au lieu de dire, 12 jours ſont à 120 écus, comme le nombre de jours que l'on cherche, eſt à 300 écus ; l'on auroit pu dire ; ſi 120 écus donnent 12 jours, combien en donneront 300 écus ? & alors la ſeconde regle de *trois* auroit été *directe* & non pas *inverſe*.

De l'extraction des Racines.

L'on eſt ſouvent obligé en Phyſique d'extraire la racine *carrée* ou *cubique* d'un *carré* ou d'un *cube* proposé. La premiere de ces deux opérations est indépendante des principes algébriques ; il n'en est pas ainsi de la seconde ; aussi nous bornerons-nous dans cet article à l'extraction de la *racine carrée* ; l'on trouvera à la fin de l'article suivant tout ce qui a rapport à l'extraction de la *racine cubique*. Un nombre se multipliant lui-même produit son *carré*. Le *carré* de 10, par exemple, est 100, parce que 10 multipliant 10 donne 100. Ainsi extraire la *racine d'un carré* proposé, c'est trouver le nombre qui, en se multipliant lui-même, a produit ce *carré*. L'on me donne le nombre 412164, & l'on me dit d'en extraire la *racine carrée* ; pour en venir à bout, voici comment j'opere.

1°. Je souscris des *points* de deux en deux chiffres à commencer par celui qui est à ma droite, c'est-à-dire, par les unités. Le nombre de ces *points* marquera le nombre des chiffres de la racine que je cherche. Ainsi la *racine* du *carré* 412164 aura 3 chiffres. Celle du *carré* 5678923 en aura 4, parce que le premier *point* correspond aux chiffres 3 & 2, le second aux chiffres 9 & 8, le troisieme aux chiffres 7 & 6, & le quatrieme au seul chiffre 5.

2°. J'ai présens à l'esprit les *carrés* des dix premiers nombres. En voici le tableau.

Racines carrées.

1. 2. 3. 4. 5. 6. 7. 8. 9. 10.

Nombres carrés.

1. 4. 9. 16. 25. 36. 49. 64. 81. 100.

3°. Je prends les chiffres qui correspondent au dernier *point* que l'on a placé sous le *carré* 412164, & j'examine s'ils forment un *carré parfait*. Je trouve que non, parce qu'il n'y a point de nombre qui, en se multipliant lui-même, produise 41 ; je cherche donc quel est le plus grand *carré* renfermé dans 41, & je vois que c'est 36.

4°. J'extrais la *racine carrée* 6 du *carré* 36, & je la marque au *quotient*.

5°. Je mets 36 sous 41.

6°. Je soustrais 36 de 41 ; il me reste 5 ; & voilà la premiere opération faite.

7°. Pour commencer la seconde opération, je double mon *quotient* 6, & j'ai 12.

8°. Je descends à côté du 5 qui m'étoit resté de ma derniere soustraction, le troisieme & le quatrieme chiffres du *carré proposé*, c'est-à-dire, 21, & j'ai 521.

9°. J'écris sous 521 le *quotient* que j'ai doublé, c'est-à-dire, 12, de telle sorte que le chiffre 1 corresponde au chiffre 5, & le chiffre 2 au chiffre 2.

10. J'examine combien de fois 1 est dans 5, ou pour mieux dire, combien de fois 12 est dans 52 ; & comme il y est 4 fois, je marque 4 non-seulement dans mon *quotient*, mais encore à côté de 12, tellement que j'ai dans mon *quotient* 64, & 124 sous 521.

11. Je multiplie 124 par 4, & j'écris le *produit* 496 sous 124.

12. Je soustrais 496 de 521, & j'ai pour *restant* 25.

13. A coté du *restant* 25, je descends 64 qui sont les deux derniers chiffres du *carré* proposé, j'ai 2564 ; & voilà la seconde opération faite.

14. En commençant la troisieme opération, je double mon *quotient* 64, & j'écris 128 sous 2564, tellement que le chiffre 1 corresponde au chiffre 2, le chiffre 2 au chiffre 5, & le chiffre 8 au chiffre 6.

15. J'examine combien de fois 1 est dans 2, ou, combien de fois 128 est dans 256, & comme il y est 2 fois, je marque 2 & dans mon *quotient* & à coté de 128, tellement que j'ai dans mon *quotient* 642, & 1282 sous 2564.

16. Je multiplie 1282 par 2, & j'ai précisément 2564 ; ce qui prouve que 412164 est un *carré* parfait dont la *racine* est 642. Ces regles ne paroîtront pas obscures à ceux qui, en les lisant, jetteront les yeux sur l'exemple suivant.

Exemple.

Carré parfait.

412164

36

521

124

496

2564

1282

2564

Quotient représentant la racine carrée 642.

Démonstration. Si l'on multiplie 642 par 642, l'on aura pour *produit* 412164; donc 642 est la *racine carrée* de 412164.

Remarque.

S'il étoit resté quelque chose après la derniere opération, ç'auroit été une preuve que le nombre proposé n'étoit pas un *carré parfait.* Alors le *quotient* que vous auriez trouvé, auroit été la *racine carrée* du plus grand *carré* qu'il y eût eu dans le nombre sur lequel vous aviez opéré.

Exemple.

Carré imparfait.

5678923

4

167

43

129

3889

468

3744

14523

4763

14289

234

Quotient représentant la racine carrée la plus approchante 2383.

Explication. L'on a opéré sur le *carré imparfait* 5678923 ; comme l'on avoit fait sur le *carré parfait* 412164, & l'on a trouvé que 2383 étoit la *racine* du plus grand *carré* qu'il y eût dans le nombre proposé.

Démonstration. Le *carré* de 2383 est 5678689, & le *carré* de 2384 est 5683456 ; donc le *carré* de 2383 est le plus grand *carré* qu'il y ait dans 5678923.

ARITHMÉTIQUE ALGÉBRIQUE. L'art de faire sur les lettres de l'Alphabet les mêmes opérations que sur les nombres, se nomme *Arithmétique Algébrique.* Les Physiciens modernes n'ont que trop introduit cette méthode dans leurs ouvrages ; c'est pour en faciliter l'intelligence, que nous allons donner dans cet article les premiers Élemens de l'Algebre ; nous n'oublierons jamais que ce sont des Physiciens, & non pas des Mathématiciens que nous prétendons former.

1°. Pour abréger le discours, l'on se sert en Algebre de certains caracteres que l'on nomme *signes.* Les principaux sont renfermés dans la Table suivante. Un commençant doit se les mettre bien avant dans l'esprit.

Signes	
$+$	plus
$-$	moins
$=$	égal
$\pm$	plus ou moins
$\times$	multipliant
$>$	plus grand
$<$	moindre
$\sqrt{}$	racine carrée
$\sqrt[2]{}$	racine carrée
$\sqrt[3]{}$	racine cubique.

2°. Lorsqu'une quantité n'a devant elle ni le signe $+$

ni le signe $-$; l'on suppose qu'elle a le signe $+$. Ainsi $a+b-c = +a+b-c$.

3°. L'on nomme en algebre *simples* ou *incomplexes* les grandeurs qui n'ont qu'un des signes $+$ ou $-$. Telles sont les grandeurs $+ab$ & $-cd$.

4°. L'on nomme *composées* ou *complexes* les grandeurs qui ont plusieurs termes joints par le signe $+$ ou séparés par le signe $-$. Ainsi $a+b$ ou bien $a-c$ sont des grandeurs composées.

5°. Toute grandeur simple se nomme *monome*, & toute grandeur composée s'appelle *polynome*. Lorsqu'un *polynome* n'a que deux termes, il prend le nom de *binome*; on le nomme *trinome*, lorsqu'il en a trois; *quadrinome*, lorsqu'il en a quatre, &c. Ainsi $+a$ est un *monome*, $a-b$ un *binome*; $a+b-c$ un *trinome*; $ab-c-d+ff$ un *quadrinome*.

6°. Toute grandeur algébrique qui n'est affectée d'aucun signe radical, est *commensurable* ou *rationnelle*, & toutes celles qui en sont affectées sont *incommensurables* ou *irrationnelles*. $A-b$, par exemple, est une grandeur *commensurable*, & $\sqrt{c-d}$ est une grandeur *incommensurable*.

7°. Le chiffre qui précede un terme algébrique, s'appelle *coefficient*. Ainsi la grandeur $3ab+4cd$ est composée de 2 termes dont le premier a le chiffre 3 & le second le chiffre 4 pour *coefficiens*.

8°. Toute grandeur algébrique qui n'est précédée d'aucun chiffre a 1 pour *coefficient*. Ainsi $ab = 1ab$.

9°. On nomme *exposant* un chiffre mis au-dessus d'une lettre. Ainsi 2 est l'*exposant* de la grandeur algébrique a^2; 3 est l'*exposant* de la grandeur a^3, &c.

10. Le chiffre 1 est l'*exposant* des termes au-dessus desquels on n'en marque aucun. Ainsi $a = a^1$; $bc = bc^1$.

11. Ne confondons pas *exposant* & *coefficient*. Le premier est la marque de la multiplication & le second de l'addition. Ainsi supposons que la grandeur a vaille 10, a^2 vaudra 100, & $2a$ ne vaudront que 20. En effet $a^2 = a \times a$, c'est-à-dire, $a^2 = 10 \times 10 = 100$. Au contraire $2a = 2 \times a$, c'est-à-dire, $2a = 10 + 10 = 20$. Ces connoissances supposées, voici quelles sont les principales opérations que l'on a coutume de faire sur les lettres.

De la Réduction.

Il n'en est pas de la *réduction algébrique* comme de la *réduction numérique*. Dans celle-ci les nombres changent d'espece ; dans celle-là les quantités, sans changer d'espece, sont exprimées plus clairement & plus briévement qu'auparavant. Une *grandeur réduite* aura toute la précision qu'elle peut exiger, lorsque les lettres qui la représentent, garderont l'ordre alphabétique, & lorsque les termes composés des mêmes lettres seront tantôt joints en un seul terme & tantôt effacés. On les joindra en un seul terme, lorsqu'ils seront précédés du même signe, & on les effacera totalement ou en partie, lorsqu'ils seront précédés de différens signes.

Probleme premier. Réduire la grandeur algébrique $fc - ed + ba$.

Résolution. $ab + cf - de$.

Explication. Pour réduire la grandeur proposée, nous n'avons eu qu'à arranger dans l'ordre alphabétique les lettres qui la composent.

Probleme second. Réduire la grandeur algébrique $ab + 2ab + cd + 4cd$.

Résolution. $3ab + 5cd$.

Explication. Puisque le premier & le second termes de la grandeur proposée sont composés des mêmes lettres & précédés du même signe, nous les avons joints ensemble, & nous avons donné à leur somme le *coefficient* convenable ; nous en avons fait autant à l'égard du troisieme & du quatrieme termes, & par ce moyen la grandeur proposée a été réduite.

Probleme troisieme. Réduire la grandeur algébrique $2a - 2a + a - bc + bc - m$.

Résolution. $a - m$.

Explication. Pour réduire la grandeur proposée, l'on doit effacer le premier, le second, le quatrieme & le cinquieme termes, parce que l'un nie absolument ce que l'autre affirme.

Probleme quatrieme. Réduire la grandeur algébrique $4a - 2a + 6bc - 2bc$.

Résolution. $2a + 4bc$.

Explication. Puisque la moitié du premier terme détruit le second, l'on doit changer l'expression $4a - 2a$ en $2a$. L'on doit par la même raison changer l'expression $6bc - 2bc$ en $4bc$.

Remarque. L'on feroit la même réduction sur les nombres, si l'occasion se présentoit. Ainsi l'on ne diroit pas, $4 + 16$, mais 20. De même l'on ne diroit pas $20 - 20$, mais 0. Enfin, l'on ne diroit pas $20 - 5$, mais 15.

De l'Addition.

On a la somme de plusieurs grandeurs algébriques, lorsqu'on les écrit tout de suite avec leurs signes, & qu'on fait la réduction suivant les regles ordinaires.

Probleme premier. Additionner plusieurs grandeurs algébriques qui ont les mêmes signes & les mêmes lettres.

Exemple.

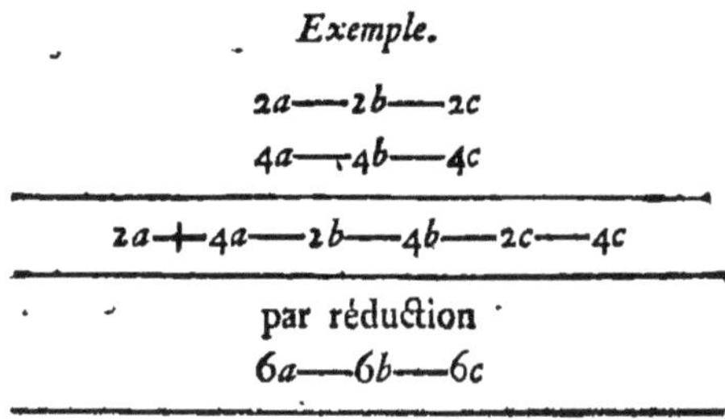

$$2a - 2b - 2c$$
$$4a - 4b - 4c$$
$$2a + 4a - 2b - 4b - 2c - 4c$$

par réduction

$$6a - 6b - 6c$$

Résolution. Pour additionner $2a$ & $4a$, je mets $2a + 4a$, c'est-à-dire, $6a$. Il en est de même des termes suivans.

Probleme second. Additionner plusieurs gradeurs algébriques qui ont les mêmes lettres avec différens signes.

Exemple.

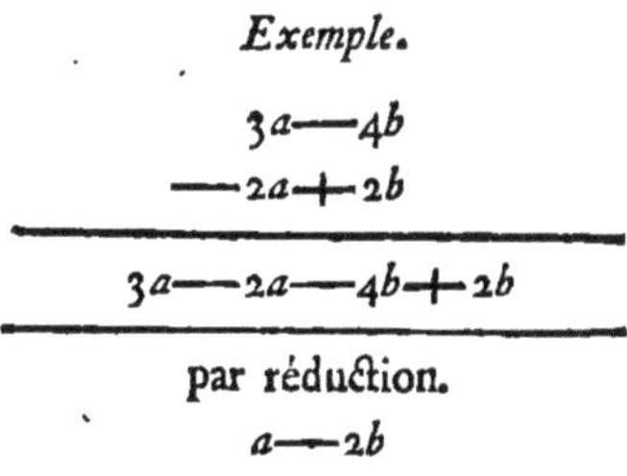

$$3a - 4b$$
$$-2a + 2b$$
$$3a - 2a - 4b + 2b$$

par réduction.

$$a - 2b$$

Résolution. Pour additionner $+3a$ & $-2a$, je mets

mets tout de suite $+3a-2a$ qui par réduction équivalent à la grandeur a. Il en est de même de $-4b+2b$.

Probleme troisieme. Additionner plusieurs grandeurs algébriques qui ont différentes lettres.

Exemple.

$$ab-cd$$
$$mn+os$$

$$ab-cd+mn+os$$

Résolution. Pour faire cette opération, je n'ai qu'à arranger les lettres suivant l'ordre alphabétique, sans rien changer à leurs signes.

De la Soustraction.

Lorsque vous aurez à soustraire une grandeur algébrique d'une autre, vous ne ferez que changer le signe de la quantité qui doit être soustraite, & vous la mettrez à la suite de celle dont on doit faire la soustraction. Cela fait, vous procéderez à la réduction suivant la regle ordinaire.

Probleme premier. Soustraire une quantité algébrique d'une autre, en supposant que ces deux quantités ont les mêmes signes & les mêmes lettres.

Exemple.

$$+4ab+4cd$$
$$+2ab+2cd$$

$$+4ab-2ab+4cd-2cd$$

---

par réduction

$$2ab+2cd$$

Résolution. Pour ôter $+2ab$ de $+4ab$, je mets $4ab-2ab=2ab$. Il en est de même des deux termes suivans.

Probleme second. Souſtraire une quantité algébrique d'une autre, en ſuppoſant que ces deux quantités ont les mêmes lettres avec différens ſignes.

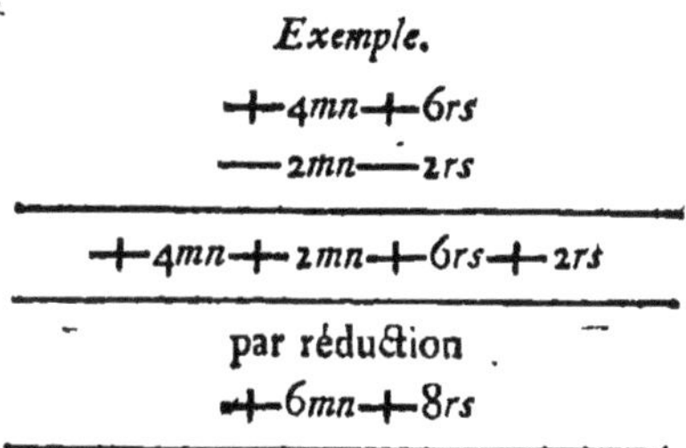

Exemple.

$$+4mn+6rs$$
$$-2mn-2rs$$

$$+4mn+2mn+6rs+2rs$$

par réduction

$$+6mn+8rs$$

Réſolution. Pour ſouſtraire $-2mn$ de $+4mn$, je mets tout de ſuite $+4mn+2mn=+6mn$. De même je mets $+6rs+2rs=+8rs$.

Probleme troiſieme. Souſtraire une quantité algébrique d'une autre, en ſuppoſant que ces deux quantités ont différens ſignes & différentes lettres.

Exemple.

$$+2ab-4cd$$
$$-mn+2rt.$$

$$+2ab+mn-cd-42rt$$

Réſolution. Pour ſouſtraire $-mn$ de $+2ab$, je n'ai eu qu'à changer $-$ en $+$, & mettre $+2ab+mn$. Il en eſt de même des deux termes ſuivans.

De la Multiplication.

Dans la grandeur algébrique $+3a^2$, je diſtingue 4 choſes, le *ſigne* $+$, le *coefficient* 3, la *lettre* a, & l'*expoſant* 2. Ainſi pour multiplier $+3a^2$ par $+2a^3$, il faut opérer ſur 4 choſes, ſur les *ſignes*, ſur les *coefficiens*, ſur les *lettres* & ſur les *expoſans*.

1°. Lorſque les mêmes ſignes ſe multiplient, leur *produit* eſt $+$, & lorſque différens ſignes ſe multiplient, leur *produit* eſt $-$. Les 4 cas de la multiplication des ſignes ſont renfermés dans la Table ſuivante.

$+ \times +$ donne $+$
$- \times +$ donne $+$
$+ \times -$ donne $-$
$- \times +$ donne $-$

L'on voit d'abord que $+$ multipliant $+$ doit donner $+$, mais l'on eſt ſurpris que $-$ multipliant $-$ donne $+$. La ſurpriſe ceſſera, ſi l'on conſidere qu'une quantité algébrique affectée du ſigne $-$, eſt une dette contractée, & que la multiplication d'une quantité négative par une quantité négative eſt dans le fond une vraie Souſtraction. Or, il eſt évident que l'on ne peut pas ôter une dette à quelqu'un, ſans lui donner une ſomme d'argent poſitive, de même que l'on ne peut pas chaſſer les ténebres d'un lieu, ſans y apporter la lumiere; donc $-$ multipliant $-$ doit produire $+$.

$+$ Multipliant $-$ doit produire la poſition de *moins*, c'eſt-à-dire, le ſigne $-$

$-$ Multipliant $+$ doit produire la négation de $+$, c'eſt-à-dire $-$.

Ceux à qui cette preuve paroîtroit un peu métaphyſique, doivent ſe rappeller que ſi ces mêmes regles ne s'obſervoient pas dans l'Arithmétique ordinaire, l'on commettroit les erreurs les plus groſſieres. En effet il eſt évident que ſi je veux multiplier $+8-3$ par $+4-2$, je ne dois avoir que 10 pour *produit*. Or je ne l'aurai jamais, ſi $+$ multipliant $+$ ne donne pas $+$, ſi $-$ multipliant $-$ ne donne pas $+$, ſi $+$ multipliant $-$, & $-$ multipliant $+$ ne donnent pas $-$, comme il eſt aiſé de s'en convaincre ſoi-même.

2°. Les *coefficiens* ſe multiplient comme dans l'Arithmétique ordinaire.

3°. L'on multiplie les lettres en les mettant les unes après les autres ſuivant l'ordre alphabétique. ab, par exemple, eſt le produit de a multiplié par b.

4°. Lorſque le *multiplicande* & le *multiplicateur* ont pluſieurs termes, il faut que chaque terme du *multiplicateur* multiplie tous les termes du *multiplicande*.

5°. Les *Expoſans* ne ſe multiplient pas l'un par l'autre, mais ils s'ajoutent l'un à l'autre. a^5, par exemple, eſt le produit de a^2 par a^3. Toutes ces regles vont s'éclaircir dans les exemples ſuivans.

Probleme premier. Multiplier une grandeur algébrique ſimple par une grandeur algébrique ſimple, en ſuppoſant que ces deux grandeurs ont le même ſigne & les mêmes lettres.

Premier Exemple.

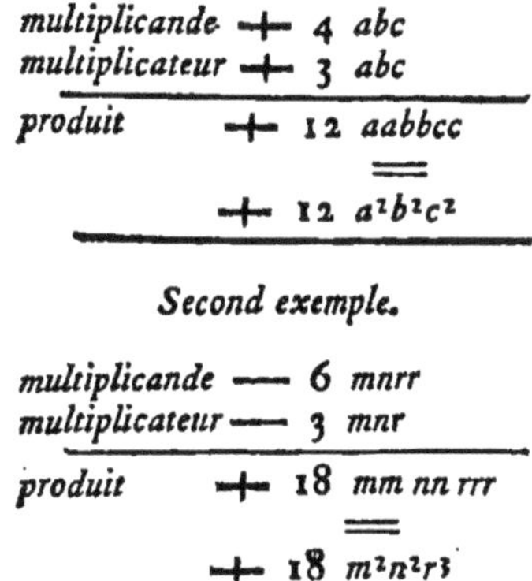

multiplicande $+ 4\ abc$
multiplicateur $+ 3\ abc$
produit $+ 12\ aabbcc$
$= + 12\ a^2b^2c^2$

Second exemple.

multiplicande $- 6\ mnrr$
multiplicateur $- 3\ mnr$
produit $+ 18\ mm\ nn\ rrr$
$= + 18\ m^2n^2r^3$

Réſolution. Puiſque $+$ multipliant $+$ donne $+$, 3 multipliant 4 donne 12, *a* multipliant *a* donne *aa*, *b* multipliant *b* donne *bb*, & *c* multipliant *c* donne *cc*; il eſt évident que $+3abc$ multipliant $+4abc$ doit donner $+12aabbcc$. L'on a ſuivi la même méthode dans le ſecond exemple, & l'on a dû avoir pour *produit* $+ 18\ mm\ nn\ rrr$.

Probleme ſecond. Multiplier une grandeur algébrique ſimple par une grandeur algébrique ſimple, en ſuppoſant que ces deux grandeurs ont différens ſignes & différentes lettres.

Exemple.

multiplicande $+ abf$
multiplicateur $- cmr$
produit $- abcfmr$

Réſolution. $-$ Multipliant $+$ donne $-$; *cmr* multipliant *abf* donne *abcfmr* ; donc le produit eſt tel que nous l'avons énoncé dans l'exemple ſupérieur.

Probleme troiſieme. Multiplier une grandeur algébrique ſimple par une grandeur algébrique ſimple, en ſuppoſant que ces deux grandeurs ont les mêmes lettres & différens expoſans.

Exemple.

multiplicande	$-$	$a^2b^3c^4$
multiplicateur	$+$	$a^2b^2c^3$
produit	$-$	$a^4b^5c^7$

Réſolution. Que l'on jette un coup d'œil ſur l'exemple ſupérieur, & l'on verra que pour faire cette opération, nous n'avons eu qu'à ajouter les *expoſans* du *multiplicateur* aux *expoſans* du *multiplicande.* En effet $+a^2 \times -a^2$ donne $-aaaa = a^4$. De même $+b^2 \times -b^3$ donne $-bbbbb = -b^5$. Enfin $+c^3 \times -c^4$ donne $-ccccccc = -c^7$; donc $+a^2b^2c^3 \times -a^2b^3c^4$ doit donner $-a^4b^5c^7$.

Probleme quatrieme. Multiplier une grandeur algébrique complexe par une grandeur algébrique complexe.

Exemple.

multiplicande	$+a$	$+b$	
multiplicateur	$+a$	$-b$	
	$+aa$	$+ab$	$-bb$
		$-ab$	
produit	$+aa$	$+ab-ab$	$-bb$

par réduction

$+aa-bb$

Réſolution. La derniere multiplication algébrique ſeroit abſolument la même que la multiplication numérique, ſi dans celle-ci l'on ne commençoit pas à droite & dans celle-là à gauche ; comme il aiſé de s'en appercevoir en comparant l'exemple que nous venons d'apporter avec un des exemples de la multiplication numérique.

De la Division.

Dans le *dividende* $+ 12a^4b^6c$, je remarque 4 choses, le *signe* +, le *coefficient*, 12, les lettres *abc*, & les *exposans* 4 & 6. Ainsi si je veux diviser la grandeur algébrique $+ 12 a^4b^6c$ par $+ 3 a^3b^4d$, je mets d'abord en fraction le *dividende* & le diviseur en la maniere suivante $\frac{+ 12 a^4 b^6c}{+ 3 a^3 b^4d}$, & j'opere ensuite sur les *signes*, sur les *coefficiens*, sur les *lettres* & sur les *exposans*.

1°. Je suis pour les *signes* la regle de la multiplication; c'est-à-dire, que lorsque les mêmes signes se divisent, je mets + devant le *quotient*; & lorsque différens signes se divisent, je mets —.

2°. Je divise les deux *coefficiens* l'un par l'autre, comme dans l'Arithmétique.

3°. J'ôte les lettres qui sont communes au *dividende* & au *diviseur*; je mets les autres dans la fraction qui forme le *quotient*, celles du *dividende* dans le *numérateur*, & celles du *diviseur* dans le *dénominateur*.

4°. Lorsque la même lettre se trouve dans le *dividende* & dans le *diviseur* avec des *exposans* différens, j'efface l'*exposant* le plus petit avec sa lettre correspondante, & je mets leur différence à la place de l'*exposant* le plus grand.

5°. Lorsque la même lettre se trouve dans le *dividende* & dans le *diviseur* avec le même *exposant*, j'efface absolument & la *lettre* & l'*exposant* de part & d'autre; je ne mets même 1 à leur place, que lorsqu'il n'y a pas d'autres lettres dans les termes qui doivent former le *quotient*. Voici quelques exemples où toutes ces regles sont appliquées.

Probleme premier. Diviser une grandeur algébrique simple par une grandeur algébrique simple, en supposant que ces deux grandeurs ont le même signe & différens *coefficiens*.

Exemple.

dividende	$+ 6\ abc$
diviseur	$+ 3\ acf$

Quotient.

$$+\frac{2b}{f}$$

Résolution. 1°. Je divise + par +, & j'ai + pour le *signe* du *quotient*. 2°. Je divise le *coefficient* 6 par le *coefficient* 3, & j'ai 2 pour le *coefficient* du *numérateur* du *quotient*. 3°. J'ôte les lettres communes au *dividende* & au diviseur proposés, & j'ai *b* pour le *numérateur* & *f* pour le *dénominateur* du *quotient*.

Probleme second. Diviser une grandeur algébrique simple par une grandeur algébrique simple, en supposant que ces deux grandeurs ont différens *signes* & différens *exposans*.

Exemple.

dividende	$+ 12\ a^3b^2$
diviseur	$- 24a^5$

Quotient.

$$-\frac{b^2}{2a^2}$$

Résolution. 1°. — divisant + donne —, je mets donc — devant le *quotient*. 2°. 12 divisant 24 donne 2, je mets donc 2 pour *coefficient* de la grandeur qui avoit 24 auparavant. 3°. Le *dividende* & le *diviseur* de l'exemple supérieur ont a^3 commun, je l'ôte de part & d'autre, & je trouve que b^2 forme le *numérateur*, & a^2 le *dénominateur* du *quotient*. Par la même raison $\frac{-a^4}{-a^6}$ aura pour quotient $+\frac{1}{a^2}$.

Probleme troisieme. Divifer une grandeur algébrique composée par une grandeur algébrique composée.

Exemple.

Dividende	$4a^2xx + 3a^3bbx$
Divifeur	$aax - aabx$

Quotient.

$$\frac{4x + 3abb}{1 - b}$$

Résolution. Pour divifer une grandeur complexe par une grandeur complexe, j'applique à chaque terme les regles que nous avons données pour la divifion des grandeurs fimples. L'on ne peut cependant faire cette application, que lorfqu'il fe trouve une ou plufieurs mêmes quantités dans tous les termes, tant du *dividende*, que du *divifeur.* Sans cette condition, l'on feroit obligé de former une fraction dont le *dividende* feroit le *numérateur*, & le *divifeur* le *dénominateur.*

Remarque. Je fais qu'il y a des cas où l'on doit divifer une grandeur complexe par une grandeur complexe précifément comme dans l'arithmétique numérique ; mais comme ces cas font très-rares en eux-mêmes, & qu'ils n'arrivent jamais en Phyfique, nous ne croyons pas qu'il nous foit permis d'en faire mention dans un livre où nous ne nous propofons pour fin, que de mettre en état nos Lecteurs de comprendre facilement les ouvrages des Phyficiens modernes.

Des Puiffances des quantités algébriques.

Tout Phyficien doit favoir élever une quantité algébrique à fa feconde & à fa troifieme puiffance, c'eft-à-dire, à fon fecond, ou à fon troifieme degré ; ou pour parler encore plus clairement, il n'eft pas permis à un Phyficien d'ignorer comment on peut trouver le *carré* & le *cube* d'une quantité algébrique propofée. Il n'eft rien de plus facile que ces fortes d'opérations.

1°. L'*exposant* de la premiere puissance est 1 ; celui de la seconde, 2 ; celui de la troisieme, 3 &c. Ainsi a^1 est une quantité du premier ; a^2 du second, & a^3 du troisieme degré.

2°. Pour élever une quantité algébrique à sa seconde puissance, il faut la multiplier une fois par elle-même.

3°. Pour élever une quantité algébrique à sa troisieme puissance, il faut la multiplier deux fois par elle-même. Aussi M. l'Abbé *de la Caille* donne-t-il pour regle générale que pour élever une quantité à une puissance donnée, il faut la multiplier elle-même autant de fois moins une, que l'exposant de la puissance contient d'unités.

Exemple.

multiplicande	a
multiplicateur	a
produit	$aa = a^2$

Résolution. Pour élever à son carré la quantité a, je n'ai eu qu'à la multiplier une fois par elle-même.

Remarquez que si l'on vous avoit demandé le carré de a^3, vous auriez multiplié aaa par aaa & vous auriez eu $aaaaaa = a^6$. Aussi M. l'Abbé *de la Caille* a-t-il averti dans ses Elémens d'Algébre que, s'il se trouve dans la quantité donnée des lettres qui ayent déjà des *exposans* différens de l'unité, il faut les multiplier par l'*exposant* de la puissance à laquelle on veut élever cette quantité.

Probleme second. Elever à son carré une quantité algébrique composée, par exemple, le binome $a + b$.

Exemple.

multiplicande	$a+b$
multiplicateur	$a+b$
	$aa+ab$
	$+ab+bb$
produit	$aa+2ab+bb$

Résolution. Pour élever le *binome* $a+b$ à son carré ; je l'ai multiplié une fois par lui-même, en suivant les regles de la multiplication des grandeurs composées, & j'ai eu $aa+2ab+bb$; ce qui me donne occasion de faire remarquer que le carré d'un *binome* est composé du carré du premier terme, du carré du second terme, & du produit du double du premier terme par le second terme.

Probleme troisieme. Elever à son cube une quantité algébrique simple, par exemple, la quantité a.

Exemple.

multiplicande	a
multiplicateur	a
carré	$aa=a^2$

multiplicande	aa
multiplicateur	a
cube	$aaa=a^3$

Résolution. Pour élever à son cube la quantité a, je n'ai eu qu'à la multiplier 2 fois par elle-même.

Probleme quatrieme. Elever à son cube une quantité algébrique composée, par exemple, le binome $a+b$.

Exemple.

multiplicande.

$a+b$

multiplicateur.

$a+b$

produit.

$aa+2ab+bb$

multiplicande.

$aa+2ab+bb$

multiplicateur.

$a+b$

produit représentant le cube.

$a^3+3aab+3abb+b^3$

Résolution. Pour élever le binome $a + b$ à son cube, je l'ai multiplié deux fois par lui-même, en suivant les regles de la multiplication des grandeurs composées, & j'ai eu le cube que je cherchois ; c'est-à-dire, $a^3 + 3aab + 3abb + b^3$.

En jetant les yeux sur ce dernier produit, l'on doit s'appercevoir, que la troisieme puissance de $a + b$ est composée non-seulement du cube de a & du cube de b ; mais encore de deux *produits* dont l'un est trois fois le carré de a multiplié par b, & l'autre trois fois le carré de b multiplié par a ; ce que l'on doit dire de tout *binome*.

Remarque.

M. l'Abbé *de la Caille* que l'on ne sauroit trop citer, lorsque l'on veut donner du poids à un ouvrage, nous avertit dans ses Elémens d'Algebre, qu'une quantité algébrique peut avoir pour *exposans* non-seulement des nombres *entiers*, *rompus*, *positifs*, *negatifs*, mais encore le caractere o. Ainsi l'on peut trouver a^1, $a^{\frac{1}{2}}$; a^{-1} a^0.

1°. $a^0 = 1$. En effet $a^0 \times a^1 = a^{0+1} = a^1$, puisque l'on ne multiplie une *lettre* qui a différens *exposans*, qu'en les ajoutant l'un à l'autre ; donc a^0 est un *multiplicateur* qui donne un *produit* égal au *multiplicande*, ce qui ne convient qu'à l'unité ; donc une quantité quelconque dont l'*exposant* est o n'est autre que l'unité.

2°. $a^{-1} = \frac{1}{a}$. En effet, $a^{-1} \times a^2 = a^{2-1} = a^1$; donc $\frac{a^1}{a^2} = a^{-1}$; puisque le *produit* divisé par le *multiplicande* est toujours égal au *multiplicateur*. Mais par les regles de la division algébrique $\frac{a^1}{a^2} = \frac{1}{a}$; donc $a^{-1} = \frac{1}{a}$; donc une quantité dont l'*exposant* est un nombre entier négatif, n'est autre chose que l'*unité* divisée par la puissance positive de cette quantité.

3°. $a^{\frac{1}{2}} = \sqrt[2]{a^1}$. En effet si je multiplie l'*exposant* $\frac{1}{2}$ par 2 *exposant* de la seconde puissance, j'ai $a^{\frac{1}{2} \times 2} = a^{\frac{2}{2}} = a^1$; donc $a^{\frac{1}{2}}$ est la racine carrée de a^1 ; donc $a^{\frac{1}{2}} = \sqrt[2]{a^1}$. Par la même raison $b^{\frac{2}{3}} = \sqrt[3]{b^2}$, $c^{\frac{3}{2}} = \sqrt[2]{c^3}$;

donc une quantité dont l'*exposant* est une puissance fractionnaire, n'est autre chose que la racine d'une puissance dont l'*exposant* est le numérateur de la fraction, & dont le dénominateur est l'*exposant* de la racine.

De l'extraction des Racines.

Ce n'est pas seulement des quantités numériques, c'est encore des quantités algébriques qu'un Physicien doit savoir extraire la racine carrée & cubique. Pour résoudre facilement ces sortes de Problemes, il faut d'abord s'exercer sur les *monomes*, & opérer sur leurs *coefficiens* suivant les regles de l'Arithmétique ordinaire; il faut ensuite examiner quel est l'*exposant* de la *grandeur proposée*, & le diviser par 2, si c'est la *racine carrée*, ou par 3, si c'est la *racine cubique* que l'on demande.

Probleme premier. Extraire la racine carrée d'un carré parfait.

Exemple.

carré	$25\ a^2\ b^2$.
racine	$5\ a^{\frac{2}{2}} b^{\frac{2}{2}} = 5\ a\ b$

Résolution. Pour avoir la *racine carrée* du *carré* proposé, 1°. j'extrais la *racine* du *coefficient* 25, 2°. je divise par 2 les *exposans* de a & de b, & je trouve que $5\ a\ b$ est la *racine cherchée.* En effet multipliez $5\ a\ b$ par $5\ a\ b$; vous aurez pour produit $25\ a\ a\ b\ b = 25\ a^2\ b^2$.

Probleme second. Extraire la *racine carrée* d'un *carré imparfait* dont l'*exposant* soit un nombre entier.

Exemple.

carré imparfait	x^1
racine	$x^{\frac{1}{2}}$

Résolution. Pour avoir la *racine carrée* de x, je divise par 2 son *exposant* 1.

Probleme troisieme. Extraire la *racine carrée* d'un *carré imparfait* dont l'*exposant* soit un nombre fractionnaire.

Exemple.

carré imparfait	$x^{\frac{2}{3}}$
Racine	$x^{\frac{2}{6}}$

Résolution. Suivant les regles de la division des *fractions*, $\frac{2}{3}$ divisé par 2 donne $\frac{2}{6}$; donc la racine *carrée* de $x\,\frac{2}{3}$ est $\frac{2}{6}$.

Probleme quatrieme. Extraire la *racine carrée* d'une quantité algébrique dont l'*exposant* soit une *lettre.*

Exemple.

carré imparfait	x^{m}
Racine	$x^{\frac{m}{2}}$

Résolution. Je divise par 2 l'*exposant* m, & j'ai la *racine* que l'on demande.

Probleme cinquieme. Extraire la racine cubique d'un cube parfait.

Exemple.

cube	$27\,a^3\,b^3\,c^3$
racine	$3\,a^{\frac{3}{3}}\,b^{\frac{3}{3}}\,c^{\frac{3}{3}} = 3\,a\,b\,c$

Résolution 1°. J'extrais la *racine cubique* du *coefficient* 27. 2°. Je divise par 3 les *exposans* des *lettres* a, b, c, & je trouve que $3\,a\,b\,c$ est la *racine cherchée.* En effet multipliez $3\,abc$ par $3\,abc$; vous aurez $9\,a^2\,b^2\,c^2$. Multipliez ensuite $9\,a^2\,b^2\,c^2$ par $3\,a\,b\,c$: vous aurez $27\,a^3\,b^3\,c^3$.

Probleme sixieme. Extraire la *racine cubique* d'un *cube imparfait* dont l'*exposant* soit un nombre entier.

Exemple.

cube imparfait	x^5
racine	$x^{\frac{5}{3}}$

Résolution. Divisez l'*exposant* 5 par 3, & vous aurez la *racine cubique* de x^5.

Probleme septieme. Extraire la *racine cubique* d'un *cube imparfait* dont l'*exposant* soit un nombre fractionnaire.

Exemple.

cube imparfait	$x^{\frac{1}{2}}$
racine	$x^{\frac{1}{6}}$

Résolution. L'*exposant* $\frac{1}{2}$ divisé par 3 donne $\frac{1}{6}$; donc $x^{\frac{1}{6}}$ est la *racine cubique* de $x^{\frac{1}{2}}$.

Probleme huitieme. Extraire la *racine cubique* d'un *cube imparfait* dont l'*exposant* soit une *lettre.*

Exemple.

cube imparfait	x^n
racine	$x^{\frac{n}{3}}$

Résolution. Divisez l'*exposant* n par 3, & le Probleme est résolu.

Remarque.

Bien des raisons nous engagent à ne pas nous étendre sur les regles que l'on donne pour extraire les *racines* des *polynomes.* 1°. Il est très-rare que l'on trouve dans les équations ordinaires des *polynomes* qui soient des *carrés* ou des *cubes parfaits* ; aussi se contente-t-on d'indiquer que c'est telle ou telle racine que l'on cherche. Me demande-t-on, par exemple, la *racine carrée* du *polynome* $bb + x$? je mettrai $\sqrt[2]{bb + x}$, ou $(bb + x)^{\frac{1}{2}}$ ou, $\overline{bb + x}^{\frac{1}{2}}$. Si l'on m'avoit demandé sa *racine cubique*, j'aurois mis $\sqrt[3]{bb + x}$, ou $(bb + x)^{\frac{1}{3}}$, ou, $\overline{bb + x}^{\frac{1}{3}}$.

2°. Il est encore plus rare que l'on ait occasion en Physique d'extraire la *racine carrée* ou *cubique* d'un *polynome* qui soit un *carré*, ou un *cube parfait.* Lors même que l'occasion se présente, l'on n'a jamais qu'un *binome* pour *racine*. Or, il eſt très-facile d'extraire la *racine carrée*, ou *cubique* d'un carré ou d'un *cube parfait* dont la *racine* n'eſt qu'un *binome*. On s'en convaincra en jetant les yeux ſur les exemples ſuivans.

Probleme premier. Extraire la racine carrée d'un carré parfait dont la *racine* ſoit un *binome* qui ait tous ſes ſignes poſitifs.

Exemple.

carré parfait $xx + 2bx + bb$

racine $x + b$ ou $-x - b$

Réſolution. 1°. Puiſque tous les *ſignes* du *carré* propoſé ſont poſitifs, je conclus que ceux de ſa *racine* doivent être, ou tous poſitifs, ou tous negatifs; ce ſera l'état de la queſtion qui déterminera à prendre les uns plutôt que les autres. 2°. J'extrais la *racine carrée* du *monome* xx & du *monome* bb, & j'ai d'un côté x & de l'autre b. Ce ſeront ces deux *lettres* qui formeront les deux termes de la *racine* que je cherche. En effet, ſi je multiplie $x+b$ par $x+b$, ou, $-x-b$ par $-x-b$, j'aurai pour *produit* $xx+2bx+bb$.

Probleme ſecond. Extraire la racine carrée d'un carré parfait dont la *racine* ſoit un *binome* qui ait un de ſes termes affecté du ſigne poſitif, & l'autre du ſigne négatif.

Exemple.

carré parfait $aa - 2ab + bb$

racine $a - b$, ou, $-a + b$

Réſolution. 1°. Puiſque tous les *ſignes* du *carré propoſé* ne ſont pas poſitifs, il eſt évident que tous ceux de ſa *racine* ne le ſeront pas. L'état de la queſtion me fera connoître ſi c'eſt le ſigne poſitif, ou le ſigne négatif qui doit affecter le premier terme de la racine que je cherche. 2°. Pour tout le reſte, je me comporte comme dans la *réſolution* du *Probleme premier*.

Probleme troiſieme. Extraire la *racine cubique* d'un *cube parfait* dont la *racine* ſoit un *binome* qui ait tous ſes ſignes poſitifs.

Exemple.

cube parfait.

$$\frac{a^3 + 3aab + 3abb + b^3}{\text{racine } a + b}$$

Résolution. 1°. Tous les termes de la racine que je cherche seront positifs, puisque tous ceux du cube proposé sont affectés du signe $+$. 2°. J'extrais la *racine cubique* d'un côté du *monome* a^3, & de l'autre du *monome* b^3, & j'ai a & b qui formeront la *racine* que je demande. En effet, le cube de $a + b$ est $a^3 + 3aab + 3abb + b^3$.

En suivant la même méthode, l'on trouvera que le *binome* $a - b$ est la racine cubique de $a^3 - 3aab + 3abb - b^3$; le *binome* $-a + b$ celle de $-a^3 + 3aab - 3abb + b^3$; & le *binome* $-a - b$ celle de $-a^3 - 3aab - 3acb - b^3$.

Des Radicaux.

Les quantités radicales sont celles qui sont affectées d'un signe radical; on les nomme encore *grandeurs incommensurables*. Après avoir donné la méthode d'élever une quantité algébrique à sa seconde & à sa troisieme puissance, nous avons démontré que l'on délivre une grandeur du *signe radical* dont elle est affectée, en lui donnant un *exposant fractionnaire* qui ait pour numérateur l'exposant de la quantité qui se trouve sous le signe radical, & pour dénominateur l'exposant du signe radical. Ainsi $\sqrt[2]{a^1} = a^{\frac{1}{2}}$. $\sqrt[2]{a^2} = a^{\frac{2}{2}} = a$. $\sqrt[3]{b} = b^{\frac{1}{3}}$. $\sqrt[3]{b^3} = b^{\frac{3}{3}} = b$.

Comme il est très-facile de faire l'opération que nous venons d'indiquer, & qu'il est très-rare qu'un Physicien ait à calculer des grandeurs incommensurables, nous ne parlerons pas ici du calcul des *radicaux*. Nous remarquerons seulement que lorsqu'une puissance parfaite se trouve sous son *signe radical*, on doit écrire sa racine avant le signe. Ainsi $\sqrt[2]{a^2bc} = a\sqrt[2]{bc}$. $\sqrt[3]{b^3cdd} = b\sqrt[3]{cdd}$. $\sqrt[3]{b^4} = b\sqrt[3]{b}$.

Nous

Nous avons renvoyé à la fin de cet article la méthode dont on doit se servir, lorsque l'on veut extraire la racine d'un cube.

L'on me donne le *cube* 300763, & l'on me dit d'en extraire la racine cubique. Pour en venir à bout, 1°. je souscris des points de 3 en 3 chiffres, à commencer par celui qui est à ma droite; le nombre de points souscrits marque le nombre de chiffres dont la racine que je cherche, est composée.

2°. J'ai présens à l'esprit les *cubes* des dix premiers nombres. Tout le monde sait qu'un *cube* n'est autre chose qu'un *carré parfait* multiplié par sa *racine*. En voici bien des exemples.

Racines cubiques.

1. 2. 3. 4. 5. 6. 7. 8. 9. 10.

cubes.

1. 8. 27. 64. 125. 216. 343. 512. 729. 1000.

3°. Comme le nombre 300 n'est pas un *cube parfait*; je prends le plus grand *cube* qui se trouve dans ce nombre, c'est 216.

4°. J'écris 216 sous 300, & je marque dans mon *quotient* la *racine cubique* de 216, c'est-à-dire, 6.

5°. J'ôte 216 de 300; j'ai pour restant 84.

6°. A côté de 84 je descens 763, j'ai 84763; & voilà la premiere opération faite.

7°. Pour faire plus facilement la seconde opération; je prends pour guide le *cube* de $a+b$, c'est-à-dire, $a^3 + 3aab + 3abb + b^3$.

8°. Le *cube* 216 qui dans la premiere opération a été placé sous 300, représente le *cube* a^3, donc $a=6$.

9°. Puisque $216=a^3$; donc le nombre 84763 représentera la quantité algébrique $3aab + 3abb + b^3$.

10°. Puisque $a=6$, donc $3aa=108$.

11°. Pour connoître la quantité b, j'écris 108 sous 84763, de telle sorte que le chiffre 1 corresponde au chiffre 8, je divise le nombre 8 de la somme 84763 par 1; le *quotient* 7 me représente la valeur de la grandeur b.

12°. Je multiplie le diviſeur 108 par le *quotient* 7; j'ai pour produit 756, *valeur de la grandeur* $3aab$; j'écris ce *produit* ſous 108.

13°. $a=6$ & $b=7$, donc $3abb=882$; j'écris 882 ſous 756, de telle ſorte que le premier chiffre 8 de 882 correſponde au ſecond chiffre 5 de 756.

14°. $b=7$, donc $b^3=343$, j'écris 343 ſous 882; de telle ſorte que le premier chiffre de 343 correſponde au ſecond chiffre de 882.

15°. J'additionne ces trois nombres ainſi rangés, & comme leur ſomme vaut préciſément 84763, je conclus que le *cube propoſé* a 67 pour *racine cubique*. On ne doit lire ces regles qu'en jetant les yeux ſur l'exemple ſuivant.

Exemple.

Cube parfait.

$$\begin{array}{rl}
300763 & = a^3 + 3aab + 3abb + b^3 \\
216 & = a^3 \\
\hline
84763 & = 3aab + 3abb + b^3 \\
108 & = 3aa \\
\hline
756 & = 3aab \\
882 & = 3abb \\
343 & = b^3 \\
\hline
84763 & = 3aab + 3abb + b^3 \\
\hline
\end{array}$$

Quotient repréſentant la racine cubique.

$$a = 6$$
$$b = 7$$
$$\sqrt[3]{} = 67$$

Démonſtration. Multipliez 67 par 67; vous aurez pour *produit* le *carré* 4489. Multipliez enſuite ce *carré* par ſa *racine* 67; vous aurez pour *produit* le *cube* 300763; donc le *cube propoſé* a 67 pour *racine cubique.*

Remarquez 1°. Que lorſqu'il y a une troiſieme opération à faire, l'on opere comme dans la ſeconde, avec cette différence que l'on regarde les deux *racines trou-*

vées comme ne faisant qu'une seule racine. Les chiffres qui restent pour faire la troisieme operation, sont représentés par la quantité $3aab + 3abb + b3$, & les deux *racines trouvées* représentent la valeur de la grandeur a. Ainsi dans cette troisieme opération a ne vaudroit pas 6, comme dans la premiere de l'exemple supérieur, mais 67.

Remarquez 2°. Que lorsqu'il reste quelque chose après la derniere opération, le nombre proposé n'est pas un *cube parfait*, & l'on n'a que la *racine cubique* du plus grand *cube* qui se trouve dans ce nombre. En voici un exemple.

Exemple.

Cube imparfait.

$$
\begin{array}{rl}
9667 & = a^3 + 3aab + 3abb + b^3 \\
8 & = a^3 \\
\hline
1667 & = 3aab + 3abb + b^3 \\
12 & = 3aa \\
\hline
12 & = 3aab \\
6 & = 3abb \\
1 & = b^3 \\
\hline
1261 & \\
\hline
406 &
\end{array}
$$

Quotient représentant la Racine cubique la plus approchante.

$$a = 2$$
$$b = 1$$
$$\sqrt[3]{} = 21$$

Explication. L'on a opéré sur le *cube imparfait* 9667; comme l'on avoit fait sur le *cube parfait* 300763, & l'on a trouvé que 21 étoit la *racine* du plus grand *cube* qu'il y eût dans le nombre proposé.

Démonstration. Le *cube* de 21 est 9261, & le *cube* est 22 est 10648; donc le *cube* de 21 est le plus grand *cube* qu'il y ait dans 9667.

Remarque.

Si l'on relit à présent ce que nous avons dit à la fin de l'article précédent sur l'extraction de la racine carrée, l'on verra que le carré $aa + 2ab + bb$ ne nous a pas moins servi à tirer la racine des nombres que nous avons proposés, que le cube $a^3 + 3aab + 3abb + b^3$ nous a servi dans les dernieres opérations que nous venons de faire. En voici deux exemples dont il seroit inutile d'expliquer la marche ; ils pourront servir de démonstration à la méthode dont nous nous sommes servi à la fin de l'article de l'*Arithmétique*, pour extraire la racine carrée d'un carré quelconque parfait ou imparfait.

Premier Exemple.

Carré parfait.

$$\begin{array}{rl} \dot{2}0\dot{2}5 & = a^2 + 2ab + b^2 \\ 16 & = aa \\ \hline 425 & = 2ab + b \\ 8 & = 2a \\ \hline 40 & = 2ab \\ 25 & = bb \\ \hline 425 & = 2ab + bb \\ \hline \end{array}$$

Quotient représentant la racine carrée.

$$a = 4$$
$$b = 5$$
$$\sqrt[2]{} = 45$$

Démonstration. Multipliez 45 par 45 ; vous aurez pour *produit* 2025 ; donc la méthode où l'on prend pour guide le carré $aa + 2ab + bb$, n'est pas différente de celle que nous avons donnée à la fin de l'article de l'*Arithmétique* ordinaire.

Second Exemple.

Carré imparfait.

$$
\begin{array}{rcl}
4262 & = & a^2 + 2ab + bb \\
36 & = & aa \\
\hline
662 & = & 2ab + bb \\
12 & = & 2a \\
\hline
60 & = & 2ab \\
25 & = & bb \\
\hline
625 & = & 2ab + bb \\
\hline
\end{array}
$$

Quotient repréſentant la racine carrée la plus approchante.

$$
\begin{array}{l}
a = 6 \\
b = 5 \\
\sqrt[2]{} = 65
\end{array}
$$

Démonſtration. Multipliez 65 par 65, vous aurez pour *produit* 4225. Multipliez enſuite 66 par 66, vous aurez pour *produit* 4356 ; donc 65 eſt la racine du plus grand carré compris dans le nombre 4262.

ARITHMÉTIQHE ALGÉBRIQUE *appliquée à l'Analyſe.* C'eſt ſurtout dans cet important article que nous nous reſſouviendrons que ce ſont des Phyſiciens, & non pas des Mathématiciens que nous prétendons former ; auſſi ne lui donnerons-nous pas toute l'étendue dont il eſt ſuſceptible. Les problemes dont nous allons chercher la ſolution par la voie de l'Analyſe, ne paſſeront pas la troiſieme puiſſance ; la Phyſique n'en préſente pas de plus difficiles. Pour nous rendre plus clairs & plus intelligibles, voici l'ordre que nous ſuivrons. 1°. Nous poſerons quelques principes que nous regardons comme le fondement de l'Analyſe. 2°. Nous donnerons les regles que l'on a coutume d'employer dans la ſolution des Problemes. 3°. Nous nous exercerons ſur des Problemes numériques du premier & du ſecond *degré.* 4°. Nous propoſerons certains Problemes de Phyſique, dont la ſolution eſt abſolument néceſſaire à quiconque veut faire quelques progrès dans cette ſcience.

Des principes sur lesquels l'Analyse est fondée.

Depuis long-tems on se sert en Mathématique & en Physique des regles de l'Arithmétique Algébrique pour résoudre toutes sortes de Problemes sur les grandeurs. L'on a donné à cette méthode le nom d'*Analyse* ; elle est fondée sur les huit vérités suivantes.

Premiere vérité. On entend par *équation* deux expressions différentes de la même quantité, par exemple, $8+4=18-6$ est une vraie équation, parce qu'elle vous représente deux expressions différentes de la même quantité 12 ; de même supposons que x & $a-b$ soient égaux, $x=a-b$ sera une équation dont x sera le premier membre & $a-b$ le second.

Seconde vérité. Une équation est du premier degré, lorsque l'*inconnue* qu'elle contient n'est élevée, qu'à sa premiere puissance ; elle est du second degré, lorsque l'*inconnue* est élevée à sa seconde puissance ; elle est du troisieme degré, lorsque l'*inconnue* est élevée à sa troisieme puissance. $x=a-b$ est une équation du premier degré. $xx-bx=a+c$ est une équation du second degré. $x^3-ax=b-c$ est une équation du 3e. degré.

Troisieme vérité. Trouver la valeur d'une *inconnue* contenue dans une équation, c'est tellement manier cette équation, que l'*inconnue* se trouve seule dans un membre, & toutes les connues dans l'autre.

Quatrieme vérité. Proposer un Probleme, c'est demander que l'on trouve la valeur d'une, ou de plusieurs *inconnues*, à cause du rapport qu'elles ont avec des quantités connues. Suppose-t-on, par exemple, que Pierre & Paul ayent 120 ans entr'eux ? Suppose-t-on encore que Pierre ait vingt ans de plus que Paul ? Il ne sera pas difficile de connoître l'âge de chacun en particulier ; ces deux *inconnues* ont un vrai rapport avec le *tout* 120, & avec la *différence* de deux parties dont ce *tout* est composé.

Cinquieme vérité. Résoudre un Probleme possible, c'est trouver la valeur de toutes les *inconnues* proposées.

Sixieme vérité. Résoudre un Probleme impossible, c'est démontrer que les rapports donnés impliquent contradiction.

Septieme vérité. Tout Probleme possible est *déterminé* ou *indéterminé*, c'est-à-dire, est susceptible d'une, ou de plusieurs solutions. Le Probleme est *déterminé*, lorsque le nombre des équations données est égal à celui des quantités requises ; il est *indéterminé*, lorsque le nombre des quantités requises surpasse celui des équations données. Si l'on vous demandoit, par exemple, 3 nombres, tels que la somme du premier & du second valût 22 ; la somme du second & du troisieme valût 46 ; & la somme du premier & du troisieme valût 36 ; vous vous appercevriez d'abord que ce Probleme est *déterminé*, parce qu'à 3 équations données répondent 3 nombres requis. En effet, il n'y a que les nombres 6, 16 & 30 qui puissent satisfaire aux conditions de ce Probleme.

Si au contraire, l'on vous avoit proposé 3 nombres ; tels que la somme du premier & du second valût 22 ; & la somme du second & du troisieme valût 46 ; il est évident qu'il y a 3 quantités requises, & qu'il ne faut que deux équations ; donc le nombre des quantités requises surpasse celui des équations données ; donc le Probleme est *indéterminé ;* donc il est susceptible de plusieurs réponses. En effet, les 3 nombres 6, 16, 30 satisfont aussi-bien aux conditions du Probleme proposé que les trois nombres 12, 10, 36.

Huitieme vérité. La question est quelquefois impossible, lorsque le nombre des équations données surpasse celui des quantités requises. Ces principes une fois supposés, voici quelles sont les regles que l'on doit suivre dans la solution des Problemes.

Des Regles de l'Analyse.

Les Regles de l'analyse dont un Physicien ne sauroit trop pénétrer le sens, se réduisent à six.

Premiere Regle. Ayez une espece de registre dans lequel vous exprimiez les quantités connues de votre Probleme par les premieres lettres de l'alphabet, & les quantités inconnues par les dernieres.

Remarquez cependant que certaines quantités, soit qu'elles soient connues, soit qu'elles soient inconnues, ont en Physique certaines lettres affectées. Les mots *circonférence*, *centre*, *rayon*, *diametre*, *différence*, *espace*, *excès*, *masse*, *poids*, *produit*, *somme*, *tems*, *vitesse*, *volume*, *&c.* sont ordinairement exprimés algébriquement par la premiere lettre de leur nom, *c*, *r*, *d*, *e*, *m*, *p*, *s*, *t*, *v*.

Remarquez encore que lorsque dans l'équation proposée, l'on parle de la vîtesse de deux corps, la plus grande vîtesse s'exprime par une lettre majuscule, & la plus petite par une lettre minuscule. Il en est de même, lorsqu'il s'agit de deux masses, de deux rayons, &c.

Seconde Regle. Concevez bien l'état de la question; & pour le saisir plus infailliblement, examinez avec attention quelles sont les conditions du Probleme, combien il y a de quantités *connues* & combien il y en a d'*inconnues*; voyez surtout si le Probleme est déterminé, ou indéterminé. S'il est déterminé, servez-vous des regles suivantes pour le résoudre; & s'il est indéterminé, ne vous servez de ces regles qu'après avoir donné une certaine valeur à quelqu'une des *inconnues*. Cette valeur, quoiqu'arbitraire, a cependant des bornes déterminées par les conditions de la question proposée. Si l'on vous demandoit, par exemple, trois nombres, tels que la somme du premier & du second valût 22, la somme du second & du troisieme valût 46; il ne vous seroit pas permis de donner à la premiere ou à la seconde *inconnue* une valeur égale au nombre 22, ou, excédant ce nombre.

Troisieme Regle. Exprimez en lettres votre Probleme d'une maniere précise; ne vous servez, pour en venir à bout, que des lettres absolument nécessaires. Si l'on vous proposoit, par exemple, la question suivante (Pierre & Jean ayant ensemble 36 livres, ont perdu une pistole au jeu; Pierre a perdu le tiers de ce qu'il avoit, & Jean le cinquieme; on demande ce que chacun a perdu.) Si l'on vous proposoit, dis-je, un pareil Probleme à résoudre, & que vous nommassiez x l'argent que Pierre avoit avant le jeu; il ne faudroit pas nommer y l'argent qu'il a perdu; mais $\frac{x}{3}$, parce que l'on sait qu'il a perdu le tiers de ce qu'il avoit.

Quatrieme Regle. Méditez sur les conditions de votre Probleme, & formez ensuite le plus d'équations que vous pourrez. Ces équations vous fourniront de nouvelles expressions de vos quantités inconnues ; telle quantité, par exemple, qui a d'abord été nommée x deviendra $a - y$. Transportez alors cette seconde expression dans le registre, & lorsque vous aurez occasion d'opérer sur x, nommez-la toujours $a - y$; par ce moyen-là vous réduirez facilement toutes vos *inconnues* à une seule.

Cinquieme Regle. Lorsque vous n'aurez qu'une *inconnue*, travaillez alors à former une équation qui renferme ou toutes, ou du moins une des principales conditions de votre Probleme. Réduisez ensuite cette équation aux termes les plus simples par l'addition, la soustraction, la division & l'extraction des racines. Mettez enfin l'*inconnue* seule d'un côté avec le signe $+$, & toutes les autres *connues* dans l'autre membre de l'équation avec leurs signes correspondans ; & votre Probleme sera résolu. Supposons, par exemple, que l'équation $2a + 4b + \frac{xx}{b} = 4a - \frac{xx}{b}$ satisfasse à toutes les conditions de votre Probleme; voici comment vous opérerez.

1°. Employez l'addition & dites : si à 2 quantités égales, j'ajoute la même quantité, les deux sommes seront égales ; j'ajoute donc $\frac{xx}{b}$ dans chaque membre de l'équation proposée, & j'ai $2a + 4b + \frac{xx}{b} + \frac{xx}{b} = 4a - \frac{xx}{b} + \frac{xx}{b}$; & par *réduction* $2a + 4b + 2\frac{xx}{b} = 4a$; donc lorsque l'on veut faire disparoître d'un membre d'une équation une quantité qui a le signe $-$, l'on doit la transporter dans l'autre membre avec le signe $+$. De même si la quantité que l'on veut faire disparoître, avoit dans un membre de l'équation le signe $+$, on la transporteroit dans l'autre avec le signe $-$; aussi l'équation supérieure pourra-t-elle se changer en celle-ci, $2a + 2\frac{xx}{b} = 4a - 4b$.

2°. Après avoir employé l'addition, employez la soustraction, & dites ; si de deux quantités égales j'ôte la même quantité, les deux restans seront égaux ; ôtez donc $2a$ de chaque membre de votre équation, & vous aurez $2a - 2a + 2\frac{xx}{b} = 4a - 2a - 4b$, & par *réduction* $2\frac{xx}{b} = 2a - 4b$; donc lorsque deux quantités égales sont les deux membres de l'équation avec le même signe, on peut les effacer.

3°. A la soustraction faites succéder la multiplication ; & dites ; si deux quantités égales sont multipliées par la même quantité, les deux produits seront égaux ; multipliez donc par b les 2 membres de votre équation, & vous aurez $\frac{xb2x}{b}=2ab-4bb$, & par *réduction* $2xx=2ab-4bb$; donc l'on fait disparoître le dénominateur d'une fraction en l'effaçant de l'endroit où il est, & en le mettant dans tous les autres où il n'est pas.

4°. La division vous servira à faire disparoître le *coefficient* 2 du premier membre de votre équation. En effet si l'on divise deux quantités égales par la même quantité, les deux *quotiens* seront égaux ; divisez donc par 2 les deux membres de votre équation, & vous aurez $2\frac{xx}{2}=2\frac{ab-4bb}{2}$ & par *réduction* $xx=2\frac{ab-4bb}{2}$; donc si l'on veut faire disparoître un *coefficient*, l'on doit l'effacer de l'endroit où il est, & diviser les autres termes par ce même *coefficient*.

5°. Enfin l'extraction de la racine carrée vous donnera pour équation $x=\sqrt{\frac{2ab-4bb}{2}}$, puisqu'il est évident que les deux racines de deux quantités égales, doivent êtres égales entr'elles. En opérant de la sorte, la quantité x devient une quantité connue, parce que a & b sont connus.

Sixieme Regle. Si le membre de l'équation où se trouve l'*inconnue*, n'est pas un carré parfait, il faut le compléter en ajoutant à chaque membre de votre équation le carré de la moitié de la quantité connue qui multiplie l'*inconnue*. Supposons, par exemple, que j'aie $xx-2bx=a$; je compléterai le carré imparfait $xx-2bx$ en ajoutant bb à chaque membre de l'équation, c'est-à-dire, en ajoutant le carré de la moitié de la quantité connue $2b$ qui multiplie l'*inconnue* x, & j'aurai $xx-2bx+bb=a+bb$: donc $x-b=\sqrt{a+bb}$: donc $x=b+\sqrt{a+bb}$.

Par la même raison, si j'avois, $xx+bx=a$, j'ajouterois $\frac{1}{4}bb$ dans chaque membre de mon équation, parce que le carré de $\frac{1}{2}b=\frac{1}{4}bb$, & j'aurois $xx+bx+\frac{1}{4}bb=a+\frac{1}{4}bb$; donc $x+\frac{1}{2}b=\sqrt{a+\frac{1}{4}bb}$, donc $x=-\frac{1}{2}b+\sqrt{a+\frac{1}{4}bb}$.

Remarquez qu'un carré parfait ne peut jamais être

négatif. Ainsi $-xx$ n'est pas un carré parfait, puisque c'est le produit de $+x \times -x$; aussi dans les Problemes indéterminés du second degré, dit Mr. l'Abbé *de la Caille*, lorsqu'on veut déterminer la valeur d'une *inconnue* élevée au carré, il faut que la valeur supposée de l'autre *inconnue* soit telle, que ce carré ne devienne pas négatif, parce qu'alors sa racine seroit une quantité impossible; par exemple, dans l'équation $xx+y=b$, on ne peut pas donner à y une valeur plus grande que celle de b, autrement xx deviendroit négatif; ce qui est un carré impossible. Les racines des puissances impossibles s'appellent des racines imaginaires. Ainsi $\sqrt{-xx}$ est une racine imaginaire; & c'est avoir démontré qu'un Probleme est impossible, lorsque les racines de son équation sont toutes imaginaires, ou du moins, un Probleme contient autant de cas impossibles, que son équation a de racines imaginaires.

Nous ne parlerons pas ici des regles que l'on doit observer, lorsque l'on veut résoudre un Probleme où l'*inconnue* se trouve dans un membre d'une équation qui forme un cube imparfait, comme $xxx-bx=a-b$. Ces sortes de questions n'ont jamais lieu en Physique. La plus forte équation sur laquelle un Physicien ait occasion d'opérer, c'est celle qui représente la seconde loi deKépler dans laquelle, je le sais, l'*inconnue* est elevée à la troisieme puissance; mais cette troisieme puissance s'exprime par un *cube monome*. Or rien n'est plus aisé que d'extraire la racine d'un pareil cube; par exemple, l'équation $xxx=a$ vous donne $x=\sqrt[3]{a^1}$; ou, $x=a^{\frac{1}{3}}$. Toutes ces différentes regles vont s'éclaircir dans les exemples suivans.

PROBLEME PREMIER.

Diviser 1000 en 2 Parties dont la différence soit 356.

Registre.

$1000 = a$

$356 = b$

Iere. Partie $= x = \frac{a+b}{2} = 678$

IIde. Partie $= y = a - x = \frac{a-b}{2} = 322$

Résolution.

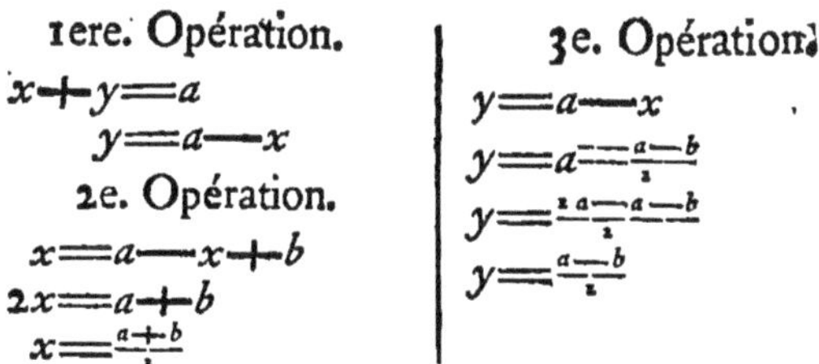

1ere. Opération.

$x+y=a$

$y=a-x$

2e. Opération.

$x=a-x+b$

$2x=a+b$

$x=\frac{a+b}{2}$

3e. Opération.

$y=a-x$

$y=a-\frac{a+b}{2}$

$y=\frac{2a-a-b}{2}$

$y=\frac{a-b}{2}$

EXPLICATION

DES OPÉRATIONS PRÉCÉDENTES.

La question proposée est évidemment un Probleme déterminé, puisqu'à deux équations données répondent deux quantités requises ; les deux quantités sont 678 & 322, & les deux équations $x=\frac{a+b}{2}$, $y=\frac{a-b}{2}$.

Cela supposé, voici comment j'ai raisonné dans mes différentes opérations.

1°. Toutes les parties prises ensemble sont égales au *tout*, donc $x+y=a$, donc $y=a-x$, *par la* 5e. *regle*.

2°. Selon les conditions du Probleme, une partie doit surpasser l'autre de 356, je suppose que c'est x ; j'ai donc $x=a-x+b$.

3°. J'ajoute x de chaque côté ; j'ai donc $x+x=a-x+x+b$, & par *réduction* $2x=a+b$.

4°. Je divise les deux membres de cette équation par 2, & j'ai $\frac{2x}{2}=\frac{a+b}{2}$, ou $x=\frac{a+b}{2}$.

5°. Je substitue à la quantité a sa valeur 1000 & à la quantité b sa valeur 356, & j'ai $x=\frac{1000+356}{2}=\frac{1356}{2}=678$.

6°. Pour avoir la valeur de y, je substitue la valeur de x dans l'equation $y=a-x$, & j'ai $y=a-\frac{a+b}{2}=\frac{2a-a-b}{2}=\frac{a-b}{2}=\frac{1000-356}{2}=\frac{644}{2}=322$.

PREUVE.

1°. $678+322=1000$.

2°. $322+356=678$, donc le Probleme proposé a été résolu.

COROLLAIRE PREMIER.

$x = \frac{a+b}{2}$ & $y = \frac{a-b}{2}$, donc $x = \frac{1}{2}a + \frac{1}{2}b$, & $y = \frac{1}{2}a - \frac{1}{2}b$; donc lorſque l'on cônnoît la ſomme & la différence de deux quantités inconnues, l'on aura la plus grande en ajoutant la moitié de la différence à la moitié de la ſomme, & l'on aura la plus petite en ôtant la moitié de la différence de la moitié de la ſomme; donc les Géometres ont raiſon d'avancer en général, que de deux quantités inégales, la plus grande eſt égale à la moitié de leur ſomme, + la moitié de leur différence; & la plus petite eſt égale à la moitié de leur ſomme, — la moitié de leur différence. Cette remarque eſt néceſſaire pour la ſuite.

COROLLAIRE SECOND.

C'eſt par ce principe que l'on trouvera la ſolution des deux Problemes ſuivans.

Un pere & un fils ont 100 ans entre eux, le fils a 30 ans moins que le pere; quel eſt l'âge de chacun?

Pierre & Jean ont donné enſemble 14 ſols aux Pauvres; Pierre a donné 4 ſols plus que Jean; qu'ont-ils donné chacun?

PROBLEME SECOND.

Trouver 3 nombres dont la ſomme ſoit 105; & qui ayent entre eux une même différence, c'eſt-à-dire, qui ſoient en proportion Arithmétique continue.

Regiſtre.

$105 = a$
Premier nombre u arbitraire $= 5$
Second nombre $x = \frac{a}{3} = 35$.
Troiſieme nombre $y = 2x - u = 65$

Premiere Opération.	Seconde Opération.
$u + x + y = a$	$u \,.\, x : x \,.\, y$
$x = a - u - y$	$2x = y + u$
	$y = 2x - u$

Troisieme Opération.	Quatrieme Opération.
$x = a - u - y$	$y = 2x - u$
$x = a - u - 2x + u$	$y = 70 - 5$
$x = a - 2x$	$y = 65$
$3x = a$	
$x = \frac{a}{3}$	
$x = \frac{105}{3}$	
$x = 35$	

EXPLICATION

DES OPÉRATIONS PRÉCÉDENTES.

Puisque ce Probleme contient 2 connues & 3 inconnues, il est indéterminé; aussi ai-je commencé par supposer que la quantité arbitraire u valoit 5. Cette supposition une fois faite, voici comment j'ai raisonné.

1°. Toutes les parties prises ensemble sont égales au *tout*, donc $u + x + y = a$, donc $x = a - u - y$, *premiere valeur de x*.

2°. Les 3 inconnues u, x, y sont en proportion Arithmétique continue, donc $2x = u + y$, donc $y = 2x - u$, *valeur de y*.

3°. Je reprens l'équation supérieure $x = a - u - y$, je substitue à la quantité y sa valeur trouvée, & j'ai $x = a - u - 2x + u$; cette équation maniée suivant les regles ordinaires me donne $x = \frac{a}{3} = 35$.

4°. $y = 2x - u$; mais x & u sont des valeurs connues, donc y devient par-là même une quantité connue.

PREUVE.

$u = 5$
$x = 35$
$y = 65$
$5 + 35 + 65 = 105$
$5 . 35 : 35 . 65$; donc le probleme proposé a été résolu.

PROBLEME TROISIEME.

Quatre hommes en se promenant trouverent une bourse de louis; chacun en prit un nombre au hasard;

ils trouverent que si le premier tiroit 25 louis du second, il en auroit autant qu'il en resteroit au second; si le second en tiroit 30 du troisieme, il en auroit le triple de ce qui resteroit au troisieme; si le troisieme en tiroit 40 du quatrieme, il auroit le double de ce qui resteroit au quatrieme; enfin si le quatrieme en tiroit 50 du premier, il en auroit 3 fois autant qu'il en resteroit au premier, quand même il en donneroit 5 à un autre. On demande combien chacun a de louis.

Registre.

$25 = a$
$30 = b$
$40 = c$
$50 = d$
$5 = e$

Premier nombre $= x = z - 2a = 100$
Second nombre $= z = 3y - 4b = 150$
3e. nombre $= y = \frac{12a + 24b + 3c + 8d - 2e}{17} = 90$

Quatrieme nombre $u = \frac{y + 3c}{2} = 105$

Premiere Opération.

$x + a = z - a$
$x = z - 2a$

Seconde Opération.

$\frac{z + b}{3} = y - b$
$z + b = 3y - 3b$
$z = 3y - 4b$

Troisieme Opération.

$\frac{y + c}{2} = u - c$

$y + c = 2u - 2c$
$y + 3c = 2u$
$\frac{y + 3c}{2} = u$

Quatrieme Opération.

$\frac{u + d - e}{3} = x - d$

$u + d - e = 3x - 3d$
$u - e = 3x - 4d$
$u = 3x - 4d + e$

Cinquième Opération.

$u = \frac{y+3c}{2}$

$u = 3x - 4d + e$

$\frac{y+3c}{2} = 3x - 4d + e$

$y + 3c = 6x - 8d + 2e$

$y + 3c = 6z - 12a - 8d + 2e$

$y + 3c = 18y - 24b - 12a - 8d + 2e$

$3c = 17y - 24b - 12a - 8d + 2e$

$12a + 24b + 3c + 8d - 2e = 17y$

$\frac{12a + 24b + 3c + 8d - 2e}{17} = y$

$\frac{300 + 720 + 120 + 400 - 10}{17} = y$

$\frac{1530}{17} = y$

$90 = y$

Sixieme Opération.

$u = \frac{y+3c}{2}$

$u = \frac{90+120}{2}$

$u = \frac{210}{2}$

$u = 105$

Septieme Opération.

$z = 3y - 4b$

$z = 270 - 120$

$z = 150$

Huitieme Opération.

$x = z - 2a$

$x = 150 - 50$

$x = 100$

EXPLICATION

DES OPÉRATIONS PRÉCÉDENTES.

1°. A 4 équations données répondent 4 quantités requises; donc la question proposée est un Probleme déterminé.

2°. La premiere condition du Probleme me donne $z - 2a$ pour valeur de x.

3° La

3°. La seconde condition me donne $3y - 4b$ pour valeur de z.

4°. La troisieme condition me donne $\frac{y+2c}{2}$ pour premiere valeur, & $3x - 4d + e$ pour seconde valeur de u.

5°. Pour former ma principale équation, je prends ces deux valeurs, & j'ai $\frac{y+2c}{2} = 3x - 4d + e$; cette équation maniée suivant les regles ordinaires me donne $y = \frac{12a + 24b + 3c + 8d - 2e}{17} = 90$.

6°. y étant connu, $u = \frac{y+2c}{2}$ devient une quantité connue; il en est de même de $z = 3y - 4b$.

7°. Une fois que z est connu, $x = z - 2a$ l'est aussi.

PREUVE.

$x = 100$

$z = 150$

$y = 90$

$u = 105$

$100 + 25 = 150 - 25$

$150 + 30$ triple de $90 - 30$

$90 + 40$ double de $105 - 40$

$105 + 50 - 5$ triple de $100 - 50$; donc le Probleme proposé a été résolu.

PROBLEME QUATRIEME.

Un Copiste a écrit 7 Cahiers en 5 jours; un second Copiste en a écrit 10 en trois jours; un troisieme Copiste 11 en 4 jours; en combien de tems en écriront-ils 150 en travaillant tous ensemble.

Registre.

$7 = a$	$3 = d$
$5 = b$	$11 = e$
$10 = c$	$4 = f$
	$150 = G$

Tems employé à copier 150 Cahiers . . . . . .

$$= x = \frac{bdfG}{adf + bcf + bde} = \frac{9000}{449} = 20 + \frac{20}{449}$$

Résolution.

Premiere Opération.

$b : a :: x : \frac{ax}{b}$

Seconde Opération.

$d : c :: x : \frac{cx}{d}$

Troisieme Opération.

$f : e :: x : \frac{ex}{f}$

Quatrieme opération.

$\frac{ax}{b} + \frac{cx}{d} + \frac{ex}{f} = G$

$\frac{adfx + bcfx + bdex}{bdf} = G$

$adfx + bcfx + bdex = bdfG$

$x = \frac{bdfG}{adf + bcf + bde}$

$x = \frac{9000}{449}$

$x = 20 + \frac{20}{449}$

EXPLICATION

DES OPÉRATIONS PRÉCÉDENTES.

1°. La premiere Opération est fondée sur la proportion suivante ; si 5 jours donnent 7 Cahiers, que donnera x ?

2°. La seconde & troisieme Opérations sont fondées sur des proportions semblables.

3°. Puisque $\frac{ax}{b}$ marque l'ouvrage du premier Copiste, $\frac{cx}{d}$ l'ouvrage du second, $\frac{cx}{f}$ l'ouvrage du troisieme Copiste dans le tems exprimé par x, il est évident que l'on aura $\frac{ax}{b} + \frac{cx}{d} + \frac{cx}{f} = G$; cette équation maniée suivant les regles ordinaires, donnera pour valeur de x la fraction $\frac{bdfG}{adf + bcf + bde}$

4°. Cette fraction exprimée en chiffres vous donnera pour solution du Probleme 20 jours $+ \frac{20}{449}$.

PROBLEME CINQUIEME.

Un Courrier est parti d'un lieu, il y a 8 heures, & il fait 3 lieues en 2 heures; on envoie un autre Courrier après lui qui fait 9 lieues en 3 heures ; on demande où le second Courrier atteindra le premier.

Registre.

Chemin qu'a fait le premier Courrier en huit heures $= 12$ lieues $= a$.

Chemin que doit faire le second Courrier pour l'atteindre $= x = 2a = 24$ lieues.

Tems pour faire ce chemin $= \frac{3x}{9} = \frac{6a}{9} = \frac{72}{9} =$ 8 heures.

Chemin que fera le premier Courrier depuis le départ du second, avant que celui-ci l'atteigne $= x - a = a = 12$ lieues.

Tems pour faire ce chemin $= \frac{2x - 2a}{3} = \frac{24}{3} = 8$ heures.

Résolution.

Premiere Opération.

2 heures : 3 lieues :: 8 heures : 12 lieues.

Seconde Opération.

9 lieues : 3 heures :: x : $\frac{3x}{9}$

Troisieme Opération.

3 lieues : 2 heures :: $x - a$: $\frac{2x - 2a}{3}$

Quatrieme Opération.

$$\frac{3x}{9} = \frac{2x - 2a}{3}$$
$$9x = 18x - 18a$$
$$9x + 18a = 18x$$
$$18a = 9x$$
$$2a = x$$
$$24 = x$$

EXPLICATION

DES OPÉRATIONS PRÉCÉDENTES.

1. La premiere Opération est fondée sur la proportion suivante ; si 2 heures donnent 3 lieues, combien donneront 8 heures ?

2°. La seconde Opération est fondée sur la proportion suivante ; si 9 lieues donnent 3 heures, combien donnera le chemin que l'on cherche ?

3°. Puisque le premier Courrier a parcouru le chemin exprimé par a, lorsque le second part, & que celui-ci, pour l'atteindre, doit parcourir le chemin exprimé par x, il est évident que le chemin que fera le premier Courrier depuis le départ du second, avant que celui-ci l'atteigne, sera exprimé par $x - a$; donc pour avoir le tems que le premier Courrier emploira à parcourir $x - a$, l'on doit dire, si 3 lieues donnent 2 heures, combien donnera le chemin représenté par $x - a$.

4°. Par les conditions du Probleme, le tems que le second Courrier met à parcourir x est égal au tems que le premier Courrier met à parcourir $x - a$, donc l'on doit avoir pour quatrieme Opération $\frac{3x}{9} = \frac{2x - 2a}{3}$; cette équation maniée suivant les regles ordinaires se réduit à celle-ci, $x = 2a =$ 24 lieues.

REMARQUE.

Si le premier Courrier allant à Paris, étoit parti de Nismes, & le second allant dans la même Ville étoit parti de Montpellier ; ce Probleme seroit résolu par les mêmes principes que le précédent ; mais a vaudroit 20, parce que Montpellier est de 8 lieues plus éloigné de Paris que Nismes.

PROBLEME SIXIEME.

Un Orfévre achete 318 liv. une masse de métal composée de 3 onces d'or & de 5 onces d'argent. Il achete 522 liv. une autre masse composée de 5 onces d'or & de 7 onces d'argent. On demande la valeur de l'once d'or & celle de l'once d'argent.

Registre.

$318 = a$

$522 = b$

once d'or $x = \frac{5b - 7a}{4} = 96$

once d'argent $y = \frac{a - 3x}{5} = 6$

Résolution.

Premiere Opération.

$$3x+5y=a$$
$$5y=a-3x$$
$$y=\frac{a-3x}{5}$$

Seconde Opération.

$$5x+7y=b$$
$$7y=b-5x$$
$$y=\frac{b-5x}{7}$$

Troisieme Opération.

$$\frac{a-3x}{5}=\frac{b-5x}{7}$$
$$7a-21x=5b-25x$$
$$7a=5b-4x$$
$$4x+7a=5b$$
$$4x=5b-7a$$
$$x=\frac{5b-7a}{4}$$
$$x=\frac{2610-2226}{4}$$
$$x=\frac{384}{4}$$
$$x=96$$

Quatrieme Opération.

$$y=\frac{a-3x}{5}$$
$$y=\frac{318-288}{5}$$
$$y=\frac{30}{5}=6$$

EXPLICATION

DES OPÉRATIONS PRÉCÉDENTES.

1°. Le Probleme proposé qui contient 2 *connues* & 2 *inconnues*, est évidemment un Probleme déterminé.

2°. La premiere condition du Probleme m'a donné l'équation $3x+5y=a$, laquelle maniée suivant les regles ordinaires m'a fourni pour premiere valeur de y, la fraction $\frac{a-3x}{5}$.

3°. La seconde condition du Probleme m'a fait former l'équation $5x+7y=b$; c'est cette équation qui m'a donné pour seconde valeur de y la fraction $\frac{b-5x}{7}$.

4°. De la premiere & de la seconde valeur de y j'ai formé l'équation $\frac{a-3x}{5}=\frac{b-5x}{7}$. J'ai manié cette équation suivant les regles; & j'ai trouvé $x=\frac{5b-7a}{4}$.

5°. Dans l'équation $x=\frac{5b-7a}{4}$ les quantités b & a sont des quantités connues; donc x devient par-là même une quantité connue.

6°. La troisieme équation de la premiere Opération, m'a donné $y=\frac{a-3x}{5}$; mais a & x sont des quantités connues, donc y l'est aussi; donc le Probleme est résolu; donc l'once d'or revient à cet Orfévre à 96 liv., & l'once d'argent à 6 liv.

PROBLEME SEPTIEME.

L'aiguille des heures & celle des minutes d'une montre étant toutes les deux au même point de midi, trouver à quel instant l'aiguille des minutes rencontrera celle des heures.

Registre.

Douzieme partie de l'espace que contient le cadran $=a$.

Chemin que fera l'aiguille des heures depuis 1 heure jusqu'au point de rencontre $=x=\frac{a}{11}$.

Résolution.

$$12x=a+x$$
$$11x=a$$
$$x=\frac{a}{11}$$

EXPLICATION

DES OPÉRATIONS PRÉCÉDENTES.

Divisez l'espace qu'il y a entre 1 heure & 2 heures en 11 parties égales; les deux aiguilles se rencontreront à la fin de la premiere division. En voici la raison.

1°. L'aiguille des minutes va 12 fois plus vîte que celle des heures; donc, quand la premiere sera revenue à midi, la seconde sera sur une heure; donc l'on connoîtra le chemin que sera l'aiguille des heures, depuis 1 heure jusqu'au point de rencontre.

2°. J'ai nommé ce chemin x, & j'ai dit: tandis que l'aiguille des heures, partie du point du cadran qui marque 1 heure, fera le chemin représenté par x, l'aiguille des minutes, partie de midi, fera le chemin représenté par $12x$; donc puisque l'espace du cadran qui se trouve entre midi & 1 heure a été appellé a, j'ai dû avoir l'équation $12x=a+x$ qui m'a donné $x=\frac{a}{11}$; donc, si l'on divise l'espace qu'il y a entre 1 heure & 2 heures en 11 parties égales, l'on aura facilement le point de rencontre des deux aiguilles en question.

AVERTISSEMENT.

Tous les Problemes que nous venons de propoſer, ſont du premier degré ; avant que de paſſer à ceux du ſecond, l'on pourra s'exercer ſur les queſtions ſuivantes ; l'on en trouvera d'une, de deux, de trois & de quatre inconnues.

Premiere Queſtion. Partager 890 liv. entre 3 perſonnes, en ſorte que la premiere ait 180 liv. de plus que la ſeconde, & la ſeconde 115 liv. de plus que la troiſieme.

Seconde Queſtion. Pierre & Jean ayant enſemble 36 liv. ont perdu une Piſtole au jeu ; Pierre a perdu le tiers de ce qu'il avoit ; Jean, le cinquieme ; on demande ce que chacun avoit avant le jeu, & ce que chacun a perdu.

Troiſieme Queſtion. Un pere dans ſon Teſtament partage tout ſon bien entre ſes enfans : il donne à ſon fils aîné 1000 écus, avec le ſixieme de ce qui reſtera, après qu'il les aura pris ; au ſecond, 2000 écus, avec le ſixieme de ce qui reſtera ; au troiſieme, 3000 écus, avec le ſixieme de ce qui reſtera, & ainſi de ſuite juſqu'au dernier, qui aura pour lui le reſte de la part de ſes freres. Cette diſpoſition ayant été exécutée, chacun s'eſt trouvé également partagé. On demande combien ils étoient d'enfans ; combien ils ont eu chacun, & combien le pere avoit laiſſé d'argent.

Quatrieme Queſtion. Un pere en mourant laiſſe tout ſon bien à ſes trois enfans en cette maniere. Il en donne à l'aîné la moitié, moins 44 liv. ; au ſecond le tiers, & 14 liv. de plus, & au dernier le reſte qui ſe trouve moindre que la part du ſecond de 82 liv. Quel eſt le bien du pere & la portion de chaque enfant ?

Cinquieme Queſtion. Pierre arrivant à Paris a dépenſé le premier jour le tiers de tout l'argent qu'il avoit apporté ; le ſecond, il en a dépenſé le quart ; le troiſieme, la cinquieme partie ; en ſorte qu'il ne lui reſtoit plus que 26 livres. On demande ce qu'il avoit d'argent, en entrant à Paris.

Sixieme Queſtion. Pierre & Jean avoient autant d'argent l'un que l'autre, avant que de jouer ; Pierre a perdu 12 liv. & Jean 57 liv. ; de ſorte qu'au ſortie du jeu, Pierre avoit quatre fois plus d'argent que Jean. On demande ce que chacun avoit, avant que de jouer.

Septieme Question. Pierre, Jacques & Jean ont perdu tout leur argent au jeu. Pierre & Jacques ont perdu ensemble 10 liv.; Pierre & Jean 11 liv. Jean & Jacques 9 liv. On demande ce que chacun a perdu en particulier.

Huitieme Question. Une Mule disoit à une Anesse : si je t'avois donné un de mes sacs, nous serions également chargées; & si tu m'en faisois porter un des tiens, j'aurois le double de ta charge. On demande combien de sacs chacune portoit.

Neuvieme Question. Une armée ayant été défaite, le quart est resté sur le champ de bataille; deux cinquiemes ont été faits prisonniers; 14000 hommes qui étoient restés de l'armée, ont pris la fuite; l'on demande de combien d'hommes l'Armée étoit composée avant la Bataille.

Dixieme Question. On demande à un homme ce qu'il a d'écus. Il répond : si vous ajoutez ensemble la moitié, le tiers, le quart de ce que j'en ai, la somme surpassera de 1 le nombre d'écus que j'ai.

Onzieme Question. Un manœuvre, ayant 6 livres dans sa poche, reçoit ce qui lui est dû pour cinq semaines. Quinze jours après il ne lui restoit plus que le quart de tout son argent; mais ayant reçu ce qu'il a gagné pendant ces deux semaines, il se trouve avoir 21 livres. Que gagnoit-il par semaine ?

Douzieme Question. Un courrier est parti d'un lieu, il y a 9 heures, & il fait 5 lieues en deux heures; on envoie un autre courrier après lui, dont la vîtesse est telle qu'il fait 11 lieues en 3 heures; il s'agit de savoir où le second courrier atteindra le premier.

Treizieme Question. Un courrier allant en Espagne, est parti d'Orléans le lundi à 8 heures du soir, en faisant 7 lieues en 3 heures; un second courrier, allant après le premier, est parti le mardi matin à 10 heures de Paris, éloigné de 34 lieues d'Orléans, en faisant 13 lieues en 4 heures; on demande le lieu de leur rencontre; on suppose que le second courrier passe par Orléans.

Quatorzieme Question. Une personne ayant rencontré des pauvres, a voulu donner à chacun 4 sols; mais elle a trouvé, en comptant son argent ; qu'elle avoit deux sols de moins qu'il ne falloit ; c'est pourquoi elle a donné 3 sols seulement à chaque pauvre, & il lui est resté 5 sols. On demande combien la personne avoit de sols, & combien il y avoit de pauvres.

Quinzieme Question. Pierre & Jean ont chacun un certain nombre d'écus qu'il s'agit de trouver ; on suppose que si Pierre donnoit cinq de ses écus à Jean, ils en auroient autant l'un que l'autre ; mais si Jean en donnoit cinq des siens à Pierre, pour lors Pierre en auroit le triple de ce qui resteroit à Jean. Combien Pierre & Jean avoient-ils chacun d'écus ?

Seizieme Question. Un berger étant interrogé combien il y avoit de moutons dans son troupeau, répondit que s'il y en avoit encore le tiers, & de plus le quart de ce qu'il en a, & 5 par-dessus, il en auroit 100. On demande quel est le nombre des moutons.

Dix-septieme Question. Un Marchand achete trois chevaux. Le prix du premier avec la moitié du prix des deux autres, monte à 25 pistoles : le prix du second avec le tiers du prix des deux autres, monte à 26 pistoles : le prix du troisieme avec la moitié du prix des deux autres, monte à 29 pistoles. On demande le prix de chaque cheval.

Dix-huitieme Question. Un maçon a pu faire sept pieds courans d'une muraille en 5 jours ; un second maçon en a pu faire 10 pieds en 3 jours : un troisieme 11 en 4 jours ; on demande le tems dans lequel ces trois maçons, travaillant ensemble, feront 150 pieds courans de la même muraille.

Dix-neuvieme Question. En quel tems un réservoir de 200 pieds-cubes sera-t-il rempli par trois tuyaux dont le premier pourroit remplir 9 pieds-cubes en 2 jours, le second 15 pieds-cubes en 3 jours, & le troisieme 19 pieds-cubes en 5 jours.

Vingtieme Question. Trois hommes parlant de l'argent qu'ils avoient, le premier dit : si l'on ajoutoit 100 liv. à l'argent que j'ai, j'en aurois autant que vous deux ensemble. Le second dit : si l'on ajoutoit 100 livres à la somme que j'ai, j'aurois 2 fois autant d'argent que vous deux ensemble. Le troisieme dit : si l'on ajoutoit 100 livres à ce que j'ai, j'en aurois trois fois autant que vous deux ensemble. Combien ont-ils chacun ?

Vingt-unieme Question. Quatre hommes ont chacun une somme d'argent ; le tout monte à 250 livres. Si l'on ajoute 8 livres à la somme du premier, il aura précisément autant que le second, diminué de 8 livres, & 8 fois autant que le troisieme ; mais seulement la huitieme partie de l'argent du quatrieme. Combien ont-ils chacun ?

Ces Problemes une fois résolus, l'on pourra passer à ceux du second degré dont nous allons donner quelques exemples.

PROBLEME PREMIER.

Trouver trois nombres en proportion continue, dont la somme des extrêmes soit 156, & le moyen 72.

Registre.

$156 = a$

$72 = b$

Premier nombre $x = \frac{1}{2}a + \sqrt{\frac{1}{4}aa - bb} = 108$

Second nombre b

Troisieme nomb. $y = \frac{bb}{x} = 48$

Premiere Opération.

$x : b :: b : y$

$x : b :: b : \frac{bb}{x}$

$y = \frac{bb}{x}$

Seconde Opération.

$x + \frac{bb}{x} = a$

$xx + bb = ax$

$xx - ax = -bb$

$xx - ax + \frac{1}{4}aa = \frac{1}{4}aa - bb$

$x - \frac{1}{2}a = \sqrt{\frac{1}{4}aa - bb}$

$x = \frac{1}{2}a + \sqrt{\frac{1}{4}aa - bb}$

$x = 78 + \sqrt{\frac{1}{4}24336 - 5184}$

$x = 78 + \sqrt{6084 - 5184}$

$x = 78 + \sqrt{900}$

$x = 78 + 30$

$x = 108$

Troisieme Opération.

$$y = \frac{bb}{x}$$
$$y = \frac{5184}{108}$$
$$y = 48$$

EXPLICATION

DES OPÉRATIONS PRÉCÉDENTES.

1°. Cette question proposée est un Probleme déterminé, puisqu'elle renferme deux connues & deux inconnues.

2°. La premiere condition du Probleme me donne la premiere équation. La nature de la proportion continue me donne la seconde : donc $y = \frac{bb}{x}$.

3°. La seconde condition du Probleme me donne $x + \frac{bb}{x} = a$. Cette équation maniée suivant les regles ordinaires se change en $xx - ax = -bb$.

4°. Pour compléter le carré imparfait $xx - ax$, j'ajoute de part & d'autre $\frac{1}{4}aa$, c'est-à-dire, le carré de la moitié de la quantité connue a, *par la regle* 6e.

5°. J'opere suivant les regles ordinaires sur l'équation $xx - ax + \frac{1}{4}aa = \frac{1}{4}aa - bb$, & je trouve enfin $x = \frac{1}{2}a + \sqrt{\frac{1}{4}aa - bb}$.

6°. Je substitue aux grandeurs a & b leur valeur connue, & j'ai $x = 108$.

7°. x une fois connu, $y = \frac{bb}{x}$ l'est aussi.

PREUVE.

$$x = 108$$
$$b = 72$$
$$y = 48$$

108 : 72 :: 72 : 48

108 + 48 = 156 ; donc le Probleme proposé a été résolu.

PROBLEME SECOND.

Trouver 3 nombres en proportion continue, dont la somme soit 74, & la somme de leurs carrés, 1924.

Regiſtre.

$1924 = a$

$74 = b$

Premier nombre $= x = 32$

Second nombre $= u = \frac{bb - a}{2b} = 24$

Troiſieme nombre $= y = 18$

Réſolution.

Premiere Opération.

$x : u :: u : y$

$xy = uu$

$2xy = 2uu$

Seconde Opération.

$x + uu + y = b$

$x + y = b - u$

$xx + 2xy + yy = bb - 2bu + uu$

Troiſieme Opération.

$xx + uu + yy = a$

$xx + yy = a - uu$

$xx + 2xy + yy = a - uu + 2xy$

Quatrieme Opération.

$2xy = 2uu$

$xx + 2xy + yy = a - uu + 2uu$

$xx + 2xy + yy = a + uu$

Cinquieme Opération.

$bb - 2bu + uu = a + uu$

$bb - 2bu = a$

$2bu = bb - a$

$u = \frac{bb - a}{2b}$

$u = \frac{5476 - 1924}{148}$

$u = \frac{3552}{148}$

$u = 24$

Sixieme Opération.

$x + y = b - u$
$x + y = 74 - 24$
$x + y = 50$
$xx + 2xy + yy = 50 \times 50 = 2500$

Septieme Opération.

$4xy = 4uu$
$4xy = 2304$

Huitieme Opération.

$xx - 2xy + yy = xx + 2xy + yy - 4xy$
$xx - 2xy + yy = xx + 2xy + yy - 4uu$
$xx - 2x + yy = 2500 - 2304$
$xx - 2xy + yy = 196$
$x - y = 14$

Neuvieme Opération.

$x + y = 50$
$x - y = 14$
$2x = 64$
$x = \frac{64}{2}$
$x = 32$

Dixieme Opération.

$x + y = 50$
$y = 50 - 32$
$y = 18$

EXPLICATION

DES OPÉRATIONS PRÉCÉDENTES.

1°. A 3 équations données répondent 3 quantités requises ; donc la question proposée est un Probleme déterminé.

2°. La premiere condition du Probleme me donne incontestablement l'équation $2xy = 2uu$.

3°. La seconde condition me fournit $x+y=b-u$.
Les deux membres de cette équation ont évidemment leurs carrés égaux ; & c'est-là précisément la troisieme équation de la seconde Opération.

4°. La troisieme condition me donne $xx+yy=a-uu$. J'ajoute $2xy$ à chaque membre de cette équation, & j'ai la troisieme équation de la troisieme Opération.

5°. $2xy=2uu$, *par la premiere condition du Probleme*; donc $xx+2xy+yy=a+uu$.

6°. Le Trinome $bb-2bu+uu$, & le *Binome* $a+uu$ sont chacun égaux au carré $xx+2xy+yy$; donc j'ai l'équation $bb-2bu+uu=a+uu$. Cette équation se réduit par les regles ordinaires en celle-ci $u=\frac{bb-a}{2b}=24$.

7°. $u=24$; donc $b-u=50$.

8°. $x+y=b-u$, *par la seconde condition du Probleme*, donc $x+y=50$, donc le carré de $x+y=2500$.

9°. $u=24$; donc $4uu=2304$.

10. $4uu=4xy$, *par la premiere condition du Probleme*; donc $4xy=2304$.

11. Si je soustrais $4xy$ du carré de $x+y$, j'aurai le carré de $x-y$; donc le carré de $x-y=196$; donc $x-y=14$.

12. $x+y=50$, & $x-y=14$; donc $x+y+x-y=50+14$, & par réduction $2x=64$.

13. $2x=64$; donc $x=32$.

14. $x+y=50$; donc $y=50-x=50-32=18$.

PREUVE.

$x = 32$
$u = 24$
$y = 18$
$32 : 24 :: 24 : 18$
$32+24+18=74$
$1024+576+324=1924$. Donc le Probleme proposé a été résolu.

PROBLEME TROISIEME.

Trouver 3 nombres en progression Arithmétique ;

tels que le carré du premier, étant ajouté au produit des deux autres, donne 792; le carré du moyen étant ajouté au produit des deux autres donne 612; & le carré du troisieme étant ajouté au produit du premier par le second, donne 576. Quels sont ces nombres?

Registre.

$792 = a$
$612 = b$
$576 = c$
Premier nombre $x = 24$
Second nombre $z = 18$
Troisieme nomb. $y = 12$

Résolution.

Premiere Opération.

$x . z : z . y$
$x + y = 2z$
$xx + 2xy + yy = 4zz$

Seconde Opération.

$xz + yz = 2zz$

Troisieme Opération.

$xx + yz = a$
$yy + xz = c$
$xx + yy + yz + xz = a + c$
$xx + yy + 2zz = a + c$
$xx + yy = a + c - 2zz$
$xx + 2xy + yy = a + c - 2zz + 2xy$

Quatrieme Opération.

$zz + xy = b$
$xy = b - zz$
$2xy = 2b - 2zz$

Cinquieme Opération.

$$xx + 2xy + yy = a + c - 2zz + 2b - 2zz$$
$$xx + 2xy + yy = a + c + 2b - 4zz$$

Sixieme Opération.

$$4zz = a + c + 2b - 4zz$$
$$8zz = a + c + 2b$$
$$zz = \frac{a + c + 2b}{8}$$
$$zz = 324$$
$$z = \sqrt{324} = 18$$

Septieme Opération.

$$xx - 2xy + yy = a + c - 2zz - 2b + 2zz$$
$$xx - 2xy + yy = a + c - 2b$$
$$x - y = \sqrt{a + c - 2b}$$
$$x - y = \sqrt{144} = 12$$
$$x + y = 2z = 36$$
$$2x = 48$$
$$x = \frac{48}{2}$$
$$x = 24$$

Huitieme Opération.

$$x + y = 2z$$
$$y = 2z - x$$
$$y = 36 - 24$$
$$y = 12$$

EXPLICATION

DES OPÉRATIONS PRÉCÉDENTES.

1°. Le Probleme que l'on vient de résoudre, est un Probleme déterminé, puisqu'il contient trois connues & trois inconnues.

2°. La premiere condition du Probleme me donne la progression Arithmétique de la premiere Opération ; la nature de cette progression me donne la premiere équation ;

tion ; & la raiſon me donne la ſeconde. En effet il eſt évident que ſi deux Racines carrées ſont égales, leurs deux carrés le ſeront auſſi.

3°. Pour avoir l'équation de la ſeconde Opération ; j'ai multiplié par z la premiere équation de la premiere Opération.

4°. La troiſieme Opération eſt fondée ſur la ſeconde & la quatrieme conditions du Probleme.

5°. La troiſieme condition du Probleme, & les Opérations précédentes m'ont donné les équations de la quatrieme Opération.

6°. Les ſubſtitutions faites à propos, m'ont conduit à l'équation $zz = \frac{a+c+2b}{8}$; mais dans cette équation a, c, b ſont des quantités connues ; donc zz devient un carré connu, donc ſa racine z le ſera bientôt.

7°. En revenant ſur les Opérations précédentes, j'ai trouvé le carré de $x-y = a+c-2zz-2b+2zz$; donc la racine $x-y$ ſera une quantité connue.

8°. Depuis que z eſt connu, $x+y=2z$ devient une racine connue.

9°. J'ai trouvé $x-y=12$.

10. J'ai encore trouvé $x+y=36$; donc $x-y+x+y=12+36$; donc $2x=48$; donc $x=24$.

11. La premiere équation de la premiere Opération m'a donné $x+y=2z$, donc $y=2z-x$; mais z & x ſont des quantités connues, donc y le devient auſſi.

PREUVE.

$x = 24$
$z = 18$
$y = 12$

1°. 24 . 18 : 18 . 12 ; donc la premiere condition du Probleme propoſé eſt gardée.

2°. $24 \times 24 = 576$.

3°. $18 \times 12 = 216$.

4°. $576 + 216 = 792$; donc la ſeconde condition du Probleme eſt gardée.

5°. $18 \times 18 = 324$.

6°. $24 \times 12 = 288$.

7°. $324 + 288 = 612$; donc la troiſieme condition du Probleme eſt gardée.

8°. $12 \times 12 = 144$.

9°. $24 \times 18 = 432$.

10. $144 + 432 = 576$; donc la quatrieme condition du Probleme eſt gardée ; donc le Probleme a été réſolu.

REMARQUE.

Avant que de réſoudre des Problemes appartenant directement à la Phyſique, le Lecteur pourra s'exercer ſur les queſtions ſuivantes ; elles ſont toutes les deux du ſecond degré.

Premiere Queſtion. Trouver un nombre tel qu'ôtant ſon quadruple de ſon carré, il reſte 21.

Seconde queſtion. Trouver deux nombres, tels que la ſomme de leurs carrés ſoit 2368 ; & que le plus grand des deux ſoit au plus petit :: 6 : 1.

Lorſque ces Problemes auront été réſolus, il ſera tems d'appliquer les regles de l'Analyſe à des queſtions plus intéreſſantes. Le mouvement en ligne courbe eſt comme l'ame de la Phyſique moderne ; auſſi conſeillons-nous aux amateurs de cette Science de ne pas négliger la ſolution des Problemes ſuivans ; nous ſuppoſons qu'ils ont préſens à l'eſprit les articles de notre Dictionnaire qui commencent par les mots *Raiſon*, *Proportion*, *Cercle*, *Ellipſe*, *Force*, *Mouvement*, *Statique*, *Lune* & *Képler*. Ces connoiſſances ſont comme autant de principes ſur leſquels ſont fondées les Opérations que nous allons faire.

PROBLEME PREMIER.

Connoiſſant la force centripete d'un corps, & le diametre du cercle qu'il décrit, déterminer ſa viteſſe de circulation.

Regiſtre.

Rayon du Cercle décrit $= r$

Diametre de ce Cercle $= 2r$

Force centripete du corps $A = p = \frac{uu}{2r}$

Viteſſe du corps $A = u = \sqrt{2pr}$

Premiere Opération.

$$p = \frac{uu}{2r}$$
$$2pr = uu$$
$$\sqrt{2pr} = u$$

EXPLICATION

DES OPÉRATIONS PRÉCÉDENTES.

La Force centripete d'un corps qui décrit un Cercle eſt égale au carré de ſa vîteſſe, diviſé par le Diametre du Cercle qu'il décrit, comme nous l'avons démontré dans l'article des *Forces ;* donc notre premiere équation a dû être $p = \frac{uu}{2r}$; cette premiere équation nous a conduit naturellement à celle-ci $u = \sqrt{2pr}$.

2°. Pour connoître quelle eſt la vîteſſe de circulation du corps A, multipliez la valeur de ſa force centripete par la valeur du Diametre du Cercle qu'il décrit ; tirez la Racine carrée de ce produit, & le Probleme ſera réſolu.

Corollaire. Nous avons démontré dans l'article du *mouvement en ligne circulaire*, que la Force centripete d'un corps qui décrit un Cercle, eſt toujours égale à ſa force centrifuge ; auſſi n'aurions-nous rien changé à nos Opérations précédentes, ſi le Probleme avoit été propoſé en ces termes ; *connoiſſant la force centrifuge d'un corps, & le Diametre du Cercle qu'il décrit ; déterminer ſa vîteſſe de circulation.*

PROBLEME SECOND.

Connoiſſant la Force centripete d'un corps, & le Diametre du Cercle qu'il décrit, déterminer la vîteſſe qu'acquerroit ce corps en tombant librement en vertu de ſa peſanteur, & parcourant d'un mouvement uniformément accéléré la moitié du rayon du Cercle qu'il décrit.

Regiſtre.

Force centripete du Corps $A = p$
Diametre du Cercle décrit $= 2r$

Rayon de ce Cercle $= r$

Espace que le corps A est supposé parcourir d'un mouvement uniformément accéléré $= \frac{r}{2}$

Tems employé à le parcourir $= t$

Vîtesse acquise à la fin de cet espace $= u = \frac{r}{t} = \sqrt{2pr}$

Premiere Opération.

$\frac{r}{2} = ptt$

$r = 2ptt$

Seconde Opération.

$u = \frac{r}{t}$

$u = \frac{2ptt}{t}$

$u = 2pt$

$\frac{u}{2p} = t$

$\frac{uu}{4pp} = tt$

Troisieme Opération.

$\frac{r}{2} = ptt$

$\frac{r}{2} = \frac{puu}{4pp}$

$\frac{r}{2} = \frac{uu}{4p}$

$r = \frac{uu}{2p}$

$2pr = uu$

$\sqrt{2pr} = u$

EXPLICATION

DES OPÉRATIONS PRÉCÉDENTES.

1°. Il est démontré dans la *Statique* que les espaces parcourus par un corps qui tombe librement en vertu de sa pesanteur, à commencer du premier instant de sa chute, répondent aux carrés des tems employés à les parcourir. Il est encore démontré que les espaces ainsi parcourus, sont d'autant plus grands, que la Force centripete est plus forte ; donc nous avons dû avoir pour premiere équation $\frac{r}{2} = ptt$, $r = 2ptt$.

2°. Les mêmes principes de *Statique* nous apprennent que le corps A, après avoir parcouru $\frac{r}{2}$, a acquis une vîtesse qui lui feroit parcourir r d'un mouvement uniforme, précisément dans le même-tems qu'il a mis à parcourir $\frac{r}{2}$. Mais la vîtesse est toujours égale à l'espace parcouru divisé par le tems employé à le parcourir ; donc nous avons dû avoir pour premiere équation de la seconde Opération $u = \frac{r}{t}$.

3°. En substituant à l'espace r sa valeur $2ptt$, nous avons eu l'équation $u = \frac{2ptt}{t}$; nous l'avons réduite fort facilement à celle-ci $\frac{uu}{4pp} = tt$.

4°. En reprenant $\frac{r}{t}=ptt$, & en substituant au carré tt sa valeur $\frac{rr uu}{4pp}$, nous avons trouvé $\frac{r}{t}=\frac{puu}{4pp}$. Nous avons opéré sur cette équation suivant les regles ordinaires, & nous avons eu $\sqrt{2pr}=u$; donc connoissant la Force centripete d'un corps & le Diametre du Cercle qu'il décrit, il est aisé de déterminer la vîtesse qu'acquerroit ce corps en tombant librement en vertu de sa pesanteur, & parcourant d'un mouvement uniformément accéléré la moitié du rayon du Cercle qu'il décrit.

Corollaire premier. La vîtesse de circulation d'un corps est égale à la vîtesse qu'acquerroit ce même corps, en tombant librement en vertu de sa pesanteur, & parcourant d'un mouvement uniformément accéléré la moitié du rayon du Cercle qu'il décrit; pourquoi? Parce que l'une & l'autre vîtesse sont représentées par $\sqrt{2pr}$.

Corollaire second. La vîtesse de projection d'un corps qui décrit un Cercle, est sensiblement égale à sa vîtesse de circulation; pourquoi? Parce qu'un corps met autant de tems à parcourir un arc de Cercle, par exemple, l'arc BH *fig.* 8e. *Pl.* 1ere. en vertu de sa force horisontale & de sa force perpendiculaire, qu'il en mettroit à décrire la ligne BG sensiblement égale à l'arc infiniment petit BH, s'il n'avoit eu que sa force horisontale, ou sa force de projection. L'on peut donc assurer que la vîtesse de projection d'un corps qui décrit un Cercle est sensiblement égale à la vîtesse qu'acquerroit ce même corps, en tombant librement en vertu de sa pesanteur, & parcourant d'un mouvement uniformément accéléré la moitié du rayon du Cercle qu'il décrit.

PROBLEME TROISIEME.

Connoissant les deux rayons de deux Cercles concentriques que décrivent deux corps égaux, déterminer le rapport qu'il y a entre les vîtesses de ce corps.

Registre.

Vîtesse du corps A $=$ U
Vîtesse du corps B $=$ V

Rayon du cercle que décrit le corps A $= r$
Rayon du cercle que décrit le corps B $= R$
Force centrifuge du corps A $= \frac{UU}{r}$
Force centrifuge du corps B $= \frac{VV}{R}$

Opérations.

$$\frac{UU}{r} : \frac{VV}{R} :: R^2 : r^2$$
$$\frac{UUr^2}{r} = \frac{VVR^2}{R}$$
$$UUr = VVR$$
$$UU : VV :: R : r$$
$$U : V :: \sqrt{R} : \sqrt{r}$$

EXPLICATION

des Opérations précédentes.

1°. Ce que l'on dit de la Force centripete de deux corps égaux qui pesent vers un même centre, on doit le dire de leur force centrifuge; mais celle-là est en raison inverse des carrés des distances au centre, ou des carrés des rayons des cercles décrits; donc celle-ci suit la même raison; donc notre premiere opération a dû être $\frac{UU}{r} : \frac{VV}{R} :: R^2 : r^2$; c'est-à-dire, la Force centrifuge du corps A : à la Force centrifuge du corps B :: le carré du rayon du cercle que parcourt le corps B : au carré du rayon du cercle que parcourt le corps A.

2°. En multipliant d'un côté les termes extrêmes & de l'autre côté les termes moyens de la proportion que nous venons d'énoncer, nous avons eu l'équation $\frac{UUr^2}{r} = \frac{VVR^2}{R}$.

3°. En effaçant de part & d'autre les lettres qui se détruisent, nous avons trouvé $UUr = VVR$.

4°. En décomposant cette derniere équation, nous avons eu $UU : VV :: R : r$.

5°. Lorsque 4 carrés sont en proportion ; leurs 4 racines le sont aussi ; donc si UU : VV :: R : r, nous avons pu dire U : V :: $\sqrt{R}$: $\sqrt{r}$; donc les vîtesses de deux corps qui se meuvent dans deux cercles concentriques, sont en raison inverse des racines carrées des rayons des cercles qu'ils décrivent ; donc si la planete A est éloignée 4 fois plus du soleil, que la planete B, la planete A aura deux fois moins de vîtesse, que la planete B.

PROBLEME QUATRIEME.

Connoissant les tems périodiques de deux planetes qui se meuvent circulairement autour d'un même centre, par exemple, autour du soleil, & connoissant la distance de l'une des deux à ce centre, déterminer la distance de l'autre.

Registre.

Tems périodique de la terre $= t = 1$ an

Carré de ce tems $= t^2 = 1$

Tems périodique de Mars $= T = 2$ ans

Carré de ce tems $= T^2 = 4$

Distance de la terre au Soleil $= r = 33$

Cube de cette distance $= r^3 = 35937$

Distance de Mars au Soleil $= R$, dont il faut connoître la valeur.

Cube de cette distance $= R^3$

Vîtesse de la terre $= U = \frac{r}{t}$

Vîtesse de Mars $= V = \frac{R}{T}$

Premiere Opération.

$U : V :: \sqrt{R} : \sqrt{r}$

Seconde Opération.

$U = \frac{r}{t}$

$V = \frac{R}{T}$

$\frac{r}{t} : \frac{R}{T} :: \sqrt{R} : \sqrt{r}$

$\frac{rr}{t^2} : \frac{RR}{T^2} :: R : r$

$\frac{r^3}{t^2} = \frac{R^3}{T^2}$

$T^2 r^3 = t^2 R^3$

$t^2 : T^2 :: r^3 : R^3$

$R^3 = \frac{T^2 \times r^3}{t^2}$

Troisieme Opération.

$t^2 = 1$

$R^3 = \frac{T^2 \times r^3}{1}$

$R^3 = T^2 \times r^3$

$R^3 = 4 \times 35937$

$R^3 = 143748$

$R = \sqrt[3]{143748}$

$R =$ environ 52 millions de lieues.

EXPLICATION

DES OPÉRATIONS PRÉCÉDENTES.

1°. La premiere Opération est fondée sur la solution du Probleme précédent.

2°. Les espaces que la *Terre* & *Mars* sont supposés parcourir, sont deux circonférences de Cercles; les circonférences sont entr'elles comme leurs rayons; & les vîtesses sont toujours comme les espaces parcourus, divisés par le tems employé à les parcourir; donc, au lieu de nommer la vîtesse de la *Terre* U, on peut la nommer $\frac{e}{t}$, ou, $\frac{c}{t}$, ou, $\frac{r}{t}$. Il en est de même de la vîtesse de *Mars* que l'on peut appeller indifféremment V, ou, $\frac{E}{T}$, ou, $\frac{C}{T}$, ou, $\frac{R}{T}$.

3°. Puisque $U : V :: \sqrt{R} : \sqrt{r}$; donc $\frac{r}{t} : \frac{R}{T} :: \sqrt{R} : \sqrt{r}$.

4°. 4 Racines ne peuvent pas être en proportion, sans que leurs 4 carrés le soient aussi; donc si $\frac{r}{t} : \frac{R}{T} :: \sqrt{R} : \sqrt{r}$, l'on aura $\frac{r^2}{t^2} : \frac{R^2}{T^2} :: R : r$.

5°. Cette derniere proportion nous a donné l'équation $\frac{r^3}{t^2} = \frac{R^3}{T^2}$.

6°. L'équation $\frac{r^3}{t^2} = \frac{R^3}{T^2}$ nous a donné la proportion $t^2 : T^2 :: r^3 : R^3$, c'est-à-dire, le carré du tems Périodique de la *Terre* : au carré du tems périodique de *Mars* :: le cube de la distance de la *Terre* au Soleil : au cube de la distance de *Mars* au Soleil; & c'est-là la démonſtration de la ſeconde Loi de *Képler* que nous expliquerons à l'article *Képler.*

7°. Le quatrieme terme d'une proportion Géométrique eſt toujours égal au produit des deux termes moyens diviſés par le premier terme ; donc $R^3 = \frac{T^2 \times r^3}{t^2}$.

8°. Le ſecond membre de cette derniere équation n'eſt composé que de quantités connues ; donc R^3, auſſi-bien que ſa Racine cubique R, deviennent des quantités connues.

PROBLEME CINQUIEME.

Suppoſant que la vîteſſe d'un corps qui décrit une courbe, ſoit en raiſon inverſe des rayons Vecteurs, déterminer le changement qui ſe fera dans la Force centrifuge de ce corps.

Regiſtre.

Vîteſſe du corps A placé à 2 lieues du foyer de la courbe parcourue $= V$

Vîteſſe du même corps A placé à 1 lieue du foyer de la même courbe $= U$

Rayon Vecteur du corps A placé à 2 lieues du foyer $= R$

Cube de ce rayon Vecteur $= R^3$

Rayon Vecteur du corps A placé à 1 lieue du foyer $= r$

Cube de ce rayon Vecteur r^3

Force centrifuge du corps A placé à 2 lieues du foyer $= \frac{VV}{R}$

Force centrifuge du corps A placé à une lieue du foyer $= \frac{UU}{r}$.

Opération.

$$V : U :: r : R$$

$$VV : UU :: rr : RR$$

$$VVRR = UUrr$$

$$\frac{VVR^3}{R} = \frac{UUr^3}{r}$$

$$\frac{VV}{R} : \frac{UU}{r} :: r^3 : R^3$$

EXPLICATION

DES OPÉRATIONS PRÉCÉDENTES.

1°. La ſuppoſition que nous avons faite, nous a donné pour premiere Opération la proportion ſuivante $V : U :: r : R$.

2°. Les 4 carrés de ces 4 Racines ſont en proportion; nous avons donc dû dire, $VV : UU :: rr : RR$; donc $VVRR = UUrr$.

3°. $VVRR = \frac{VVRRR}{R}$ & $UUrr = \frac{UUrrr}{r}$; donc $\frac{VVR^3}{R} = \frac{UUr^3}{r}$.

4°. Cette derniere équation décompoſée nous a donné la proportion $\frac{VV}{R} : \frac{UU}{r} :: r^3 : R^3$; mais $\frac{VV}{R}$ repréſente la force centrifuge du corps A placé à 2 lieues du foyer, & $\frac{UU}{r}$ repréſente la force centrifuge du même corps placé à 1 lieue du foyer; donc la force centrifuge du corps qui décrit une courbe avec une vîteſſe en raiſon inverſe des rayons Vecteurs, ſuit la raiſon inverſe des cubes des diſtances au foyer.

Il n'eſt pas néceſſaire de faire remarquer que par le foyer d'une courbe quelconque l'on entend le centre des forces, c'eſt-à-dire, le point vers lequel peſent les corps qui parcourent cette courbe.

REMARQUE.

Les ſolutions des Problemes dont la matiere appartient à la Phyſique, nous ſeront d'une néceſſité abſolue dans l'article où nous examinerons la formation de l'Ellipſe. Dans cette grande queſtion dont tout le monde connoît aujourd'hui l'importance, nous regarderons ces ſolutions comme autant de principes inconteſtables. Lorſque nous aurons démontré, par exemple, que dans l'ellipſe les vîteſſes circulaires ſont en raiſon inverſe des rayons Vecteurs, nous conclurons, ſans craindre de vous tromper; que la force centrifuge qui vient de ces vîtesses, suit la raison inverse des cubes des distances au foyer. Lorsque nous assurerons que dans un corps qui décrit une Ellipse, la vîtesse est égale à celle que ce corps auroit acquise en tombant librement en vertu de sa pesanteur, & en parcourant d'un mouvement uniformément accéléré le quart du grand Axe; nous ne manquerons pas de faire remarquer que nous parlons de la vîtesse de projection, & non de la vîtesse circulaire. Tout cela prouve évidemment que si l'article de l'*Arithmétique algébrique appliquée à l'Analyse*, n'est pas un des plus amusans, c'est au moins un des plus importans de ce Dictionnaire. L'article suivant est dans ce même genre.

ARITHMÉTIQUE SUBLIME. On donne ce nom à l'Arithmétique des quantités infinies, soit qu'elles soient infiniment grandes, soit qu'elles soient infiniment petites. Cet article ne sera qu'une introduction au calcul infinitésimal dont nous parlerons ailleurs, & dont on ne peut pas se passer, lorsqu'on veut lire Newton dans Newton. Ici nous ne voulons apprendre qu'à réduire, additionner, soustraire, multiplier & diviser les quantités infiniment grandes & les quantités infiniment petites. On nous suivra sans peine, si l'on pénetre le sens des principes que nous allons poser, & si l'on a soin de lire auparavant les articles de ce Dictionnaire qui commencent par les mots *Arithmétique Algébrique* & *Fractions*. Voici les principes dont nous venons de parler.

1°. Toute grandeur infinie se marque par le caractere ∞.

2°. Il y a des grandeurs infinies de toutes les especes. ∞^1. ∞^2. ∞^3. ∞^4. ∞^5. ∞^6. &c. sont six caracteres dont le premier représente un infini du premier ordre; le second un infini du second ordre, & ainsi des autres jusqu'au sixieme qui représente un infini du sixieme ordre.

3°. Un infini du second ordre est infiniment plus grand qu'un infini du premier ordre, & ainsi d'un infini du troisieme ordre par rapport à un infini du second.

4°. Une quantité infinie ne peut pas être augmentée par l'addition d'aucune quantité finie, ni diminuée par la soustraction d'aucune quantité finie. Ainsi $\infty + 1 = \infty$. de même $\infty - 2 = \infty$.

5°. Toute grandeur infiniment petite est représentée par une Fraction dont le numérateur est un fini, & le dénominateur un infini. Ainsi $\frac{1}{\infty}$. $\frac{2}{\infty}$. sont des caracteres qui représentent des grandeurs infiniment petites.

Une grandeur infiniment petite est encore représentée par une Fraction dont le numérateur est un infini d'un ordre inférieur à celui du dénominateur. Ainsi les Fractions $\frac{\infty}{\infty^2}$ & $\frac{\infty^2}{\infty^3}$ désignent des grandeurs infiniment petites.

6°. Il y a une infinité d'ordres de grandeurs infiniment petites. $\frac{1}{\infty^1}$. $\frac{1}{\infty^2}$. $\frac{1}{\infty^3}$. $\frac{1}{\infty^4}$. &c. sont des Fractions dont la premiere marque un infiniment petit du premier ordre; la seconde, un infiniment petit du second ordre, &c.

7°. Un infiniment petit du second ordre représente une grandeur infiniment plus petite, qu'un infiniment petit du premier ordre, & ainsi des autres à l'infini.

8°. Une quantité infiniment petite n'est rien par rapport à une quantité finie. Ainsi $1 + \frac{1}{\infty} = 1$. De même $2 - \frac{1}{\infty} = 2$. Ces principes posés, nous pouvons en venir aux regles que nous avons annoncées au commencement de cet article.

PREMIERE REGLE.

DE LA RÉDUCTION.

La Réduction se fait dans l'Arithmétique sublime, comme dans l'Arithmétique algébrique ordinaire; l'on joint en un seul terme les grandeurs semblables qui sont précédées du même signe, & l'on efface totalement, ou en partie celles qui sont précédées de différens signes. Pour les grandeurs qui ne sont pas semblables, on n'y fait aucun changement.

PREMIER EXEMPLE.

$$+3\infty + 2\infty + 4\infty^2 - 2\infty^2 + a\infty - b\infty$$

par réduction.

$$+5\infty + 2\infty^2 + a\infty - b\infty$$

Dans ce premier exemple nous avons joint le premier & le second termes, parce que chacun d'eux est précédé du signe +. Nous avons effacé le quatrieme terme & la moitié du troisieme, parce que celui-là nie ce que la moitié de celui-ci affirme. Enfin nous n'avons rien changé au cinquieme & au sixieme termes, parce que l'un est précédé de *a*, & l'autre de *b*.

SECOND EXEMPLE.

$$+\frac{1}{\infty} + \frac{2}{\infty} + \frac{1}{\infty^2} - \frac{3}{\infty^2}$$

par réduction.

$$+\frac{3}{\infty} - \frac{2}{\infty^2}$$

Nous avons réduit les grandeurs infiniment petites de l'*exemple second*, comme les grandeurs infinies de l'*exemple premier*. Le premier & le second termes ont été joints ensemble, parce qu'ils étoient précédés du même signe. Nous avons effacé le troisieme terme & un tiers du quatrieme, parce que celui-là affirme ce que le tiers de celui-ci nie.

SECONDE REGLE.

DE L'ADDITION.

Pour avoir la somme de plusieurs grandeurs ou infinies, ou infiniment petites, l'on doit les écrire tout de suite avec leurs signes, & faire ensuite la réduction suivant les regles que nous venons de donner.

PREMIER EXEMPLE.

$$6\infty + 4\infty^3 + 3a\infty$$
$$3\infty - 2\infty^3 - 4b\infty$$

$$6\infty + 3\infty + 4\infty^3 - 2\infty^3 + 3a\infty - 4b\infty.$$

par réduction.

$$9\infty + 2\infty^3 + 3a\infty - 4b\infty.$$

Pour additionner 6∞ & 3∞, mettez $6\infty + 3\infty$, c'eſt-à-dire, 9∞. Vous opérerez à-peu-près de même ſur les termes ſuivans.

SECOND EXEMPLE.

$$\frac{1}{\infty} + \frac{2}{\infty^2} - \frac{1}{\infty^3}$$
$$\frac{2}{\infty} - \frac{1}{\infty^2} - \frac{2}{\infty^3}$$

$$\frac{1}{\infty} + \frac{2}{\infty} + \frac{2}{\infty^2} - \frac{1}{\infty^2} - \frac{1}{\infty^3} - \frac{2}{\infty^3}$$

par réduction.

$$\frac{3}{\infty} + \frac{1}{\infty^2} - \frac{3}{\infty^3}$$

Pour peu que l'on conſidere ce ſecond exemple, l'on verra que les grandeurs infiniment petites s'additionnent, après la réduction, comme les grandeurs infinies, avec cette différence que celles-là ſont des *Fractions*, & que celles-ci ſont des *entiers*.

TROISIEME REGLE.

DE LA SOUSTRACTION.

Pour soustraire des quantités, ou infiniment grandes, ou infiniment petites, il faut d'abord changer le signe de la quantité qui doit être soustraite, & la mettre à la suite de celle dont on doit faire la soustraction. Il faut ensuite faire la réduction suivant les regles ordinaires.

PREMIER EXEMPLE.

$$2\infty + 2\infty^2 - \infty^4$$
$$1\infty + 2\infty^2 + \infty^4$$

$$2\infty - 1\infty + 2\infty^2 - 2\infty^2 - \infty^4 - \infty^4$$

par réduction.

$$1\infty - 2\infty^4$$

Pour soustraire 1∞ de 2∞, j'ai mis $2\infty - 1\infty = +1\infty$ *par réduction.* J'ai fait à-peu-près la même chose sur les termes suivans.

SECOND EXEMPLE.

$$\frac{2}{\infty} + \frac{1}{\infty^2} - \frac{1}{\infty^3}$$

$$\frac{1}{\infty} + \frac{1}{\infty^2} + \frac{1}{\infty^3}$$

$$\frac{2}{\infty} - \frac{1}{\infty} + \frac{1}{\infty^2} - \frac{1}{\infty^2} - \frac{1}{\infty^3} - \frac{1}{\infty^3}$$

par réduction.

$$\frac{1}{\infty} - \frac{2}{\infty^3}$$

Examinez cet exemple ; vous verrez que l'on soustrait les quantités infiniment petites, comme les quantités infiniment grandes.

QUATRIEME REGLE.

DE LA MULTIPLICATION.

Les regles de la Multiplication algébrique ordinaire se gardent dans l'Arithmétique sublime, soit pour les *signes*, soit pour les *coefficiens*, soit pour les *exposans*. Relisez ces regles, & vous verrez 1°. que $+ 2\infty \times + 4\infty = + 8\infty^2$.

2°. $- 2\infty^2 \times - 10\infty^3 = + 20\infty^5$.

3°. $+ 2\infty \times - b\infty^4 = - 2b\infty^5$.

4°. $- a\infty^2 \times + b\infty^6 = - ab\infty^8$.

Il en est de même des grandeurs infiniment petites. En voici bien des exemples.

$$1^\circ.\ + \frac{1}{\infty} \times + \frac{1}{\infty} = + \frac{1}{\infty^2}$$

$$2^\circ.\ - \frac{2}{\infty^2} \times - \frac{3}{\infty^3} = + \frac{6}{\infty^5}$$

$$3^\circ.\ + \frac{3}{\infty^3} \times - \frac{3}{\infty^2} = - \frac{9}{\infty^5}$$

$$4^\circ.\ - \frac{b}{a\infty} \times + \frac{c}{d\infty} = - \frac{bc}{ad\infty^2}$$

$$5^\circ.\ \infty \times \frac{1}{\infty} = \frac{\infty}{\infty} = 1$$

CINQUIEME REGLE.

DE LA DIVISION.

Les regles de la Division sont les mêmes pour l'Arithmétique

rithmétique sublime, & pour l'Arithmétique Algébrique ordinaire. L'on s'en convaincra en lisant les exemples suivans.

$$1^{o}.\quad \frac{+}{+\infty} = +1$$

$$2^{o}.\quad \frac{+\infty}{-8} = -1$$

$$3^{o}.\quad \frac{+\infty}{+\infty^{2}} = +\frac{1}{\ }$$

$$4^{o}.\quad \frac{-\infty}{-\infty^{2}} = +\frac{1}{\infty}$$

$$5^{o}.\quad \frac{+\infty^{4}}{+\infty^{2}} = +\infty^{2}$$

$$6^{o}.\quad \frac{+a\infty}{+b\infty} = +\frac{a}{b}$$

$$7^{o}.\quad \frac{-c\infty}{-d\infty} = +\frac{c}{d}$$

$$8^{o}.\quad \frac{+m\infty}{-n\infty} = -\frac{m}{n}$$

On divise les quantités infiniment petites comme les Fractions ordinaires.

EXEMPLES.

1°. $\frac{1}{\infty}$ divisé par $\frac{1}{\infty} = \frac{1\infty}{1\infty} = 1$

2°. $\frac{1}{\infty^2}$ divisé par $\frac{1}{\infty^3} = \frac{1\infty^3}{1\infty^2} = \infty$

3°. $\frac{1}{\infty^3}$ divisé par $\frac{1}{\infty^2} = \frac{\infty^2}{\infty^3} = \frac{1}{\infty}$

4°. $\frac{2}{\infty}$ divisé par $\frac{1}{\infty} = \frac{2\infty}{1\infty} = 2$

5°. $\frac{a}{\infty^2}$ divisé par $\frac{b}{\infty^3} = \frac{a\infty^3}{b\infty^2} = \frac{a\infty}{b}$

COROLLAIRE PREMIER.

Une quantité infiniment grande multipliée par une quantité infiniment petite du même ordre, donne une quantité finie. Le dernier exemple de la Multiplication sert de démonstration à ce Corollaire.

COROLLAIRE SECOND.

Une quantité infiniment grande divisée par une quantité infiniment grande du même ordre, donne pour *quotient* une quantité finie. Il en est de même d'une quantité infiniment petite divisée par une quantité infiniment petite du même ordre.

COROLLAIRE TROISIEME.

Une quantité infiniment grande divisée par une quantité infiniment grande d'un ordre inferieur, donne pour *quotient* un infini d'un ordre égal à la différence des *exposans*. Il en est de même d'une quantité infiniment petite divisée par une quantité infiniment petite d'un ordre inférieur.

COROLLAIRE QUATRIEME.

Une quantité infiniment grande divisée par une quantité infiniment grande d'un ordre supérieur, donne pour *quotient* une quantité infiniment petite d'un ordre représenté par la différence des *exposans*. Il en est de même d'une quantité infiniment petite divisée par une quantité infiniment petite d'un ordre supérieur. Les différens exemples de la division servent de démonstration aux trois derniers Corollaires.

REMARQUE.

Nous avons prouvé dans l'article de l'Arithmétique algébrique 1°. qu'une quantité quelconque dont l'*exposant* est *o*, n'est autre que l'unité; donc $\infty^0 = 1$.

Nous avons prouvé 2°. qu'une quantité dont l'*exposant* est un nombre entier négatif, n'est autre chose que l'unité divisée par la puissance positive de cette quantité; donc $\infty^{-1} = \frac{1}{\infty}$; donc $\infty^{-2} = \frac{1}{\infty^2}$; $\infty^{-n} = \frac{\infty n.}{1}$ Toutes ces notions nous serviront dans la suite.

RÉCAPITULATION.

Nous voici arrivés à la fin d'un des plus grands articles de ce Dictionnaire; c'est celui de l'Arithmétique. Nous l'avons divisé en quatre Parties, en Arithmétique ordinaire, Arithmétique algébrique, Arithmétique analytique, & Arithmétique sublime. Ce qui se trouve dans la premiere partie, joint à ce que nous dirons dans l'article des *Fractions*, forme un Traité complet d'Arithmétique. La seconde Partie contient les premiers Elémens de l'Algebre. La troisieme n'est que l'application des regles de l'Algebre, tantôt à des quantités numériques du premier & du second degré, tantôt à des Problemes de Physique de la derniere importance. La quatrieme Partie enfin est une espece d'introduction au calcul infinitésimal. Ceux que l'ignorance ou la mauvaise foi engagent à traiter la Physique de Science conjecturale, trouveront que nous nous sommes trop étendus sur l'article de l'Arithmétique; mais le suffrage de ces sortes de personnes nous est fort indifférent, j'ai presque dit, nous seroit à charge. Ceux au contraire qui sont nés pour la bonne Physique, nous sauront un gré infini d'avoir rassemblé une foule de connoissances absolument nécessaires aux personnes qui veulent lire les écrits des Physiciens modernes. En effet comment pourra-t-on, sans être au fait de l'Algebre, comprendre, je ne dis pas les Ouvrages de Newton; mais même l'introduction à la Physique Newtonienne de M. l'Abbé Sygorgne? Ce livre que je regarde comme un des meilleurs qui ait paru en ce genre, ne suppose que trop souvent la connoissance du calcul le plus relevé. Qu'on ne s'imagine pas au reste que les seuls Newtoniens s'expriment de la sorte. Privat de Molieres que l'on ne mettra jamais au nombre des *attractionnaires*, n'a pas cru pouvoir se dispenser d'introduire l'Analyse dans ses leçons de Physique. Il a eu raison, tout homme qui ne veut pas tâtonner en Physique, doit savoir non-seulement que les carrés des tems périodiques de deux Planetes qui tournent autour d'un centre commun, sont comme les cubes des distances à ce centre; mais il doit encore être en état d'apporter la démonstration de cette fameuse Loi; & comment le sera-t-il, s'il n'est pas algébriste? Il en est de même de la plupart des propositions qui forment le Traité des Forces centrales. Le seul reproche qu'on pourroit donc nous faire avec justice, ce seroit de n'avoir pas assez donné d'étendué à l'article de l'Arithmétique. Nous convenons qu'il est trop court; mais nous y suppléerons dans la suite.

ARPENT. C'est un compas de bois, dont les jambes longues de 5 à 6 pieds, s'ouvrent à volonté. Cette ouverture représente une mesure connue, comme un certain nombre de pieds, pans, cannes, toises, &c. Dans plusieurs Villages du Languedoc l'ouverture de l'arpent est de 9 pans. En voici la raison. Dans ces Villages le *dextre* est un terrain de 18 pans carrés; donc deux fois l'ouverture de l'arpent représente un des côtés du *dextre*; donc le *dextre* contient 4 arpens carrés; donc lorsqu'on a trouvé qu'un terrain contient un certain nombre d'arpens carrés, l'on doit diviser cette somme par 4, pour avoir le nombre de *dextres* qu'il renferme. Un terrain, par exemple, comprend-il 100 arpens carrés ? il contiendra 25 *dextres*, ou une émine de terrain; parce que dans ces Pays-là l'émine est de 25 *dextres*, & la salmée de 12 émines. Ces connoissances sont nécessaires à ceux qui voudroient arpenter les terres de plusieurs Villages qui sont aux environs de Nîmes; tels que *Parignargues*, *Gajans*, *la Calmete*, *la Rouviere*, *Fons*, *&c.*

ARPENTAGE. C'est une science qui apprend à mesurer les surfaces; c'est la planimétrie dont nous avons donné les principes dans la seconde partie de l'article qui commence par le mot, *Géométrie pratique*. Là on trouvera des méthodes infaillibles pour mesurer non-seulement un *carré*, un *carré long*, toutes sortes de *Parallélogrammes*, toutes sortes de *Triangles*, toutes sortes de *Trapezes*; mais des *Cercles*, des *Ellipses*, les surfaces d'un *Cône*, d'une *Sphere*, *&c.*

Les instrumens nécessaires pour arpenter sont 1°. un arpent dont nous avons donné la description dans l'article précédent; 2°. des piquets ou signaux pour s'aligner, & pour former les côtés des figures que l'on veut mesurer; 3°. un cercle divisé en 4 parties égales, avec une pinule à chaque division: cet instrument sert sur-tout à former les angles droits des rectangles que l'on trace dans le champ que l'on va arpenter; 4°. une chaîne dont on connoît la longueur; on mesure plus exactement avec cette chaîne, qu'on ne le fait avec un arpent dont on transporte successivement l'intervalle sur la ligne dont on veut déterminer la longueur. Lorsqu'on vous donne un champ à arpenter, il faut commencer par le parcourir, afin de voir en gros quelles sont les figures que l'on peut y tracer. Dans ce métier, comme dans presque tous les autres, la théorie ne suffit pas; il faut beaucoup d'expérience; les plus savans Géometres ne sont pas toujours les meilleurs Arpenteurs.

ARRIAGA (Roderic de) Philosophe Espagnol, naquit à Lucron le 17 Janvier 1592. Il entra dans la Compagnie de Jesus le 17 Septembre 1606 à l'âge de 14 ans & quelques mois. Il se distingua dans cette Compagnie par un goût décidé pour les hautes sciences. Dans son cours de Philosophie qu'il publia en un volume *in-folio*, il traite à la maniere & avec presque tous les défauts des Anciens une foule de questions de Physique. Ses six premieres disputes sont sur les principes des corps ; les 5 suivantes, sur les causes ; la 12e. dispute roule sur le mouvement & le repos ; la 13e. sur l'infini ; la 14e. sur le lieu & sur le vuide dont il ne nie pas la possibilité, & dont il combat l'existence par des argumens très-foibles ; sa 15e. dispute est sur le tems ; la 16e. sur le continu ; la 17e. sur la création du monde ; la 18e. sur les corps célestes, & la 19e. sur plusieurs qualités des corps. Malgré les ténebres dont étoit alors obscurcie la Philosophie, le Pere Arriaga proposa sur la raréfaction & sur la condensation des corps un systeme très-physique. Il donne pour cause de la premiere, l'introduction de certains corpuscules étrangers dans le corps qui occupe un plus grand espace qu'auparavant, & il assigne l'expulsion de ces mêmes corpuscules pour la cause de la seconde. Voici comment il s'explique page 582. *Dicendum ergo rarefactionem fieri, per introductionem aliquorum corpusculorum aeris aut aliorum ; ratione autem illorum corpusculorum majorem occupari locum à corpore raro quàm anteà : in condensatione verò foràs expelli ejusmodi corpuscula, ideòque minorem locum occupari.* Nous devons encore à Arriaga une découverte que nous regardons comme une des principales preuves du systeme de l'*Attraction.* Il soutint que les corps graves de quelque masse & de quelque figure qu'ils fussent, devoient tomber sur la terre avec la même vîtesse, pourvu qu'ils se trouvassent à égale distance de la terre, & il prouva son sentiment par un grand nombre d'expériences rapportées dans le chapitre qu'il a intitulé, *omnia gravia æqualiter per se cadunt deorsùm.* Il mourut à Prague le 17 Juin 1667. Il avoit exercé pendant vingt ans dans cette Ville la charge de Préfet général des études, & pendant 12 ans celle de Chancelier de l'Université. L'estime particuliere qu'eurent pour lui les Papes Urbain VIII, Innocent X & l'empereur Ferdinand III, devroit engager nos Modernes à en parler avec plus de respect qu'ils ne font. Il a composé plusieurs autres ouvrages dont il ne nous convient pas de donner ici l'abrégé.

ARROSEMENT. Ce que la boisson est pour les Animaux, l'arrosement l'est pour les végétaux. C'est surtout pendant les chaleurs de l'été, que les plantes ont besoin d'être arrosées ; & c'est le matin & le soir qu'il faut faire cette opération. L'arrosement du matin empêchera, & celui du soir réparera les ravages de la chaleur.

ARSENIC. L'espece de soufre que l'on appelle *arsenic*, est une substance minérale, pesante & très-corrosive ; cette derniere qualité en fait un poison très-violent. L'on assure que le beurre & le lait de vache pris en quantité sont un excellent antidote contre son venin. Il y a plusieurs especes d'arsenic, le jaune qu'on nomme quelquefois *orpiment*, le rouge & le cristallin, ou blanc. C'est dans les mines de cuivre, qu'on trouve ordinairement l'arsenic. Ce minéral a une propriété singuliere. Mêlé, même en assez petite quantité, avec quelque métal, il le rend friable, & il lui ôte sa malléabilité. M. Grosse a trouvé le secret de l'en séparer. Il ajoute un peu de fer au mélange ; l'arsenic s'y attache, & le premier métal redevient malléable comme auparavant.

ARTEMON, *natif de Clazomene, florissoit environ* 450 *ans avant J. C.* Il a été un des plus grands machinistes de l'antiquité. Conduit au Siége de Samos par Périclès l'an 441 avant J. C., il y inventa le Belier, la Tortue & plusieurs autres machines qui furent cause de la prise de la Ville après un Siége de 9 mois. Nous ignorons le lieu & l'année de la mort d'Artemon.

ARTERES. Les arteres sont des conduits cylindriques qui pour la plupart, tirent leur origine de l'aorte, soit ascendante, soit descendante, & qui sont destinés à porter le sang depuis le cœur jusqu'aux extrémités du corps. Les Anatomistes remarquent qu'ils sont formés par trois enveloppes qu'ils appellent *tuniques*, & ils ajoutent qu'ils ont une grande élasticité.

Pour nous, nous remarquerons que non-seulement l'artere pulmonaire ne tire pas son origine de l'aorte, mais encore qu'elle donne naissance à toutes celles qui se trouvent dans les poumons. Nous remarquerons aussi que, quoique la blessure des arteres soit infiniment dangereuse, il est cependant des occasions critiques où l'on tire du sang en ouvrant une artere avec la lancette. Il s'est trouvé même de grands Médecins qui ont prétendu que dans les apoplexies il valoit mieux ouvrir l'artere, que la veine. Leur sentiment n'a pas encore été adopté. Cette opération s'appelle en chirurgie *Artériotomie.* Lorſqu'on la pratique, il faut la faire au front, aux tempes & derriere les oreilles, & jamais aux bras ou aux pieds.

ARTICULATION. Ce terme appartient à la Phyſique & à l'Anatomie. Lorſqu'on le prend pour un terme de Phyſique, il ſignifie *prononciation diſtincte.* Lorſqu'on le prend pour un terme d'Anatomie, il ſignifie la *jointure de deux os.*

ASCENDANT. Cet adjectif eſt très-uſité en Aſtronomie. En voici quelques exemples. 1°. Le nœud *aſcendant* eſt celui de deux nœuds par lequel paſſe une Planete quelconque, lorſqu'elle va de la partie méridionale dans la partie boréale de la ſphere. Tout le monde ſait qu'on donne le nom de *nœuds* aux deux points où l'orbite d'une Planete coupe l'Ecliptique.

2°. La latitude *aſcendante* d'une Planete eſt ſa latitude Septentrionale.

3°. Les ſignes *aſcendans* ſont le *Belier*, le *Taureau*, les *Gemeaux*, le *Cancer*, le *Lion* & la *Vierge* ; ils ne ſont aſcendans que pour les lieux où le pôle boréal eſt plus élevé ſur l'horiſon, que le pôle méridional ; il en eſt de même de la latitude *aſcendante.*

4°. L'adjectif aſcendant eſt encore un terme d'Anatomie. On dit l'*aorte aſcendante*, la *veine cave aſcendante*, comme nous l'avons expliqué aux articles, *aorte* & *veine cave.*

ASCENSION DROITE. L'arc de l'équateur intercepté entre le cercle de déclinaiſon d'une Etoile quelconque & le point où l'Equateur concourt avec l'écliptique, qui eſt le premier degré du ſigne du *Belier*, marque l'aſcenſion droite de cette Etoile. Suppoſons, par exemple, que le cercle de déclinaiſon d'une Etoile quelconque A coupe l'Equateur vis-à-vis le premier degré du ſigne du *Cancer*, l'Etoile A aura 90 degrés d'aſcenſion droite, parce que l'arc de l'Equateur compris entre le cercle de déclinaiſon de l'Etoile A, & le point où l'Equateur concourt avec l'écliptique, ſera préciſément un arc de 90 degrés. On peut encore dire que l'arc de l'aſcenſion droite d'un Aſtre eſt la portion de l'Equateur compriſe entre le commencement du ſigne du *Belier*, & le point de l'Equateur qui dans la Sphere droite ſe leve, ou arrive au méridien en même tems que l'Aftre dont il s'agit. Voyez cette vérité rapprochée de fes principes dans l'article des *Etoiles*.

ASCENSION *oblique*. L'arc de l'afcenfion oblique d'un aftre eft l'arc de l'Equateur compris entre le premier point du figne du *Belier*, & le point de l'équateur, qui dans la fphere oblique fe leve en même tems que l'aftre dont il s'agit. On la compte, comme l'afcenfion droite, d'occident en orient.

ASCENSIONNEL. La différence entre l'afcenfion droite & l'afcenfion oblique d'un même aftre, s'appelle *différence afcenfionnelle*. Pour trouver la *différence afcenfionnelle* du Soleil pour un jour & pour un lieu donnés, 1°. cherchez la latitude de ce lieu; 2°. cherchez quelle eft ce jour-là la déclinaifon du Soleil ; 3°. faites la proportion fuivante ; le rayon : à la tangente de la latitude du lieu : : la tangente de la déclinaifon du Soleil : au finus de la *différence afcenfionnelle*.

Probleme premier. Connoiffant la *différence afcenfionnelle* du Soleil, trouver de combien un jour de l'année differe du jour de l'équinoxe.

Réfolution. 1°. Réduifez en tems la *différence afcenfionnelle* trouvée, à raifon de quatre minutes d'heure pour chaque degré ; une *différence afcenfionnelle* de 15 degrés, par exemple, réduite en tems, vaudra une heure.

2°. Doublez le tems trouvé.

3°. Ajoutez cette fomme à 12 heures, fi le Soleil fe trouve dans les fignes boréaux ; ou bien ôtez cette fomme de 12 heures, fi le Soleil fe trouve dans les fignes méridionaux, vous aurez la quantité dont un jour de l'année differe du jour de l'équinoxe dans la fphere oblique boréale.

4°. Si vous étiez dans la fphere oblique méridionale, vous ajouteriez la fomme dont il s'agit à 12 heures, lorfque le Soleil fe trouve dans les fignes méridionaux ; & vous ôteriez la fomme de 12 heures, lorfque cet aftre fe trouve dans les fignes boréaux.

Probleme fecond. Connoiffant la *différence afcenfionnelle* du Soleil, connoître fon afcenfion oblique dans la fphere boréale oblique.

Réfolution. 1°. Si le Soleil eft dans les fignes boréaux,

ôtez la *différence ascensionnelle* de l'ascension droite, le reste sera l'ascension oblique.

2°. Si le Soleil est dans les signes méridionaux, ajoutez la *différence ascensionnelle* à l'ascension droite, la somme sera l'ascension oblique.

Mais, *dira-t-on*, comment peut-on connoître l'ascension droite du Soleil ? Je répons qu'on la trouve dans tous les livres d'Astronomie. Si cependant vous voulez prendre la peine de la chercher vous-même, vous la trouverez en faisant la proportion suivante ; la tangente de l'obliquité de l'Ecliptique, c'est-à-dire, la tangente d'un arc de 23 degrés, 28 minutes : à la tangente de la déclinaison du Soleil : : le sinus total : au sinus d'un quatrieme terme qui vous donnera dans le printems l'ascension droite du Soleil. En été le supplément de ce quatrieme terme sera l'ascension droite de cet astre. Pour l'avoir en automne, vous ajouterez ce quatrieme terme à 180 degrés. Enfin pour la trouver en hiver, vous ajouterez le complément de ce quatrieme terme à 270 degrés. Voyez la bonté de cette analogie dans la sphere de Rivard, *liv.* 4, *prop.* 6.

ASPHYXIE. Privation subite du pouls, de la respiration, du sentiment & du mouvement ; & pour tout dire en un mot, abattement subit & total des forces du corps & de l'esprit. La mort la plus prochaine est la suite nécessaire de cet état, si l'on n'a pas promptement recours aux remedes. Les airs méphitiques, & surtout l'air fixe, l'air nitreux & l'air inflammable occasionnent l'asphyxie, & quelques minutes après, la mort, si l'on n'est pas secouru à tems par des personnes intelligentes. Cherchez *Airs factices* & *Méphitisme*.

L'asphyxie est le dernier degré de la défaillance. Le premier degré de la défaillance se nomme *lipothymie* ; le second, *syncope* ; le troisieme, *asphyxie*. Dans l'état de lipothymie, le pouls est petit, foible & languissant ; la respiration presqu'insensible, la pâleur & la froideur gagnent les pieds, les mains & le visage. On prévient facilement les suites de la lipothymie, en jettant de l'eau froide sur le visage du malade, & en lui mettant sous le nez de l'eau de la Reine d'Hongrie, de l'eau de Luce, &c. Si ces remedes simples n'ont pas leur effet ; on relâche tous les vêtemens du malade ; on le couche horisontalement dans un lit bien chaud ; on lui fait des frictions sur tout le corps avec la flanelle trempée dans l'eau de vie ; on met sur sa langue du poivre concassé ou du sel volatil. Dès que ces remedes ont commencé à opérer, on donne au malade un verre de bon vin ou quelques cuillerées d'un mélange composé d'eau de fleurs d'Orange & d'eau de Cannelle ; on met deux parties d'eau de fleurs d'Orange sur une partie d'eau de Cannelle. On suppose que la lipothymie n'est pas occasionnée par quelque indigestion. Dans ce cas le thé, l'infusion de véronique & surtout l'émétique sont des remedes infaillibles.

A la lipothymie succede la syncope, état dans lequel le pouls est presque imperceptible, la respiration insensible, la sueur froide, & la connoissance nulle. On emploie pour la syncope à-peu-près les mêmes remedes, que pour la lipothymie.

Il n'en est pas ainsi du dernier degré de la défaillance, connu sous le nom d'*asphyxie* ; c'est une mort apparente qui sera suivie d'une mort réelle, pour peu que l'on tarde de venir au secours du malade. Le retard de 2 à 3 minutes suffit pour l'enlever de ce monde. La Chimie nous fournit dans l'*alkali volatil fluor* dont nous avons parlé à l'article *alkali*, le plus infaillible de tous les remedes ; en voici des preuves évidentes.

Le 10 Mai 1777, l'Académie Royale des Sciences de Paris tint une assemblée à laquelle l'Empereur voulut bien assister. En présence de ce Prince, M. *Lavoisier* mit un moineau dans un bocal où il versa de *l'air fixe*. A peine eut-il versé cet acide, que l'oiseau s'agita & tomba sur le côté. M. *Lavoisier* le retira sur le champ du bocal & le présenta pour mort à Sa Majesté impériale. M. *Sage* demanda l'oiseau, il versa dans sa main environ un gros d'alkali volatil fluor, & il y posa le bec de l'animal ; au premier signe de mouvement qu'il donna, il le mit sur la table ; mais à peine eut-il étendu ses ailes, qu'il retomba. M. *Sage* le présenta de nouveau & de la même maniere à l'alkali volatil, qui acheva de produire son effet ; l'animal se tint sur ses pattes, marcha, battit des ailes & s'envola.

J'ai répété plusieurs fois cette belle expérience dans

les assemblées particulieres de l'Académie Royale de Nîmes ; elle a toujours réussi. Et comment auroit-elle pu échouer ? Ne sont-ce pas les acides dont l'air fixe est composé, qui ont jeté le moineau dans l'état d'asphyxie ? Ces acides combinés avec les alkali qu'on leur a présentés, n'ont-ils pas dû opérer une véritable neutralisation ? De cette neutralisation n'a-t-il pas dû résulter un mixte bienfaisant, & ce mixte n'a-t-il pas dû faire cesser le spasme occasionné par le picotement de l'air fixe qui avoit pénétré dans les poumons du moineau ?

Le 20 Juillet 1777, un homme ivre se jetta dans la Seine à Paris. Un batelier le retira de l'eau, sans mouvement, sans pouls, les yeux ouverts & immobiles. Une personne charitable introduisit de l'*alkali volatil fluor* dans les narines du noyé & lui en versa quatre ou cinq gouttes dans la bouche ; aussi-tôt cet homme fit une grande expiration, rejetta une eau écumeuse, & dit en se redressant, *je me porte bien.*

Dans les personnes qui ont le malheur de se noyer, l'asphyxie est évidemment produite par le défaut de respiration. La portion d'air, restée dans leurs poumons, n'a pu manquer de s'y décomposer. Cette décomposition produit un acide méphitique qui déchire ce viscere & qui en fait cesser toutes les fonctions. L'alkali volatil fluor se combine avec lui ; il s'opere nécessairement une véritable neutralisation de laquelle il résulte un mixte bienfaisant. Alors l'air extérieur ne trouvant plus d'obstacles, s'introduit dans les poumons, & l'asphyxie cesse au même instant.

M. *Sage* a souvent rappellé à la vie, par le moyen de l'alkali volatil fluor mis dans les narines & pris dans de l'eau, des personnes qui avoient été suffoquées, les unes par la vapeur acide du charbon, les autres par celle de la fermentation vineuse. Il s'est alors opéré, comme dans les cas précédens, une véritable neutralisation qui a procuré aux malades la guérison la plus prompte & la plus parfaite.

Ce seroit donc la plus grande de toutes les imprudences de se servir d'une liqueur acide dans des cas analogues à ceux dont il s'est agi jusqu'à présent. Ce seroit vouloir accélérer la mort de pareils asphyxiés. Cherchez *Alkali volatil fluor.*

M. le Comte *de Morozzo* prétend que l'air déphlogistiqué a tous les effets de l'alkali volatil fluor. Cherchez *Airs factices* ; l'air déphlogistiqué occupe la plus grande partie de cet article.

ASTRE. On donne ce nom à tous les corps célestes qui nous éclairent. Il y a des Astres qui ont une lumiere propre, comme les Etoiles & le Soleil ; & il y en a qui ont une lumiere empruntée, comme les planetes & les cometes. Nous parlerons fort au long des uns & des autres dans leurs articles relatifs.

ASTROLOGIE. Ce mot pris littéralement signifie la science des Astres. On divise l'astrologie en naturelle, & en judiciaire. L'astrologie naturelle est une science qui apprend à prédire les événemens futurs qui sont liés avec les mouvemens des Astres ; telles sont les éclipses de Soleil, de Lune, des Planetes, &c. Cette science est une des plus belles parties de l'Astronomie dont nous donnerons bientôt l'origine & les progrès. L'Astrologie judiciaire est une science, ou plutôt un amas de principes imposteurs tirés de l'aspect des Planetes, & de la connoissance de leurs prétendues influences, par lesquels on prétend prédire des événemens moraux, ou deviner ce qui s'est passé. M. Pluche nous a très-bien donné dans son Histoire du Ciel, l'origine de cet art ridicule. Voici ce qu'il y a de plus intéressant sur cette matiere, dans le premier tome de cette Histoire, depuis la page 453 jusqu'à la page 464. Les Egyptiens se figurerent que les noms donnés aux 12 signes du Zodiaque, exprimoient leurs fonctions, & spécifioient leurs influences. Ainsi dans leurs idées le *Belier* avoit une action puissante sur les petits des troupeaux. La *Balance* ne pouvoit qu'inspirer des inclinations de bon ordre & de justice. Le *Scorpion* n'étoit propre qu'à inspirer des inclinations mal-faisantes. Chaque signe causoit le bien ou le mal caractérisé par son nom. Mais sur qui tomberont ces influences ? S'en iront-elles pêle-mêle brouiller tout sur la terre ? On y mit ordre. Un Spéculatif à systeme comprit que le moment privilégié pour l'exercice du pouvoir de chaque signe, étoit celui où ce signe montoit sur l'horison, & que l'enfant qui naissoit au même moment, étoit celui qui en éprouvoit les plus puissantes impressions. De-là notre Astrologue concluoit que l'enfant qui venoit au monde au moment précis où la premiere Etoile du *Belier* montoit sur l'horison, seroit à coup sûr riche en troupeaux. On donna dans le même travers sur le pouvoir du Taureau & des Chevreaux. On disoit que celui qui naîtroit sous le signe de l'*Ecrevisse* iroit toujours à reculons & en baissant. Le *Lion* devoit inspirer le courage & former des Héros. L'aspect de la *Vierge* portant l'épi céleste, devoit donner des inclinations chastes, & joindre l'abondance à la vertu. Heureux les peuples dont le Roi & les Magistrats seroient nés sous le signe de la *Balance* ! malheur à quiconque arrivoit à la lumiere sous l'affreux signe du *Scorpion* ! la fortune de celui qui naissoit sous le *Capricorne*, & particulierement lorsque le Soleil montoit sur l'horison avec le *Capricorne*, devoit toujours aller en montant comme cet animal, & comme le Soleil qui monte alors 6 mois de suite.

Toutes ces subtilités étoient souvent démenties par des événemens contraires. Mais on faisoit valoir la conformité de plusieurs autres avec la prédiction ; & l'on trouvoit moyen de se tirer des mauvais, ou des contradictions, en alléguant le concours de la Lune, des autres Planetes & des Etoiles, qui par leur opposition ou conjonction, émoussoient la bonté de certaines influences, & corrigeoient les malignité des autres. Le fin de l'art étoit de savoir combiner ces situations ; d'observer si les influences marchoient sur des lignes paralleles ; si la chute des unes étoit ou oblique ou perpendiculaire sur les autres. Il falloit savoir mesurer des portions de cercle, calculer des angles par les Tangentes & par les Sinus. Il falloit étudier l'ordre du Ciel pour connoître la diversité des aspects. L'Astrologue en un mot se faisoit honneur d'une apparence de savoir, pour en imposer à ceux qui étoient assez simples pour écouter les sottises qu'il débitoit.

Ce qu'ils disoient sur les Planetes n'étoit pas moins extravagant. Suivant eux les influences de *Saturne* étoient les unes languissantes, les autres meurtrieres. Ils attribuoient à *Jupiter* la distribution des Sceptres & des grandeurs, la prolongation de la vie & tous les événemens les plus heureux. *Mars* inspiroit le goût des armes. *Venus* rendoit les hommes voluptueux. *Mercure* avoit la Surintendance du commerce. Le pouvoir des planetes paroifsoit sur-tout, lorsqu'elles étoient en conjonction avec un signe bienfaisant. Il se formoit alors un parallélisme d'influences bénignes qui marchoient de compagnie, & alloient tomber sur l'heureuse tête qui venoit de naître en ce moment.

Cette doctrine toute insensée qu'elle est, n'a eu que trop de partisans jusqu'au siecle de Louis le Grand. Je n'en suis pas surpris; elle tranquillisoit les criminels, en leur faisant rejeter sur l'impression inévitable de la Planete dominante, le mal qui n'étoit l'ouvrage que de leur dépravation.

ASTROLOGUE. Nom qu'on donne à quiconque s'applique à l'Astrologie judiciaire. Ces sortes de devins sont maintenant aussi méprisés, qu'ils le méritent. Il n'en a pas toujours été de même. Tibere, au rapport de Tacite, en faisoit un cas infini. Voici à quelle occasion il apprit à les estimer. Exilé à Rhodes sous l'empire d'Auguste, il aimoit à se tenir sur le haut d'un rocher fort élevé au bord de la mer. Ce fut-là qu'il consulta un Astrologue nommé *Thrasyllus.* Celui-ci lui promit l'Empire & toutes sortes de prospérités. *Puisque tu es si habile*, lui dit Tibere, *pourrois-tu me dire combien il te reste de tems à vivre?* Thrasyllus feignant de regarder les Astres, regarda les yeux de Tibere. Il comprit qu'il le vouloit faire précipiter dans la mer. *Autant que j'en puis juger*, s'écria-t-il, *je suis à cette heure même menacé d'un grand malheur.* Ce trait d'esprit lui sauva la vie; Tibere le regarda comme un Oracle, & il lui donna toute sa confiance. Les Astrologues n'ont aujourd'hui de crédit que dans les pays Idolâtres. Les Brachmanes sur-tout exercent sur le peuple une autorité tyrannique; & c'est à l'Astrologie qu'ils doivent tout leur pouvoir.

ASTRONOME. On donne ce nom à ceux qui s'adonnent à la science des Astres. Les principaux Astronomes sont: *Thalès*, *Anaximandre*, *Pythagore*, *Méton*, *Aristote*, *Archimede*, *Erathostene*, *Hipparque*, *Ptolomée*, *St. Anatole*, *le Calife Almamoum*, *Alfonse*, *Bacon*, *Maria*, *Régiomontan*, *Copernic*, *Apiano*, *Tychon*, *Galilée*, *Képler*, *Clavius*, *Gassendi*, *Descartes*, *Mersenne*, *Neper*, *Riccioli*, *Grimaldy*, *Hévélius*, *Cassini*, *Huygens*, *Newton*, *Roëmer*, *Flamsteed*, *Halley*, *Tacquet*, *De Chales*, *Wolfius*, *de la Hire*, *de la Caille*, *&c.* nous ne parlons que des Astronomes que la mort nous a enlevés. Nous ferons connoître dans l'article suivant combien ils ont contribué aux progrès de l'Astronomie.

ASTRONOMIE. C'est la science des Astres. La premiere opération que les Astronomes ayent faite, a été sans doute de déterminer exactement la ligne que le Soleil décrit sous le Ciel dans ses déplacemens perpétuels : c'étoit-là l'unique moyen de partager l'année par portions égales. M. Pluche qui regarde avec raison les Chaldéens comme les Peres de l'Astronomie, nous raconte dans le *Tome IV du Spectacle de la Nature*, *page* 293, la maniere ingénieuse dont ils s'y prirent pour ne pas se tromper.

(Ils eurent deux vaisseaux de cuivre tous deux découverts, l'un percé par le fond, l'autre sans ouverture par le bas. Ayant bouché le trou du premier, ils l'emplirent d'eau, & le placerent de façon que l'eau pût s'en écouler dans l'autre au moment qu'on ouvriroit le robinet.

Après quoi ils obsérverent dans la partie du Ciel où est la route annuelle du Soleil, le lever d'une Etoile remarquable par sa grandeur ou par son éclat ; & au moment qu'elle parut sur l'horison, ils commencerent à faire couler l'eau du vase supérieur, & ils la laisserent tomber dans l'autre pendant tout le reste de la nuit, tout le jour suivant, & jusqu'au moment où la même Etoile, de retour en Orient, commença à reparoître sur l'horison. Dès qu'elle reparut, on ôta le vase inférieur, & on jetta à terre ce qui restoit d'eau dans l'autre. Les Observateurs étoient sûrs d'avoir entre le premier lever de l'Etoile & son retour une révolution du Ciel entier. L'eau qui s'étoit écoulée pendant cette durée, pouvoit donc leur donner un moyen de mesurer la durée d'une révolution du Ciel entier, & de partager cette durée en différentes portions égales ; puisqu'en partageant cette eau elle-même en douze portions égales, ils étoient sûrs d'avoir la révolution d'une douzieme partie du Ciel, durant l'écoulement d'une douzieme partie de l'eau. Ils firent la division de l'eau du vase inférieur en 12 parties parfaitement égales, & ils préparerent deux autres petits vaisseaux capables de tenir chacun une de ces portions, & rien de plus. On rejetta de nouveau les douze portions d'eau toutes ensemble dans le grand vase supérieur,

rieur, en le tenant fermé. Ensuite on plaça sous le robinet toujours fermé un des plus petits vaisseaux, & l'autre à côté pour succéder au premier, aussi-tôt qu'il seroit plein.

Tous ces préparatifs étant faits, ils observerent la nuit suivante cette partie du Ciel vers laquelle ils avoient remarqué depuis long-tems que le Soleil, la Lune & les Planetes prenoient leurs routes, & ils attendirent le lever de la constellation, qu'on a depuis appellée le *Belier*. Au moment qu'elle parut, & qu'ils en virent monter la premiere Etoile, ils laisserent écouler l'eau dans la petite mesure. Dès qu'elle fut pleine, on l'éloigna & on la versa à terre. En même tems on plaça sous la chute de l'eau la seconde mesure vuide. On remarqua exactement & de façon à s'en souvenir, toutes les Etoiles qui se levoient dans tous les tems que la mesure mettoit à se remplir; & cette partie du Ciel étoit terminée dans leurs observations par l'Etoile qui paroissoit la derniere sur l'horison au moment que la mesure achevoit précisément de s'emplir; de sorte qu'en donnant le tems aux deux petits vaisseaux de s'emplir alternativement, bord à bord, chacun trois fois dans la durée de la nuit, ils eurent par ce moyen la moitié de la route du Soleil dans le Ciel, la juste moitié du Ciel même, & cette moitié divisée en 6 portions égales, dont on pouvoit montrer & caractériser le commencement, le milieu & la fin par des étoiles que leur grandeur ou leur petitesse, leur nombre ou leur arrangement rendoient reconnoissables. Quant à l'autre moitié du Ciel, & aux 6 autres constellations que le Soleil y parcourt, il fallut en remettre l'observation à une autre saison. On attendit que le Soleil placé au milieu des constellations déjà observées & connues, laissât la liberté d'appercevoir les autres durant la nuit.)

Telle est la premiere observation Astronomique dont les auteurs nous ayent laissé le récit; telle est l'origine du Zodiaque dont nous parlerons assez au long en son lieu. L'on trouvera dans les articles de ce Dictionnaire qui commencent par les mots *Sphere*, *Képler*, *Copernic*, *Eclipses*, *Etoiles*, *Planetes* & *Cometes*, ce qu'il y a de plus curieux & de plus intéressant dans l'Astronomie Physique.

Malgré ces différens Traités d'Astronomie répandus

dans le corps de cet ouvrage, il est nécessaire de faire connoître les progrès d'une science dont nous venons de rapporter les premiers commencemens. Pour ne pas fatiguer le Lecteur, & pour ne pas le faire revenir plusieurs fois sur ses pas, nous avons préféré la méthode Chronologique à la méthode Géographique. Nous nous sommes fort peu étendu sur les Auteurs dont nous avons donné dans ce Dictionnaire l'abrégé de la vie; sans cette précaution cet article auroit contenu la matiere d'un grand volume.

Année 640 avant J. C.

Environ ce tems-là naquit à Milet, Ville d'Ionie dans la Grece, le fameux Thalès, distingué par les découvertes qu'il fit dans l'Astronomie. Il prédit les éclipses; il fixa les points des Solstices, & il trouva en quelle raison est le diametre du Soleil au cercle qu'il décrit autour de la Terre. Il arriva à cet Astronome une chose assez plaisante. Un soir qu'il sortoit de sa maison pour contempler les Astres, il tomba dans un fossé; une vieille femme qui s'apperçut de cet accident, lui dit d'un ton moqueur: *Comment, Thalès, pourriez-vous voir ce qui se fait dans le Ciel, puisque vous ne voyez pas même ce qui est à vos pieds?* Thalès avoit près de 100 ans, lorsqu'il mourut; il avoit coutume de dire que *ce qu'il y a de plus ancien, c'est Dieu, car il est incréé; de plus beau, le monde, parce qu'il est l'ouvrage de Dieu; de plus grand le lieu; de plus vîte, l'esprit; de plus fort, la nécessité; de plus sage, le tems.*

Année 547 avant J. C.

On savoit en ce tems-là que la Lune emprunte sa lumiere du Soleil; que cet Astre est plus grand que la Terre; que c'est une masse de feu. On construisoit des Spheres. On traçoit des cadrans solaires. On dressoit des cartes Géographiques. On connoissoit l'obliquité de l'écliptique. On doit ces connoissances à Anaximandre natif de Milet & disciple de Thalès.

Année 530 avant J. C.

Pythagore enseigna environ ce tems-là que les Planetes tournent autour du Soleil ; que la Terre tourne, autour du même Astre ; qu'elle a, outre ce mouvement périodique, un mouvement de rotation qu'on doit regarder comme la cause du mouvement diurne du Soleil & des Etoiles, & que par conséquent le mouvement de ces Astres n'est qu'un mouvement apparent. On assure aussi que cet Astronome fit des observations qui servirent à diviser l'année en 365 jours & quelques heures.

Année 439 *avant J. C.*

Cette année-là même Méton, célebre Astronome d'Athenes, publia son fameux Cycle lunaire, par le moyen duquel il prétendoit ajuster le cours du Soleil à celui de la Lune. Nous avons parlé très au long de ce Cycle dans l'article du *Calendrier*, *num.* 6.

Année 370 *avant J. C.*

Ce fut à-peu-près alors qu'Eudoxe de Cnide, fils d'Eschines, régla l'année Solaire à 365 jours 6 heures. Cet Astronome eut encore la gloire de déterminer le tems précis que mettent les autres Planetes à tourner périodiquement autour du Soleil.

Année 340 *avant J. C.*

On observa à-peu-près en ce tems-là Mars éclipsé par la Lune, & une Comete ; c'est à Aristote que nous devons ces observations.

Année 200 *avant J. C.*

Alors florissoit à Syracuse le grand Archimede qui s'adonna à l'Astronomie avec une espece de fureur. Il fit une Sphere de verre dont les cercles suivoient les mouvemens des Cieux avec beaucoup d'exactitude.

Dans ce tems-là même vivoit Ératosthene qui fixa la distance de la Terre au Soleil & à la Lune.

Année 140 *avant J. C.*

Hipparque, le plus grand Astronome de l'antiquité, composa ses ouvrages entre l'an 168 & l'an 129 avant J. C. il prédit les éclipses, & il calcula toutes celles qu'il devoit y avoir de Soleil & de Lune dans l'espace de 600 ans. Il compta les Etoiles, & il marqua la situation & la grandeur des principales. Il fit plus ; il s'apperçut que les Etoiles avoient un mouvement d'Occident en Orient autour des pôles de l'écliptique.

Année 138 *de J. C.*

En ce tems-là florissoit à Alexandrie Claude Ptolomée dont le systeme astronomique a été adopté par tous les Philosophes jusqu'en l'année 1530. Nous en avons parlé dans l'article qui commence par le mot *Ptolomée.* Ce grand homme rangea les Etoiles les plus considérables sous 48 constellations, dont 12 se trouvent autour de l'écliptique, 21 dans la partie Septentrionale, & 15 dans la partie méridionale de la Sphere. Voyez le mot *étoiles.* Nous avons encore son fameux *Almageste.* C'est un ouvrage qui contient un grand nombre d'observations & de problemes des anciens sur la Géométrie & l'Astronomie.

Année 269 *de J. C.*

Cette année-là même fut fait Evêque de Laodicée St. Anatole. Le traité qu'il composa sur la *Pâque* est une preuve incontestable des grands progrès qu'il avoit fait dans l'Astronomie.

Année 813 *de J. C.*

Le Calife Almanoum, Prince Mahométan, commença cette année-là son Empire. Il s'adonna à l'astronomie avec tant de soin, qu'on dressa sur ses observations des Tables astronomiques qui portent son nom.

Année 1252 *de J. C.*

Le Ier. Juin de cette année monta sur le Trône de Léon & de Castille Alfonse, surnommé l'astronome. Ce Prince dépensa quatre cent mille ducats à la construction des Tables Astronomiques, nommées *Alfonsiennes.* Ces Tables furent dressées en 1270.

Année 1267 *de J. C.*

Roger Bacon, Cordelier, proposa cette année-là au

Pape Clement IV la correction du Calendrier ; dans lequel il avoit découvert une erreur très-considérable. Elle ne fut exécutée qu'en l'année 1580 sous le Pontificat de Grégoire XIII. Voyez l'article du *Calendrier*.

Année 1440 *de J. C.*

Dominique Maria, Bolonois, travailla en ce tems-là avec beaucoup de soin au rétablissement de l'astronomie. Il donna du goût pour cette science au fameux Copernic, dont il fut précepteur.

Année 1460 *de J. C.*

Alors florissoit en Allemagne Jean Muller, connu sous le nom de *Régiomontan.* Il publia le premier des Ephémérides pour plusieurs années. Il donna l'abrégé de l'*Almageste* de Ptolomée, & il observa avec beaucoup de soin la Comete de 1472.

Année 1473 *de J. C.*

Le 19 Février 1473, naquit à Thorn le fameux Nicolas Copernic. Il fit connoître les défauts qui se trouvent dans le systeme astronomique de Ptolomée, & il publia en 1530 le vrai systeme du Ciel, dont il trouva le fond dans les écrits de Pythagore. Voyez l'article de *Copernic*.

Année 1531 *de J. C.*

Cette année est fameuse par l'apparition de la Comete que l'on a vu revenir en l'année 1607, en l'année 1682 & en l'année 1759. Elle fut observée la premiere fois par Pierre Apiano de Leipsic, astronome de l'Empereur.

Année 1546 *de J. C.*

Trois ans après la mort de Copernic, c'est-à-dire, le 19 Décembre 1546 naquit à Knudstrup Tycho-brahé, l'un des plus grands Astronomes d'un siecle très-fécond en grands hommes de cette espece. Il fit bâtir dans son château d'Uranibourg un fameux observatoire, d'où il détermina les vrais lieux de 777 Etoiles fixes. Il fit un ſyſteme du Ciel, dont nous avons rendu compte dans l'article qui commence par *Tychon.*

Année 1564 *de J. C.*

Cette année-là même naquit l'inventeur des Téleſcopes aſtronomiques, le célebre Galilée. A l'aide de ces inſtrumens, il découvrit les 4 Satellites de Jupiter. Pour ce qui regarde les taches du Soleil, quelques-uns en attribuent la découverte à Galilée, quelques autres au P. Scheiner. Quoi qu'il en ſoit de ce différend, il eſt sûr que nous n'avons connu le mouvement de rotation de cet aſtre, que par les taches qu'on apperçut ſur ſa ſurface. Cherchez *Galilée* & *Cheiner.*

Année 1571 *de J. C.*

Le 22 Déccembre 1571, naquit à Wiel Jean Képler, ſurnommé le *pere de l'Aſtronomie.* Il a mérité ce beau nom, parce qu'il a trouvé que les *Aires aſtronomiques parcourues par les Planetes, ſont comme les tems employés à les parcourir*, & parce qu'il a aſſuré que *les carrés des tems périodiques des Planetes qui tournent autour d'un centre commun, ſont comme les cubes de leurs diſtances à ce centre.* Nous avons démontré dans l'article de *Képler* la bonté de ces deux regles, & nous avons enſeigné quel eſt l'uſage qu'en font les aſtronomes.

Année 1582 *de J. C.*

Cette année fut publié le Calendrier réformé par l'ordre de Grégoire XIII. Ce fut le P. Clavius qui eût la principale part à cette réformation, ſi néceſſaire à l'Aſtronomie. Cherchez *Clavius.*

Année 1592 *de J. C.*

Cette année eſt célebre par la naiſſance de Gaſſendi. Les obſervations qu'il a faites pendant le tems qu'il a occupé la Chaire de Mathématique du Collége Royal, à Paris, ſont de la derniere exactitude ; on les trouve dans la partie de ſes ouvrages intitulée, *Œuvres Aſtronomiques.* Il nous a encore laiſſé dans ſes Commentaires ſur le dixieme livre de *Diogene Laerce*, la description de l'Aurore boréale de 1621. Voyez l'abrégé de la vie de ce grand Philosophe dans l'article de ce Dictionnaire qui commence par le mot *Gassendi*.

Année 1596 *de J. C.*

Voici encore une époque pour la Physique en général, & pour l'Astronomie en particulier ; c'est la naissance de Descartes, dont on trouvera l'abrégé de la vie en son lieu. Si ce grand homme n'a pas trouvé la cause physique des mouvemens des corps célestes, il a au moins été cause que Newton l'a découverte. Son ami Mersenne, dont nous parlerons en son tems, étoit venu au monde quelques années auparavant.

Année 1598 *de J. C.*

A la fin du 16e. siecle Jean Neper, Baron de Merchiston, s'immortalisa par l'invention des *Logarithmes*. Il n'est qu'un vrai Astronome qui sache combien grand est le service que ce Géometre a rendu aux sciences. Voyez l'article des *Logarithmes*.

A-peu-près en ce tems-là florissoit Jean Bayer ; c'est à cet astronome que nous devons la division des principales Etoiles en 60 Constellations. Voyez l'article qui commence par le mot *Etoiles*.

Cette année est encore célebre par la naissance de Jean-Baptiste Riccioli, connu par plusieurs ouvrages Astronomiques, & sur-tout par son nouvel *Almageste* & par sa *Sélénographie*. Il s'associa dans ses observations le Pere Grimaldy, aussi grand astronome que lui. Ils augmenterent de 305 Etoiles le Catalogue de Képler. Cherchez *Neper*, *Bayer*, *Riccioli*, *Grimaldy*.

Année 1611 *de J. C.*

Le 28 Janvier 1611, naquit à Dantzick l'infatigable astronome Hévélius. Il calcula les positions de 1553 Etoiles fixes. Il découvrit le premier une espece de libration dans le mouvement de la Lune, & il fit sur les autres Planetes plusieurs observations importantes que l'on trouve dans ses ouvrages.

Année 1625 *de J. C.*

Le grand Astronome Jean-Dominique Cassini, que nous ferons connoître en son tems, naquit dans la Comté de Nice, le 8 Juin 1625. La principale découverte qu'il ait faite, est celle de 4 Satellites de Saturne. Il observa plusieurs Cometes, celle en particulier de 1682, dont il annonca le retour pour l'année 1759; l'événement a prouvé combien sûrs étoient ses principes, lorsqu'il fit cette prédiction.

Année 1629 *de J. C.*

La Hollande n'eut rien à envier à la Comté de Nice; le 14 Avril 1629, elle vit naître dans son sein Huygens qui découvrit le premier l'*Anneau* de Saturne, & le quatrieme Satellite de cette Planete. Il inventa les Pendules astronomiques, & il perfectionna les Telescopes dioptriques. Nous donnerons dans le cours de cet ouvrage l'abrégé de sa vie.

Année 1642 *de J. C.*

Cette année, naquit à Volstrope en Angleterre le plus grand savant que le monde ait encore eu, c'est l'immortel Newton. L'on verra dans tout le cours de cet ouvrage combien il a contribué à mettre l'Astronomie dans l'état brillant où nous la voyons aujourd'hui.

Année 1644 *de J. C.*

Si nous savons que la lumiere du Soleil se fait par émission, & qu'elle parcourt chaque minute environ quatre millions de lieues, nous le devons à Olaus Roëmer, qui naquit à Arhus dans le Danemark, le 25 Septembre 1644.

Année 1646 *de J. C.*

Flamstéed, Auteur d'un Catalogue astronomique de 3000 Etoiles, naquit à Derby en Angleterre le 19 Août 1646. Graces à ce laborieux Astronome, il n'est à présent aucune Etoile visible dans le Ciel, quelque petite qu'elle soit, dont il n'ait déterminé le lieu.

Année 1656 *de J. C.*

L'Angleterre produisit encore le 8 Novembre de cette année un célebre Astronome, c'est Edmond Halley. Dans le dessein de travailler au progrès de l'Astronomie, il s'embarqua pour l'Isle Ste. Hélene, où il détermina la position de 373 Etoiles australes. Il a encore déterminé les orbites de 24 Cometes.

Année 1660 *de J. C.*

Cette année, Charles II, Roi d'Angleterre, établit à Londres la célebre Société Royale, & six ans après fut établie à Paris une compagnie aussi respectable, occupée au progrès de toutes les Sciences en général & de l'Astronomie en particulier ; c'est l'Académie des Sciences. Ce ne fut qu'en 1699 que Louis le Grand lui donna un réglement que l'on doit regarder comme le monument de son amour pour les lettres.

Année 1669 *de J. C.*

Cette année, on imprima à Anvers l'excellente Astronomie du P. Tacquet. Cherchez *Tacquet.*

Année 1680 *de J. C.*

La meilleure édition du Cours de Mathématique du P. de Chales, parut cette année. On sait combien ce précieux Recueil a contribué au progrès de l'Astronomie. Nous le ferons connoître dans l'abrégé de la vie de ce grand Mathématicien. Peut-être la lecture de son ouvrage a-t-elle inspiré à Wolf le dessein de nous donner un Cours complet de Mathématiques qui, en immortalisant sa mémoire, rend immortel le siecle où nous vivons. Ce fut en 1713 que parurent les deux premiers volumes de cet ouvrage, dont la meilleure édition est en 5 vol. *in*-4°. Cherchez *Chales.*

Année 1683 *de J. C.*

L'existence de la Lumiere Zodiacale, dont nous parlerons fort au long dans la suite, fut constatée cette année par M. Cassini. M. de Mairan en a expliqué la nature d'une maniere très-physique.

Année 1700 de J. C.

Fréderic I, Roi de Prusse, à l'exemple de Charles II, Roi d'Angleterre & de Louis le Grand, Roi de France, établit à Berlin une Société Royale, composée de Savans, dont les travaux Astronomiques sont connus du monde entier. Ce fut à la sollicitation de M. Leibnitz que ce Prince forma cette Compagnie ; aussi ce grand Mathématicien en fut-il élu Président perpétuel. Bologne, Pétersbourg, &c. virent quelque-tems après s'élever dans leur sein par l'ordre de leurs souverains, de semblables compagnies qu'on peut regarder comme les temples de la science.

Année 1702 de J. C.

Cette année, M. de la Hire publia ses fameuses Tables Astronomiques. Nous devons encore à ce savant la continuation de la fameuse méridienne commencée par M. Picard ; & nous devons à celui-ci une mesure exacte du Globe que nous habitons.

Année 1713 de J. C.

Le 15 du mois de Mars 1713, naquit à Rumigni, village près de Reims, Nicolas Louis de la Caille, l'un des plus célebres Astronomes de l'Europe, dans le siecle peut-être le plus fécond en grands hommes de cette espece. Cherchez *Caille* ; vous trouverez dans cet article l'histoire de tout ce qu'il a fait pour le progrès de l'Astronomie, depuis l'année 1736 jusqu'en l'année 1762.

Année 1726 de J. C.

Le 19 Octobre 1726, parut la plus fameuse Aurore boréale dont il soit fait mention dans les Histoires. M. de Mairan qui en a expliqué la nature en grand Physicien, s'en est servi pour démontrer que l'Atmosphere terrestre a plus de 266 lieues de hauteur.

Année 1727 *de J. C.*

Cette année, Bradley & Molyneux découvrirent la cause physique de l'*aberration* des Etoiles fixes. Voyez l'explication de ce Phénomene à la fin de l'article des Etoiles.

Année 1734 *de J. C.*

Cette année partirent par l'ordre de Louis XV pour le Nord, MM. de Maupertuis, Clairaut, le Camus, le Monnier, l'Abbé Outhier & Celsius; & pour le Pérou, MM. Bouguer, de la Condamine & Godin. Les opérations qu'ils ont faites dans ces deux parties du monde, démontrent évidemment que la Terre est un Sphéroïde applati vers les pôles, & élevé vers l'Equateur. Voyez-en la démonstration dans l'article de la *figure de la Terre.* Cette importante découverte seroit seule capable d'immortaliser notre siecle, si les grandes actions du Monarque Bien-Aimé, aux frais de qui furent faits tous ces voyages, ne l'avoient pas déjà rendu immortel.

Année 1759 *de J. C.*

Il est enfin décidé que les Cometes sont des Planetes qui tournent périodiquement autour du Soleil. Celle qui parut au mois d'Avril 1759, en est une preuve sans réplique. Lisez, pour vous en convaincre, l'article des *Cometes.* Tels ont été les progrès de l'Astronomie. Cet article auroit été beaucoup plus long, si nous ne nous eussions pas fait une loi de ne faire l'éloge que des Astronomes que la mort nous a ravis.

ASTRONOMIQUE. Ce mot signifie tout ce qui a rapport à l'Astronomie. Le *lieu Astronomique* d'une Planete ou d'une Etoile, c'est le point de l'Ecliptique auquel elle répond. La longitude des Astres nous donne leur *lieu Astronomique.*

ASYMPTOTE. C'est une ligne droite qui, étant indéfiniment prolongée, s'approche continuellement d'une courbe aussi prolongée indéfiniment, sans que ces deux lignes puissent jamais se rencontrer. Voyez l'article des *sections coniques.*

ATHÉES. Ce sont des impies qui nient l'existence de

l'Être suprême. Nous les avons attaqués dans l'article *Dieu*. Nous nous sommes surtout attachés aux preuves physiques de l'existence du Souverain Maître. Les preuves morales & métaphysiques de cette importante vérité, quoique traitées moins au long, n'ont pas été oubliées. La démonstration formée par l'assemblage de ces preuves, nous donne lieu de conclure qu'il n'est que la débauche & la stupidité qui ayent pu produire l'athéisme. Qu'est-ce en effet qu'un Athée? C'est un prétendu Physicien qui, promettant de ramener les hommes à la nature, à l'expérience, à la raison, nous débite des dogmes dont la nature rougit, que l'expérience dément, que la raison déteste. C'est un penseur absurde qui s'imaginant avoir médité la matiere, ses propriétés & sa façon d'agir, prétend, sans le secours de la cause premiere, expliquer la création & la conservation du monde, tous les phénomenes de l'univers, toutes les opérations de la nature. C'est un Philosophe inconséquent qui proteste qu'il n'attribue rien au hasard, tandis qu'il assure que tous les Êtres ont été produits par le mouvement, le concours, les combinaisons fortuites de certains élémens indestructibles, de certains atomes épicuriens.

Rien de plus noir que le cœur d'un Athée; rien de plus faux que son esprit. L'athéisme ne peut être que le fruit d'une conscience bourrelée, qui cherche à se débarrasser de la cause qui la trouble. On a raison, *dit Dérham*, de regarder un Athée comme un monstre parmi les Êtres raisonnables, comme une de ces productions extraordinaires qu'on rencontre à peine dans tout le genre humain, & qui s'opposant à tous les autres hommes, se révolte non-seulement contre la raison & la nature humaine, mais contre la Divinité même.

Les principales causes de l'athéisme, *dit Clarke*, sont l'ignorance & la stupidité dans les uns, la débauche & la corruption des mœurs dans les autres, la spéculation & le faux raisonnement dans plusieurs.

Les Athées de la premiere classe sont des gens d'un esprit très-borné, qui n'ont jamais rien examiné avec attention, qui n'ont jamais fait un bon usage de leurs lumieres naturelles, qui en un mot ont passé leur vie dans une oisiveté d'esprit qui les abaisse à la condition de la bête.

La seconde classe d'Athées est composée de personnes

dont les déréglemens & les vices ont presque éteint les lumieres de la raison. Accoutumés à tourner la religion en ridicule ; soumis à la tyrannie des plus impérieuses passions ; esclaves des habitudes les plus déréglées, ils sont résolus de fermer les oreilles aux raisons solides qui viendroient troubler le funeste repos dont ils jouissent, & qui les obligeroient à renoncer à des vices qui leur sont chers.

Enfin les Athées de la troisieme classe sont de prétendus esprits forts qui s'imaginent avoir soumis les raisons pour & contre à l'examen le plus rigoureux, & qui assurent que les argumens contre l'existence de Dieu sont plus solides & plus concluans que ceux qu'on apporte pour établir cette grande vérité. Nous leur avons démontré le contraire à l'article *Dieu*.

Un Athée, *dit Abbadie*, ne peut avoir de vertu ; elle n'est pour lui qu'une chimere ; la probité, qu'un vain scrupule ; la bonne foi, qu'une simplicité. Dès-lors toute confiance cesse entre les hommes. Car qui se fieroit à des hommes qui ne connoissant point de Dieu, ne reconnoissent point aussi de loi plus sacrée que celle de leur intérêt ? Chez un Athée la conscience n'est qu'un préjugé, la loi naturelle, qu'une illusion ; le droit, qu'une erreur ; la bienveillance n'a plus de fondement ; les liens de la société se détachent, la fidélité est ôtée, l'ami est tout prêt à trahir son ami, le citoyen à livrer sa patrie, & le fils à assassiner son pere pour jouir de sa succession, dès qu'il en trouvera l'occasion, & que l'autorité ou le silence le mettront à couvert du bras séculier, qui dans ce systeme est le seul à craindre ; les droits les plus inviolables & les loix les plus sacrées ne doivent être regardées que comme des visions & des songes.

Abbadie conclut de-là qu'il est métaphysiquement impossible qu'il ait jamais existé & qu'il existe jamais un homme qui soit véritablement Athée, c'est-à-dire, qui soit Athée par l'esprit, parce qu'il est métaphysiquement impossible que dans un homme, fût-il aussi méchant que l'Auteur du Systeme de la Nature, les lumieres de la raison soient assez obscurcies & assez éteintes, pour qu'il en vienne jusqu'à se persuader invinciblement que ce monde ne doive pas son origine à un Etre infiniment puissant. Il n'existe, il est vrai, dans ce malheureux siecle que trop de personnes qui sont Athées de cœur, c'eſt-à-dire, des perſonnes qui ſouhaiteroient ſincerement qu'il n'y eût point de Dieu, parce qu'il n'y a que trop de perſonnes dont la foibleſſe de l'eſprit plie ſous les déréglemens d'un cœur corrompu. Mais que ces malheureuſes victimes de la débauche & du libertinage aient le courage de maîtriſer des paſſions qui les tyranniſent & qui les déshonorent ; nous les verrons bientôt rendre le plus glorieux des hommages à une vérité que le Souverain Maître a gravée dans le cœur de toutes ſes créatures avec des caracteres ineffaçables. Auſſi tout homme qui aura la hardieſſe d'attaquer l'exiſtence de l'Etre Suprême, ſera toujours regardé comme un frénétique, un préſomptueux qui ſe croit inſolemment bien plus ſage que le reſte du genre humain. Les perſonnes même les plus modérées taxeront de folie & de ſédition tout acte qui tendra à conteſter au Créateur les droits qu'il a ſur toutes les créatures. En conſéquence, quiconque entreprendra de lever l'étendard de l'irréligion & de l'athéiſme, paſſera pour le plus grand, le plus abominable de tous les monſtres; ſa ſentence ſera prononcée d'une voix unanime; l'indignation publique, ſoutenue de toute la rigueur des loix, ſera qu'on ne voudra point l'entendre ; chacun ſe croira coupable, s'il daigne l'écouter ; chacun craindra de ſe rendre ſon complice, s'il ne fait éclater ſa fureur contre lui, & ſon zele en faveur d'un Dieu dont un ver de terre a eu l'inſolence de provoquer la colere. Au ſeul nom d'un Athée, le Chrétien friſſonne, le Déiſte lui-même s'alarme ! l'homme raiſonnable eſt indigné, l'autorité prépare ſes buchers, le vulgaire applaudit au châtiment que des loix équitables décernent contre l'ennemi du genre humain. Tels ſont les ſentimens auxquels doit s'attendre, je ne dis pas l'inventeur, mais le défenſeur même du *Syſteme de la Nature*, ouvrage fauſſement attribué à feu M. Mirabaud. C'eſt peut-être le ſeul livre où l'on ait oſé faire l'apologie de l'athéiſme. Le fait eſt incroyable, je l'avoue ; il n'eſt cependant que trop vrai, & malheureuſement il ne ſera que trop facile de s'en convaincre, ſi on lit les chapitres 11, 12 & 13 de la ſeconde partie de cette infernale production. L'on a pouſſé la méchanceté juſqu'à mettre cet éloge dans la bouche du Chancelier Bacon, à qui l'on fait dire que *l'athéiſme laiſſe à l'homme la raiſon, la philoſophie, la piété naturelle, la réputa-*

tion & tout ce qui peut servir de guide à sa vertu.... que l'athéisme ne trouble jamais les états ; mais qu'il rend l'homme plus prévoyant sur lui-même, comme ne voyant rien au-delà des bornes de cette vie : que les tems où les hommes ont penché vers l'athéisme ont été les plus tranquilles.

Mais de quel front ose-t-on faire parler ainsi un homme qui a toujours été regardé avec raison comme le fléau des Athées. Bacon nous dépeint cette espece de philosophes commes des gens radicalement incapables de pénétrer dans les secrets de la nature. Voici ce qu'on lit au livre premier de l'ouvrage qu'il a intitulé *de augmento scientiarum*.

Certissimum est atque experientiâ comprobatum leves gustus in philosophia movere fortasse ad atheismum, sed pheniores haustus ad religionem reducere. Namque in limine philosophiæ, cùm secundæ causæ, tanquàm sensibus proximæ, ingerant se menti humanæ, mensque ipsa in illis hæreat atque commoretur, oblivio primæ causæ obrepere posset. Sin quis ulteriùs pergat, causarumque dependentiam, seriem & concatenationem, atque opera providentiæ intueatur, tunc secundùm poetarum mithologiam facilè credet summum naturalis catenæ annulum pedi solii Jovis affigi : c'est-à-dire, il est très-certain & l'expérience nous l'apprend qu'une légere teinture de philosophie pourroit peut-être disposer à l'athéisme ; mais qu'on est bientôt ramené à la religion, lorsqu'on a su pénétrer dans les secrets de cette science. En effet ne connoît-on que les premiers élémens de la philosophie ? Alors les causes secondes font impression sur les sens, absorbent l'esprit, & peuvent le porter à oublier la cause premiere. Mais pénetre-t-on plus avant dans ce sanctuaire ? Alors on apperçoit comme nécessairement la dépendance, la suite & l'enchaînement des causes ; on admire les œuvres de la providence, & pour me servir de l'expression des anciens poëtes, on se persuade facilement que le dernier chaînon de la chaîne naturelle tient immédiatement au trône de Jupiter.

ATHÉISME, systeme impie & extravagant que nous avons exposé dans l'article précédent, & dont on trouvera la réfutation à l'article *Dieu*.

ATMOSPHERE. Des particules très-déliées dont un corps est environné, forment son atmosphere ; tels sont les corpuscules magnétiques qui entourent une pierre d'aimant ; telles sont encore les particules odoriférantes qui viennent s'insinuer dans l'organe de l'odorat, lors même que nous sommes assez éloignés de certaines herbes ou de certaines fleurs. Nous connoissons en Physique peu de corps qui ne soient entourés d'une atmosphere plus ou moins étendue, & plus ou moins sensible: ceux cependant dont l'atmosphere nous intéresse le plus, c'est le Soleil & la Terre; aussi croyons-nous devoir traiter cette matiere dans deux articles particuliers.

ATMOSPHERE SOLAIRE. Le Soleil est environné d'une atmosphere qui nous éclaire, puisqu'elle est la cause physique de la lumiere zodiacale. Est-ce par sa propre nature que la matiere de l'atmosphere solaire est lumineuse? Est-ce parce qu'étant très-inflammable, elle est actuellement enflammée par les rayons du Soleil? Est-ce enfin parce que consistant en des particules beaucoup plus grossieres que celles de la lumiere, elle les réfléchit vers nous? Ce sont-là autant de points de Physique dont l'éclaircissement ne nous paroît pas nécessaire, quand même il nous paroîtroit possible. M. de Mairan s'arrête au troisieme de ces sentimens. On peut sans craindre de se tromper, marcher après un si bon guide. Ce qu'il y a de sûr, c'est que, lorsque les particules de l'atmosphere solaire ne sont éloignées de la Terre, que d'environ 60 mille lieues, elles sont plus attirées par la Terre que par le Soleil, & par conséquent elles doivent tomber dans l'atmosphere terrestre. Cette regle est fondée sur la démonstration de Newton qui a trouvé que la force attractive du Soleil n'étoit que deux cent vingt-sept mille cinq cent douze fois plus grande, que celle de la Terre. Ce qu'il y a encore de sûr, c'est que l'atmosphere solaire est tantôt plus, tantôt moins étendue; elle s'étend souvent jusqu'à plus de trente millions de lieues au-delà du Soleil. Ne soyons pas surpris de tous ces changemens; il est probable qu'il regne de tems en tems dans l'atmosphere solaire une fermentation étonnante, un bouillonnement prodigieux, qui doivent soulever les unes au-dessus des autres les particules dont elle est composée, & qui par conséquent doivent augmenter son volume de plusieurs millions de lieues. Il est encore probable que les Cometes qui dans leur périhélie passent dans l'atmosphere solaire, attirent, suivant les loix de la gravitation mutuelle, une partie de cette atmosphere, dont se forme ce que l'on nomme la *queue*, la *barbe* & *chevelure* des Cometes. Toutes ces causes physiques jointes à une infinité d'autres que nous ignorons, doivent apporter de grands changemens dans l'atmosphere solaire.

Les questions suivantes sont des plus intéressantes; elles jetteront un grand jour sur ce que nous avons dit jusqu'à présent.

Premiere Question. Comment peut-on démontrer qu'un corpuscule de l'atmosphere solaire, qui ne se trouve qu'à 60 mille lieues de notre Globe, est plus attiré par la Terre, que par le Soleil?

Résolution. Comme la démonstration que nous allons donner, est le fondement du systeme que nous embrasserons dans l'article des *Aurores boréales*, nous croyons devoir faire auparavant les remarques suivantes.

1°. Le carré de 60, 000 lieues est 3, 600, 000, 000.

2°. Le carré de 30, 000, 000 lieues est 900, 000, 000, 000, 000.

3°. Suivant Newton la masse du Soleil : à la masse de la terre :: 227512 : 1. Ce qui n'est pas éloigné de la valeur que nous avons trouvée dans l'article du *centre de gravitation.*

4°. L'attraction se fait en raison directe des masses; donc, à distances égales, un corps seroit deux cent vingt-sept mille cinq cent douze fois plus attiré par le Soleil, que par la Terre.

5°. L'attraction se fait en raison inverse des carrés des distances; donc si le Soleil & la Terre étoient de masse égale, & que le corps A se trouvât à trente millions de lieues du Soleil, & à soixante mille lieues de la Terre, l'on auroit la *proportion* suivante; l'attraction du Soleil : à l'attraction de la terre :: 3, 600, 000, 000 : 900, 000, 000, 000, 000. La démonstration de ces deux dernieres remarques se trouve dans l'article de l'*Attraction.*

6°. Comme il n'y a pas égalité de masse entre le Soleil & la Terre, l'on aura les actions de la Terre & du Soleil sur le corps A, en faisant la proportion suivante; l'attraction du Soleil : à l'attraction de la Terre :: la masse du Soleil multipliée par le carré de soixante mille lieues : à la masse de la terre multipliée par le carré de trente millions de lieues; c'est-à-dire, l'attraction du Soleil : à l'attraction de la Terre :: 227, 512 X 3, 600, 000, 000 : 1 X 900, 000, 000, 000, 000.

7°. 227512 X 3, 600, 000, 000=819, 043, 200, 000, 000.

8°. 1 X 900, 000, 000, 000, 000=900, 000, 000, 000, 000 ; donc l'attraction du Soleil sur le corps A éloigné de trente millions de lieues de cet astre : à l'attraction de la terre sur le même corps A éloigné seulement de soixante mille lieues de ce globe :: 819, 043, 200, 000, 000 : 900, 000, 000, 000, 000 ; donc dans cette hypothese le corps A sera plus attiré par la Terre que par le Soleil.

C'est-là précisément la solution de la question proposée. Un corpuscule de l'atmosphere solaire ne peut pas être à soixante mille lieues de la Terre, sans être en même-tems à trente millions de lieues du Soleil ; donc il sera plus attiré par la Terre, que par le Soleil.

Seconde Question. L'atmosphere solaire est-elle contiguë au Soleil, ou placée à quelque distance de cet astre en forme d'anneau, à-peu-près comme l'anneau de Saturne ?

Résolution. Nous répondons avec M. de Mairan que l'atmosphere solaire est contiguë au Soleil. Il est impossible de ne pas se rendre aux preuves qu'il apporte. Pour mettre son sentiment dans le plus grand jour, nous les diviserons comme lui en preuves de *droit*, & preuves de *fait*.

Preuves de Droit.

Premiere preuve. L'atmosphere solaire est composée de particules qui gravitent vers le centre du Soleil, puisque les loix de l'attraction sont des loix générales de la nature, comme nous l'avons prouvé en son lieu ; donc l'atmosphere solaire est contiguë à cet astre.

Seconde preuve. L'impulsion des rayons de lumiere ne peut pas être cause que l'atmospbere solaire soit placée autour de cet astre en forme d'anneau. En voici la raison. Cette impulsion est une force de même nature que la pesanteur, agissant selon la même loi, mais seulement en sens contraire ; elle ne peut donc que lui être ou inférieure, ou égale, ou supérieure. Dans le premier cas les parties de l'atmosphere solaire en seront moins comprimées ; dans le second cas l'atmosphere solaire en deviendra aussi légere & aussi rare, qu'elle le puisse être ; dans le troisieme cas elle sera dissipée ; mais, en vertu de l'impulsion des rayons du Soleil, elle ne s'arrangera jamais autour de cet astre en forme d'anneau.

Troisieme preuve. La force centrifuge que le mouvement de rotation du Soleil sur son axe communique aux particules qui composent l'atmosphere de cet astre, ne peut causer aucun anneau circonsolaire ; pourquoi ? Parce que l'effet nécessaire de cette force est de faire prendre à l'atmosphere solaire la figure d'un Sphéroïde applati vers les pôles & élevé vers l'équateur, comme nous l'avons démontré dans l'article de la figure de la Terre ; & non pas la figure d'un anneau. En effet, raisonnons par analogie.

Est-ce que le mouvement de rotation de la Terre ne communique pas une vraie force centrifuge aux particules qui composent son atmosphere ? Qui dira cependant que cette atmosphere n'est pas contiguë à notre Globe ? Il n'est donc aucune preuve de *droit* qui nous porte à croire qu'il y ait un espace vuide entre le Soleil & son atmosphere. Voyons si les preuves de *fait* seront moins favorables à ce systeme.

Preuves de fait.

Premiere preuve. Dans les éclipses totales de Soleil, on voit autour du disque de cet astre une lumiere de 6 à 8 doigts de largeur, très-vive, & d'autant plus vive qu'elle approche davantage du Soleil, d'où elle va en diminuant, jusqu'à ce qu'elle se perde dans le Ciel ; donc l'atmosphere solaire est composée de couches d'autant plus denses, qu'elles sont plus près du Soleil, & dont la plus dense est appuyée sur la surface de cet astre.

Seconde preuve. Pendant l'éclipse totale de Soleil de l'année 1715, M. Valerius, Astronome à Upsal, vit la lumiere dont nous venons de parler, plus grande & plus étendue vers le levant & vers le couchant du Soleil, que vers ses pôles. M. Godin fit la même observation à Paris dans l'éclipse totale de Soleil de l'année 1724, & MM. Tiburtius & Chenon en Scandinavie pour celle de 1733 ; donc l'atmosphere solaire a la figure d'un Sphéroïde applati vers les pôles, & élevé vers l'équateur du Soleil; donc elle n'a pas la figure d'un anneau circonsolaire.

Ces preuves sont si triomphantes, que M. Euler qui le premier avoit cru pouvoir regarder l'atmosphere du Soleil comme un anneau séparé de cet astre, avoua avec la candeur d'un vrai Philosophe, dans sa lettre à M. Clairaut du 26 Octobre 1751, qu'il s'étoit trompé, en voulant déduire la formation des anneaux de l'équation qu'il avoit trouvée pour la figure de l'atmosphere du Soleil.

M. de Mairan remarque très-à-propos que c'est ici une question absolument indépendante de son systeme sur l'aurore boréale & la lumiere zodiacale. En effet, *dit-il*, peu m'importeroit dans le fond que l'atmosphere solaire, fût, ou ne fût pas absolument contiguë au Soleil. L'orbite terrestre ne la renfermeroit, ou ne la traverseroit pas moins, & n'en seroit pas plus éloignée; cette lumiere n'en auroit pas moins l'étendue, la longueur & la largeur que nous y voyons sur notre horison & vers cette orbite; & la Terre venant également à la rencontrer, à passer au travers, ou tout proche, ne se chargeroit pas moins de la matiere requise pour la production du phénomene.

Troisieme Quèstion. Si la matiere de l'atmosphere solaire n'est ni lumineuse, ni enflammée par elle-même, & dans sa source; comment peut-elle, en se précipitant dans l'atmosphere terrestre, produire tous les phénomenes que nous présentent les grandes aurores boréales?

Résolution. 1°. Il n'est pas sûr que la matiere de l'atmosphere solaire ne soit ni lumineuse, ni enflammée par elle-même.

2°. Quand même on la supposeroit telle, on pourroit dire, avec M. de Mairan, qu'elle s'enflamme en tout, ou en partie, & plus ou moins vîte, en tombant dans les couches les plus élevées de l'atmosphere terrestre, de la même maniere que certains phosphores s'allument étant exposés à l'air, ou mêlés avec certaines liqueurs.

ATMOSPHERE TERRESTRE. Par l'atmosphere terrestre, les Physiciens entendent tout le fluide qui entoure notre globe, qui pese sur sa surface, & qui participe à tous les mouvemens que les Coperniciens donnent à la terre, je veux dire, au mouvement diurne ſur ſon axe, & un mouvement annuel autour du Soleil. L'on s'eſt trompé groſſierement, lorſqu'on a fixé la hauteur de l'atmoſphère terreſtre à une vingtaine de lieues. Il eſt sûr que la matiere des aurores boréales ſe trouve dans l'atmoſphere terreſtre ; il eſt encore sûr que la fameuſe aurore boréale du 19 Octobre 1726, fut apperçue en même-tems à Varſovie, à Moſcow, à Pétersbourg, à Rome, à Paris, à Naples, à Madrid, à Lisbonne & à Cadix ; ce phénomene étoit donc élevé de plus de vingt lieues au-deſſus de la ſurface de la terre ; ſans cela il n'auroit pas été vu à la même heure en tant de villes différentes, auſſi éloignées les unes des autres, que le ſont celles que l'on vient de nommer. M. de Mairan place cette aurore boréale à environ 266 lieues au-deſſus de la ſurface de la terre ; ſa propoſition n'eſt rien moins que haſardée ; elle eſt fondée ſur les opérations de la plus ſimple Trigonométrie, & ces opérations ſont fondées elles-mêmes ſur la parallaxe de ce phénomene qui parut à Paris élevé de 37 degrés au-deſſus de l'horizon, & de 20 ſeulement à Rome. Nous les avons rapportées dans l'article de l'aurore boréale. L'atmoſphere terreſtre a donc plus de 266 lieues de hauteur. Quelle eſt ſa hauteur réelle ? C'eſt-là un point de Phyſique qu'on ne pourra peut-être jamais déterminer.

Il eſt encore plus facile de calculer la force avec laquelle l'atmoſphere terreſtre comprime le corps humain, qu'il ne l'a été dans l'article de l'*air* de déterminer la force avec laquelle cet élément comprime la ſurface du globe terreſtre. Voici comment il faut opérer pour en venir à bout. 1°. La ſurface du corps humain contient environ 15 pieds carrés. 2°. Un pied-cube d'eau peſe 64 livres. 3°. Une colonne d'eau de 32 pieds de hauteur eſt en équilibre avec une colonne d'air de même baſe ; donc l'atmoſphère comprime autant le corps humain, que ſi ſa ſurface étoit couverte de 32 pieds d'eau. 4°. Multipliez 64 par 32, vous aurez pour produit 2048. 5°. Multipliez 2048 par 15, vous aurez pour produit 30720 livres, *expreſſion de la force avec laquelle l'atmoſphere comprime le corps humain.*

ATLAS. On donne le nom d'*Atlas terreſtre* à une collection de cartes géographiques de toutes les parties connues du monde. Cette maniere de parler vient de ce que les cartes paroissent porter le monde, à-peu-près comme la Sphere dont *Atlas* est regardé par plusieurs Astronomes comme le premier inventeur, paroît le porter. *L'Atlas* de Blaew a été long-tems très-estimé. Il est bien inférieur à ceux de MM. *Sanson*, *de Lisle*, &c. dont nous nous servons maintenant.

On appelle *Atlas* céleste une collection de cartes qui donnent la position des étoiles. L'Atlas de Flamsteed a fait tomber tous ceux que l'on avoit fait avant lui.

ATOME. Epicure prétend qu'il y a eu de toute éternité un nombre infini d'atomes, c'est-à-dire, des corpuscules durs, crochus, carrés, oblongs, de toute figure, tous graves, & tous en mouvement dans l'espace immense du vuide. Il prétend encore que quelques-uns de ces atomes allant un peu de côté, se sont accrochés & ont formé un ciel, un soleil, une mer, des terres, des plantes, des hommes. Il prétend enfin que, de même que tout s'est fait par hasard, tout doit un jour se dissoudre par hasard. Tel est en deux mots le systeme de l'impie Epicure; systeme plus propre, dit M. Pluche, à nous faire éclater de rire, qu'à nous scandaliser; car on n'est jamais scandalisé d'entendre les systemes qui se font aux petites maisons.

Epicure n'est pas l'inventeur de cette impie & ridicule doctrine. Pythagore, Empédocle, Anaxagore, Leucippe & Démocrite ont passé avant lui pour de vrais Atomistes. Nous allons terminer cet article par les vies d'Empédocle & d'Anaxagore; les trois autres sont assez grands Philosophes, pour mettre l'abrégé de leur vie dans le corps de cet ouvrage.

Empédocle, natif d'Agrigente, aujourd'hui *Gergenti*, ville de Sicile, florissoit vers l'an 444 avant J. C. Il étoit meilleur Poëte que Physicien. Son principal ouvrage est un Poëme de Physique sur la *Nature* & les *Principes* des choses. C'est-là qu'il prétend que la nature de tous les corps ne vient que du mélange & de la séparation des atomes. C'est encore là qu'il enseigne la doctrine de la *Métempsycose*. Il assure qu'avant que d'être Empédocle, il a été fille, garçon, arbrisseau, oiseau & poisson. Dans un tems où les hommes étoient bien petits, Empédocle passa pour grand. Ce fut pour conserver sa haute réputation, qu'il ne parut jamais en public sans avoir sur la tête une couronne d'or. Ce fut pour le même motif, & afin de disparoître comme un Dieu, qu'il se précipita dans les flammes du Mont Etna. Diogene Laerce qui regarde ce dernier trait comme fabuleux, assure qu'Empédocle, cassé de vieillesse, se promenoit au bord de la mer; il y tomba, & il s'y noya.

Anaxagore naquit à Clazomene vers l'an 500 avant J. C. Il étoit Atomiste, mais il tenoit des atomes hétérogenes. Les os, *disoit-il*, sont composés d'atomes d'os; les corps rouges, d'atomes rouges, &c. On rapporte de lui plusieurs réponses que le Lecteur sera charmé de savoir. Ses parens lui reprochoient un jour qu'il négligeoit son bien; *le tems que j'aurois mis à le cultiver*, répondit-il, *je l'ai mis à m'instruire; à tout prendre, ai-je eu tort?* Quelqu'un lui reprocha qu'il n'avoit que du mépris pour sa patrie; il répondit en montrant le ciel; *au contraire je l'estime infiniment.* Malgré cette belle réponse, ses ennemis l'accuserent d'impiété, & le firent condamner à mort par contumace. Lorsqu'on lui en donna la nouvelle, il répondit tranquillement: *il y a longtems que la nature a prononcé contre mes juges, aussi bien que contre moi, un arrêt de mort.* On lui demanda dans sa derniere maladie, s'il vouloit qu'après sa mort on le fît porter à Clazomene sa Patrie: *cela n'est pas nécessaire*, dit-il, *le chemin aux enfers n'est pas plus loin d'un lieu que d'un autre.* Il souhaita que le jour anniversaire de sa mort fût un jour de congé pour les jeunes gens; ce qui fut exécuté pendant plusieurs siecles à Lampsaque où il mourut vers l'an 428 avant J. C. L'on fit dresser sur son tombeau deux autels, l'un dédié au bon sens, & l'autre à la vérité. Les belles maximes d'Anaxagore nous font conjecturer qu'il croyoit que les atomes avoient été créés, & qu'il n'étoit par conséquent Atomiste que de nom.

ATTRACTION. L'Attraction est comme le fondement du systeme de Newton. Pour nous former une idée nette de ce que les Newtoniens appellent *Attraction*, nous allons la diviser en *active*, *passive* & *mutuelle*. Nous supposons le Lecteur familiarisé avec les termes *Raison*, *Proportion*, *Raison directe*, *Raison inverse*, *Raison des carrés*, *Raison des cubes*, &c. l'on en aura l'explication dans le corps de l'ouvrage.

ATTRACTION ACTIVE. Exercer une attraction active

ſur un corps ; c'eſt être cauſe du mouvement accéléré d'un corps abandonné à lui-même, ou de la tendance qu'a au mouvement accéléré un corps retenu par un obſtacle invincible. Les Newtoniens aſſurent, par exemple, que la terre exerce une attraction active ſur une pierre jetée en l'air, parce qu'elle eſt cauſe de la chute accélérée de cette pierre. Ils aſſurent encore que le Soleil exerce une attraction active ſur les Planetes, parce qu'il eſt cauſe de la tendance que les Planetes ont vers cet aſtre. Auſſi nomment-ils le ſoleil & la terre des corps attirans.

Attraction Passive. Souffrir une attraction paſſive de la part d'un corps, c'eſt être obligé de tomber vers ce corps, c'eſt tendre vers ce corps, quelle que ſoit la cauſe de cette tendance. Dans le ſyſteme de Newton une pierre jetée en l'air ſouffre une attraction paſſive de la part de la terre, parce qu'elle eſt obligée de tomber vers la terre. Il en eſt de même non-ſeulement de tous les corps ſublunaires par rapport au globe terreſtre, mais encore de tous les corps qui tournent autour du Soleil par rapport à cet aſtre. Les premiers, ſans en excepter même la Lune, abandonnés à eux-mêmes, tomberoient ſur la terre, & les ſeconds ſe précipiteroient dans le ſein du Soleil.

Attraction Mutuelle. Deux corps s'attirent mutuellement, ou exercent l'un ſur l'autre une attraction mutuelle, lorſqu'ils tendent à ſe joindre l'un avec l'autre, & lorſque, pour en venir à bout, ils ſont obligés de faire chacun une partie du chemin qui les ſépare. Les Newtoniens ſont perſuadés qu'il regne une attraction, ou une gravitation mutuelle entre tous les corps qui compoſent l'Univers ; ils en apportent bien des preuves ; celles qui ſont tirées du flux & reflux de la mer, & des irrégularités que l'on obſerve dans le mouvement des corps céleſtes, doivent paſſer pour les meilleures. En effet, ſi le mouvement de la Lune autour de la terre, prouve que la terre attire la Lune, l'élévation des eaux de l'Océan ſous la Lune, ne prouve pas d'une maniere moins ſenſible que cet aſtre attire la terre. De même ſi le dérangement que les Aſtronomes obſervent dans le mouvement périodique de Saturne, prouve l'attraction que Jupiter exerce ſur cet aſtre ; le dérangement que les mêmes Aſtronomes obſervent dans le mouvement périodique de Jupiter, ne prouve pas moins l'attraction que Saturne exerce sur lui. Ces notions une fois supposées, voici comment raisonnent les Attractionnaires. La même force qui fait retomber sur la terre une pierre jetée en l'air, précipiteroit les planetes & les cometes dans le sein du Soleil, si elles étoient abandonnées à leur force centripete, c'est-à-dire, à leur gravité. Les cometes & les planetes sont donc des corps graves. Quelle est la cause de ce phénomene dont aucun Physicien avant Newton, n'avoit donné une explication raisonnable ? Voici quelle est à-peu-près la pensée de ce Philosophe.

La gravité d'un corps ne peut avoir pour cause que l'essence de ce corps, ou une matiere environnant ce corps, ou enfin une loi générale de la nature que le Créateur a établie volontairement, lorsqu'il a tiré ce monde du néant. L'on ne peut pas dire que la gravité des planetes leur soit essentielle ; ce seroit-là faire revivre les qualités occultes de l'ancienne Ecole, qui ont fait pendant si long-tems le déshonneur de la Philosophie & la honte de l'esprit humain ; d'ailleurs nous savons que le corps considéré comme corps, est essentiellement indifférent au mouvement ou au repos ; donc la force centripete n'est pas une qualité essentielle aux corps graves. L'on peut encore moins donner pour cause de la gravité des planetes une matiere environnant ces corps ; c'est-là une des chimeres produites par l'imagination féconde de l'ingénieux *Descartes*, comme il est démontré dans l'article des *Tourbillons*. L'on doit donc reconnoître une loi générale du Créateur, comme la cause immédiate de la gravité des corps ; & par conséquent l'on doit dire que les corps s'attirent mutuellement & sont portés les uns vers les autres en vertu d'une loi générale de la nature. Est-il rien de plus simple que cette conséquence, & a-t-on raison de dire que Newton n'est pas Physicien, parce qu'il soumet le monde à des loix générales. Il faut pour avancer une pareille proposition, avoir aussi peu d'idée de la saine Physique, que des ouvrages de Newton. Tout Physicien doit de tems en tems revenir à une semblable cause. Voit-il une qualité commune à tous les corps, extrinseque à ces mêmes corps, & lui est-il démontré que cette qualité n'est pas l'effet d'une cause seconde, immédiate & mécanique ? Qu'il ait alors recours à une loi générale ; les seuls Epicuriens s'y opposeront. Cette loi générale qu'admettent dans cette occasion les vrais Newtoniens, se divise en des loix particulieres qui renferment tout le systeme de l'attraction ; elles se réduisent à deux.

Premiere regle. L'attraction est toujours proportionnelle à la masse, ou bien, l'attraction se fait toujours en raison directe des masses, c'est-à-dire, si le corps A a quatre fois plus de matiere que le corps B, le corps A attirera quatre fois plus le corps B, qu'il n'en sera attiré. Aussi si ces deux corps étoient abandonnés à leur attraction mutuelle, & qu'ils fussent éloignés l'un de l'autre d'un certain nombre de lieues, ils feroient sans doute chacun une partie du chemin pour se réunir ; mais le chemin que feroit le corps B l'emporteroit autant sur le chemin que feroit le corps A, que la masse de celui-ci l'emporte sur la masse de celui-là. Ce qui prouve la justesse de cette loi, c'est que nous voyons les petits corps tomber vers les gros, ou, tourner autour des gros.

Seconde regle. L'attraction suit toujours la raison inverse des carrés des distances, c'est-à-dire, le corps C éloigné d'une lieue du corps D plus gros que lui, en sera quatre fois plus attiré, que s'il en étoit éloigné de deux lieues. Cette loi n'est pas imaginée à plaisir. La Lune éloignée du centre de la terre seulement d'un rayon terrestre, c'est-à-dire, d'environ 1500 lieues, seroit trois mille six cent fois plus attirée par notre globe, que maintenant qu'elle en est éloignée d'environ 60 rayons terrestres. En effet, la Lune abandonnée à sa pesanteur dans l'endroit où elle est, ne parcourroit que 15 pieds dans la premiere minute, comme nous le démontrerons en son lieu de la maniere la plus évidente & la plus sensible. Les corps graves parcourent près de la surface de la terre 15 pieds dans la premiere seconde de tems, & par conséquent cinquante-quatre mille pieds dans la premiere minute. Nous savons que cinquante-quatre mille pieds sont trois mille six cent fois plus grands que 15 pieds ; nous avons donc droit de conclure que la Lune abandonnée à sa pesanteur dans l'endroit où elle est, parcourroit dans la premiere minute un espace trois mille six cent fois moindre, que si elle tomboit des environs de la terre ; donc la Lune a actuellement une force centripete vers la terre trois mille six cent fois moindre qu'elle ne l'auroit, si elle étoit seulement à quelques lieues de notre globe ; donc l'on a la proportion suivante ; la force centripete de la Lune éloignée du centre de la terre d'un rayon terrestre, est à la force centripete de la Lune éloignée du même centre de 60 rayons ; comme 3600, est à 1 ; mais c'est-là précisément suivre la raison inverse des carrés des distances, puisque le carré d'un rayon est représenté par 1, & le carré de 60 rayons par 3600 ; donc la force centripete de la Lune suit la raison inverse des carrés des distances ; donc l'attraction suit la même raison. Tel est en général le systeme des vrais Newtoniens. Rien n'est plus propre à les confirmer dans leurs idées, que les difficultés qu'on leur propose. Voici les principales.

On leur oppose 1°. que le systeme de l'attraction est un systeme très-obscur, très-contestable, & tout-à-fait propre à faire revivre les sympathies, les antipathies, les qualités occultes, & cent autres folies que l'on met sur le compte des anciens Philosophes.

Mais est-ce sérieusement que les Cartésiens proposent une pareille difficulté ? Ne voient-ils pas que l'*Impulsion* est un principe pour le moins aussi obscur que celui de l'*Attraction* ? En effet comment & par qui la matiere est-elle mise en mouvement ? Pourquoi le corps A en mouvement ne peut-il pas choquer le corps B en repos, sans lui communiquer la moitié de la vîtesse, si ces deux corps sont d'égale masse ; & pourquoi lui en communiqueroit-il les deux tiers, si la masse du corps B étoit double de celle du corps A ? Pourquoi le mouvement de tourbillon imprimé à la matiere éthérée, dès le premier instant de sa création, doit-il persévérer jusqu'à la fin du monde sans augmentation, sans diminution, sans altération quelconque ? Je le demande à tout Physicien impartial ; ce mécanisme est-il plus facile à comprendre que celui des Newtoniens qui soutiennent que les corps tendent les uns vers les autres en telle & telle raison en vertu de certaines loix générales librement établies par le Créateur ? En un mot, que l'on apporte aux Newtoniens, non pas une cause imaginaire & romanesque, mais une cause seconde, immédiate & mécanique de la gravité, ou plutôt, de la gravitation mutuelle des corps, & l'on verra avec quelle ardeur ils en prendront la défense.

Le systeme de l'attraction, ajoute-t-on, est un systeme très-contestable; mais celui des tourbillons l'est-il moins? Un air grave & élastique devenu cause physique de l'ascension du Mercure dans le Barometre, de l'eau dans les pompes aspirantes, &c. paroissoit aux anciens Péripatéticiens un principe très-contestable; en étoit-il moins un systeme démontré?

Enfin l'attraction admise comme l'effet immédiat d'une loi générale de la nature, ne peut avoir aucun rapport direct ou indirect avec les qualités occultes de l'ancienne Philosophie, pourquoi? Parce que celles-ci étoient inhérentes & essentielles au corps, & que celle-là leur est absolument extrinseque. Ce ne sera donc pas cette premiere objection qui sera capable de détacher les Attractionnaires du parti Newtonien. Voyons si la seconde aura plus de force.

On leur oppose 2°. que si les corps A, B, C égaux en masse, sont rangés sur la même ligne & avec des distances égales, l'action mutuelle des deux extrêmes A & C ne peut pas avoir lieu, puisqu'elle ne sauroit passer au travers du corps B que l'on suppose impénétrable. Ainsi parle M. de Fontenelle dans sa Théorie des tourbillons, *page* 198.

On ne comprend pas comment ce grand Physicien a osé proposer une pareille difficulté. Ne savoit-il pas que l'action mutuelle des corps A & C n'est qu'une action occasionnelle, & que par conséquent l'impénétrabilité du corps B ne sauroit être apportée comme un obstacle capable de déranger le systeme de l'attraction?

Il n'est pas nécessaire de faire remarquer que les corps A, B & C dont on vient de parler, ne sont pas supposés placés près d'un globe capable de les attirer, tel que seroit le globe de quelque planete; leur attraction particuliere seroit alors sensiblement nulle.

On leur oppose 3°. que dans un récipient purgé d'air le plus imparfaitement qu'il est possible de le faire avec la Machine Pneumatique la plus exacte, un pied cubique d'or devroit tomber plus vîte qu'un pied cubique de liege, puisque celui-là ayant plus de matiere que celui ci, la terre doit avoir plus d'action sur le premier que sur le second.

Mais que l'on prenne garde à la cause qui fait tomber sur la terre le pied cubique d'or & le pied cubique de liege, & l'on verra combien vaine est la difficulté que l'on propose. C'est l'attraction active que la terre exerce sur l'or & sur le liege, ou plutôt, c'est la vîtesse que la terre communique à l'or & au liege, que l'on doit regarder comme la cause de la descente de l'un & de l'autre. Si cette vîtesse est égale dans l'or & dans le liege, celui-là dans le vuide ne doit pas tomber plus vîte que celui-ci. Mais y a-t-il une parfaite égalité entre la vîtesse que reçoit l'or & celle que reçoit le liege ? Il me paroît que l'on ne peut pas le révoquer en doute. En effet comment connoît-on la vîtesse communiquée à un corps qui tombe ? L'on divise la masse du corps attirant par le carré de la distance du corps attiré, & le *Quotient* représente la vîtesse que l'on cherche. Dans cette occasion le corps attirant est le même pour l'or & pour le liege; puisque ces deux corps tombent sur la terre; le carré de la distance des corps attirés au corps attirant est le même, puisque l'or & le liege sont supposés à égale distance de la terre; donc le *Quotient* qui représente la vîtesse que la terre leur communique, est le même; donc dans un récipient exactement purgé d'air le liege doit tomber aussi vîte que l'or.

Tout le monde voit que lorsque les Newtoniens parlent de la vîtesse que la terre communique aux corps qui tombent sur sa surface, ils ne prétendent pas désigner une action physique, mais une action purement occasionnelle. Les Cartésiens qui soutiennent que Dieu seul est la cause physique du mouvement des corps, disent néanmoins que le corps A meut le corps B.

On leur oppose 4°. que le Créateur n'a eu aucun motif pour faire agir l'attraction plutôt en raison inverse des carrés des distances, qu'en raison inverse des simples distances, ou des cubes des distances.

Quand même cela seroit, que s'ensuivroit-il ? Que l'attraction en raison inverse des carrés des distances, seroit l'effet d'une loi purement arbitraire; je ne vois pas ce que l'on pourroit trouver à reprendre dans cette réponse. Combien de fois ne sommes-nous pas obligés d'avoir recours à la volonté libre du Créateur, pour rendre raiſon des effets de la nature ? A-t-on une autre réponſe à donner à ceux qui demandent pourquoi Dieu a créé ſix planetes principales & non pas ſept ; pourquoi il les a miſes à telle diſtance du Soleil & non pas à telle autre ; pourquoi il les a faites de telle grandeur & non pas de telle autre, &c. ? Mais cependant ce ne ſera pas là la ſolution que nous donnerons aux Cartéſiens. Le Créateur a voulu que les planetes décriviſſent des ellipſes autour du Soleil ; il faut que les corps qui décrivent une pareille courbe, aient une force centripete en raiſon inverſe des carrés de leurs différentes diſtances au Soleil, comme nous le démontrerons dans l'article du *Mouvement*; donc la loi de la force centripete, & par conſéquent la loi de l'attraction, a dû ſuivre la raiſon inverſe des carrés des diſtances, & non pas la raiſon inverſe des ſimples diſtances, ou celle des cubes des diſtances.

On leur oppoſe 5°. que ſi l'attraction eſt en raiſon inverſe des carrés des diſtances, il s'enſuivra que cette force ſera comme infinie, lorſque la diſtance ſera nulle, ou que les deux corps ſe toucheront : ce qui ne paroît pas ſoutenable, puiſque nous n'avons preſque aucune peine à lever une pierre ordinaire qui ſe trouve ſur la ſurface de la terre.

Mais que l'on examine avec attention ce raiſonnement, & l'on verra qu'il eſt fondé ſur une fauſſe ſuppoſition. On s'imagine qu'une pierre qui tombe, tend vers la partie de la terre ſur laquelle elle va s'appuyer ; il n'en eſt pas ainſi ; cette pierre attirée en même-tems par toutes les parties dont le globe terreſtre eſt compoſé, tend, pour ſatisfaire à toutes ces différentes attractions, vers le centre. Il en arrive à-peu-près de même à un corps pouſſé au même inſtant horizontalement & perpendiculairement ; indifférent à l'une & à l'autre direction, & incapable de ſatisfaire à toutes les deux, il décrit une ligne moyenne que l'on nomme la *diagonale*. Cela ſuppoſé, voici comment il faut répondre à cette 5e. objection.

Pour que la force attractive de la terre fût comme infinie par rapport aux corps particuliers qui ſont placés ſur ſa ſurface, il faudroit 1°. que ſa maſſe fût comme infiniment plus grande, que celle du corps attiré, puiſque l'attraction ſe fait en raiſon directe des maſſes. Il faudroit 2°. que la diſtance de la ſurface au centre de la terre, fût infiniment petite, puisque l'attraction qu'éprouvent les corps sublunaires, suit la raison inverse des carrés de leurs distances au centre du corps attirant. Mais il n'est aucune de ces deux suppositions qui soit vraie ; donc la force attractive de la terre n'est jamais comme infinie par rapport aux corps qui sont placés sur sa surface. Elle n'est pas même aussi grande que l'on pourroit se l'imaginer ; car enfin la masse de la terre n'est pas bien considérable, & le carré d'environ 1500 lieues l'est beaucoup ; ce carré représente celui de la distance qu'il y a de la surface au centre de notre globe ; donc nous ne devons avoir presque aucune peine à lever une pierre ordinaire qui se trouve sur la surface de la terre.

On leur oppose 6°. que le Soleil devroit arracher la Lune à la terre : c'est-là même le grand argument que l'on apporte contre le systeme de l'attraction. Il a paru si fort à M. le Monnier, qu'il ne craint pas dans le Tome 4e. de son cours de Philosophie, *page* 77, de lui donner le nom de Démonstration. Voici comment il auroit dû le proposer. Si le Tout-Puissant anéantissoit le Soleil, & s'il créoit à sa place une terre un million de fois plus grosse que celle que nous habitons, notre Lune auroit plus de force centripete vers cette nouvelle terre que vers la nôtre, de l'aveu du commun des Newtoniens. Cela une fois avoué, voici comment raisonnent les Cartésiens. Le Soleil est un million de fois plus gros que notre terre ; donc sa force attractive est égale à celle qu'exerceroit sur la Lune une terre un million de fois plus grosse que la nôtre ; mais une pareille terre arracheroit la Lune à notre globe ; donc le Soleil devroit arracher la Lune à la terre.

Pour pulvériser une pareille difficulté, je remarque 1°. que s'il est sûr que le Soleil a un volume un million de fois plus gros que celui de la terre, il n'est pas moins sûr que sa masse n'est pas un million de fois plus grosse que celle de la terre ; puisque, de l'aveu des Cartésiens, c'est un globe beaucoup moins dense que le nôtre : or l'attraction se fait en raison directe des masses, & non pas en raison directe des volumes ; donc la force attractive du Soleil ne doit pas être égale à celle qu'exerceroit sur la Lune une terre un million de fois plus grosse que la nôtre. De combien le Soleil est-il moins dense que la terre ? C'est-là un point de Physique qu'on ne pourra jamais déterminer exactement, quelque vraies que soient les opérations que nous avons faites dans l'article du *centre* de *gravitation*.

Je remarque 2°. que dans l'hypothese de la terre immobile, & en supposant le Soleil aussi dense que la terre, l'argument des Cartésiens seroit effrayant; mais dans l'hypothese de la terre mobile, donnât-on au Soleil une densité égale à celle de la terre, cet argument tombe de lui-même. En effet dans cette hypothese la Lune ne peut pas tourner autour de la terre, sans tourner en même-tems autour du Soleil, & par conséquent sans être attirée en même-tems & par le Soleil & par la Terre; donc l'attraction que le Soleil & la Terre exercent sur la Lune, bien loin de former une difficulté réelle contre le Newtonianisme, en devient un preuve très-sensible: un véritable Newtonien regarde comme démontré le mouvement de la terre dans l'écliptique.

AURORE. C'est une lumiere qui paroît, lorsque le Soleil est à 18 degrés sous l'horison avant son lever. Cherchez *Crépuscule*.

AURORE BORÉALE. Deux ou trois heures après le coucher du Soleil, l'on apperçoit quelquefois du côté du Nord un brouillard assez obscur, fait en segment de cercle, dont la partie occidentale commence à paroître éclairée. De ce segment de cercle, l'on voit d'abord sortir des arcs lumineux, des jets & des rayons de lumiere; l'on apperçoit ensuite un mouvement général & une espece de trouble dans toute la masse du phénomene, causé sans doute par les vibrations de lumiere & par les éclairs réitérés qui se succedent presque sans interruption les uns aux autres: l'on voit enfin, lorsque le phénomene est dans sa plus grande magnificence, une espece de couronne lumineuse se former vers le zénith; voilà ce que l'on a coutume de nommer *aurore boréale*. Telle fut à-peu-près celle qui parut le 19 Octobre de l'année 1726, dont on voit la description dans la plupart des ouvrages de Physique. Ceux qui regardent l'aurore boréale comme l'effet de l'inflammation des particules nitreuses, sulfureuses, salines, huileuses & bitumineuses qui de la terre s'élevent dans l'atmosphere, n'ont pas sans doute fait attention aux circonstances qui ne manquent jamais d'accompagner ce phénomene. En effet si c'est-là la cause physique

sique des aurores boréales, pourquoi ne sont-elles pas plus fréquentes ? Pourquoi paroissent-elles plus souvent en hiver qu'en été ? Pourquoi les voyons-nous constamment du côté du pôle Nord ; le mouvement diurne de la terre sur son axe ne devroit-il pas, suivant les loix des forces centrifuges, porter vers l'équateur ces parties inflammables ? Pourquoi enfin ce phénomene est-il quelquefois élevé de plus de 260 lieues au-dessus de la surface de la terre, comme l'a démontré M. de Mairan dans son excellent traité des *aurores boréales* ? Ne savons-nous pas que les météores dont la terre fournit la matiere, ne sont tout au plus qu'à deux lieues de nous ? Toutes ces raisons & quantité d'autres qu'il n'est pas nécessaire de rapporter, nous engagent à renoncer à une pareille explication, & à adopter celle que nous a donnée M. de Mairan. Il est difficile d'expliquer les choses d'une maniere plus claire, plus savante & plus physique que lui. Voici en peu de mots quel est son systeme. 1°. Le Soleil est environné d'une atmosphere qui nous éclaire & qui s'étend quelquefois jusqu'à plus de 30 millions de lieues. 2°. Il est probable que la matiere de cette atmosphere ne nous éclaire, que parce qu'elle consiste en des particules ou inflammables par les rayons du Soleil, ou assez grossieres pour réfléchir la lumiere. 3°. Lorsque les dernieres couches de l'atmosphere solaire ne sont pas éloignées de plus de 60 mille lieues de la terre, elles doivent, suivant les loix de la gravitation mutuelle des corps, tomber vers notre globe ; voyez-en la raison dans l'article de l'atmosphere solaire. 4°. Lorsque la matiere de l'atmosphere solaire se précipite en assez grande quantité dans l'atmosphere terrestre, elle doit nécessairement y causer des aurores boréales. Ce qui nous engage à adopter avec plaisir ce systeme, c'est la facilité avec laquelle on explique toutes les circonstances qui accompagnent ce phénomene.

En effet, demande-t-on pourquoi ce phénomene va se ranger du côté des pôles ; car il est assuré que les habitans des plages méridionales ont autant d'aurores australes que les habitans des pays septentrionaux en voient de boréales ? La raison en est évidente ; la partie de l'atmosphere terrestre qui répond à l'équateur de la terre & à la zone torride, a beaucoup plus de force centrifuge que la partie qui répond aux pôles ou aux zones glaciales ; comme il eſt démontré dans l'article de la *figure de la terre* ; donc la matiere des aurores boréales tombant dans l'atmoſphere terreſtre, doit pénétrer plus difficilement la partie de cette atmoſphere qui répond à la zone torride, qu'elle ne pénetre la partie qui répond aux zones glaciales ; donc elle doit être rejetée vers les pôles ; donc ce phénomene doit être boréal pour les habitans des pays ſeptentrionaux, & auſtral pour les habitans des pays méridionaux.

Demande-t-on pourquoi le milieu de l'aurore boréale ne répond jamais exactement au-deſſous du pôle ; & pourquoi toute la maſſe décline ordinairement de 10 à 12 degrés vers le couchant ? L'on doit répondre que le couchant étant, à la fin du jour, la derniere portion de notre atmoſphere qui a rencontré l'atmoſphere ſolaire & qui s'eſt imprégnée de la matiere qui la compoſe, il n'eſt pas extraordinaire que cette matiere ſe trouve en plus grande quantité vers l'occident, & que par conſéquent l'aurore boréale dont elle eſt la cauſe phyſique, ait coutume de décliner de ce côté-là.

Demande-t-on d'où viennent ces colonnes de feu, ces jets de lumiere, ces éclairs, ces vibrations, ces ondulations que l'on remarque dans les aurores boréales ? L'on peut aſſurer que la matiere de l'atmoſphere ſolaire, tombant tantôt en colonnes, tantôt en pelotons, tantôt en traînées, en un mot tombant en cent manieres différentes dans l'atmoſphere terreſtre, y cauſe tous ces phénomenes capables d'effrayer les perſonnes qui n'ont aucune idée de Phyſique.

Demande-t-on d'où vient la couronne lumineuſe que l'on apperçoit près du zénith dans les grandes aurores boréales ? L'on peut dire que ce n'eſt-là qu'un objet purement optique. En effet imaginons-nous la matiere du phénomene tombant dans notre atmoſphere en forme de colonnes perpendiculaires à la ſurface de la terre ; ſi ces colonnes ſont en grand nombre, elles produiront dans l'œil du ſpectateur l'apparence d'une couronne placée près du zénith. Cette couronne nous paroîtra permanente ; parce qu'aux premieres colonnes pouſſées vers les pôles par le mouvement diurne de la terre, il en ſuccede d'autres qui tombent perpendiculairement dans l'atmoſphere terreſtre.

Demande-t-on s'il eſt démontré que la matiere des aurores boréales ſe trouve dans l'atmoſphere terreſtre ? L'on doit aſſurer qu'elle s'y trouve ; elle auroit ſans cela un mouvement journalier apparent d'Orient en Occident ; ce qu'aucun Aſtronome n'a encore obſervé.

Demande-t-on enfin la démonſtration ſur laquelle on ſe fonde, lorſque l'on aſſure que l'aurore boréale du 19 Octobre 1726 étoit élevée de plus de 260 lieues au-deſſus de la ſurface de la terre ? La voici ; elle eſt de M. de Mairan. Si nous la donnons d'une maniere plus étendue que lui, c'eſt que nous voulons la mettre à la portée de ceux-là même qui n'ont encore fait aucune opération trigonométrique.

Tout objet, *dit-il*, vu au-deſſus de la ſurface de la terre, qui a une parallaxe ſenſible, ou qui étant apperçu de différens lieux, paroît être à différentes hauteurs, devient bientôt d'une élévation connue. La matiere de l'aurore boréale ſe trouve dans ce cas. Dans celle du 19 Octobre 1726, l'arc lumineux qui l'accompagnoit, & qui renfermoit un ſegment de cercle obſcur & fumeux qui lui étoit concentrique, parut à Paris élevé de 37 degrés au-deſſus de l'horizon, & de 20 ſeulement à Rome. Il n'eſt donc rien de plus facile que de déterminer de combien de lieues cet arc étoit éloigné de la terre.

Pour nous rendre plus intelligibles dans un calcul qui, tout ſimple qu'il eſt, pourroit devenir très-obſcur, nous allons d'abord expliquer ce que nous avons voulu déſigner par la figure huitieme. Le point *M* marque le lieu où a paru l'arc lumineux de l'aurore boréale du 19 Octobre 1726.

Le point *C* ſuppoſe pour le centre de la terre.

Les rayons *CR*, *Cp*, *CE* ſont des rayons terreſtres de 1433 lieues chacun.

Le point *R* repréſente le lieu où Rome eſt bâtie ; la ligne *Rt* l'horizon de cette ville ; & l'angle *tRM* eſt l'angle de hauteur de l'arc lumineux de l'aurore boréale, c'eſt-à-dire, l'angle *tRM* eſt un angle de 20 degrés.

Le point *p* déſigne Paris ; la ligne *pT* l'horiſon de cette ville ; & l'angle *TpM* de 37 degrés eſt l'angle de hauteur de l'arc lumineux dont nous venons de parler.

L'arc *RpE* eſt un arc d'un cercle de latitude.

L'arc *Rp* marque la différence qu'il y a entre la latitude de Paris & celle de Rome, c'eſt-à-dire; l'arc *Rp* eſt un arc de 6 degrés 56 minutes, de même que l'angle *pCR* dont cet arc eſt la meſure.

La ligne *CEM* eſt une ſécante, dont la partie *CE* repréſente un rayon terreſtre, & la partie *EM* la hauteur réelle de l'arc lumineux au-deſſus de la ſurface de la terre. Pour trouver cette hauteur, nous allons réſoudre les trois triangles *RCp RMp* & *CpM*. Un Lecteur qui voudra nous ſuivre ſans peine, aura dû parcourir auparavant l'article de ce Dictionnaire qui commence par le mot *Géométrie ſpéculative*, & celui qui commence par le mot *Trigonométrie rectiligne*.

Probleme premier. Réſoudre le triangle *RCp*, *fig.* 8.

Explication. 1°. Le triangle *RCp* eſt iſocele, puiſque les 2 côtés *RC* & *pC* repréſentent deux rayons de la terre.

2°. L'angle *RCp* eſt de 6 degrés 56 minutes *par ſuppoſition*; donc les deux angles ſur la baſe *Rp* valent 173 degrés 4 minutes; puiſque dans tout triangle rectiligne les trois angles pris enſemble valent 180 degrés, *par le corollaire premier de la propoſition cinquieme de notre premier livre de Géométrie*.

3°. Les 2 angles ſur la baſe *Rp* ſont égaux *par le corollaire premier de la propoſition premiere du même livre*; donc chacun de ces angles vaut 86 degrés 32 minutes.

4°. Dans le triangle *RCp* l'on connoît tous les angles, & les deux côtés *RC* & *pC* qui ſont chacun de 1433 lieues; il ne s'agit donc plus que de connoître le côté *Rp*.

Réſolution. Le Logarithme du Sinus de l'angle *RpC* de 86 degrés 32 minutes. au Logarithme du côté *RC* de 1433 lieues : le Logarithme du Sinus de l'angle *RCp* de 6 degrés 56 minutes. au Logarithme du côté *Rp*, c'eſt-à-dire; 9, 9992046. 3, 1562462 : 9, 0817590. au Logarithme du côté *Rp*.

Pour trouver ce Logarithme, j'ajoute 3, 1562462 à 9, 0817590. J'ôte enſuite de leur ſomme 12, 2380052 le Logarithme 9, 9992046; le reſtant 2, 2388006 me donne le Logarithme du côté *Rp*. Mais ce reſtant eſt le Logarithme de 173 lieues; donc le côté *Rp* a 137 lieues de longueur.

Démonſtration. Dans tout triangle rectiligne les côtés

sont comme les Sinus droits des angles qui leur sont opposés, *par le corollaire de la seconde proposition de la premiere partie de notre Trigonométrie rectiligne spéculative.* Mais la résolution que nous venons de donner, est fondée sur ce principe; donc cette résolution est bonne.

Probleme second. Résoudre le triangle *RMp*, *fig.* 8.

Explication. 1°. Dans le triangle *RMp*, l'angle *RpM* vaut 146 degrés 28 minutes. En voici la preuve. Les 4 angles autour du point *p* formés par les lignes *Mp*, *pT*, *pC* & *pR* valent 360 degrés, parce que du point *p*, comme centre, l'on peut décrire un cercle, dont toute la circonférence mesurera ces angles. Or l'angle *MpT* vaut 37 degrés, *par supposition.* L'angle *TpC* en vaut 90, parce que la tangente & le rayon forment un angle droit, *par le corollaire second de la proposition seconde de notre troisieme livre de Géométrie.* L'angle *CpR* vaut 86 degrés 32 minutes, *par la démonstration précédente*; donc ces trois angles pris ensemble valent 213 degrés 32 minutes; donc l'angle *RpM* qui est leur supplément à 4 angles droits, vaut 146 degrés 28 minutes.

2°. L'angle *MRp* vaut 23 degrés 28 minutes. Je le démontre. Cet angle est composé de l'angle *MRt* qui *par supposition* est de 20 degrés, & de l'angle *tRp* qui est de 3 degrés 28 minutes; donc l'angle *MRp* vaut 23 degrés 28 minutes. Pour prouver que l'angle *tRp* ne vaut que 3 degrés 28 minutes; voici comment je m'y prends. L'angle *tRC* vaut 90 degrés, puisqu'il est formé par la tangente *Rt* & par le rayon *RC*. L'angle *pRC* vaut 86 degrés 32 minutes *par le Probleme premier*; donc le petit angle *tRp* ne vaut que 3 degrés 28 minutes.

3°. L'angle *RMp* vaut 10 degrés 4 minutes, puisque les 2 autres angles du triangle que nous allons résoudre, valent 169 degrés 56 minutes.

4°. Le côté *Rp* a 173 lieues, *par le Probleme précédent*; il s'agit donc de connoître la valeur de la ligne *pM*.

Résolution. Le Logarithme du Sinus de 10 degrés 4 minutes, au Logarithme de 173 lieues : le Logarithme du Sinus de 23 degrés 28 minutes. au Logarithme du côté *pM*, c'est-à-dire, 9, 2425264. 2, 2380461 : 9, 6001181. au Logarithme du côté *pM*.

Pour trouver ce Logarithme, j'ajoute 2, 2380461 à 9, 6001181. J'ôte ensuite de leur somme 11, 8381642 le Logarithme 9, 2425264; le restant 2, 5956378 me donne le Logarithme du côté *pM*. Je conclus donc que ce côté a 394 lieues de longueur, parce que le Logarithme trouvé répond à un pareil nombre de lieues.

Ces opérations sont fondées sur la démonstration du Probleme premier.

Probleme troisieme. Résoudre le triangle *CpM*, *fig.* 8.

Explication. 1°. Dans le triangle obtusangle *CpM* l'angle obtus *CpM* est de 127 degrés, puisqu'il est composé de l'angle droit *CpT*, & de l'angle *TpM* de 37 degrés *par supposition*; donc les 2 autres angles valent ensemble 53 degrés.

2°. Le côté *Cp* est de 1433 lieues, puisqu'il représente un rayon terrestre.

3°. Le côté *pM* est de 394 lieues *par le Probleme précédent.* Il s'agit de trouver la valeur du côté *MC.* Avant de la chercher, il faut d'abord connoître l'angle *pMC.*

Résolution. 1°. *Par la proposition cinquieme de notre Trigonométrie rectiligne*, l'on a la proportion suivante; 1827 lieues, *somme des deux côtés Cp* & *pM* : 1039 lieues, *différence du côté Cp au côté p M* :: la tangente de 26 degrés 30 minutes, *moitié de la somme des deux angles opposés aux deux côtés Cp* & *pM* : à un quatrieme terme qui sera la tangente de la moitié de la différence qui se trouve entre l'angle *pCM* & l'angle *pMC.* L'on peut donc dire; le Logarithme de 1827 lieues. au Logarithme de 1039 lieues : le Logarithme de la tangente de 26 degrés 30 minutes. à un quatrieme Logarithme qui sera celui de la tangente de la moitié de la différence qui se trouve entre l'angle *pCM* & l'angle *pMC*, c'est-à-dire, 3, 2617385. 3, 0166155 : 9, 6977363. à un quatrieme Logarithme, qui sera celui de la tangente de la moitié de la différence qui se trouve entre l'angle *pCM* & l'angle *pMC.*

Pour trouver ce quatrieme Logarithme, j'ajoute 3, 0166155 à 9, 6977363. J'ôte ensuite de leur somme 12, 7143518 le Logarithme 3, 2617385; le restant 9, 4526133 me donne le Logarithme que je cherche. Mais ce Logarithme répond à 15 degrés 50 minutes; donc la moitié de la différence qui se trouve entre l'angle *pMC* & l'angle *pCM* eſt de 15 degrés 50 minutes; donc l'angle *pMC* ſurpaſſe l'angle *pCM* de 31 degrés 40 minutes.

2°. *Par le corollaire troiſieme de la propoſition quatrieme de notre Trigonométrie rectiligne*, on aura la valeur de l'angle *pMC*, en ajoutant 15 degrés 50 minutes à 26 degrés 30 minutes; donc l'angle *pMC* vaut 42 degrés, 20 minutes.

3°. *Par le corollaire quatrieme de la même propoſition*, on aura la valeur de l'angle *pCM*, en ôtant 15 degrés 50 minutes, de 26 degrés 30 minutes; donc l'angle *pCM* vaut 10 degrés 40 minutes; donc le triangle obtuſangle *CpM* eſt un triangle dont on connoît les trois angles, & les 2 côtés *pM* & *pC*; donc, pour connoître le côté *CM*, l'on fera la proportion ſuivante.

Le Logarithme du Sinus de 42 degrés, 20 minutes: au Logarithme de 1433 lieues : le Logarithme du Sinus de 127 degrés. au Logarithme du côté *CM*, c'eſt-à-dire, 9, 8283006. 3, 1562462 : 9, 9023486. au Logarithme du côté *CM*.

Pour trouver ce Logarithme, j'ajoute 3, 1562462 à 9, 9023486. J'ôte enſuite de la ſomme 13, 0585948 le Logarithme, 9, 8283006; le reſtant 3, 2302942 eſt le Logarithme que l'on cherche. Mais ce Logarithme répond à 1699 lieues; donc le côté *CM* a 1699 lieues de longueur.

4°. Le côté *CM*, eſt compoſé de la partie *CE* & de la partie *EM*. La partie *CE* qui repréſente un rayon terreſtre, eſt de 1433 lieues; donc la partie *EM* eſt de 266 lieues.

5°. La partie *EM* marque l'élévation de l'arc lumineux de l'aurore boréale du 19 Octobre 1726 au-deſſus de la ſurface de la terre; donc cet arc étoit élevé au-deſſus de la ſurface de la terre de plus de 260 lieues.

Démonſtration. Toutes les opérations que nous venons de faire, ſont fondées ſur les propoſitions ſeconde & cinquieme de notre Trigonométrie rectiligne; donc ces opérations ſont ſûres, puiſque ces deux propoſitions ſont démontrées géométriquement. Cela ne nous empêchera pas cependant de répondre aux trois queſtions ſuivantes.

Premiere Queſtion. Comment avons-nous trouvé le logarithme du ſinus de l'angle CpM de 127 degrés; puiſque dans les tables trigonométriques les angles ne vont que juſqu'à 90 degrés?

Réponſe. Nous avons appris dans la Trigonométrie rectiligne qu'un arc & un angle ont le même ſinus droit que leur ſupplément. Auſſi, pour avoir le logarithme du ſinus d'un angle de 127 degrés, avons-nous pris le logarithme du ſinus d'un angle de 53 degrés. Tout le monde voit qu'un angle de 53 degrés eſt le ſupplément d'un angle de 127 degrés, puiſqu'il contient ce qui manque à ce dernier pour valoir 180 degrés.

Seconde Queſtion. Pourquoi avons-nous aſſuré que la ſomme des angles M & C du triangle *Cp*M, dont aucun des deux n'étoit encore connu en particulier, eſt de 53 degrés?

Réponſe. Les trois angles du triangle CpM ne valent que 180 degrés, *par le Cor. 1 de la prop. 5 de notre 1 livre de géométrie*; l'angle *p* en vaut lui ſeul 127; donc les deux angles M & C en valent enſemble 53.

Troiſieme Queſtion. Pourquoi avons-nous aſſuré que l'angle *M* eſt plus grand que l'angle *C*?

Réponſe. L'angle *M* eſt oppoſé à un côté de 1433 lieues; & l'angle C à un côté de 394 lieues; donc l'angle *M* eſt plus grand que l'angle *C*, *par le corollaire 4 de la propoſition 3 de notre 1 liv. de géométrie.*

Pour rendre cet article encore plus intéreſſant, nous allons mettre ſous les yeux de nos Lecteurs les principales aurores boréales qui ont paru depuis le quatrieme ſiecle juſqu'à celui-ci.

Année 400.

Ce fut à la fin du quatrieme ſiecle & au commencement du cinquieme que furent faites les premieres obſervations circonſtanciées de l'aurore boréale. Lycoſthene rapporte que, depuis l'année 394 juſqu'à l'année 412, l'on vit ſouvent dans le Ciel pendant la nuit des *épées*, des *lances*, des *colonnes de feu*, *&c.*; expreſſions ordinaires aux anciens Auteurs, lorſqu'ils dépeignent l'aurore boréale.

Année 450.

Iſidore de Seville raconte dans l'hiſtoire des Goths

que ; quelque tems avant qu'Attila entrât dans les Gaules & dans l'Italie, le Septentrion parut tout en feu & changé en sang, avec un mélange de traits, ou de rayons plus clairs qui traversoient en forme de lances la partie rouge du firmament. Ce phénomene, qui n'est autre que celui de l'aurore boréale, a dû paroître vers le milieu du cinquieme siecle, puisqu'Attila entra dans les Gaules en l'année 450, & passa en Italie en l'année 452.

Année 502.

La chronique Edessienne porte que, le 22 Août de l'année 502, l'on vit à Edesse, du côté du pôle boréal, un feu lumineux qui brûla ou qui sembla brûler toute la nuit. C'est la premiere aurore boréale que l'on trouve bien datée.

Année 584.

Dans ce tems-là, dit Grégoire de Tours, parurent vers l'aquilon, pendant la nuit, des rayons brillans de lumiere qui sembloient se choquer & se croiser les uns les autres ; après quoi ils se séparoient & s'évanouissoient.... Le Ciel étoit si éclairé dans toute la partie septentrionale, que si ce n'eût été la nuit, on eût cru voir paroître l'aurore.

Année 770.

Lycosthene & plusieurs autres Ecrivains racontent que, depuis l'année 770 jusqu'à l'année 778, l'on vit dans le Ciel pendant la nuit des étoiles tombantes, des armées, des boucliers enflammés & teints de sang, &c. ; ce qui, dans le style de cet Auteur peu Physicien, ne signifie qu'une forte reprise d'aurores boréales.

Année 859.

S. Bertin assure dans ses annales qu'aux mois d'Août, de Septembre & d'Octobre de l'année 859, l'on vit durant la nuit des armées dans le Ciel ; c'étoit depuis l'Orient jusqu'au Septentrion & au-delà, une lumiere aussi claire que le jour, & d'où sembloient s'élever des colonnes sanglantes.

Année 930.

Mêmes armées dans le Ciel, au rapport de Lycosthene.

Année 979.

Mêmes signes dans le Ciel, au rapport de l'Abbé Tritheme.

Année 992.

Calvisius, savant Chronologiste Allemand, rapporte que la nuit de Noël de l'année 991, l'on vit, du côté du Nord, une lumiere capable de faire croire que le jour alloit paroître. Le même phénomene arriva la nuit de la Fête de St. Etienne, l'année suivante.

Année 1095.

Suivant la chronique de l'Abbé Tritheme, le 24 Février de l'année 1095 on apperçut en l'air des nuages rouges & comme teints de sang, qui partoient de l'Orient & de l'Occident, & s'alloient rencontrer vers le point du Ciel le plus élevé, & environ le milieu des nuits, il s'élevoit du Septentrion des clartés de feux ou des colonnes ardentes, qui, en se répandant, voltigeoient par l'air.

Année 1116.

Lycosthené nous parle encore de l'aurore boréale de l'année 1116, comme d'une armée de feu qui fut vue vers le Septentrion, & qui ensuite se répandit par tout le Ciel pendant une grande partie de la nuit.

Année 1157.

Même apparence, au rapport de Lycosthene.

Année 1352.

Même signe, au rapport du même Auteur.

Année 1461.

La chronique de Louis XI rapporte un phénomene nocturne arrivé le 23 Juillet de l'année 1461 qui n'est autre qu'une aurore boréale. 4 ans après, un phénomene semblable fit tourner la cervelle à un Parisien, apparemment très-peu versé dans l'astronomie & dans la Physique.

Année 1527.

Rocquenbac, Lycosthene, Lavater & plusieurs autres Cométographes racontent qu'en l'année 1527, l'on vit dans le Ciel des épées sanglantes, des lances, des visages d'hommes, des têtes tranchées, hideuses par les barbes horribles & les cheveux dont elles étoient hérissées, & cent autres rêveries qui faillirent faire mourir de frayeur la plupart de ceux à qui elles rouloient dans la tête, tandis qu'ils n'avoient devant les yeux qu'une aurore boréale.

Année 1575.

Corneille Gemma nous a laissé la description de la fameuse aurore boréale du 13 Février de l'année 1575. L'on vit alors, dit-il, deux grands arceaux admirables. L'un plus étendu vers le Nord, sembloit puiser dans le gouffre ténébreux d'où il sortoit, plusieurs autres arcs & une vaste lumiere; l'autre déclinant un peu plus vers le Midi, & représentant parfaitement l'iris par les diverses couleurs dont il étoit peint, s'étendoit du Levant jusqu'au Couchant en passant par la ceinture d'Orion. Tous deux étoient appuyés vers l'Occident sur le point de l'équinoxe, & renfermoient la Lune qui étoit nouvelle. L'arc le plus austral se brisa d'abord auprès de la ceinture d'Orion, & il sortit de sa breche quantité de rayons, de lances & de javelots enflammés; ils partoient avec une rapidité incroyable; c'étoit l'image d'un sanglant combat. Les rayons, les lances & les flammes monterent de toute part de l'horizon jusqu'au milieu du Ciel, l'incendie gagna du gouffre du Nord jusqu'au Zénith, il devint universel, & une mer de feu s'éleva à grands flots du fond de cet abyme infernal, &c. Le même Auteur nous a décrit d'une maniere aussi tragique l'aurore boréale qui arriva le 26 Septembre de la même année 1575.

Année 1605.

Nous lisons dans le Journal du regne d'Henri IV, que le 18 Novembre de l'année 1605, le Ciel fut tout brillant de rayons de lumiere qui s'élevoient par reprises ; surtout du côté du Nord, & à droite & à gauche vers l'Orient & vers l'Occident ; de maniere que le Levant & le Couchant d'hiver sembloient éclairés par l'incendie de plusieurs villes.

Année 1607.

L'on trouve dans un recueil de lettres écrites à Képler que, le 17 Novembre de l'année 1607, il parut, malgré le clair de la Lune, une aurore boréale des plus considérables. Des rayons rouges & blancs montoient de l'horizon oriental & occidental jusqu'au sommet du Ciel. Ils ne tendoient pas cependant directement au Zénith ; mais ils déclinoient de ce point d'environ 20 degrés du côté du midi ; & ce qui est singulier, c'est que malgré leurs changemens, ils conservoient toujours la même direction à ce point fixe, &c.

Année 1615.

M. de la Motte le Vayer dans sa 78e. lettre, tourne en ridicule Jean-Baptiste le Grain qui raconte dans la Décade de Louis le Juste, qu'il vit dans le Ciel, le 26 Octobre de l'année 1615, des hommes de feu qui combattoient avec des lances, & qui par ce spectacle effrayant pronostiquoient la fureur des guerres qui suivirent. J'étois aussi bien que lui à Paris, *dit le Vayer*, & je proteste que je ne vis dans le Ciel qu'une impression céleste en forme de pavillons qui paroissoient & s'enflammoient de fois à autres.

Année 1621.

Il y eut cette année une fameuse aurore boréale. Elle fut observée par Gassendi qui en fait la description dans ses Commentaires sur le dixieme livre de *Diogene Laerce*, *page* 1137.

Année 1686.

Même phénomene observé le 23 Octobre de l'année 1686, par *Théodore Moëren* qui prit ce spectacle pour un incendie des villages voisins.

Année 1707.

Roémer observa à Copenhague, le 1 Février de

l'année 1707, une aurore boréale à deux arcs, & à grands jets de lumiere.

Il y eut la même année deux autres aurores boréales; l'une le 1 Mars, observée à Berlin par l'Astronome Kirch, l'autre le 27 Novembre vue en Irlande par Neve.

Le fameux Edmond Halley parle d'une aurore boréale qui fut vue en Angleterre le 20 Août de l'année suivante.

Année 1710.

Aurore boréale observée à Giessen, le 16 Novembre de l'année 1710 par Liebknecht.

Année 1716.

M. Halley dépeint dans les transactions philosophiques l'aurore boréale du 17 Mars de l'année 1716. Elle fut très-grande, & elle est comme l'époque du renouvellement de ces phénomenes. En effet on en compte jusqu'à 161 depuis le commencement de l'année 1716 jusqu'à la fin de l'année 1725.

Année 1726.

Parmi les 46 aurores boréales qu'on observa en l'année 1726, celle du 19 Octobre doit être regardée comme la plus complete. Nous en avons fait la description au commencement de cet article. Ce spectacle ne fut pas rare les années suivantes. On en compta 67 en l'année 1727; 85 en l'année 1728; 63 en l'année 1729; 116 en l'année 1730; 57 en l'année 1731; 100 en 1732; 27 en 1733; & 38 en 1734. Ce n'est pas dans Lycosthene, Isidore de Seville, Grégoire de Tours, St. Bertin, Calvisius, &c. que nous avons puisé toutes les particularités que nous venons de rapporter; nous avions sous les yeux l'excellent traité de M. de Mairan sur l'aurore boréale; pouvions-nous desirer autre chose? Ce qui nous reste à dire sur le même phénomene est tiré des éclaircissemens dont le même Auteur a orné la seconde édition de son traité.

Année 1735.

L'aurore boréale parut 51 fois cette année, c'est-à-dire, le vingt-cinq & le vingt-six Janvier; le quatre, le treize, le vingt-un, le vingt-deux, & le vingt-quatre Février; le quatre, le treize, le quinze, le vingt, le vingt-deux, le vingt-trois, le vingt-quatre, le vingt-cinq & le vingt-six Mars; le feize, le dix-fept, le dix-huit, le dix-neuf, le vingt-un, le vingt-deux & le vingt-trois Avril; le vingt-deux, le vingt-trois, le vingt-fept & le 31 Août; le premier, le dix, le quinze, le feize, le dix-fept, le dix-huit, le vingt-trois, le vingt-quatre & le vingt-cinq Septembre; le onze, le quatorze, le quinze, le vingt-deux, le vingt-trois, le vingt-quatre Octobre; le quatorze & le dix-huit Novembre; le huit, dix, treize, quinze, dix-huit, vingt, vingt-deux Décembre.

Année 1736.

On compta cette année 42 aurores boréales; deux en Janvier, le fept & le vingt-deux; cinq en Février, le treize, le feize, le dix-fept, le vingt-fept, & le vingt-huit; deux en Mars, le quinze & le trente; trois en Avril, le trois, le cinq & le quatorze; une en Mai, le quatre; deux en Juillet, le fept & le huit; trois en Août, le treize, le quinze & le vingt; fept en Septembre, le trois, le quatre, le cinq, le treize, le vingt-cinq, le vingt-fix & le trente; 9 en Octobre, le fept, le huit, le dix, le vingt-deux, le vingt-fix, le vingt-fept, le vingt-huit, le vingt-neuf & le trente; fept en Novembre, le fept, le huit, le neuf, le dix-fept, le dix-huit, le dix-neuf & le vingt-quatre; une en Décembre, le premier.

Année 1737.

On obferva cette année 40 aurores boréales; quatre en Janvier, le premier, le trois, le neuf & le vingt-quatre; quatre en Mars, le dix-huit, le vingt-un, le vingt-huit & le vingt-neuf; quatre en Avril, le fept, le dix, le onze & le vingt-quatre; deux en Juin, le trois & le trente; fix en Août, le vingt, le vingt-un, le vingt-deux, le vingt-trois, le vingt-quatre & le vingt-cinq; fept en Septembre, le quatre, le quatorze, le dix-huit, le vingt-deux, le vingt-fept, le vingt-huit & le trente; fix en Octobre, le premier, le deux, le vingt-trois, le vingt-quatre, le vingt-cinq & le vingt-six; deux en Novembre, le vingt-six & le trente; cinq en Décembre, le seize, le vingt, le vingt-un, le vingt-deux & le vingt-huit.

Année 1738.

Il n'y eut cette année que 9 aurores boréales; deux en Février, le seize & le dix-neuf; trois en Mars, le huit, le dix-huit, & le dix-neuf; une en Avril, le dix; une en Juillet, le onze; une en Août, le treize; une en Décembre, le quatre.

Année 1739.

On vit cette année 26 aurores boréales, deux en Janvier, le huit & le vingt-sept; trois en Février, le quinze, le dix-sept & le vingt-sept; six en Mars, le six, le sept, le dix, le douze, le vingt-deux & le vingt-neuf; une en Avril, le dix; une en Juin, le deux; six en Septembre, le vingt-quatre, le vingt-cinq, le vingt-six, le vingt-huit, le vingt-neuf & le trente; trois en Octobre, le vingt-neuf, le trente & le trente-un; deux en Novembre, le deux & le seize; deux en Décembre, le six & le treize.

Année 1740.

Il n'y eut cette année que 2 aurores boréales; la premiere arriva le 27 Janvier & la seconde le dix-sept Octobre.

Année 1741.

Il y eut cette année 21 aurores boréales; deux en Janvier, le douze & le vingt-trois; une en Février, le seize; quatre en Mars, le onze, le seize, le dix-sept & le vingt; deux en Avril, le six & le dix-sept; deux en Août, le dix & le treize; neuf en Octobre; le premier, le deux, le trois, le huit, le neuf, le dix, le douze, le quatorze & le quinze; une en Novembre, le onze.

Année 1742.

On compta cette année 14 aurores boréales; une en Janvier, le deux; une en Février, le vingt-cinq; trois en Mars, le trois, le vingt-six & le vingt-sept; une en Mai, le vingt-trois; deux en Août, le vingt-six & le trente; deux en Septembre, le sept & le dix; deux en Octobre, le vingt-deux & le vingt-trois; deux en Décembre, le vingt-deux & le vingt-six.

Année 1743.

L'on observa cette année 9 aurores boréales; une en Janvier, le trente; six en Mars, le seize, le dix-neuf, le vingt, le vingt-quatre, le vingt-six & le vingt-huit; une en Septembre, le dix-neuf; une en Octobre, le huit.

Année 1744.

L'aurore boréale parut trois fois cette année, le 2 Avril, le 7 Juin, & le 3 Octobre.

Année 1745.

L'aurore boréale parut encore trois fois cette année; le 21 Janvier, le 9 & le 17 Octobre.

Année 1746.

Cette année l'aurore boréale ne parut qu'une fois; c'est-à-dire, le 17 Novembre.

Année 1747.

Il y eut cette année sept aurores boréales, le 6 Janvier, le 19 Mars, le 31 Août, le 10 & le 27 Septembre, le 3 & le 24 Décembre.

Année 1748.

On n'observa cette année que trois aurores boréales; la premiere le 27 Février, la seconde le 22 Octobre, & la troisieme le 24 Décembre.

Année 1749.

On eut cette année le même nombre d'aurores boréales, les deux premieres le 17 & le 22 Septembre, & la troisieme le 8 Octobre.

Année

Année 1550.

Il parut cette année douze aurores boréales ; une en Janvier ; le six ; cinq en Février, le trois, le quatre, le sept, le vingt-six & le vingt-sept ; une en Avril, le treize ; une en Mai, le deux ; trois en Août, le vingt-quatre, le vingt-six & le vingt-sept ; une en Décembre, le quatorze. Parmi ces aurores boréales il y en eut trois plus remarquables que les autres, celle du vingt-sept Février, celle du vingt-quatre Août, & celle du vingt-six du même mois. Il parut, avec la premiere, comme un grand arc-en-Ciel, mais un peu plus étroit que l'arc-en-Ciel ordinaire. Il étoit très-uniforme dans toute sa longueur, blanchâtre, teint par ses bords d'une espece de couleur de rose, & d'un vert céladon pâle. C'est-là le phénomene que Mr. de Mairan appelle *Zone lumineuse.* Celle qui accompagna l'aurore boréale du vingt-quatre Août de la même année, étoit encore faite en forme d'arc, mais c'étoit un arc très-régulier, très-vivement coloré, & très-bien terminé. L'arc-en-Ciel ordinaire ne l'est qu'imparfaitement en comparaison de celui-ci. Son sommet s'écartoit de deux ou trois degrés du Zénith vers le Sud. Sa largeur étoit, comme le vingt-sept Février, d'environ deux degrés, & par-tout exactement la même. Semblable à un ruban liséré de jaune vers le Nord, & de couleur de feu vers le Sud, il s'étendoit ainsi uniformément à droite & à gauche, & ces deux couleurs, en se dégradant insensiblement vers son milieu & selon sa longueur, s'y perdoient dans une lumiere blanchâtre. Le vingt-six du même mois il y eut encore un arc lumineux joint à l'aurore boréale. Il étoit plus méridional d'un ou deux degrés, moins brillant par ses couleurs, & en général fort blanchâtre, plus large & moins tranché ; il ne se montra que pendant cinq à six minutes.

Année 1751.

Il y eut cette année deux aurores boréales, la premiere le 19 Février, & la seconde le 19 Août. Elles n'eurent rien de particulier.

Année 1761.

Le 5 de Septembre, à 10 heures $\frac{1}{4}$ du soir, tout-à-coup la partie occidentale du Ciel parut rougeâtre; & probablement le rouge auroit été couleur de feu, sans la clarté de la Lune qui étoit alors à son 16e. jour. Toute la matiere se rangea bientôt du côté du pôle; elle couvrit toutes les étoiles qui sont de ce côté-là jusqu'à l'étoile polaire inclusivement. Je ne vis à travers que la belle étoile de la constellation du *cocher* appellée la chevre. L'aurore boréale ne fut belle que jusqu'à environ 11 heures & un quart; elle disparut peu-à-peu, & à minuit il n'en resta dans le Ciel aucun vestige sensible. J'observai cette aurore boréale à Gromelle, maison de campagne du collége d'Avignon, appartenant alors aux Jésuites. Il me paroît qu'il faut la ranger dans la classe des aurores paisibles; je n'apperçus aucun mouvement particulier dans la matiere qui la composoit, tout le tems que le phénomene dura.

Année 1770.

Le 17 Septembre, sur les 7 heures du soir, il y eut une aurore boréale qui commença du côté du couchant, à-peu-près au point de l'horizon où dans cette saison le Soleil a coutume de se coucher. Le côté du Nord ne parut éclairé que sur les huit heures. A huit heures & demi, l'endroit le plus rouge & le plus épais du phénomene se trouva sous la constellation du *cocher*. L'on vit cependant toujours à travers, l'étoile appellée la *Chevre*. Il ne resta à 9 heures, aucune trace de cette aurore boréale. Je crois devoir encore ranger celle-ci dans la classe des aurores paisibles. Je l'observai à Nismes sur le sommet d'une petite montagne appellée *Montaure*, qui domine la fontaine.

Année 1779.

Le 18 Septembre, à 7 heures du soir, presque toute la partie du Ciel qui se trouve entre le *Nord-est* & le *Nord-ouest* parut d'un rouge couleur de feu. Ce fut d'abord la partie du *Nord-est* qui fut la plus rouge. Bientôt après la scene changea, & le plus brillant du phénomene se trouva du côté du *Nord-ouest*. Sur les sept heures & trois quarts le *Nord* parut en feu, & la matiere s'éleva presque jusqu'à l'étoile polaire; elle déroba quelque tems à la vue les quatre étoiles qui forment le chariot de la constellation de la grande ourse. Depuis huit heures jusqu'à neuf heures le phénomene alla successivement du *Nord-ouest* au *Nord-est*, & du *Nord-est* au *Nord-ouest* où il se fixa depuis huit heures & trois quarts jusqu'à neuf heures & un quart. A neuf heures vingt minutes, il ne resta dans le Ciel aucun vestige de cette grande aurore boréale, que je range encore dans la classe des aurores paisibles. Je l'observai sur le sommet de la montagne où j'avois observé celle de l'année 1770.

AURORE MÉRIDIONALE. Dom Antoine de Vlloa, Capitaine de vaisseau du Roi d'Espagne, assure dans une lettre qu'il écrit à Mr. de Mairan, qu'après avoir doublé le Cap de Horn qui se trouve à environ cinquante-sept degrés de latitude méridionale, il vit souvent du côté du pôle austral une grande clarté dans le Ciel, qui montoit quelquefois jusqu'à trente degrés au-dessus de l'horizon, à-peu-près comme quand la lune est prête à se lever, quelquefois plus rougeâtre, & quelquefois plus brillante, ou plus blanche. Il ajoute que ces entrevues ne duroient gueres au-delà de trois ou quatre minutes, parce que dans ce pays-là des brouillards fort épais se succedent presque continuellement les uns aux autres. Cette lettre datée du 28 Avril 1750, se trouve dans la seconde édition de l'aurore boréale de Mr. de Mairan, *page* 439.

Mr. Frezier qui doubla le même Cap en 1712, rapporte dans sa relation de la mer du Sud, qu'à une heure & demie après minuit une grande partie de l'équipage vit un météore inconnu aux plus anciens navigateurs qui étoient présens; c'étoit une lueur différente du feu Saint Elme & d'un éclair, qui dura une demi minute. Tout cela nous prouve que nous n'avons rien hasardé, lorsque nous avons dit dans l'article précédent, que les habitans des plages méridionales voyoient autant d'aurores australes, que les habitans des pays septentrionaux en voient de boréales. Ces phénomenes rapportés par Dom Antoine de Vlloa & par Mr. Frezier, étoient évidemment des aurores Méridionales, causées par la précipitation des dernieres couches de l'Atmosphere du Soleil dans celle de la Terre. En effet puisque nous avons prouvé que les loix de la force centrifuge empêchoient ces couches de pénétrer la partie de l'Atmosphere terrestre qui correspond à la zone torride, il est nécessaire que la matiere qui les compose, soit rejetée en partie vers le pôle arctique pour y causer des aurores boréales, & en partie vers le pôle antarctique pour y produire des aurores Méridionales. Si ce Pays avoit autant d'observateurs que le nôtre, & que les brouillards y fussent moins fréquens, l'on pourroit avoir des tables des aurores méridionales, comme nous en avons des aurores boréales. Voyez l'article précédent où la nature de ce phénomene est expliquée fort au long.

AURUM MUSICUM. C'est un composé propre à enluminer, à peindre le verre, & à faire du papier doré. Voici ce que contient ce mélange, & comment il faut procéder, lorsqu'on veut faire l'*aurum musicum*. 1°. Faites fondre une once d'étain bien pur. 2°. Mêlez-y deux gros de bismuth. 3°. Broyez le tout sur une pierre bien polie, telle que seroit une pierre de Porphyre. 4°. Broyez ensemble deux gros de soufre & deux gros de sel ammoniac. 5°. Mettez le tout dans un fort matras à long cou, que vous luterez bien par le bas; les trois quarts de ce vaisseau doivent demeurer vuides. 6°. Bouchez le haut du matras avec un couvercle de fer blanc, que vous luterez pareillement; ce couvercle doit avoir une ouverture de la grosseur d'un pois, que vous boucherez avec un clou, afin qu'il n'en sorte point de fumée. 7°. Mettez le matras au feu de sable ou sur les cendres chaudes; le feu que vous donnerez d'abord sera doux, mais vous l'augmenterez, jusqu'à ce que le matras rougisse. Alors vous ôterez le clou; & s'il ne vient point de fumée, vous laisserez le tout trois ou quatre heures dans une chaleur égale. Ce tems écoulé, vous aurez un très-bon *aurum musicum*. Cette méthode est rapportée dans le Dictionnaire raisonné des sciences, *page* 889.

AUTOMATE. C'est une machine qui a en soi le principe de son mouvement. On peut diviser les Automates en ordinaires & en extraordinaires. Nos montres, nos pendules, en un mot nos horloges, de quelque espece qu'elles soient, sont des Automates de la premiere espece. Le détail suivant mettra sous les yeux du Lecteur des Automates de la seconde espece, que tous les mécaniciens regardent comme des chef-d'œuvres. Le premier est celui d'Architas. Ce Physicien qui florissoit à Tarente vers l'an 408 avant J. C. fit un pigeon, qui par le moyen d'un ressort caché, voloit assez long-tems, & s'abattoit ensuite sans aucun effort.

Le second Automate est celui d'Albert le grand. Cette lumiere de l'ordre de St. Dominique fit une tête d'airain dont les ressorts internes servoient à lui faire prononcer quelques sons articulés. Quelques critiques ont donné cet Automate à Roger Bacon de l'ordre de St. François; peut-être ces deux grands hommes se sont-ils chacun distingué par l'invention de quelque machine merveilleuse.

Le coq de l'horloge de Lyon, & celui de l'horloge de Strasbourg doivent être regardés comme des pieces très-rares. Mais tous ces Automates ne sont rien, ou presque rien, si on les compare avec ceux qu'a construit de nos jours le célebre Vaucanson de l'Académie Royale des Sciences. Son premier Automate est une figure humaine de 5 pieds & demi de hauteur, qui joue de la flûte avec toute la délicatesse possible. Son second Automate est un Canard qui avance son cou pour prendre du grain, l'avale, le digere, & le rend par les voies ordinaires tout digéré. Ce Canard boit, croasse & barbote dans l'eau comme les animaux ordinaires. Son troisieme Automate est un joueur de tambourin qui joue une vingtaine d'airs, menuets, rigodons & contredanses.

Ceux qui veulent prouver par-là que les bêtes sont de pures machines, ne font pas attention que les Automates dont nous venons de parler, gardent inviolablement les Loix de la mécanique, & ne donnent aucune marque de connoissance. Voyez l'article des animaux.

AUTOMATIQUE. Boerhave donne cette épithete aux mouvemens qui dépendent de la structure du corps, & auxquels la volonté n'a point de part; tels que sont les mouvemens qui causent la digestion, la circulation du sang, la respiration, &c.

AUTOMNAL. Le premier point du signe de la *Ba-*

lance, se nomme le point *Automnal*. On nomme encore *signes automnaux* les signes de la *Balance*, du *Scorpion* & du *Sagittaire*.

AUTOMNE. L'automne dure trois mois. Cette saison commence le jour que le Soleil paroît sous le premier degré du signe de la *Balance*, c'est-à-dire, environ le 22 Septembre, & elle dure tout le tems que le Soleil paroît sous les signes de la *Balance*, du *Scorpion* & du *Sagittaire*.

AUZOUT, *l'un des premiers Membres de l'Académie Royale des Sciences de Paris, a été un des grands Astronomes du Siecle passé*. Il observa avec beaucoup d'exactitude la Comete de 1664 depuis le 25 Décembre jusqu'au 9 Janvier de l'année suivante. Il s'occupa pendant long tems à perfectionner les Lunettes astronomiques, & son travail ne fut pas sans succès. Mais ce qui rendra sa mémoire immortelle, c'est qu'on le regarde comme l'inventeur du Micrometre. Ce fut en 1666 qu'il fit cette découverte. Tout le monde sait combien le Micrometre, instrument destiné surtout à mesurer les Diametres apparens des Astres, a contribué à la perfection de l'Astronomie. Auzout mourut à Paris en 1691.

AXE. Une ligne qui partage un corps en 2 parties géométriquement égales, & sur laquelle ce corps se meut, a le nom d'*Axe*. L'axe du monde, l'axe de la Terre & l'axe d'une Ellipse sont les principaux axes dont la connoissance soit nécessaire à un Physicien. Nous en parlerons dans leurs articles respectifs.

AXIFUGE. Tout corps qui tourne circulairement autour d'un axe, a une force *axifuge*.

AXIOME. Toute vérité connue de tout le monde, s'appelle *Axiome*. Voici les principaux.

Tout ce qui est renfermé dans l'idée claire & distincte d'une chose, lui convient nécessairement.

Il est impossible qu'une même chose soit & ne soit pas en même-tems.

Le tout est plus grand, qu'aucune de ses parties.

Deux grandeurs égales à une troisieme, sont égales entr'elles.

Si on augmente, ou si on diminue également deux choses égales, elles resteront égales; mais si on les aug-

mente ; ou si on les diminue inégalement, elles deviendront inégales.

Les quantités doubles, triples, quadruples de quantités égales sont égales entr'elles.

Les quantités qui sont les moitiés, les tiers, les quarts de quantités égales, sont égales entr'elles.

Tout effet a une cause.

Ni l'art ni la nature ne peuvent faire une chose de rien.

Tout nombre est pair ou impair ; &c.

AXIPETE. La force *axipete*, si elle existoit dans la nature, seroit une force qui porteroit les corps vers l'axe. On objecta autrefois à Priva de Molieres que, si ses tourbillons avoient lieu, les corps graves auroient une force axipete, & non pas centripete. En effet, *lui disoit-on*, votre matiere éthérée se meut parallélement à l'Equateur ; donc dans le tourbillon de la Terre il n'est que la couche de matiere éthérée qui correspond à l'Equateur terrestre, qui ait pour centre le centre de la Terre ; toutes les autres couches ont, comme les petits cercles de la Sphere, leurs centres dans certains points de l'axe terrestre, plus ou moins éloignés du centre de la Terre ; donc la plupart des corps sublunaires doivent être axipetes, & non pas centripetes. Privat de Molieres étoit trop bon Physicien, pour ne pas être effrayé de cette terrible objection. Il y répondit en Cartésien, c'est-à-dire, avec beaucoup d'esprit & peu de solidité. Il distingua pour cela la force *centrifuge* de la force *centrale*. Voyez l'article des *Tourbillons*. Cette réponse laisse l'objection dans toute sa force.

AZIMUT. Tout grand cercle de la sphere qui passe par le zénith & le nadir & qui coupe l'horizon en 2 points diamétralement opposés, est un cercle azimut ou vertical. Le premier vertical doit passer par le zénith & le nadir, & couper l'horizon dans les deux points du vrai Orient & du vrai Occident. Ceux à qui cette définition paroîtroit obscure, n'ont qu'à jeter un coup-d'œil sur l'article de la *Sphere*.

L'élévation d'une étoile sur l'horizon & son abaissement sous l'horizon, sont mesurés par l'arc du cercle vertical qui est compris entre l'Etoile & l'horizon. L'*Azimut* d'une Etoile est l'arc de l'horizon qui se trouve compris entre le point du Septentrion ou du Midi, & le cercle vertical qui passe par l'Etoile.

Il suit de-là que l'*azimut* d'une Etoile est tantôt Oriental & tantôt Occidental, suivant qu'on observe l'Etoile avant ou après son passage par le Méridien.

AZIMUTAL. On donne ce nom à tout cadran solaire dont le style est perpendiculaire à l'horizon.

AZUR. C'est la couleur bleue, c'est-à-dire, c'est la cinquieme des 7 couleurs primitives. Le firmament ne paroît Azur, que parce que les vapeurs & l'air réfléchissent les rayons bleus en plus grande quantité que les autres.

B

BÂILLEMENT. C'est une ouverture involontaire de la bouche qui marque l'ennui ou l'envie de dormir.

Boherhave nous assure que le bâillement se fait en dilatant presqu'en même-tems tous les muscles qui servent à la respiration; en donnant au poumon une très-grande expansion; en inspirant beaucoup d'air lentement, & peu à peu: ensuite, après l'avoir retenu quelque-tems, & lorsqu'il a été raréfié lentement, on le rend insensiblement par l'expiration, & enfin les muscles reprennent leur état naturel. L'effet du bâillement est donc de mouvoir toutes les humeurs du corps par tous les vaisseaux, d'en accélérer le cours, de les distribuer également, & par conséquent de donner aux organes des sens & aux muscles du corps, la facilité d'exercer leurs fonctions. Vous trouverez, dans l'article des muscles, la cause physique de leur dilatation.

BACON (Roger) *de l'ordre de St. François, surnommé le Docteur admirable, naquit en Angleterre environ l'année* 1216. On assure qu'il inventa la poudre à canon. Voici comment on raconte le fait. Bacon broyoit dans un mortier du soufre, du salpêtre & du charbon pour quelque opération de chimie, dans laquelle son ouvrage intitulé *opus majus* nous prouve qu'il a fait de grands progrès. Il mit sur son mortier une pierre confidérable ; une étincelle tomba fur ce mélange ; & Bacon vit tout-à-coup fon mélange en feu , & la pierre lancée en l'air avec un fracas horrible. Telle eft l'origine de la poudre à canon dont nous expliquerons les effets en fon lieu. On fait encore Bacon inventeur de la *Chambre obfcure.* Ce qu'il y a de sûr , c'eft qu'on trouve la defcription de toute forte de miroirs dans fon ouvrage intitulé *Specula Mathematica & perfpectiva.* Bacon étoit outre cela grand aftronome. Il propofa en 1667 au Pape Clément IV la correction du Calendrier , dans lequel il avoit découvert une erreur très-confidérable. Cette grande entreprife ne fut exécutée qu'en l'année 1580 fous le Pontificat de Grégoire XIII. Voilà ce qu'il y a de vrai dans la vie d'un homme fur lequel on a fait cent contes puériles. Il mourut à Oxford fous l'habit & avec tous les fentimens d'un faint Religieux en 1294 , âgé de 78 ans.

BACON (François) *Baron de Vérulam , Vicomte de S. Alban , Chancelier & Garde des Sceaux d'Angleterre , naquit à Londres en* 1560. Ç'a été fans contredit un des plus beaux génies & un des plus grands Phyficiens de fon fiecle. Sans entrer ici dans le détail des événemens de la vie d'un homme que l'on peut regarder comme le jouet de la fortune , nous nous contenterons de faire remarquer qu'il connut de bonne heure le vuide de la Philofophie de fon tems , & que , dès l'âge de 16 ans , il penfa à affranchir les hommes du joug honteux que leur en avoient impofé les Péripatéticiens. Pour en venir à bout , il fit imprimer un livre intitulé le *rétabliffement des fciences* , ouvrage plein d'excellentes vues , & digne d'avoir une place dans le cabinet des Savans. C'eft à ce génie créateur , que nous devons le vafte , le magnifique projet d'une *Encyclopédie.* Ce grand homme nous a laiffé un arbre *Encyclopédique* , où fe trouve le divifion générale de la fcience humaine en *Hiftoire* , *Poëfie* , & *Philofophie* , felon les trois facultés de l'entendement , *mémoire* , *imagination* & *raifon.* On trouve cet arbre dans le premier volume des *mélanges de littérature de M. d'Alembert.* Bacon n'aimoit à philofopher que par voie d'expérience. On affure qu'il vint à bout de comprimer l'eau. Si le fait eft vrai , il avoit de meilleurs inftrumens que l'Académie *del Cimento* , & que

M. l'Abbé Nollet à qui cette expérience n'a jamais réussi. Il mourut le 9 Avril 1626 à l'âge de 66 ans. Il y a dans son Testament une chose singuliere : *Je laisse* dit-il, *& je legue mon nom & ma mémoire aux Nations étrangeres, car mes Citoyens ne me connoîtront que dans quelque tems.*

BAGLIVI, (Georges) Professeur de Médecine au collége de la Sapience, surnommé *l'Hippocrate Romain*, auroit peut-être éclipsé la gloire du Pere de la Médecine, si la mort ne l'eût pas enlevé à la fleur de son âge. De presque tous les pays on se rendoit à Rome pour entendre ses savantes leçons. Elles étoient fondées sur les principes suivans : un Médecin doit renoncer à tout esprit de systeme.

Il ne doit donner pour sûr, que ce que l'expérience à confirmé cent fois.

L'étude de la nature doit être sa principale occupation.

Baglivi mourut à Rome au commencement du dix-huitieme siecle, avant l'âge de 40 ans. Il a laissé deux excellens ouvrages qui ont pour titres :

Praxeos medicæ, libri duo.

Specimen quatuor librorum de Fibra motrice & morbosa.

BAGUETTE DIVINATOIRE. Branche de coudrier, d'aune, de hêtre, &c. avec laquelle on prétend faire des découvertes. Il en est du pouvoir de la baguette, comme du pouvoir de la Médecine. Le vrai Médecin, dirigé par des principes sûrs, ne vous présente que des remedes, propres à guérir ou du moins à diminuer le mal que vous souffrez; le charlatan noye quelques bonnes découvertes dans un tas de remedes hasardés, plus propres à causer la mort, qu'à prolonger la vie. De même la baguette, entre les mains du vrai Physicien, n'est employée qu'à des découvertes avec lesquelles elle peut dans le fond avoir quelque analogie ; il cherchera, par exemple, si tel & tel mouvement de telle & telle baguette peuvent conduire à la découverte des sources & des mines cachées dans le sein de la terre. L'aventurier au contraire, armé de sa baguette qu'il appelle *divine*, vous assurera hardiment qu'il n'est aucune source, à quelque profondeur qu'elle se trouve, qu'il ne vous indique surement ; aucune lame, de quelque métal qu'elle soit; qu'il ne vous désigne infailliblement; aucun trésor, quelque caché qu'il soit, qu'il ne découvre à l'instant; aucune borne, aucune limite, placée ou déplacée, qu'il ne fixe précisément; aucun meurtre, quelque ancien qu'il soit, dont il n'assigne la place exactement; aucun voleur, quelque éloigné qu'il soit, qu'il ne trouve & qu'il n'arrête sur le champ. Pour en imposer à un public, toujours porté à la crédulité, & toujours avide du merveilleux, il racontera les prétendus hauts faits du nommé *Jacques Aymar*, natif du Dauphiné, qui, sur la fin du siecle dernier, se fit un nom & un grand nombre de partisans par le moyen de sa baguette. Il n'oubliera pas sans doute ce qui se passa à Lyon, à l'occasion de l'assassinat commis le 5 du mois de Juillet 1692. Un vendeur de vin & sa femme furent tués, à coups de serpe, dans une cave, & leur argent fut volé dans une boutique qui leur servoit de chambre. Aucun soupçon, aucun indice sur les auteurs de l'assassinat. Que fit-on? On eut recours à *Jacques Aymar* qui se rendit à Lyon. Il se fit conduire dans la cave où le meurtre avoit été commis. A peine y fut-il entré, qu'il fut saisi d'une fievre violente; il tomba dans une espece d'asphyxie. On le revint; & après mille contorsions & mille mouvemens qu'il fit faire à sa baguette, il promet de suivre les assassins à la piste & de les faire conduire dans les prisons de Lyon. Il prend en main sa baguette; & accompagné d'un commis du greffe & de quelques cavaliers de la Maréchaussée, il se rend à Beaucaire, après avoir tenu, *disoit-il*, la même route que les assassins. Arrivé dans cette ville, & toujours guidé par sa baguette, il va droit à la porte de la prison où l'on a coutume d'enfermer les filous pendant la foire. Il s'en fait ouvrir les portes; on lui présente 12 à 15 prisonniers & la baguette ne tourne que sur un bossu dont on venoit de se saisir pour cas de filouterie. On le conduit à Lyon; il avoue son crime; & il l'expie par le supplice de la roue sur la place des Terreaux.

L'assassin avoua, avant que d'expirer, qu'il avoit eu deux complices de son crime; qu'ils avoient été avec lui à Beaucaire, qu'ils avoient quitté cette ville, lorsqu'ils surent qu'il avoit été arrêté; mais qu'il ignoroit où ils s'étoient retirés. Je les trouverai morts ou vifs, répondit *Aymar*. Il prend de nouveau sa baguette, & le chemin de Beaucaire avec la même escorte que la premiere fois. Arrivé dans cette ville, il assure que les assassins ont pris la route de Toulon. Il les suit à la piste. A Toulon, sa baguette lui indique qu'ils se sont embarqués. On s'embarque après eux; on les suit jusques sur les frontieres, & on revient à Lyon, sans les avoir trouvés.

Ce petit échec ne fit pas tort à *Aymar*. On étoit persuadé qui les eût suivis à la piste, jusqu'au bout du monde, s'il lui eût été permis de les arrêter dans des royaumes étrangers. Tous ces faits & une infinité d'autres presqu'aussi surprenans, furent soumis à l'examen de *Malebranche*. L'on vouloit savoir de ce grand homme si l'on pouvoit les expliquer d'une maniere physique, à-peu-près comme on explique les mouvemens de l'aiguille aimantée vers les deux pôles du monde. Celui-ci, naturellement crédule, les admit indistinctement; & après des raisonnemens qui ne finissent pas, il conclut qu'on ne peut les expliquer que par un pacte explicite ou du moins implicite avec l'esprit malin. Il n'auroit pas sans doute répondu de la sorte, s'il eût su que de Lyon *Aymar* se rendit à Paris où il fut appellé par Monseigneur le Prince *de Conti*, qui voulut juger par lui-même du pouvoir de la baguette dont il se servoit. Il le conduisit sur sa terrasse de Chantilly; il lui fit prendre en main sa baguette; il espéroit qu'elle tourneroit fort rapidement, parce que la riviere passe sous cette terrasse. Le contraire arriva; & dans quelque endroit qu'on le plaçât, sa baguette demeura immobile. Le Prince fit cacher dans quatre endroits différens d'un de ses jardins, de l'or, de l'argent, du cuivre & des cailloux; & la baguette accoutumée à indiquer les métaux, ne tourna que sur un sac rempli de cailloux & caché assez profondément dans la terre. On avertit le Prince qu'à la rue St. Denis un Archer du guet avoit été assassiné. Il s'y rend accompagné de M. le Procureur du Roi & d'*Aymar* à qui l'on avoit eu soin de bander les yeux. On le fait passer plusieurs fois sur l'endroit où avoit été commis l'assassinat; il étoit encore couvert de sang; & sa baguette demeura toujours immobile.

Aussi le chassa-t-on comme un fourbe & un aventurier. Il l'avoit déjà été de sa patrie où sa prétendue science avoit causé mille procès & mille divisions.

Mais enfin, *dira-t-on*, l'affaire de Lyon est un fait constaté ; & il ne l'est pas moins que *Jacques Aymar*, par le moyen de sa baguette, découvrit l'un des assassins, enfermé dans les prisons de Beaucaire pour cas de filouterie.

Jacques Aymar n'avoit de grossier, que l'habit de paysan dont il étoit revêtu. C'étoit un homme adroit, rempli d'esprit & très-bon physionomiste. L'assassinat dont j'ai parlé, fut commis à Lyon, aux approches de la foire de Beaucaire. C'est-là, *dut dire Aymar en lui-même*, que les assassins se seront retirés ; cette foire en est comme le rendez-vous ; il faut donc que je me rende dans cette ville, & que je dise que ma baguette dirige mes pas sur la route que les assassins ont tenue. Arrivé à Beaucaire, *Aymar* dut raisonner de la sorte : les prisons de cette ville sont remplies de filoux qu'on met en liberté d'abord après la foire. Transportons-nous-y, & faisons tourner la baguette sur celui des prisonniers qui aura la figure la plus sinistre & l'air le plus embarrassé. Son embarras me prouvera qu'il aura commis un crime bien supérieur à celui dont sont accusés ces gens sans aveu. *Aymar* agit en conséquence ; le bossu, dont apparemment la conscience étoit bourrelée, tremble à la vue d'un homme, escorté de cavaliers, qui dit qu'il est sûr de trouver dans les prisons l'assassin qu'il vient chercher. *Aymar* fait tourner sur lui sa baguette ; sur cet indice on le déclare coupable ; on le conduit à Lyon ; & par le moyen de la torture, ordinaire & extraordinaire, on tire de lui l'aveu d'un crime qu'il avoit réellement commis. *Aymar* fut heureux dans ses conjectures ; mais dans un siecle aussi éclairé que le nôtre, on se garderoit bien de faire le procès à un homme sur le témoignage d'un pareil aventurier. Il vaudroit mieux que cent millions de crimes demeurassent impunis que d'attaquer l'honneur & la vie des citoyens sur des indices aussi trompeurs.

Mais, *ajoute-t-on*, un chien de chasse suit un lievre à la piste plusieurs heures, quelquefois plusieurs jours après qu'il a passé dans un chemin ; pourquoi ne pas accorder à *Aymar*, vis-à-vis les meurtriers, le même instinct que nous accordons aux chiens vis-à-vis certains animaux ?

Je le lui accorde sans peine ; mais le meilleur chien de chasse n'a jamais suivi un lievre à la piste, huit jours après qu'il a passé dans un chemin ; deux à trois jours après, les corpuscules qu'il a laissé sur son passage, se sont dissipés ; ils ne font plus impression sur les houpes nerveuses dont ses narines sont tapissées, quelque nombreuses, quelque délicates qu'elles soient. *Aymar* au contraire prétend suivre les meurtriers à la piste un mois, un an, vingt-cinq ans après qu'ils ont passé par un chemin. La chose est-elle croyable ?

D'ailleurs si les corpuscules, émanés des meurtriers, affectent le corps d'*Aymar*, pourquoi n'est-il affecté que par ceux qui sont émanés des meurtriers qu'on l'a chargé d'arrêter. Une troupe d'assassins auroit pu l'entourer, auroit pu aller de compagnie avec lui ; il n'auroit éprouvé aucune sensation, aucune impression fâcheuse, s'il n'eût été chargé d'aucune commission contre eux & surtout d'une commission en bonne & due forme. Pourra-t-on jamais se l'imaginer ; c'est ainsi qu'on raisonnoit gravement, il n'y a pas encore cent ans.

Enfin supposons dans *Aymar* tout le degré de sensibilité qu'on voudra lui accorder. Mais la baguette dont il est muni, est un corps insensible. Quelle est donc la cause physique de ce mouvement de rotation, de ces mouvemens violens dont elle est agitée, lorsqu'il entre dans ses accès de phrénésie ? N'en voilà que trop sur cette matiere ; concluons hardiment qu'il n'est dans la baguette, de quelque bois qu'on la fasse, aucune analogie avec les voleurs & les assassins.

Il y en a encore moins entre la baguette & les bornes des champs, placées ou déplacées. Deux personnes avoient-elles convenu de fixer telle ou telle pierre, pour marquer les limites de tel ou tel champ ? *Aymar* prétendoit que sa baguette tournoit à l'approche de cette pierre. Elle ne tournoit plus, lorsque l'une des deux personnes ayant acheté le champ voisin, cette pierre ne servoit plus de limite. Cette pierre avoit-elle été malicieusement changée de place ? La baguette tournoit sur l'endroit où elle avoit d'abord été fixée. J'ai honte de rapporter tant de puérilités qu'on regardoit cependant, sur la fin du siecle dernier, comme des preuves convaincantes qu'un champ n'avoit que telle & telle étendue ; & que ce qu'il avoit de plus, étoit évidemment un bien usurpé sur le voisin. L'on trouva même des ames timorées qui, pour mettre leur conscience en repos, céderent généreusement à leurs voisins tout ce que la baguette indiquoit ne pas leur appartenir. Les égaremens de la raison font partie de toutes les sciences humaines ; & la Physique est la science peut-être qui a le plus de droit de grossir ses volumes de prétendues découvertes qui procurent maintenant à leurs Auteurs autant de méptis, qu'elles leur ont procuré de réputation pendant leur vie. Témoins l'horreur du vuide, les qualités sympathiques & antipathiques, les planetes conduites dans leurs mouvemens périodiques par les esprits célestes, les malheurs annoncés par l'apparition d'une comete, & tant d'autres rêveries qui feront jusqu'à la fin des siecles la honte de l'ancienne Philosophie. Ce que nous avons dit jusqu'à présent, nous prouvera du moins, lorsque nous nous servirons de la baguette en vrai Physicien, que tout mouvement violent qui lui est imprimé, est l'effet de la fourberie ou de la charlatanerie.

Il en est des trésors cachés dans le sein de la terre, comme des bornes des champs placées ou déplacées. Les uns & les autres ne sauroient envoyer aucun corpuscule, capable d'imprimer à la baguette le mouvement même le plus insensible. Je ne prononcerai pas aussi hardiment sur la découverte des sources & des mines de métal par le moyen de la baguette. J'entrevois une cause physique qui, lors de cette recherche, peut imprimer un mouvement d'inclinaison à telle & telle baguette, faite de tel & tel bois, lorsqu'elle est posée sur un pivot dans un parfait équilibre, & qu'elle se trouve sur quelque source qu'on veut decouvrir, ou sur quelque mine qu'on veut exploiter. Il convient donc de soumettre les choses à l'examen le plus sérieux, avant que d'adopter ou de rejeter une pratique que préconisent encore aujourd'hui des Physiciens de réputation. Suivons-les pas-à-pas, & commençons par décrire les différentes baguettes dont on a coutume de se servir, lorsqu'on veut découvrir une source cachée, plus ou moins profondément dans le sein de la terre.

La baguette dont on se sert dans les opérations de Physique, est pour l'ordinaire de bois de coudrier, d'aune, de hêtre ou de pommier. Sa longueur n'est jamais de moins d'un pied & de plus de deux; rarement va-t-elle à deux pieds. Quelques-uns font l'une des deux extrémités fourchue, plusieurs autres ne gardent pas cette formalité. Lorsque, par le moyen de la baguette, on veut découvrir une source d'eau, on en prend les extrémités dans les mains, sans les serrer beaucoup, le dedans de chaque main regardant le ciel. On tient la tige de la baguette, parallele à l'horizon, ou courbée en arc. Dans cette attitude on avance doucement & comme à pas comptés, vers l'endroit où l'on soupçonne qu'il y a de l'eau; & s'il y en a réellement, la baguette, dit-on, reçoit, dès qu'on y est arrivé, un mouvement très-rapide de rotation entre les mains de celui qui la tient.

C'est ici une pure charlatanerie. L'eau cachée dans le sein de la terre, ne peut envoyer sur sa surface que des émanations, en forme de vapeurs; ces vapeurs ne sauroient communiquer à la baguette le mouvement de rotation dont il s'agit; & si elles le pouvoient, ce seroit-là un mouvement nécessaire qui s'exécuteroit entre les mains de quiconque tiendroit la baguette de la maniere dont les Dauphinois ont coutume de la tenir. Nous ne voyons pas cependant qu'elle tourne indifféremment entre les mains de tout le monde. Voici donc comment je fais opérer ces prétendus Physiciens.

Ils ont une espece de Physique usuelle; ils savent, par exemple, qu'il y a de l'eau dans les endroits d'où, le matin, une vapeur humide s'éleve, en ondoyant; dans ceux où l'on voit des nuées de petites mouches voler contre terre, après le soleil levé; dans ceux où les joncs, les roseaux, les aunes, les saules viennent facilement, &c. Munis de ces connoissances-pratiques, ils avancent avec leur baguette dans l'attitude & avec tout le cérémonial que nous avons décrit, vers l'endroit où ils soupçonnent qu'il y a de l'eau. Dès qu'ils y sont arrivés, ils impriment à leur baguette un mouvement circulaire; & ils donnent ce mouvement en preuve

preuve de l'existence de la source qu'ils sont venus chercher. Si vous les en croyez, le plus ou moins de mouvement dans la baguette indiquera une source plus ou moins abondante; comme si une source moins abondante, mais moins éloignée de la surface de la terre, n'envoyoit pas autant de vapeurs qu'une source plus abondante, si elle en étoit plus éloignée. Ils vous diront aussi que, par le moyen de leur baguette, ils devineront les différentes especes de terre qu'on trouvera, avant que d'arriver à la source qu'on veut découvrir. Tous ces raisonnemens font pitié, & toutes ces pratiques n'ont rien de conforme aux loix de la saine Physique. Mais en voici deux que tout Physicien sensé adoptera sans peine.

Faites une baguette de deux bois différens, dont l'un prenne plus aisément l'humidité que l'autre; l'aune, par exemple, la prend très-facilement. Mettez-la sur un pivot dans un parfait équilibre. Au lever du soleil, transportez le *tout* sur un endroit où des conjectures physiques vous indiquent qu'il y a de l'eau. S'il y en a réellement, la baguette, quelque tems après, s'inclinera vers la terre par une de ses extrémités, par celle qui est faite du bois le plus propre à recevoir l'humidité; les vapeurs dont elle s'imbibera, rendront ce côté plus pesant que l'autre; & l'équilibre sera nécessairement rompu.

Autre pratique non moins sûre que la premiere. Faites une baguette de quelque bois que ce soit. Garnissez l'un de ses bouts d'un morceau d'éponge. Mettez le *tout* sur un pivot dans un parfait équilibre, & opérez pour tout le reste comme dans la premiere expérience; vous ne tarderez pas à voir le côté où se trouve l'éponge, s'incliner vers la terre, & vous indiquer que c'est-là qu'il faut faire creuser, si vous voulez vous procurer une bonne source; tout le monde sait avec quelle facilité les vapeurs qu'envoie la source sur la surface de la terre, pénetrent l'éponge dont est garnie l'une des extrémités de la baguette. Nous supposons au reste que les frottemens qu'elle éprouve sur le pivot où on l'a mise en équilibre, sont nuls ou comme nuls. Voilà tout ce qu'il y a de conforme aux loix de la saine Physique, par rapport à la découverte des sources, dans les différens mouvemens de la baguette qu'on appelle *divine* ; tout le reste, nous le répétons hardiment, n'est qu'une pure charlatanerie. Examinons maintenant si elle peut nous conduire à la découverte des mines en général & nous indiquer la nature du métal qu'on peut en retirer.

Il y a des indices pour les mines, comme il y en a pour les sources. Chaque indice, pris séparément, est assez équivoque ; mais l'*ensemble* forme pour l'ordinaire un corps de preuves qui rarement induit en erreur. Les mines ne se trouvent gueres dans les pays unis ; c'est dans les pays montagneux qu'on va les chercher, sur les montagnes surtout qui sont aussi anciennes que la terre, rarement sur celles qui ont été produites par quelque révolution arrivée sur notre globe, & que nous appellons pour cette raison *montagnes accidentelles*. Sur les montagnes riches en mines de métal, il ne vient que très-peu d'herbes ; les plantes n'y croissent que foiblement ; elles jaunissent facilement ; les arbres y sont petits & tortueux ; la terre y est fine, tendre, onctueuse & mêlée de parties métalliques ; souvent les exhalaisons minérales affectent l'odorat d'une maniere assez sensible. Sur la surface extérieure des mines, il y a très-peu de rosées ; les pluies y causent très-peu d'humidité ; la neige ne sauroit s'y conserver. Les quartz & surtout les quartz gras y sont assez communs, lorsque la mine est précieuse. Cette pierre est compacte & brillante dans ses fractures. Sa surface est comme enduite d'une graisse blanchâtre, mêlée de bleu. Elle est tantôt opaque & tantôt demi-transparente. On y trouve encore du spath & de la blende. Le spath n'indique les mines, que lorsqu'il est tendre & coloré. Chaque substance métallique lui donne une couleur différente. Pour la substance minérale qu'on appelle *Blende*, elle indique toujours une mine de zinc, demi-métal qui entre dans la composition du laiton, du similor & du tombac. Autre indice non moins sûr de l'existence des mines. Les sables des rivieres ou des torrens qui viennent des montagnes où il y a des mines, contiennent des parties métalliques, souvent en assez grande quantité ; & leurs eaux sont toujours chargées de sels vitrioliques. Voilà ce qu'il y a de moins hasardé dans les ouvrages des Naturalistes sur les indices extérieurs des mines, considérées en général. Revenons à la baguette divinatoire.

Les fourbes qui prétendent qu'elle peut indiquer les mines, connoissent très-bien les indices dont nous venons de parler. Sur ces indices ils se transportent sur les lieux où ils ont droit de soupçonner qu'il y a quelque mine ; & c'est-là qu'ils font tourner leur baguette avec plus ou moins de vîtesse, suivant la richesse ou la pauvreté de la mine. Tout ceci n'est que charlatanerie ; & toute compagnie qui, sur un pareil mouvement, tentera quelque exploitation, sera assurée de la faire à pure perte, & de n'avoir pour profit que la honte d'avoir été la dupe d'un aventurier.

Il est cependant certaines mines que l'inclinaison de telle & telle baguette peut indiquer assez surement. Telles sont d'abord les mines de mercure, dont les indices extérieurs sont la stérilité du sol, non-seulement dans l'endroit même de la mine, mais encore à quelque distance de là. Le foin qui croît sur les montagnes où il y a quelque mine de mercure, est si mauvais, qu'il ne sert presque à aucun usage ; les bestiaux refusent de le manger. Les exhalaisons mercurielles y sont d'une odeur souvent insupportable. Les eaux enfin qui ont traversé ces sortes de mines, charient une quantité de mercure, quelquefois assez considérable. Sur ces indices, prenez une baguette d'un bois quelconque, garnie en or à l'un de ses bouts ; mettez-la sur un pivot dans un parfait équilibre ; transportez le *tout* dans l'endroit où vous soupçonnez qu'il y a une mine de mercure ; les exhalaisons mercurielles se joindront à l'or dont la baguette est garnie ; le rendront plus pesant, & la feront incliner de ce côté. Tout le monde sait que l'or est celui des métaux avec lequel le mercure s'unit le plus facilement.

Ceux qui ont écrit que ce fut ainsi qu'on découvrit, en 1497, les fameuses mines d'Ydria dans la Carniole, se sont trompés grossierement. Cette précieuse découverte fut l'effet du hasard. Un ouvrier voulant savoir si la cuve de bois qu'il venoit de finir, étoit propre à tenir l'eau, la laissa pendant la nuit au bas d'une source. Le lendemain il trouva au fond de sa cuve une grande quantité de mercure. On creusa sur cet indice ; & l'on trouva des mines qui donnent tous les ans environ trois mille quintaux de mercure.

Par la même raison, si l'un des bouts de la baguette en question, étoit de sel, cette baguette, posée sur une mine de sel fossile, ne sauroit garder l'équilibre. Les exhalaisons salines s'attacheroient plutôt au sel dont la baguette a été garnie, qu'au bois dont elle a été faite.

Une baguette d'acier non aimantée, faite en forme d'aiguille à boussole, & mise sur un pivot dans un parfait équilibre, indiquera assez surement par son inclinaison une mine de fer, cachée dans le sein de la terre. Tout le monde sait que les mines de fer, dont les bords sont âpres, raboteux, noirâtres & fort secs, contiennent beaucoup de pierres d'aimant ; le fer n'est dans le fond qu'un aimant imparfait. L'on sait encore que ces mines dont la profondeur n'est pour l'ordinaire que 10 à 12 pieds, ont une atmosphere magnétique très-sensible & fort étendue ; l'on n'explique la déclinaison de l'aiguille aimantée & les variations de cette déclinaison, que par l'action de l'atmosphere dont chaque mine de fer est accompagnée. L'on sait enfin que l'acier s'aimante très-facilement, lorsqu'on le laisse quelque tems dans une atmosphere magnétique. Ces expériences supposées, voici comment je raisonne.

Mettez dans l'endroit où vous soupçonnez qu'il y a une mine de fer, la baguette d'acier non aimanté dont je viens de parler. Si cette mine existe réellement, votre baguette sera bientôt aimantée. Vous verrez alors dans les pays septentrionaux l'extrémité qui regarde le pôle boréal, & dans les pays méridionaux l'extrémité qui regarde le pôle méridional s'incliner vers l'horizon d'une maniere très-sensible. Il n'est que sous l'équateur où une pareille baguette ne sauroit indiquer les mines de fer, parce que précisément sous la ligne l'aiguille aimantée est parfaitement parallele à l'horison. Je n'en suis pas étonné ; l'aiguille aimantée dans ce pays est aussi éloignée d'un pôle, que de l'autre.

La baguette garnie en or, qui peut indiquer les mines de mercure, ne sauroit indiquer les mines d'or. Ces mines n'ont point d'atmosphere composée de corpuscules, plus propres à s'unir à l'or dont elle est armée, qu'au bois dont elle eſt compoſée. L'or ſe trouve pour l'ordinaire par filons dans des pierres ou ferrugineuſes, ou ſchiſteuſes ou quartzeuſes. Je ſais bien qu'on trouve quelquefois, dans les mines, de l'or pur en maſſe ; mais ce cas eſt aſſez rare dans les mines mêmes les plus précieuſes.

Ce cas n'eſt pas auſſi rare dans les mines d'argent ; à Hartz en Allemagne on trouva dans une mine un morceau d'argent ſi conſidérable, qu'étant battu, on en fit une table, autour de laquelle pouvoient s'aſſeoir facilement vingt-quatre convives. L'argent cependant ſe trouve, comme l'or, par filons dans des pierres & parmi des matieres étrangeres dont les exhalaiſons ſont très-pernicieuſes ; elles tuent quelquefois les ouvriers ſur le champ, & l'on eſt obligé de refermer ces mines & de les abandonner. Je ne penſe pas donc qu'une baguette, garnie en argent à l'un de ſes bouts, pût indiquer par ſon inclinaiſon une mine d'argent ; ces ſortes de mines n'ont point d'atmoſphere métallique qui leur ſoit propre.

Les autres métaux ne ſe trouvent gueres purs dans le ſein de la terre ; ils ſont encore plus unis que l'or & l'argent à des matieres étrangeres. Leurs mines n'ont donc aucune atmoſphere métallique qui leur ſoit propre ; & la baguette garnie en étain, en plomb & en cuivre ne ſauroit indiquer par ſon inclinaiſon l'exiſtence d'aucun de ces métaux. C'eſt donc au moins un tems perdu de chercher, par le moyen de la baguette, lors même qu'on la met ſur un pivot dans un parfait équilibre, les mines d'or, d'argent, d'étain, de plomb & de cuivre.

Lorſque nous avons dit que, par le moyen de telle & telle baguette, armée de telle & telle maniere, l'on pouvoit découvrir les mines de mercure, de ſel & de fer, nous n'avons pas prétendu inviter les Phyſiciens à mettre ce moyen en uſage ; nous le regardons comme peu ſûr. Nous avons ſeulement voulu prouver qu'il n'eſt que tel & tel mouvement de telle & telle baguette qui puiſſe être conforme aux loix de la ſaine Phyſique & que tous les autres ſont évidemment l'effet de la charlatanerie. Il en eſt de même de la découverte des ſources par le moyen d'une baguette, faite de deux bois différens ; ou garnie, à l'un de ses bouts ; d'un morceau d'éponge ; nous ne croyons pas qu'on doive faire grand fond sur son inclinaison ; mais nous ne saurions blâmer les Physiciens qui la regarderoient comme l'indice d'une source cachée dans le sein de la terre.

BAINS. Les bains les plus sains sont ceux que l'on prend pendant l'Eté dans une eau courante, telles que sont les eaux de fontaine ou de riviere. Les Médecins conseillent de se faire saigner & purger, avant de commencer à prendre les bains ; de les prendre ensuite pendant un certain nombre de jours, ou le matin, ou quatre heures après le diner ; de reposer après les avoir pris ; & de ne se permettre, pendant tout le tems qu'on les prend, aucun exercice violent. Négliger ces précautions, c'est prendre les bains en *Ecolier.* L'expérience ne nous apprend que trop combien de jeunes imprudens trouvent la mort dans le lieu même où ils auroient dû trouver le moyen de prolonger leur vie.

BAINS *de Mer.* Les bains réitérés dans l'eau de la mer, sont un remede des plus efficaces contre la rage ; pourquoi ? Parce que ces sortes de bains causent des évacuations qui emportent le poison. Cherchez *Lymphatiques.*

BAINS *de Chimie.* Les principaux bains dont on fasse usage en Chimie, sont les bains de sable, de limaille de fer, de cendres, de fumier, de marc de raisin, de vapeur & le bain-marie. En voici l'explication.

1°. Une matiere contenue dans un vaisseau qu'on ne présente au feu, qu'après l'avoir entouré de sable, de limaille de fer, ou de cendres, est une matiere qui s'échauffe aux bains de sable, de limaille de fer ou de cendres.

2°. Un vaisseau qu'on enterre dans un tas de fumier chaud, contient une matiere qui s'échauffe aux bains de fumier, ou de *ventre de cheval.*

3°. Si l'on enterroit ce vaisseau dans un tas de marcs de raisin ; ce qu'il renferme, seroit mis aux bains de marcs de raisin.

4°. Echauffez un vaisseau par la vapeur de l'eau ; ce sera là un bain de vapeur.

5°. Mettez du feu sous un vaisseau rempli d'eau ;

mettez ensuite un second vaisseau dans cette eau ; ce qu'il contient s'échauffera au bain-marie.

BALANCE. La balance ordinaire & la balance *Hydrostatique* sont, l'une & l'autre, un levier de la premiere espece. La premiere est expliquée dans l'article de la *Mécanique*, & la seconde dans celui de l'*Hydrostatique*. On donne aussi ce nom au septieme des 12 signes du Zodiaque.

BALLON AÉROSTATIQUE. Cherchez *Aérostat*.

BARBAY, (Pierre) *Professeur de Philosophie au College de Beauvais à Paris*, donna au public, quelques années après la mort de Descartes, c'est-à-dire, environ l'année 1660, un Cours de Philosophie en 3 volumes *in-12*, dont le second & le troisieme contiennent un tas de puérilités auquel il donne le nom de Physique. Ceux qui regardent cet Auteur comme un *Professeur célebre*, n'ont sans doute lu que le titre pompeux de ce pitoyable ouvrage. Il est conçu en ces termes : *Commentarius in Aristotelis Physicam, Authore Magistro Petro Barbay, celeberrimo quondam in Academiâ Parisiensi Philosophiæ Professore.* Pour nous qui trompés par ce même titre, avons pris la peine de parcourir cette Physique, nous ne craignons pas d'avancer qu'il est difficile de rassembler plus d'inepties dans deux volumes *in-12*. C'est-là où il avance que chaque Planete a un Ange qui la dirige dans son mouvement. Quelque ridicule que soit un pareil sentiment, les preuves sur lesquelles il l'appuye, le sont encore davantage. Il doit y avoir, *dit-il*, un commerce entre le monde intellectuel & le monde sensible ; donc le mouvement des Planetes n'a dû être confié qu'à des intelligences ; *debet esse aliquod commercium inter mundum intellectualem & sensibilem ; atqui nisi corpora cœlestia moverentur ab intelligentiis, nullum foret ejusmodi commercium ; ergo ab illis moventur.* Sa seconde preuve est aussi concluante que la premiere. Si les Anges, *dit-il*, ne donnoient pas leur mouvement aux corps célestes, pourquoi les verrions-nous plutôt se mouvoir de l'Orient à l'Occident, que de l'Occident à l'Orient ? *Nisi cœli moverentur ab Angelis, non esset potior ratio cur ab Oriente in Occidentem, quàm è contrà volverentur ; ergo ab iis moventur.*

Une tête capable d'imaginer de pareilles preuves,

a dû apporter les aſtres pour la cauſe phyſique des tremblemens de terre. *Cauſa efficiens terræ motuum ſunt quædam ſidera exhalationes in terræ viſceribus excitantia.* Le même homme a dû ſoutenir que l'air étoit léger, parce qu'il étoit chaud. Auſſi ne manque-t-il pas de faire le raiſonnement ſuivant ; *Aer calidus eſt, ergo levis eſt ; levitas enim ex calore oritur.* Si ce Profeſſeur célebre av..: pris la peine de lire l'Auteur qu'il a prétendu commenter, il auroit vu que ce grand homme, vers le milieu du chapitre quatrieme de ſon quatrieme livre ſur le Ciel, démontre par l'expérience la plus ſenſible que l'air a de la peſanteur. Il eſt cependant dans la Phyſique de Barbay un endroit qui n'eſt pas, à beaucoup près ſi révoltant ; c'eſt celui où l'Auteur avoue qu'il ne ſait rien ſur le flux & le reflux de la Mer. *Concludo ego æſtum maris eſſe ex iis effectibus, quos Deus mirari nos voluit, ſcire noluit.*

Avant lui cependant on avoit fait ſur les cauſes de ce phénomene des conjectures fort raiſonnables, qui nous ont conduit à la découverte de la vérité. Barbay mourut à Paris le 2 Septembre 1664.

BAROMETRE. Le Barometre deſtiné à nous indiquer les variations qui arrivent à la peſanteur & au reſſort de l'air, doit être compoſé d'un tube de verre bien net, purgé d'air, & dont le diametre ſoit d'environ deux lignes; l'extrémité ſupérieure de ce tube doit être fermée hermétiquement ; & ſon extrémité inférieure doit être plongée dans un petit vaſe rempli de mercure, ſur la ſurface duquel l'air que nous reſpirons ait la facilité de graviter. C'eſt l'action de l'air extérieur ſur la ſurface du mercure contenu dans ce vaſe, qui fait monter & qui ſoutient dans le tube du Barometre la colonne de vif argent, tantôt à 26, tantôt à 27 $\frac{1}{2}$ & tantôt à 29 pouces de hauteur. Toricelli à qui nous devons cet inſtrument météorologique, n'a pas été le ſeul à s'en ſervir pour démontrer la peſanteur de l'air que nous reſpirons : M. Paſcal mit cette vérité dans le plus grand jour par l'expérience qu'il fit faire en Auvergne ; la voici en peu de mots. M. Perier, ſon beau-frere, plaça deux Barometres parfaitement égaux ; l'un au pied & l'autre au ſommet de la montagne du *Puy de Dome*, & il s'apperçut que le mercure monta plus haut dans le tube du premier, que dans le tube du second ; il conclut de-là que le mercure n'étoit soutenu dans le Barometre, que par l'action de la colonne d'air, puisque plus la colonne étoit longue, & plus le mercure montoit dans le tube du Barometre. Les expériences suivantes nous apprendront quels sont les principaux usages de cet instrument.

Premiere Expérience. Sommes-nous menacés de mauvais tems, par exemple, de pluie ? Le Barometre baissera au-dessous de sa hauteur moyenne ; c'est-à-dire, au-dessous de 27 pouces & demi.

Explication. La plupart des Physiciens se servent non-seulement de la pesanteur, mais encore du ressort de l'air pour expliquer les variations du Barometre ; l'on en trouve même d'un vrai mérite qui ne s'attachent qu'à la derniere de ces deux causes. Ce principe une fois supposé ; voici comment on doit raisonner : dans un tems pluvieux l'air perd beaucoup de son élasticité, puisque l'humidité qui regne alors dans la région inférieure de l'atmosphere, doit communiquer une trop grande flexibilité aux particules dont il est composé ; le Barometre doit donc dans un tems de pluie baisser au-dessous de sa hauteur moyenne.

Seconde Expérience. Le tems calme & sec doit-il succéder à un tems pluvieux ? L'on voit monter le Barometre au-dessus de sa hauteur moyenne.

Explication. Dans un tems calme & sec l'air est très-élastique, puisque ses particules perdent cette trop grande flexibilité que la pluie leur avoit communiquée ; le Barometre doit donc monter dans ce tems-là au-dessus de sa hauteur moyenne.

Troisieme Expérience. Prenez deux Barometres parfaitement égaux, & placez-les, l'un au pied & l'autre au sommet d'une montagne dont la hauteur perpendiculaire soit de 96 toises ; vous verrez que le Barometre placé au sommet de la montagne sera plus bas de 8 lignes, que celui que vous aurez placé au pied.

Explication. C'est-là la même expérience que celle du *Puy de Dome*, dont nous avons déjà donné l'explication ; aussi ne l'avons-nous rapportée, que pour faire connoître que l'on peut se servir du Barometre pour déterminer la hauteur perpendiculaire d'un édifice, d'une tour, d'une montagne, &c. On doit ſuppoſer pour cela qu'une élévation perpendiculaire de 12 toiſes produit dans le Barometre un abaiſſement d'une ligne.

Cette derniere expérience a engagé quelques Phyſiciens à chercher, par le moyen du Barometre, quelle eſt la hauteur de l'atmoſphere terreſtre. Voici ſur quels principes ils ſe ſont fondés dans leurs recherches.

1°. La hauteur moyenne du Barometre eſt de 27 pouces $\frac{1}{2}$, ou de 330 lignes.

2°. Si l'atmoſphere terreſtre étoit homogene, c'eſt-à-dire, ſi elle étoit compoſée d'un air dont la denſité fût égale dans toutes ſes couches, elle n'auroit que 3960 toiſes de hauteur, puiſque 12 toiſes perpendiculaires d'un air groſſier occaſionnent dans le Barometre une élévation d'une ligne, & que le produit de 330 par 12 eſt 3960.

3°. L'air n'eſt pas un fluide homogene, non-ſeulement dans ſa denſité, puiſqu'à 15 ou 16 lieues de la terre, il doit être au moins quatre mille fois plus rare que celui que nous reſpirons, mais encore dans la configuration de ſes parties que l'on croit être de différente groſſeur. Cette prodigieuſe hétérogénéité de l'air a engagé la plupart des Phyſiciens à fixer les limites de l'atmoſphere terreſtre à 15 ou 20 lieues de hauteur. M. de Mairan qui lui en donne plus de 266, remarque à cette occaſion que le Barometre nous indique, il eſt vrai, le poids de la colonne de cet air groſſier qui ne ſauroit paſſer à travers les pores du verre, ou du mercure, mais qu'il qu'il ne peut pas nous indiquer le poids abſolu de toute la colonne d'air en général, ou de tel autre fluide qui ne fait moins partie de l'atmoſphere terreſtre, que cet air groſſier. Les expériences ſuivantes ont engagé bien des Phyſiciens à penſer comme lui.

Quatrieme Expérience. Prenez deux marbres polis, de figure carrée, & de 2 pouces $\frac{1}{4}$ de diametre; frottez-les avec un peu de graiſſe, & appliquez-les exactement l'un contre l'autre; ils ſoutiendront un poids de 580 livres, ſans ſe ſéparer. Cette expérience a été faite à Leyde, & elle eſt rapportée dans le Journal des Savans du 17 Avril 1679. Voici l'explication qu'en donne M. de Mairan.

Explication. Les deux colonnes d'air groſſier qui preſſent ; l'un contre l'autre, les deux marbres dont nous venons de parler, ne peſent chacune que 62 livres. En effet, ces deux marbres ont chacun une baſe de 5 $\frac{1}{16}$ pouces carrés, qui étant multipliés par 28, *hauteur du Barometre*, font environ 141 pouces cubes, & ceux-ci multipliés encore par 7 $\frac{1}{4}$ onces, qui eſt à-peu-près le poids du pouce cube de mercure, produiront 980 onces & quelques gros, ou environ 62 livres; ce qui ne fait pas la 9e. partie de 580. Cette adhéſion des deux marbres, *continue M. de Mairan*, doit donc être attribuée en grande partie à la preſſion extérieure de l'air ſubtil, ou du fluide quelconque qui peſe dans l'atmoſphere conjointement avec l'air groſſier, & qui paſſe plus ou moins librement à travers les pores du verre.

Cinquieme Expérience. Prenez des Barometres faits de différens verres; il arrivera preſque toujours que le mercure s'y ſoutiendra à des hauteurs qui différeront de 2, 3, 4, 6 ou 7 lignes.

Explication. M. de Mairan qui aſſure avoir fait lui-même pluſieurs fois cette expérience, en apporte pour cauſe la différente poroſité des verres, dont les uns laiſſent paſſer des particules d'air plus groſſes que les autres. Plus étroits ſeront les pores d'un verre de Barometre, & plus grande ſera l'élévation que le mercure y aura au-deſſus de ſon niveau.

Pour finir cet article d'une maniere intéreſſante, nous allons rapporter ce qui ſe paſſa à l'Académie des Sciences le 20 Février de l'année 1751. M. Thibault de Chanvalon communiqua à cette célebre Compagnie un mémoire contenant les faits ſuivans.

Premier Fait. Un Barometre ſimple conſerva ſes variations ordinaires, quoiqu'on eût pris ſoin d'empêcher que l'air extérieur n'eût aucune communication avec le mercure.

Second Fait. M. Thibault prit un Barometre dont le réſervoir du mercure avoit été prolongé en tube capillaire; il fit tomber ſur ſon ouverture une goutte d'huile, & dès-lors ce Barometre fut ſouſtrait à l'action de l'air qu'il éprouvoit auparavant; car dès ce moment il devint Thermometre, & il s'y maintint. Une goutte de mercure fit le même effet dans un Barometre ſemblable.

Troiſieme Fait. Le même M. Thibault rapporte qu'il a

vu monter conſtamment & d'une quantité très-ſenſible la colonne de mercure dans des Barometres ſcellés par en bas & dont la boule aboutiſſoit dans un récipient que l'on purgeoit d'air , par le moyen d'une machine pneumatique.

L'Académie ſurpriſe avec raiſon de ces faits ſi ſinguliers, voulut en pénétrer la cauſe ; elle chargea M. l'Abbé Nollet de répéter les mêmes expériences, & d'en bien examiner les circonſtances ; voici le réſultat des opérations de ce grand Phyſicien.

Réponſe au premier Fait. M. Nollet prépara en différens tems 16 Barometres de différens verres & de différens calibres ; les boules étoient de différente capacité, mais elles étoient toutes terminées par des tuyaux capillaires d'environ deux pouces de longueur ; il chargea ſes Barometres avec ſoin : il ſcella hermétiquement tous les orifices de leurs boules : il les plaça dans un endroit où il avoit mis un Barometre ordinaire & un très - bon Thermometre : pendant pluſieurs mois qu'il les y tint, il n'apperçut en eux aucune marque qu'ils fuſſent ſenſibles aux variations de la peſanteur de l'air : la colonne de Mercure ne changea de longueur que proportionnellement aux variations de la chaleur : en un mot les 16 Barometres ſcellés par les deux bouts avoient entierement ceſſé d'être Barometres, & étoient devenus de véritables Thermometres.

Cette différence ſi conſtante entre les réſultats de M. Thibault & les ſiens, fit croire à M. l'Abbé Nollet que les Barometres que ce dernier avoit cru parfaitement ſcellés, ne l'étoient qu'imparfaitement, ou qu'il s'étoit fait au verre quelque félure imperceptible qui avoit échappé à ſes recherches & par laquelle l'air s'étoit introduit. Ce n'eſt point pour la premiere fois , *continue-t-il*, que l'Académie entend parler des Barometres ſcellés de toutes parts , & qui continuent d'être ſenſibles aux différentes preſſions de l'atmoſphere. En 1684 M. de Louvois lui fit demander l'explication de ce prétendu phénomene annoncé par le ſieur Thuret, Horloger ; mais M. de la Hire chargé d'en faire l'examen, trouva que le Barometre en queſtion , qu'on croyoit avoir été ſcellé par en bas fort exactement, ne l'étoit pas.

Réponſe au ſecond Fait. M. Nollet prépara pluſieurs

Barometres dont les boules étoient terminées par des tubes capillaires, mais plus étroits & plus longs les uns que les autres : il les plaça à côté d'un Barometre, dans un lieu où la température varie peu, à cause d'un poële qu'on y allume tous les jours : il fit couler dans les orifices tantôt de l'eau, tantôt de l'huile d'olive, & d'autres fois du mercure qui s'y arrêta : il observa ces instrumens pendant tout le mois de Janvier, & une partie de celui de Février ; voici ce qu'il y a de plus intéressant dans ses observations.

1°. Lorsque les orifices de ces Barometres avoient trois quarts de ligne de diametre ou environ, & un quart de pouce de longueur, la goutte de liqueur qui les bouchoit, demeuroit assez constamment en place & empêchoit que l'instrument ne suivît les variations d'un Barometre de comparaison, pourvu que les variations dans celui-ci ne fussent exprimées que par une ou tout au plus deux lignes d'élévation ou d'abaissement du mercure. Mais si la pression de l'atmosphere croissoit ou diminuoit au-delà de ce terme, la goutte de liqueur cédant enfin, passoit au dehors ou au dedans de la boule, & le mercure montoit tout d'un coup ou s'abaissoit au même degré où il se faisoit voir dans le Barometre ordinaire.

2°. Quand ces Barometres avoient pour orifices des tubes capillaires de deux pouces de longueur, & d'un sixieme de ligne de diametre, la liqueur remplissant ces tubes aux deux tiers ou aux trois quarts, empêchoit encore davantage que les variations du poids de l'air extérieur ne se fissent sentir sur la colonne de Mercure ; de sorte qu'elle a été quelquefois de dix lignes plus haute ou plus basse, que dans le Barometre ordinaire auquel on les comparoit. Ces différences ne devenoient pas si grandes, lorsqu'on ne remplissoit de liqueur qu'une petite partie des tubes capillaires.

M. Nollet conjecture donc que M. Thibault n'a point observé pendant un tems suffisant les Barometres qu'il dit avoir absolument changés en Thermometres par le moyen d'une goutte de liqueur arrêtée dans l'orifice de la boule, ou que par hasard pendant tout le tems de ses observations, le poids & la température de l'atmosphere n'ont changé que d'une petite quantité, c'est-à-dire, trop peu pour que le ressort de l'air intérieur de la boule, ou la pression de celui de dehors, pût vaincre l'adhérence de la liqueur.

Réponse au troisieme Fait. M. Nollet soupçonne que l'ascension du mercure que M. Thibault a observée, a été causée par quelque balancement de la machine pneumatique, ou bien, parce qu'en maniant le récipient (qui étoit fort étroit) on aura fait prendre quelque degré de chaleur à la boule du Barometre; & l'air qu'elle contenoit, en se dilatant, aura poussé le mercure au-delà de sa hauteur ordinaire.

Remarque.

L'expérience nous apprend que si un morceau de glace demeure 6 minutes 24 secondes à se dégeler dans l'air libre, un semblable morceau de glace n'employera que 4 minutes à se fondre dans la machine du vuide. Les Physiciens, pour expliquer ce fait, conjecturent qu'il y a plus de matiere ignée dans le récipient de la machine pneumatique, après qu'on en a pompé l'air, qu'il n'y en avoit, avant qu'on le pompât; la raison qu'ils en apportent est sensible; la place qu'occupoit l'air qu'on a pompé, disent-ils, est probablement occupée en partie par des particules ignées qui entrent dans le récipient par les pores du verre. Ils conjecturent encore que la matiere ignée a plus de force dans le récipient qu'hors du récipient, parce que son mouvement doit être considérablement affoibli par les spirales & les rameaux dont est composé l'air grossier que nous respirons.

Cela supposé, le troisieme fait rapporté par M. Thibault ne me paroît pas inexplicable, quand même on assureroit que la machine pneumatique dont il se servit, n'a eu aucun balancement, & qu'en maniant le récipient, on n'a fait prendre aucun degré de chaleur à la boule du Barometre. La même force qui occasionne l'accélération de la fonte de la glace dans le vuide, a pu dilater l'air renfermé dans le réservoir scellé par M. Thibault; & cet air, en se dilatant, aura pu pousser le mercure au-delà de sa hauteur ordinaire.

BAROMETRE PHOSPHORE. On donne ce nom aux Barometres qui, secoués dans l'obscurité, causent de la lumiere. Ce phénomene extraordinaire fut apperçu pour la premiere fois en 1675 par M. Picard qui transportoit par hasard son Barometre d'un lieu à un autre dans une grande obscurité. Quelques années après, M. Bernoulli, Professeur en Mathématique à Groningue, ayant été frappé de la lecture de ce fait, se mit à l'examiner & à le suivre. Il commença par essayer son Barometre, qui, agité avec force dans l'obscurité, donna effectivement une foible lueur. Comme l'on soupçonnoit que la lumiere n'étoit si rare dans les Barometres ordinaires, que parce qu'il n'y avoit pas un vuide parfait dans le haut du tuyau, ou que le mercure n'étoit pas bien purgé d'air, M. Bernoulli s'assura par expérience qu'avec ces deux conditions, des Barometres n'étoient encore que très-foiblement lumineux, & par conséquent que ce n'étoient-là que des conditions, & qu'il falloit chercher ailleurs une véritable cause. Pour la trouver, voici comment il s'y prit. Il remarqua d'abord que toutes les fois qu'il exposoit le vif argent à l'air libre, il en voyoit la superficie couverte d'une pellicule très-mince. Il conclut que c'étoit cette pellicule qui empêchoit l'apparition de la lumiere dans les Barometres remplis à la maniere ordinaire. Voici en effet comment il raisonne dans sa savante lettre que l'on trouve dans les Mémoires de l'Académie des Sciences, *Année* 1700, *page* 178.

Lorsqu'on fait le Barometre, *dit-il*, on prend un tuyau scellé hermétiquement par un bout, & par l'autre on verse du vif argent qui tombe goutte à goutte tout le long du tuyau, en sorte que chaque goutte en pénétrant & en fendant l'air depuis le haut jusqu'en bas, en entraîne tout ce qu'il y a d'impur. Par la chute des gouttes les unes sur les autres & par la pression du vif argent, ces particules hétérogenes sont chassées hors de la substance du vif argent, & la colonne de mercure se trouve enveloppée d'une peau très-déliée que l'on peut regarder comme une espece d'épiderme. Ce qui me persuade que la pellicule qui occupe le dessus du mercure, empêche que les Barometres ainsi construits ne soient lumineux, ce sont les expériences suivantes.

1°. Je pris un tuyau de verre d'environ 3 pieds & demi de long, ouvert par les deux bouts, que j'eus soin de bien dégraisser & nettoyer par dedans. J'en plongeai un bout dans le vif argent contenu dans un vase, de telle ſorte que l'angle que le tuyau faiſoit avec l'horizon ne comprenoit que 18 à 20 degrés. J'appliquai ma bouche à l'autre extrémité du tuyau. Je commençai à ſucer, & je continuai d'un ſeul trait juſqu'à ce que j'euſſe attiré dans ma bouche quelques gouttes de mercure. Alors je fis ſigne à un de mes Ecoliers de boucher promptement avec le doigt le bout d'en bas enfoncé dans le vif argent. Il le fit, & je fermai celui d'en haut avec du ciment, dont je me ſers pour conſolider les verres caſſés ou fendus. Après l'avoir bien fermé, je dis à cet Ecolier d'ôter ſon doigt de deſſous le bout qui trempoit toujours dans le vif argent. J'érigeai enſuite le tuyau perpendiculairement, & le vif argent deſcendit à ſon équilibre ordinaire. J'ôtai le tuyau hors de ce vaſe large, tenant le bout d'en bas fermé avec le doigt, & je le mis dans un vaſe plus étroit & plus profond à moitié rempli de vif argent. Tout étant achevé, je pris mon Barometre ainſi préparé, le tuyau à la main gauche & le vaſe à la main droite. Auſſitôt que je fus dans l'obſcurité, voilà que j'apperçus déjà des éclairs fort vifs cauſés par le petit balancement que le mouvement de tranſport avoit imprimé au mercure. Mais quand je commençai, quoique fort doucement, à balancer le Barometre pour donner au vif argent une réciprocation un peu plus conſidérable, que celle qu'il avoit par le ſeul mouvement de tranſport, il ſortoit à chaque deſcente une lumiere ſi brillante, que je pouvois aſſez bien diſcerner les lettres d'une médiocre écriture à la diſtance d'un pied. Cette lumiere paroiſſoit ſi aiſément, que les balancemens les plus inſenſibles, qui à peine faiſoient monter & deſcendre le mercure de l'épaiſſeur d'un couteau, ne laiſſoient pas de produire des éclairs très-vifs. Les jours ſuivans j'ai réitéré cette expérience avec trois ou quatre autres tuyaux que j'ai remplis de la même maniere ; & tous ont fait également leur effet avec beaucoup de vivacité. Ce qui me fait avancer hardiment que l'on aura un Barometre lumineux, lorſque la colonne de mercure ſera dénuée de cette pellicule ſi funeſte aux Barometres ordinaires.

2°. M. Bernoulli nous apprend dans la même lettre, à remplir d'une autre maniere, le tuyau du Barometre, ſans que la colonne de mercure ſoit couverte de la pellicule dont nous venons de parler. Je pris, *dit-il*, un tuyau bien

bien nettoyé & ouvert par un bout seulement. Je le plongeai dans du vif argent contenu dans un vase. Je l'érigeai perpendiculairement, lorsqu'il n'étoit encore que rempli d'air. Pour faire sortir cet air, je mis le tuyau avec le vase dans lequel trempoit le bout ouvert, sous un récipient de verre terminé par une longue queue, creuse en dedans. Je plaçai le tout sur la platine de la machine pneumatique. Je pompai l'air; & je m'apperçus que celui qui étoit dans le tuyau, sortoit avec un petit bouillonnement par le bout qui trempoit dans le mercure. Après avoir tiré l'air du récipient & du tuyau le plus exactement qu'il me fut possible, je le laissai rentrer dans le récipient; & en rentrant, il poussa par sa pression le vif argent dans le tuyau à la hauteur de 24 à 25 pouces. Comme j'étois sûr que mon Barometre ainsi préparé devoit être dépouillé de toute espece d'épiderme, je le secouai avec confiance dans l'obscurité, & il me donna autant de lumiere que les autres.

M. Bernoulli n'a pas été aussi heureux dans l'explication de ce phénomene, que dans la fabrique des Barometres lumineux. S'il avoit vécu de nos jours, il auroit su que le verre est un corps qui s'électrise très-facilement; & je suis persuadé qu'il auroit regardé cette lumiere comme l'effet des particules électriques que les secousses faisoient sortir du tuyau de verre. L'on trouvera dans l'article de l'*Electricité* plusieurs expériences analogues à celle-ci.

Ce qui me confirme dans cette pensée, c'est ce que dit M. Bernoulli à la fin de sa lettre. Il raconte qu'il versa un peu d'eau dans le vase d'en bas d'un Barometre lumineux. Il éleva le tuyau tout doucement, jusqu'à ce que son extrémité inférieure sortant du vif argent contenu dans le vase, parvînt à l'eau. Aussi-tôt que quelques gouttes furent entrées dans le tuyau, il le replongea dans le vif argent; & ces gouttes montant en haut, couvrirent le sommet de la colonne de mercure. Ce peu d'eau empêcha si bien l'apparition de la lumiere, qu'avec les plus violens balancemens, il n'en parut pas la moindre trace. Je le répete, cette expérience me confirme dans ma premiere pensée; nous savons que le verre ne donne aucune marque d'électricité, lorsqu'il est frotté par une main humide.

Pour ne rien ignorer de tout ce qui peut avoir rapport au Barometre, l'on consultera un excellent ouvrage en 2 volumes *in* - 4°. intitulé, *Recherches sur les modifications de l'atmosphere*, & composé par M. Jean André de Luc, citoyen de Geneve.

BARQUE. Petit bâtiment de bois qui ne surnage, que parce qu'il est respectivement plus léger que le volume d'eau auquel il répond. Cherchez *Hydrostatique*.

BARROW, (Isaac) *naquit à Londres en* 1630. M. de Fontenelle nous apprend dans la Préface qu'il a mise à la tête de son traité de l'*infini*, que Barrow a été un des premiers qui ait apperçu la nécessité qu'il y avoit d'introduire le calcul infinitésimal dans les Mathématiques. Il nous a laissé des leçons de Géométrie & d'Optique, dont on fait encore aujourd'hui grand cas. Nous lui devons outre cela une édition très - correcte des ouvrages d'Archimede. Il mourut le 4 Mars 1677, & il fut enterré à Westminster.

BASCULE. On donne quelquefois ce nom au Levier de la premiere espece, c'est-à-dire, à celui des trois Leviers dont le *point d'appui* se trouve entre la *puissance* & le *poids*. On donne encore ce nom au contrepoids qui sert à lever & à baisser le pont levis.

BASE. S'agit-il d'un solide? On nomme *base* ce qui lui sert d'appui & de soutien, ce sur quoi il porte. S'agit-il d'une figure plane? On prend pour base la partie la plus basse. Dans un triangle cependant, quoiqu'il soit permis de prendre pour base ou pour hypothénuse le côté que l'on veut, on prend communément le côté opposé au plus grand angle. La base d'un triangle rectangle est opposée à un angle droit; celle d'un triangle obtusangle à un angle obtus; & celle d'un triangle acutangle au plus grand des angles aigus.

BASILIC. Animal fabuleux sur lequel les anciens ont fait mille contes puérils. Ils ont débité qu'il étoit produit par les œufs des vieux coqs; que, s'il lançoit le premier ses regards sur l'homme, il lui donnoit la mort; mais qu'il périssoit aussi, si l'homme lançoit le premier ses regards sur lui.

BAS - VENTRE. C'est la troisieme des trois grandes cavités du corps humain. Elle est située sous la poitrine ; dont elle est séparée par le diaphragme. Elle contient l'estomac, le foie, la rate, le pancréas, les intestins & le mésentere. La membrane qui la tapisse, s'appelle *Péritoine*. Voyez *Abdomen*.

BATEAU. Petit vaisseau qui sert surtout à traverser les rivieres. Il ne surnage, que parce qu'il est respectivement plus léger, que le volume d'eau auquel il répond ; comme il est démontré dans l'article de l'*Hydrostatique*.

BAUHIN, (Jean) *naquit à Amiens en l'année* 1511 *& mourut à Bâle en l'année* 1582. Il exerça dans cette derniere ville, pendant l'espace de quarante ans, la médecine & la chirurgie avec beaucoup de succès. Il laissa deux fils *Jean* & *Gaspard* qui se rendirent beaucoup plus recommandables que leur pere. Leurs ouvrages de Botanique & d'Anatomie tiennent encore un rang dans les Bibliothéques. Le théâtre de Botanique de Gaspard Bauhin a été perfectionné par Jean Gaspard son fils, qui enseigna pendant 50 ans avec beaucoup d'éclat la Médecine à Bâle.

BAYER, (Jean) *a été un des plus grands Astronomes du seizieme siecle*. C'est lui qui a divisé les étoiles en 60 constellations. On se sert encore de son globe & de son Atlas célestes.

BAYLE, (François) *Savant Médecin & Professeur Royal dans la Faculté des Arts de l'Université de Toulouse*, donna au public en l'année 1700 un corps de Physique en 4 volumes *in*-4°. dont on fait encore cas. Le troisieme & le quatrieme volumes mériteront toujours d'être consultés. Celui-là contient un Traité complet du corps humain ; celui-ci présente un grand nombre de dissertations dont quelques-unes sont assez curieuses. Le premier & le second volumes de cette Physique ne sont pas tout-à-fait si bons. L'Auteur y traite trop au long des questions dont on connoissoit déjà de son tems l'inutilité. D'ailleurs son systeme général est le pur Cartésianisme ; & par conséquent toutes les explications qui supposent l'existence des tourbillons Cartésiens, ne sont pas recevables. Il n'en est pas ainsi des points de Physique indépendans de tout systeme ; ils sont traités pour l'ordinaire d'une maniere très-raisonnable. Il pourroit y avoir cependant dans la Physique de Bayle, quelquefois plus de clarté, souvent plus de Latin, & toujours plus de méthode. Il mourut à Toulouse le 24 Septembre 1709 dans la 87e. année de son âge, ayant rempli jusqu'à la fin de ses jours les fonctions de Professeur. Les Mémoires de ce tems-là nous le représentent comme un homme droit, exact, intrépide & modeste.

BAYLE, (Pierre) *que les impies de nos jours veulent faire passer pour un Génie du premier ordre*, naquit au Carlat, le 18 Novembre 1647. Il embrassa à l'âge de 22 ans la Religion Catholique qu'il abjura, 17 mois après, pour rentrer dans la Religion Protestante, contre laquelle il protesta dans la suite, comme contre toutes les religions du monde. Il enseigna pendant plusieurs années avec beaucoup de succès la Philosophie à Sedan & à Roterdam. L'on trouve dans le recueil de ses œuvres le cours qu'il dicta à ses écoliers depuis l'année 1675 jusqu'à environ l'année 1690, tems auquel on avoit déjà fait presque toutes les découvertes dont nous avons rendu compte au public dans cet ouvrage. Nous avons lu sa Physique générale & particuliere avec toute l'attention dont nous avons été capables. Voici ce que Bayle y paroît. Nous défions ses plus zélés défenseurs de relever notre critique.

1°. C'est un homme sans goût, qui traite sérieusement & d'une maniere fort étendue les questions les plus frivoles, & qui glisse sur les questions les plus intéressantes; qui souvent même les omet entireement. Il ne finit jamais, *par exemple*, lorsqu'il parle de la *matiere premiere*, des *formes substantielles*, de la *divisibilité à l'infini*. Mais pour le *son*, les *couleurs*, la *gravité*, l'*origine des fontaines*, le *flux* & le *reflux de la Mer*, & cent autres questions pareilles qui demanderoient chacune un Traité complet, à peine en dit-il deux mots en passant. Ce qui vous révoltera le plus, ce sera sa Mécanique. Vous n'y trouverez pas même les regles du choc des corps, & l'explication des machines les plus communes. Qu'est-ce donc qui peut l'occuper dans ce Traité ? L'essence métaphysique du mouvement ; sa cause efficiente ; ses différentes qualités, & cent autres puérilités dont il ne viendra jamais en pensée à un homme de goût de parler.

2°. C'est un esprit superficiel qui n'apporte que les preuves les moins concluantes, & qui se fait les plus futiles objections. De son tems, par exemple, on établissoit le mouvement de la terre à peu-près comme nous le faisons maintenant, puisque Copernic proposa sa fameuse hypothese, en l'année 1530, c'est-à-dire, 117 ans avant la naissance de Bayle. Vous croyez peut-être que dans un chapitre qu'il intitule, *raisons en faveur du systeme de Copernic*, il aura puisé dans une si bonne source; vous vous trompez. Il met sur la scene un Copernicien, & il lui fait débiter les preuves les plus pitoyables. *Il convient à la nature*, dit-il, *d'employer plus de moyens, lorsqu'elle ne feroit pas les choses avec plus de commodité; quand même elle en emploiroit davantage; donc rien ne convenoit mieux que d'exécuter par le seul mouvement de la terre, ce que les machines immenses des globes célestes n'exécuteroient pas plus commodément. Dicunt 1°. Copernicani congruentius esse naturæ facere per pauciora, quæ non magis commodè fiunt per plura; ergo naturæ congruentius esset per unum telluris motum exequi, quod immensæ orbium cœlestium machinæ non commodiùs exequantur.*

La seconde preuve qu'il met dans la bouche de son Copernicien contre le systeme de Tychon, est encore moins solide. Il lui fait dire que dans l'hypothese de Copernic l'on explique sans peine, par la rotation de la terre le mouvement diurne des astres d'Orient en Occident. *Secundò in suâ hypothesi non necesse est admittere velocitatem incredibilem primi mobilis, & quam nemo imaginari potest.* Mais Bayle ignoroit-il donc que les vrais Tychoniciens donnent à la terre, placée au centre du monde, un mouvement sur son axe d'Occident en Orient, & qu'il leur est par conséquent aussi facile qu'aux Coperniciens d'expliquer ce qu'il appelle le *mouvement du premier mobile*? Les objections qu'il propose contre le mouvement de la terre dans l'écliptique, sont à-peu-près comme ses preuves, frivoles, j'ai presque dit, risibles. Nous aurions honte de les rapporter.

3°. Bayle enfin paroît dans sa Physique, donnée d'ailleurs avec beaucoup de méthode & beaucoup de clarté, avoir ignoré les questions fondamentales de cette science, telles que sont les *Loix* de *Képler*, les *forces centrales*, & plusieurs autres connoissances sans lesquelles on ne composera jamais une Physique passable. Le traducteur de la Physique de Bayle s'est donc bien trompé, lui qui avoue ne l'avoir mise en François, qu'afin que ceux à qui la langue Latine est étrangere, puissent s'instruire des principes de la Philosophie dans les écrits d'un si grand maître en cette science.

Les autres écrits du héros de l'impiété sont plus dangereux, mais ils ne sont pas plus solides que celui dont nous venons de rendre compte. Voici le jugement qu'en porte le P. *le Chapelain*, dans son sermon sur l'incrédulité imprimé chez Humblot à Paris en l'année 1760. (Non cet homme même, trop connu par l'abus énorme qu'il a su faire du raisonnement, ce Sophiste impie, le chef de tant d'autres, qui semble n'avoir eu de lumieres que pour obscurcir l'évidence même, & n'avoir connu la raison que pour la combattre & l'anéantir; cet esprit, l'opprobre tout à la fois & l'honneur de son siecle, qui assure à sa patrie la funeste gloire d'avoir produit le plus grand ennemi de la religion de J. C. Non, cet homme, l'oracle & l'idole du monde incrédule, après mille efforts réitérés pour découvrir quelque foible, pour nous réduire au point de la contradiction dans la créance de nos mysteres; il n'a produit que des difficultés vaines & puériles; des difficultés que pourroit résoudre l'esprit le plus médiocre, pour peu qu'il sût l'art de démêler un Sophisme, d'un raisonnement solide; des difficultés qui prouvent uniquement ce que l'on sait assez, & ce qu'il s'obstine à méconnoître : que ces vérités mystérieuses sont impénétrables, & le seront toujours à tout homme mortel.) Ce monstre mourut à Roterdam de mort subite, tenant à la main la malheureuse plume qui venoit d'écrire contre J. C. les blasphemes les plus horribles. Au reste que le terme de *Monstre* ne paroisse pas trop fort. Il est dépeint comme tel par les Protestans même, dans la secte desquels il est supposé avoir vécu & être mort. Voici le caractere qu'en fit Saurin dans son Sermon sur l'*accord de la religion avec la politique.*

C'étoit un de ces hommes contradictoires, que la plus grande pénétration ne sauroit concilier avec lui-même, & dont les qualités opposées nous laissent toujours en suspens, si nous le devons placer ou dans une extrémité, ou dans l'extrémité opposée. D'un côté grand Philosophe, sachant démêler le vrai d'avec le faux, voir l'enchaînement d'un principe & suivre une conséquence;

d'un autre côté grand Sophiste, prenant à tâche de confondre le faux avec le vrai, de tordre un principe, de renverser une conséquence. D'un côté plein d'érudition & de lumiere, ayant lu tout ce qu'on peut lire, & retenu tout ce qu'on peut retenir ; d'un autre côté ignorant, du moins feignant d'ignorer les choses les plus communes, avançant des difficultés qu'on a mille fois réfutées, proposant des objections que les plus Novices de l'Ecole n'oseroient alléguer, sans rougir. D'un côté attaquant les plus grands hommes, ouvrant un vaste champ à leurs travaux, & les conduisant par des routes difficiles & par des sentiers raboteux, & sinon les surmontant, du moins leur donnant toujours de la peine à vaincre ; d'un autre côté s'aidant des plus petits esprits, leur prodiguant son encens, & salissant ses écrits de ces noms que des bouches doctes n'avoient jamais prononcés. D'un côté exempt, du moins en apparence, de toute passion contraire à l'esprit de l'Evangile, chaste dans ses mœurs, grave dans ses discours, sobre dans ses alimens, austere dans son genre de vie ; d'un autre côté employant toute la pointe de son génie à combattre les bonnes mœurs, à attaquer la chasteté, la modestie, toutes les vertus chrétiennes ; d'un côté appellant au Tribunal de l'orthodoxie la plus sévere, puisant dans les sources les plus pures, empruntant les argumens des Docteurs les moins suspects ; d'un autre côté suivant la route des Hérétiques, ramenant les objections des anciens Hérésiarques, leur prêtant des armes nouvelles, & réunissant dans notre siecle toutes les erreurs des siecles passés. Puisse cet homme, qui fut doué de tant de talens, avoir été absous devant Dieu du mauvais usage qu'on lui en vit faire ! Puisse ce Jesus, qu'il attaqua tant de fois, avoir expié tous ses crimes !

BEGUE. On donne ce nom à ceux qui prononcent avec difficulté, qui répetent plusieurs fois les mêmes mots, & les mêmes syllabes. Ce défaut vient de leur glotte qui ne change pas aussi facilement de figure, qu'il est nécessaire pour parler avec facilité.

BELIER. Machine de guerre dont les anciens se servoient pour battre les murs des villes. Elle étoit composée d'une grosse poutre ferrée par le bout en forme de tête de Belier. Elle fut inventée au siége de Samos par

Artemon, l'an 441 avant J. C. On donne encore le nom de *Belier* au premier des 12 signes du Zodiaque.

BERNOULLI, (Jacques) *naquit à Basle le 27 Décembre* 1654. Nous ne prétendons pas dans un article aussi peu étendu que celui-ci, faire connoître ce savant du premier ordre. Il ne nous est permis de le considérer que comme Physicien; & tout le monde sait que la Géométrie est la science où il s'est surtout adonné, & où il a fait les plus grands progrès. C'est en lisant ses œuvres Mathématiques, que l'on pourra se former une idée de son génie profond & de son amour passionné pour le travail. Il n'a composé que deux ouvrages de Physique; le premier est intitulé, *Conamen novi systematis Cometarum, pro motu eorum sub calculum revocando & apparitionibus prædicendis.* Il le fit à l'occasion de la Comete de 1680 qu'il observa avec beaucoup de soin. Il y démontre que les Cometes sont des Planetes qui tirent leur lumiere du Soleil; il veut encore, que ce soient des astres dont il soit facile de prédire le retour. La prédiction qu'il a faite du retour de celle-ci pour le 17 Mai 1719, n'a pas fait honneur à son calcul. Il s'est encore trompé, lorsqu'il a dit que les Cometes ne tournoient pas périodiquement autour du Soleil, mais qu'elles étoient des Satellites d'une même Planete, si élevée au-dessus de Saturne, qu'elle est toujours invisible à nos yeux. Quelque Péripatéticien lui objecta, que si les Cometes sont des astres réglés, ce ne sont donc plus des signes extraordinaires de la colere du Ciel. Bernoulli qui, dans le fond du cœur, faisoit de cette objection puérile tout le cas qu'elle mérite, voulut encore avoir quelques ménagemens pour cette opinion populaire. Il répondit à l'agresseur que le corps de la Comete n'est pas un signe de la colere céleste, mais sa queue peut en être un. Il auroit mieux fait de heurter de front le préjugé, & de ne pas laisser à la postérité une réponse aussi mauvaise. Le second ouvrage de Physique qu'a composé Bernoulli est beaucoup plus mécanique & beaucoup plus estimé que le premier; il a pour titre *De gravitate ætheris.* Il y démontre la gravité non-seulement de l'air ordinaire, mais encore celle d'un air beaucoup plus subtil & beaucoup plus délié que celui que nous respirons. C'est par la pression & par la pesanteur de cette espece de matiere subtile, qu'il explique d'une maniere très physique la grande question de la dureté des corps. On doit encore s'en servir pour expliquer plusieurs autres phénomenes, ceux, par exemple, qui ont rapport aux tubes capillaires. M. de Fontenelle raconte que lorsque l'Académie des Sciences reçut du Roi en 1699 un réglement qui lui laissoit la liberté de choisir huit associés étrangers, aussitôt tous les suffrages donnerent une place à Bernoulli. L'Académie de Berlin se procura le même avantage en 1701. Dès l'année 1687 il fut élu par un consentement unanime Professeur en Mathématique dans l'Université de Basle. Sa haute réputation, & le talent qu'il avoit d'instruire & d'exprimer nettement ses pensées, attirerent dans cette ville un nombre prodigieux d'Ecoliers. Il a occupé cette Chaire jusques à sa mort qui arriva le 16 Août 1705. Il n'avoit que 50 ans & 7 mois. Ce fut une fievre lente causée par des travaux continuels, qui enleva de si bonne heure un si grand homme. Nous le répétons; nous sommes fâchés qu'il ne nous soit pas permis de parler de ses découvertes Géométriques; ce n'est que dans cette Science qu'il paroît tel qu'il est, c'est-à-dire, un des plus profonds génies de son siecle.

BERNOULLI, (Jean) *naquit à Basle le 7 Août 1668.* Il fut sans contredit un des plus grands Mathématiciens de son tems, comme l'on peut s'en convaincre par la lecture de ses ouvrages rassemblés à Lauzane en 4 volumes *in*-4°. Quoiqu'il ne nous soit pas permis de le considérer sous ce point de vue, nous ne laisserons pas de faire remarquer qu'il fut pour le moins, aussi grand Géometre, que Jacques Bernoulli son frere, dont nous venons de faire l'éloge, & dont il excita plus d'une fois la jalousie. Le nom de Jean Bernoulli n'est pas inconnu parmi les Physiciens. Il s'adonna avec une espece de passion à la Physique expérimentale, & surtout à la fabrique des barometres phosphores. Nous avons rapporté en son lieu tout ce qu'il a fait sur cette matiere, & la maniere dont il expliquoit ce phénomene. Voici plusieurs particularités intéressantes tirées de son éloge historique. Il partit en 1690 pour aller voir les savans de l'Europe. Ce fut dans ce voyage qu'il eut la gloire d'ouvrir l'entrée du grand calcul à M. le Marquis de l'Hôpital, & de se faire admirer de Messieurs Cassini, de la Hire, Varignon & du P. Malebranche avec lesquels il se lia d'une étroite amitié.

Les villes de Wolffembuttel, d'Utrecht, de Groningue & de Basle lui offrirent leurs Chaires de Mathématiques ; il occupa en différens tems les deux dernieres. Il fut membre de l'Académie des Sciences de Paris, de la Société de Londres, de l'Académie de Berlin, de celle de Pétersbourg; toutes les Académies de l'Europe, en un mot, voulurent avoir la gloire de s'associer un si grand homme. En 1730 il remporta à Paris le prix sur la figure Elliptique des Planetes, & en 1734 il eut le plaisir de partager, avec Daniel Bernoulli son fils, celui que la même Académie avoit proposé sur l'inclinaison des orbites planétaires. Il mourut le 1 Janvier 1748, à l'âge de 80 ans. Nicolas & Daniel Bernoulli ses deux fils, font revivre leur illustre pere. Le dernier lui a succédé dans la place d'associé étranger de l'Académie Royale des Sciences de Paris.

BESICLES. Nom que l'on donnoit autrefois aux lunettes, dont nous avons expliqué le mécanisme en son lieu.

BETTINI, (Marius) Jésuite Italien, après avoir enseigné avec un grand éclat la Philosophie & les Mathématiques à Parme, fit imprimer à Boulogne sa patrie, un ouvrage en 2 volumes *in-folio*, intitulé *Apiaria universæ Philosophiæ Mathematicæ*. Il a très-bien rempli son titre. L'on trouve en effet dans ce savant & curieux ouvrage, ce qu'il y a de plus intéressant dans les sciences dont nous allons faire l'énumération, la Géométrie spéculative & pratique, la Mécanique, l'Optique, la Dioptrique, la Catoptrique, l'Astronomie, la Géométrie, l'Harmonie & le Calcul ordinaire. Cet ouvrage où l'on compte plusieurs milliers de figures gravées sur cuivre avec tout le soin & toute la délicatesse possible, a été exécuté avec une magnificence royale. L'édition en commença en l'année 1636, & elle ne fut finie qu'en l'année 1642. C'est sans doute par oubli que nos faiseurs de Dictionnaires historiques ne parlent pas du P. Bettini. La rareté & la cherté de son ouvrage que nous ne nous sommes procuré que depuis quelques années, nous fit tomber dans la même faute, lors de la premiere édition de notre Dictionnaire de Physique. Nous la réparons maintenant avec d'autant plus d'empressement, que le P. Bettini a été un Philosophe mathématicien d'un mérite très-distingué.

BIANCHINI (François) *naquit à Vérone le* 13 *Décembre* 1662. Il a paru peu d'hommes aussi savans que lui. La belle littérature, les langues savantes, les Médailles, les Inscriptions, les bas reliefs, l'Histoire, la Chronologie, les Mathématiques & la Physique ont été autant de Sciences où il s'est fait un grand nom par d'excellentes productions. Voici quels ont été ses principaux travaux Physico-Mathématiques. Nous avons rapporté dans l'article du *Calendrier*, qu'au commencement de ce siecle, le Pape Clément XI établit à Rome une Congrégation pour examiner le Calendrier de Grégoire XIII où plusieurs Savans prétendoient qu'il s'étoit glissé des erreurs considérables. Bianchini fut nommé Secrétaire de cette Congrégation, & ce fut lui qui s'opposa aux changemens qu'on vouloit faire à un ouvrage que le fameux Jean Dominique Cassini regardoit comme le plus grand, le plus vaste & le plus parfait qui eût paru en ce genre. Ce qu'il a fait à cette occasion, se trouve dans deux Dissertations qu'il publia en 1703 sous ces titres. *De Calendario & cyclo Cæsaris, ac de Canone Paschali Sancti Hippolyti Martyris, Dissertationes duæ.* Pendant la tenue même de la Congrégation du Calendrier, Bianchini, de concert avec Philippe Maraldi, traça dans l'Eglise de Sainte Marie des Anges des Chartreux de Rome, la fameuse ligne méridienne dont Clément XI avoit formé le projet. Elle fut tirée sur le plan horizontal & dans toute la longueur de cette Eglise; & pour donner à cette entreprise autant de magnificence que de solidité, on grava cette ligne sur une bande de cuivre, longue de deux cent cinq palmes romains, divisée par les 12 signes du Zodiaque, & arrêtée par des pieces de marbre de la derniere beauté, posées d'espace en espace avec tout l'art possible. Clément XI fit frapper une Médaille du gnomon des Chartreux, & Bianchini publia une belle Dissertation de *nummo & gnomone Clementino.* Mais ce qui rendra sa mémoire immortelle parmi les Astronomes, c'est sa théorie de Venus. C'est à Bianchini que nous devons la parallaxe de cette Planete, la découverte de ses taches, du Parallélisme de son axe dans son mouvement périodique, &c. Ce savant du premier ordre mourut à Rome d'une hydropisie, le 2 Mars 1729. Il fut d'abord dans cette ville Bibliothécaire du Cardinal Ottoboni, créé Pape en

1689 ſous le nom d'Alexandre VIII; Chanoine de Sainte Marie de la Rotonde, & enſuite de Saint Laurent *in Damaſo*; Camérier d'honneur de Clément XI; Secrétaire de la Congrégation du Calendrier; Intendant-général des antiquités de Rome, & Prélat domeſtique de Benoît XIII. M. de Fontenelle nous aſſure dans l'éloge hiſtorique qu'il a fait de ce grand homme, qu'il auroit pu aſpirer juſqu'à la pourpre romaine; mais il ajoute que ſa haute vertu l'empêcha toujours de porter ſes vues ſi haut. Le même Panégyriſte raconte qu'on lui trouva un cilice, qui ne fut découvert que par ſa mort, & que toute ſa vie par rapport à la religion avoit été conforme à cette pratique ſecrete; tant il eſt vrai qu'il n'eſt pas impoſſible d'allier le ſavoir le plus éminent avec la plus éminente ſainteté. Nous aurons ſouvent occaſion dans le corps de cet ouvrage de faire une pareille remarque. Elle n'eſt que trop néceſſaire dans un ſiecle où l'on regarde comme incompatibles le bon eſprit avec l'eſprit de Religion.

BIERE. Cette boiſſon eſt trop en uſage dans les Pays même où il y a des vignes, & elle ſert trop à la digeſtion, pour ne pas en faire l'hiſtoire. Elle eſt tirée du 24e. entretien du Tome ſecond du ſpectacle de la nature. L'ingénieux Auteur de cet agréable ouvrage nous parle d'abord des matieres qui entrent dans la compoſition de la biere; c'eſt l'eau, l'orge, le houblon & la levure. L'eau doit être légere & pénétrante; elle eſt telle, lorſqu'elle mouſſe facilement avec le ſavon.

L'orge doit être germée & enſuite moulue. Toute orge portée au cellier, ne manque jamais d'y germer, lorſqu'elle a trempé auparavant pendant 24 heures.

Le houblon eſt une plante dont la fleur donne à la biere ſa force & ſon principal agrément. On le nomme la vigne du Nord, parce que dans ce pays-là on en fait beaucoup d'uſage dans la boiſſon, & parce qu'on le fait monter ſur de hauts échalas.

La levure eſt l'écume que la biere jette hors du tonneau; on la recueille pour faire fermenter la nouvelle. Les inſtrumens néceſſaires à mettre en œuvre cette matiere, ſont un moulin, une chaudiere, une cuve, des baquets & des tonneaux. Nous en allons faire la deſcription en peu de mots, toujonrs d'après M. Pluche.

Le Moulin ne doit briser l'orge que grossierement, de façon cependant que la farine se détache du son.

La chaudiere doit être de cuivre. On l'environne de maçonnerie, & on la pose sur un fourneau de brique aussi large qu'elle.

La cuve est de bois. Elle doit avoir 2 fonds, le véritable & le volant. Celui-ci est le plus haut ; il est composé de planches qu'on peut lever, & il est percé d'une infinité de petits trous : celui-là est le plus bas ; il descend un peu en pente, jusques vers le milieu où il est percé, & bouché avec un bâton plus haut que la cuve n'est profonde ; on donne à ce bâton le nom de *tape*.

Les baquets sont des cuves plates, fort larges & sans profondeur.

Les tonneaux sont à-peu-près semblables à ceux où nous mettons le vin. Ils sont plus ou moins grands, suivant les pays où l'on se trouve. Tout cela supposé, voici comment il faut s'y prendre, pour faire de l'excellente biere.

1°. Sur le fond volant de la cuve, étendez du houblon, de la hauteur d'un pouce.

2°. Sur ce houblon étendez la farine d'orge. Il en faut un setier pour un muid d'eau.

3°. Faites entrer dans le bas de la cuve par un tuyau qui s'insinue entre les deux fonds une eau qui ne soit ni trop chaude, ni trop froide. L'eau aura un degré de chaleur convenable, lorsqu'elle frémira autour d'une pelle de bois qu'on enfoncera dans la chaudiere.

4°. Attendez que l'eau s'insinuant peu-à-peu par les petits trous du fond volant, souleve & fasse nager toutes les matieres qu'elle rencontre plus haut. Alors à force de pelle & de bras vous ferez remuer fortement la farine, pour en faire passer toute la substance dans l'eau. C'est-là ce qu'on appelle, *brasser la biere*.

5°. Après ce travail, laissez à la farine une heure de repos. Levez ensuite la *tape* ; l'eau chargée de ce qu'il y a de plus fin & de plus nourrissant dans l'orge, s'échappera par les petits trous du fond volant, & se rendra par l'ouverture du véritable fond dans un réservoir.

6°. Introduisez de nouvelle eau dans la cuve. Brassez encore la même farine une seconde & une troisieme fois, en vous rappellant qu'il faut un muid d'eau à un setier d'orge ; & envoyez dans le même réservoir votre eau chargée de la graisse de l'orge.

7°. Transportez l'eau du réservoir dans une chaudiere où vous la ferez bouillir avec des bouquets de houblon mâle, à raison de 7 livres $\frac{1}{2}$ par muid. Si vous voulez avoir de la biere rouge, vous laisserez bouillir le tout 24 heures. Il suffit au contraire qu'il commence à bouillir, lorsqu'on fait de la biere blanche.

8°. Versez votre biere dans des baquets, jusqu'à ce qu'elle soit tiede.

9°. Faites passer votre biere tiede dans une cuve où vous mettrez un seau de levure par muid ; & laissez fermenter le tout pendant 7 heures. Ce tems expiré, entonnez votre biere, & laissez les tonneaux ouverts jusqu'à ce qu'elle ait écumé, & qu'elle se soit déchargée de tout ce qu'elle a d'impur.

10°. Pendant 2 jours vous remplirez vos tonneaux de 4 en 4 heures. Vous pourrez ensuite mettre votre biere en bouteille, où elle se perfectionnera, pourvu qu'elle n'y reste que quelques mois.

Remarquez que la biere dont nous venons de faire la description, est la double. La biere simple ne contient sur la même quantité d'eau que la moitié des choses que nous venons de dire. La petite biere n'en contient que le tiers.

Remarquez encore que les Brasseurs qui veulent épaissir la biere avec le miel, ou l'affadir avec le sucre, ou la rendre furieuse avec de l'ivraie, du gingembre, & des épices, font de la biere très-peu salutaire. On reproche ce défaut aux Brasseurs de Lille & de Londres.

BILE. C'est une liqueur jaunâtre séparée de la substance du sang, surtout par le moyen du foie. Nous distinguons avec Boerhaave deux biles, la cystique & l'hépatique. La bile cystique est celle de la vésicule du fiel. Elle est épaisse, amere, d'un jaune foncé : elle est principalement composée d'huile, de sel, d'esprits délayés avec de l'eau : elle n'est point combustible, si ce n'est après qu'on l'a laissée se dessécher. C'est la plus pénétrante & la plus âcre de toutes les humeurs qui circulent dans le corps, la plus aisée à se putréfier, & alors elle se répand de toutes parts sous la forme d'une transudation très-subtile. C'est pourquoi lorsqu'elle est mêlée & broyée avec le chyle & les excrémens, ses effets sont d'atténuer, de résoudre, de nettoyer, d'irriter les fibres motrices, de mêler ensemble les choses les plus différentes, de diviser celles qui sont coagulées, d'émousser celles qui sont âcres & salines, de préparer les voies au chyle, d'exciter l'appétit, de servir de ferment, d'assimiler ce qui est crud à ce qui est digéré, &c. La bile cystique ne coule pas sans cesse dans les intestins. Pour qu'elle s'y décharge, il faut qu'elle soit abondante, extérieurement comprimée, ou que l'irritation des fibres de la tunique musculeuse de la vésicule & la contraction qui s'ensuit, la chasse hors de son réservoir.

La bile hépatique, c'est-à-dire, la bile du foie, sert à-peu-près aux mêmes usages; mais avec moins d'efficacité. Elle est plus délayée, plus transparente, plus douce que la bile cystique; elle dégoutte sans cesse dans le *duodenum*, & cela seulement à cause de la circulation du sang & de la respiration. Toutes ces humeurs se mêlant avec la salive & la mucosité de la bouche, de l'ésophage, du ventricule & des intestins, forme par ce mélange une liqueur écumeuse qui souvent remonte dans l'estomac, lorsqu'il est vuide. Tout ceci est tiré de Boerhaave commenté par la *Mettrie.* Ce Commentateur raconte que Boerhaave ayant exposé à une chaleur douce une certaine quantité de bile cystique, observa qu'il s'en évapora les trois quarts de son poids sous la forme d'une eau, à peine fétide ou âcre. Le résidu formoit une masse gluante, reluisante, d'un jaune tirant sur le verd, amere, qui ne fermentoit ni avec les acides, ni avec les alkalis. Cette espece de glu distillée donna beaucoup d'huile, mais peu de sel volatil. En un mot de 12 onces de bile, il sortit 9 onces d'eau, 2 onces $\frac{1}{2}$ d'huile, & 1 ou 2 gros de sel fixe. Ce qui revient à $\frac{3}{4}$ d'eau, environ $\frac{1}{4}$ d'huile, & un ou $\frac{1}{96}$ de sel. Le savon ordinaire offre à-peu-près les mêmes proportions. Aussi la bile est-t-elle regardée comme un savon fluide, qui n'a pas besoin d'eau, ni d'un délayement étranger, pour tous les usages auxquels il est destiné par la nature.

La Mettrie remarque que l'amertume de la bile ne vient point de son sel, mais de son huile, qui à force d'être broyée & échauffée dans les vaisseaux qui la préparent, dans le tamis qui la filtre, & le réservoir qui la garde, devient rance & amere; ce qui est confirmé par les deux faits suivans. La bile du Lion & des autres Animaux féroces est très-amere, parce qu'elle subit conséquemment l'action de ressorts très-violens; au lieu que dans les personnes sédentaires & qui ont le sang doux, on la trouve le plus souvent aqueuse & insipide.

Voici encore deux faits qui prouveront de quelle utilité est dans les hommes comme dans les animaux, la bile pour la digestion. Ils sont racontés dans les *Mémoires de l'Académie des Sciences, Tome* 10, *page* 27. Le fameux Vésal, Médecin de l'Empereur Charles V & de Philippe II, Roi d'Espagne, ouvrit le cadavre d'un Forçat très-robuste, qui n'avoit jamais vomi, même dans les plus grandes tempêtes, & qui par conséquent avoit toujours parfaitement bien digéré les alimens qu'il avoit pris; il trouva que le conduit de la bile se partageoit en 2 branches, dont la plus déliée s'inséroit à la partie inférieure du fond du ventricule près de la naissance du Pylore. M. Duverney a remarqué dans 5 Porcs épics qu'il a disséqués à l'Académie Royale des Sciences, que le conduit qui porte la bile, s'ouvroit au dedans du Pylore, & que son extrémité étoit tournée vers la cavité du ventricule, en sorte qu'il falloit nécessairement que toute la bile s'y déchargeât.

BINOME. C'est une grandeur Algébrique composée de deux termes unis par le signe +, ou séparés par le signe — $a + b$ & $a - b$ sont deux binomes. Voyez l'article de l'*Arithmétique Algébrique*.

BION. Ce nom est commun à plusieurs grands hommes, dont deux seulement ont cultivé la Physique. Le premier étoit natif d'Abdere où il florissoit avant la naissance de J. C. On assure qu'il conjectura qu'il devoit y avoir des régions sur la Terre où les jours & les nuits duroient six mois.

Le second est un Ingénieur François qui fit imprimer en 1725 un excellent ouvrage sur la construction & l'usage des principaux instrumens de Mathématique & de Physique. Il ne contient qu'un volume *in*-4°. Quiconque le lira, conclura que M. Bion possédoit à fond tout ce que comprennent les Mathématiques ordinaires. Il est divisé en 9 livres. Il enseigne dans le Ier. la construction & les usages des instrumens les plus simples, tels que sont le le compas, l'équerre, le rapporteur, &c. Le second livre est un traité sur la construction & l'usage du compas de proportion. Les méthodes d'armer l'Aimant, de construire toute sorte de microscopes, & tous les instrumens qu'on doit employer dans ces occasions, sont la matiere du troisieme livre. Le quatrieme comprend la construction & les usages des instrumens dont on se sert à la campagne pour arpenter, lever un plan, mesurer une distance, &c. Le cinquieme livre roule sur des instrumens d'Hydraulique & d'Artillerie. Le sixieme que l'on doit regarder comme le plus complet, traite des instrumens d'Astronomie. Le septieme met au fait des instrumens les plus nécessaires à la navigation. Le huitieme livre regarde les instrumens de Gnomonique. Le neuvieme les instrumens d'Optique, Catoptrique & Dioptrique. Cet ouvrage dont un commençant ne sauroit se passer, seroit parfait, si certains livres ne rentroient pas les uns dans les autres; si certains autres ne contenoient pas des instrumens tout-à-fait disparates entr'eux; si les matieres avoient plus de liaison, & si l'Auteur avoit donné autant de leçons de Théorie, que de Pratique.

BIQUADRATIQUE. C'est la quatrieme puissance; c'est le carré du carré. a^4 est la puissance biquadratique de a. En effet, ce monome a pour premiere puissance a, pour seconde puissance a^2, pour troisieme puissance a^3, & pour quatrieme puissance a^4.

$a^4 + 4a^3b + 6a^2b^2 + 4ab^3 + b^4$ est la puissance biquadratique de $a + b$.

En voici la démonstration. La premiere puissance de ce binome est $a + b$; la seconde puissance $aa + 2ab + bb$; la troisieme puissance $a^3 + 3aab + 3abb + b^3$; & la quatrieme puissance $a^4 + 4a^3b + 6a^2b^2 + 4ab^3 + b^4$. 81 est la puissance biquadratique de 3; pourquoi? Parce que 3 est la premiere puissance de 3; 9 sa seconde puissance; 27 sa troisieme puissance; & 81 sa quatrieme puissance.

BISE. C'est le vent du Nord. Plusieurs Physiciens sont persuadés que ce vent se charge de particules de nitre & de glace, fort communes dans les plages boréales; & que c'est-là ce qui le rend froid. Consultez l'article des *vents* où la formation de ce météore est marquée d'une maniere physique.

BISMUTH. Demi-métal très-caſſant, très-facile à réduire en poudre, à fondre, & à ſe mêler à tous les métaux. Il rend blanc le cuivre, & l'étain ſonore. Sa couleur reſſemble aſſez à celle de l'argent. Il n'eſt bleuâtre, que lorſqu'on l'a expoſé à l'air. Quelques Naturaliſtes croient que la mine de biſmuth n'eſt qu'une mine d'argent qui n'a pas pu parvenir à maturité. La Saxe a beaucoup de mines de biſmuth.

BISSECTION. C'eſt la diviſion d'une étendue quelconque en 2 parties égales.

BISSEXTILE. L'année biſſextile contient 366 jours. Voyez-en la raiſon dans l'article du *Calendrier.*

BITUME. Le bitume eſt un mixte qui contient beaucoup de feu, beaucoup d'huile, peu d'eau & très-peu de terre. Le bitume a communément une couleur noire; l'on en voit cependant de blanc & de jaune. Je le nommerois volontiers un mixte amphibie; puiſqu'on le trouve auſſi-bien ſur les eaux, que dans la terre. Les rivages de la mer Baltique nous fourniſſent cette eſpece de bitume que l'on nomme *Ambre*; on le regarde comme un aſſez bon remede contre les douleurs de la goutte, ſi on en croit les gens du pays; ce qu'il y a de ſûr, c'eſt que l'eau du bitume eſt excellente contre la plupart des maladies qui attaquent les nerfs.

BIVALVE. On appelle ainſi toute coquille compoſée de deux parties qui s'ouvrent à-peu-près comme une porte à deux battans.

BLAEU, (Guillaume) *l'Ami & le diſciple de Tycho-Brahé, a été un des grands Aſtronomes du 17e. Siecle.* Ses principaux ouvrages ſont *l'Atlas*, *le Traité des globes* & *l'inſtitution de l'Aſtronomie.* Comme il les imprimoit lui-même, l'on ne doit pas être ſurpris qu'ils ſoient ſi correcteurs & ſur un ſi beau caractere. Blaeu n'eſt pas le ſeul Imprimeur qui ait mérité un rang diſtingué parmi les ſavans. Il mourut à Amſterdam, le 21 Octobre 1638 à l'âge de 67 ans.

BLANC. Le mélange de toutes les couleurs primitives forme le blanc, comme nous l'avons expliqué dans l'article des *couleurs.* Un corps eſt donc blanc, lorſqu'il réfléchit les 7 rayons de lumiere ſans les décompoſer. C'eſt pour cela ſans doute que l'on conſeille à ceux qui ſont obligés de s'expoſer aux ardeurs du Soleil, de mettre un papier blanc entre leur crâne & leur chapeau. C'eſt pour la même raiſon qu'il eſt ſi difficile d'enflammer un papier blanc que l'on place au foyer d'un miroir concave, ou à celui d'un verre convexe.

BLED. Grain dont on fait le pain. Comme il n'eſt rien de plus néceſſaire, que de conſerver ce qui fait la principale nourriture de l'homme, nous allons d'abord rapporter pluſieurs moyens que donnent les auteurs du Dictionnaire raiſonné des Sciences. Le grenier, diſent-ils, où l'on enferme le bled doit être bien propre, avoir des ouvertures au Septentrion ou à l'Orient, & des ſoupiraux en haut. Le bled qu'on y met doit être bien ſec & bien net. Il faut pendant les ſix premiers mois le remuer de 15 en 15 jours, & les 18 mois ſuivans le remuer tous les mois. Il n'eſt plus à craindre qu'après ce tems-là il s'échauffe. A Châlons on remue & on crible bien le bled que l'on veut conſerver. On en fait des tas auſſi gros que le plancher peut le permettre. On met enſuite ſur chaque tas un lit de chaux vive en poudre, de 4 pouces d'épaiſſeur; puis avec des arroſoirs on humecte cette chaux qui forme avec le bled une croute. Les grains de la ſuperficie germent, & pouſſent une tige d'environ un pied & demi de haut, que l'hiver fait mourir. C'eſt ſans doute ce dernier moyen qui a fait conſerver juſqu'en l'année 1707 dans la Citadelle de Metz de grands amas de bled que le Duc d'Epernon y fit faire environ l'année 1550. La croute dont il étoit couvert, étoit ſi forte, qu'on s'y promenoit deſſus, ſans qu'elle obéît.

Mais on ne ſauroit trop multiplier les moyens de conſerver une denrée auſſi précieuſe que celle-ci. Auſſi nous ferons-nous un devoir de rapporter ce que dirent à ce ſujet les Jéſuites de l'obſervatoire Royal de Marſeille dans leur mémoire de 1756. La premiere des diſſertations de cet excellent recueil eſt intitulée : *Méthode pour mettre le bled en état de ſe conſerver.* Voici une très-petite partie des choſes intéreſſantes qu'elle contient.

D'abord ces célebres Phyſiciens dont tout le monde connoît le ſavoir, nous font remarquer que les deux plus grands obſtacles à la conſervation du grain, ſont la fermentation qui l'altere, & les inſectes qui le rongent. La fermentation dans le grain, *diſent-ils*, n'eſt autre choſe qu'un commencement de végétation & un mouvement intérieur des principes qui composent le germe du bled, & qui, tendant sans cesse à le développer, ne manquent point de le développer en effet, & de produire une plante, pour peu que la fermentation soit continuée; en sorte que pour conserver le grain, on ne doit avoir d'autre vue que d'arrêter ce mouvement de germination, & d'en détruire ou d'en brider tellement les principes, qu'on les mette hors d'état d'agir. L'expérience nous a appris qu'un bled étuvé est incapable de germer. En effet, lorsqu'on aura retiré le pain du four, mettez-y quelques livres de bled, & laissez-les y jusqu'à ce que le four ait perdu sa chaleur. Semez ensuite quelques-uns de ces grains dans un vase, & pareil nombre de ceux qui n'auront pas été au four, dans un autre vase. Arrosez-les également tous les deux. Exposez-les au même soleil. Au bout de 7 à 8 jours les grains non étuvés pousseront des tiges, tandis qu'un mois après, vous trouverez en terre les grains étuvés, tels qu'ils étoient, lorsqu'on les a semés. Cette expérience est du célebre Intieri. Non-seulement elle fait perdre aux grains leur propriété de germer, mais encore elle tue infailliblement les charançons qui pourroient s'y être formés, & qui font dans un tas de bled, dont ils ont pris possession, tous les ravages imaginables. En un mot, c'est maintenant un fait confirmé par des expériences sans nombre, qu'on peut entasser comme on voudra, un bled étuvé; & que, pourvu qu'on le garantisse de l'humidité extérieure qui pourroit le pourrir, on est dispensé de tout autre soin à son égard. Tant d'avantages réunis ensemble, engagerent, il y a quelques années, les Jésuites de l'observatoire royal de Marseille de faire construire une étuve suivant toutes les regles de la saine Physique. Ils l'éprouverent pour la premiere fois au mois de Juillet 1756, & cette épreuve se fit sur 25 charges de bled d'Espagne du plus mauvais, & qui fourmilloit de charançons. Il s'y rétablit parfaitement, & il en sortit beaucoup plus beau, avec un œil doré qui fit juger que son maître le vendroit beaucoup plus qu'il ne l'avoit acheté. En effet, il n'avoit coûté que 16 livres la charge, & il fut revendu 19 livres. Le pain qu'on fit de ce bled étuvé fut trouvé meilleur, que celui qu'on fit du même non étuvé. La dissertation d'où tout ceci est tiré, est remplie d'une foule d'expériences & de vues qui tendent toutes au bien public. Nous exhortons tout Lecteur, ami des hommes, à se la procurer. Elle me paroît un chef-d'œuvre. Elle contient 60 pages *in*-4°.

BLEU. Nous avons prouvé en expliquant le systeme de Newton sur les couleurs, que le bleu étoit la cinquieme des 7 couleurs primitives. Les corps ne nous paroissent bleus, que lorsqu'ils réfléchissent les rayons bleus en plus grande abondance que les autres. L'air & les vapeurs de l'atmosphere, par exemple, nous renvoient une grande quantité de ces rayons ; aussi le firmament nous paroît-il bleu.

BLONDEL, (François) *Seigneur de Croisettes & de Gaillardon, Savant Professeur en Mathématiques & en Architecture, Maréchal de Camp aux Armées du Roi*, a été un des premiers Membres de l'Académie Royale des Sciences de Paris, où il fut admis en l'année 1669. Ses ouvrages de Géométrie & d'Architecture sont très-estimés. Comme les premiers ne contiennent que les élémens ordinaires de Mathématique, & que notre profession nous dispense de rendre compte des seconds, nous nous contenterons de donner la liste des ouvrages de M. Blondel. Nous n'aimons pas à parler sur le rapport d'autrui.

1°. Cours de Mathématiques *Paris* 1683. 4°. Ce cours contient un discours sur les Mathématiques. Un Traité de Géométrie pratique. Deux Traités d'Arithmétique, l'un d'Arithmétique spéculative, l'autre d'Arithmétique pratique.

2°. L'Art de jeter les bombes. *La Haye* 1685. 4°.

3°. Histoire du Calendrier Romain. *Paris* 1682. 4°.

4°. Cours d'Architecture. *Paris* 1675. *fol.*

5°. Résolution des 4 principaux problemes d'Architecture. *Paris* 1676. *fol. max.* Les voici.

Probleme premier. Décrire géométriquement en plusieurs manieres, & tout d'un trait le contour de l'enflure & diminution des colonnes.

Probleme second. Trouver une section conique qui touche trois lignes droites données en un même plan, & deux de ces lignes en un point donné de chacune.

Probleme troisieme. Trouver géométriquement les joints de tête de toutes sortes d'Arcs rampans.

Probleme quatrieme. Trouver la ligne sur laquelle les

poutres doivent être coupées en leur hauteur & largeur ; pour les rendre par-tout également fortes & résistantes.

La résolution de ces problemes se trouve non-seulement dans le livre que nous avons indiqué *num.* 5, mais encore dans le tome cinquieme des Mémoires de l'Académie des Sciences depuis la *page* 363 jusqu'à la *page* 530. Il a encore deux Discours sur la maniere de fortifier les places, & un Traité d'Arithmétique à l'usage des Ingénieurs. M. Blondel mourut à Paris le 22 Janvier 1686, à l'âge de 68 ans. C'est sur ses desseins que les portes de St. Antoine & de St. Denis de Paris, ont été construites.

BLONDIN, (Pierre) *naquit dans le Vimeu en Picardie, le* 18 *Décembre* 1682. Il fut l'Eleve & l'Ami du fameux Tournefort. Si la mort ne nous l'eût pas enlevé à la fleur de son âge, M. Blondin auroit été un des plus grands Botanistes de ce siecle. Il découvrit dans la seule Picardie, environ 120 plantes qui n'étoient pas au Jardin Royal, & il prouva que nous en avions en France plusieurs especes que l'on croyoit particulieres à l'Amérique. Il fut reçu à l'Académie des Sciences en l'année 1712 & il mourut le 15 Avril de l'année suivante, à l'âge de 30 ans.

BOERHAAVE, (Herman) *que l'on regarde aujourd'hui comme l'Hippocrate moderne, naquit à Voorhout près de Leyde le* 31 *Décembre* 1668. A l'âge de 11 ans, il savoit beaucoup de grec, de latin, de belles-lettres, & même beaucoup de Géométrie. A l'âge de 22 ans, il fut fait Docteur en Philosophie. Ce fut à cette occasion qu'il soutint sa fameuse These où il réfute avec autant de force, que de solidité les sentimens impies d'Epicure, d'Hobbes & de Spinosa. Il fut reçu 3 ans après Docteur en Médecine. L'Université de Leyde n'attendoit que ce moment, pour lui donner les Chaires de Médecine, de Chimie & de Botanique. Il les occupa avec tant de réputation, qu'il lui vint de toutes les parties de l'Europe un nombre presque infini de disciples, empressés de profiter des leçons d'un si grand homme. Ce grand concours d'étrangers enrichit Leyde, & fit gagner à Boerhaave 4 millions de notre monnoie. En 1713 il fut associé à l'Académie Royale des Sciences de Paris ; & quelque tems après à celle de

Londres. Il mourut à Leyde le 23 Septembre 1338, âgé de 70 ans. Ses principaux ouvrages sont *Institutiones Medicæ ; Aphorismi de cognoscendis & curandis Morbis ; Methodus discendi Medicinam ; de viribus Medicamentorum ; Institutiones & experimenta Chimiæ.* Le premier de ces ouvrages contient plus de Physique, que de Médecine ; c'est un Traité complet de Physiologie ; aussi nous a-t-il été d'un grand secours dans tous les articles qui ont rapport au corps humain. En voici le précis.

1°. Boerhaave donne en abrégé l'histoire de la Médecine depuis le commencement du monde jusqu'à son tems.

2°. Il pose huit principes que nos Médecins, beaux esprits, devroient ne jamais oublier ; ils verroient que l'on ne peut pas être matérialiste & disciple de Boerhaave. Nous les rapportons avec d'autant plus de plaisir, qu'ils contiennent la condamnation expresse de la Mettrie & de tous ceux qui ont le malheur de penser comme lui. Le Latin est de Boerhaave, & le François de la Mettrie. L'on verra que ce dernier n'a pas toujours soutenu les principes impies qu'il débite dans son *homme machine.*

Homo constat mente & corpore unitis.

L'Homme est composé de corps & d'ame unis ensemble.

Quorum utrumque naturâ ab altero differt.

La nature de ces deux substances differe l'une de l'autre.

Adeòque vitam, passiones diversas habet.

Par conséquent leur vie, leurs actions, leurs affections sont différentes.

Tamen ità se habent inter se, ut cogitationes mentis singulares determinatis corporis conditionibus semper jungantur, & vicissim.

Cependant elles sont tellement unies entr'elles, que certaines pensées de l'ame occasionnent toujours, & accompagnent certains mouvemens du corps, & réciproquement.

Interim cogitationum aliæ ex solâ cogitatione purâ sequuntur, aliæ verò tantùm

Telle pensée est produite par l'opération seule de la substance qui pense ; telle

ex mutatâ conditione corporis oriuntur.

autre est occasionnée par le changement de l'état du corps.

Contra quoque exercitationes quædam quorumdam in corpore motuum fiunt sine attentione, conscientiâ vel imperio animæ ad eas concurrente, ut causâ vel ut conditione : nonnullæ autem excitantur atque determinantur per actiones mentis prægressas, quamdiù homo sanus est : quædam denique ex utrisque his concretæ observantur.

Il se fait aussi des mouvemens dans le corps sans attention, sans sentiment intérieur, sans la participation de l'ame, sans qu'elle y concoure comme cause efficiente ou conditionnelle : il s'en fait encore qui dépendent de l'action de l'ame qui les précede, les produit & les détermine, tant que la santé subsiste : on voit enfin des actions corporelles composées ou formées de ces deux especes.

In homine quidquid cogitationem involvit, soli id menti, ut principio, adscribendum.

Tout ce qui a rapport à la pensée dans l'homme, ne doit être attribué qu'à l'esprit pur, comme à son principe.

Quod verò extensionem involvit, impenetrabilitatem, figuram aut motum, id uni corpori ejusque motui, ut principio, tribui, per ejus proprietates intelligi, explicari & demonstrari debet.

Tout ce qui comprend l'étendue, l'impénétrabilité, la figure ou le mouvement, ne doit se rapporter qu'au corps seul & à son mouvement, comme à son principe ; & c'est par les propriétés de ce corps qu'il faut le concevoir, l'expliquer & le démontrer.

Tels sont les principes que pose comme les fondemens de sa Physiologie, le plus grand Médecin que le monde ait encore eu. Ils lui ont parus trop lumineux, pour en donner la démonstration. Heureux ! S'il eût pensé sur la vraie foi, comme il l'a fait sur la distinction de l'ame & du corps.

3°. Boerhaave entre ensuite en matiere. Il explique

la structure du corps humain. Il nous apprend en quoi consiste la vie. Il dit ce que c'est que la santé : il fait l'énumération des effets qui s'ensuivent. Les articles où la Physique a le plus de part, sont ceux où il traite de la *salive*, de l'*ésophage*, de la *digestion*, de la *bile*, de la *circulation du sang*; de la *structure* & des *mouvemens du cœur*, de la *respiration*, du *sommeil* & de la *veille*, des *sens internes* & *externes*, mais surtout ceux où il parle de l'*ouïe* & de la *vue*. Que l'on lise les différens articles de ce Dictionnaire où ces matieres sont discutées ; l'on verra que ce qu'il y a de meilleur, est tiré de Boerhaave. Pouvions-nous puiser dans une meilleure source ?

BOIS. Nous entendons par *bois* un grand terrain planté d'arbres qui ne sont pas fruitiers. M. Pluche a très - bien traité cette matiere dans le 15e. & le 16e. entretiens du Tome 2 du Spectacle de la Nature. Voici ce qu'il dit de plus intéressant. Animé d'un esprit de religion inconnu à la plupart des Auteurs de ce malheureux siecle, il nous fait d'abord remarquer que ce n'est point l'homme qui a été chargé de planter & d'entretenir les arbres des forêts. Dieu s'est réservé ce soin : lui seul les a plantés : lui seul les entretient. C'est lui qui en disperse les petites graines sur toute une large contrée. C'est lui qui a donné des ailes à la plupart de ces graines, pour être plus aisément emportées par l'air, & répandues en plus de lieux. Il suffit, pour s'en convaincre, de jeter les yeux sur la graine du Tilleul, de l'Erable & de l'Orme. C'est lui qui en tire ensuite ces vastes corps qui s'élevent si majestueusement dans les airs. Lui seul les affermit par de fortes attaches & les maintient dans la durée de plusieurs siecles, contre les efforts des vents qu'il envoie sur la terre. Lui seul tire de ses trésors des rosées & des pluies suffisantes pour leur rendre tous les ans une verdure nouvelle, & pour y entretenir une espece d'immortalité.

M. Pluche en vient ensuite aux différens avantages que nous procurent les forêts. Il examine l'usage des feuilles, des graines, de l'écorce, des racines & du bois des arbres. Les feuilles, *dit-il*, sont utiles sur l'arbre, & le sont encore plus après leur chute. Sur l'arbre elles sont une des grandes beautés de la nature. Elles procurent à l'homme & aux animaux une fraîcheur aussi salutaire que délicieuse. Elles fournissent la vie aux arbres même, puisque ceux-ci reçoivent une grande partie de leur séve par les soupiraux & les conduits dont leurs feuilles sont garnies. Lorsqu'ensuite ces mêmes feuilles ne reçoivent plus du corps de l'arbre une nourriture suffisante, elles jaunissent & se dissipent à la moindre secousse des vents, auxquels elles servent de jouet. La terre en est bientôt couverte : elles se pourrissent au bas des arbres & sous les pieds des animaux. C'est un fumier dont les racines tirent pendant l'hiver la nourriture la plus délicieuse.

Les graines que les vents dispersent pour perpétuer nos forêts, nous servent encore à une infinité d'usages. Les glands & les faînes sont les alimens chéris, les uns des Cochons & les autres des Sangliers. L'aveline, la noisette, les chataignes, la noix ordinaire & muscade, le café, le coco, &c., sont autant de graines dont tout le monde connoît le prix.

Pour les écorces des arbres, on s'en sert en cent occasions. Les écorces de chênes pulvérisées sont utiles pour façonner le cuir, & lui procurer la fermeté & la souplesse nécessaires. Les sels qu'elles contiennent, fortifient les peaux & les empêchent de se corrompre ; leurs huiles les assouplissent & les rendent impénétrables à l'eau.

L'on voit en Espagne, en Gascogne & en Italie une espece de grand chêne-verd, dont l'écorce nous donne le liége.

Le Canelier & le Quinquina nous fournissent les écorces les plus précieuses & les plus salutaires.

Enfin c'est en incisant quelque peu l'écorce de certains arbres, qu'on en tire les gommes, les résines de toutes les especes. Le Pin donne la poix ; le Térébinthe, la térébenthine ; le thurifere, l'encens ; le Baumier, le Baume ; l'Acacia, la gomme, &c.

Les Charrons, les Teinturiers & les Apothicaires nous font tous les jours l'énumération des services que l'on retire des racines des arbres. Ces derniers en particulier nous font remarquer que la rhubarbe & l'ipécacuanha sont les racines de deux arbres qui portent ce même nom.

Quelque grands & variés que soient les avantages

que nous tirons des moindres parties des arbres, ils ne sont point comparables à ceux que nous tirons à chaque instant du bois même. Dieu semble créer tous les jours & rendre inépuisable une matiere qui, par sa souplesse, prend toutes les formes que nous voulons lui donner, & qui, par sa solidité, les conserve toutes. M. Pluche, pour prouver cette proposition, nous met sous les yeux les ouvrages des Ménuisiers, Charpentiers, Tourneurs, Sculpteurs, &c. Il égaye la matiere par les Peintures les plus délicates, & il se propose une question qu'il résout en habile Physicien. D'où peut venir, *dit-il*, cette disposition qu'ont presque tous les bois à se fendre selon leur longueur, & la difficulté qu'on éprouve à les couper dans leur épaisseur?

Cette disposition qu'on appelle fil du bois, provient de la situation des longs tuyaux, qui étant couchés dans toute la longueur de l'arbre, les uns contre les autres, pour voiturer la séve au feuillage & aux fruits, se peuvent désunir les uns des autres par l'insertion d'un coin; mais qui forment ensemble une épaisseur difficile à rompre par le travers.

Il fait à cette occasion une comparaison des plus sensibles, & des plus propres à mettre dans le plus grand jour la solidité de sa réponse. La voici. Prenez un paquet de chanvre ou de soie; vous en séparerez aisément une moitié d'avec l'autre. Mais ces fils pris ensemble, selon leur épaisseur, il ne vous sera pas facile de les arracher, & si on les tord pour les unir encore mieux, on en fera des cordes qui tireront & souleveront les plus grands fardeaux.

Après tous ces secours pourroit-on dire que le bois nous en procure un beaucoup plus important? Oui sans doute; la preuve en est encore rapportée par l'Auteur du Spectacle de la Nature. Le bois est le soutien de notre vie; puisqu'il contient l'aliment le plus naturel du feu, sans lequel nous ne pourrions ni apprêter nos nourritures les plus communes, ni fabriquer la plupart des choses les plus nécessaires, ni conserver notre santé. Avouons donc que ces arbres que nous nommons stériles, nous sont plus nécessaires que les arbres fruitiers dont nous vantons tant la fécondité. Mais comment faudroit-il s'y prendre, si l'on vouloit commencer un bois?

Voilà ce que nous allons détailler, en suivant dans tout cet article notre même guide.

1°. Environnez d'un fossé profond tout le terrain que vous destinez à votre bois.

2°. Ayez de jeunes plants un peu forts, bien garnis de racines & nouvellement arrachés. Mettez-les dans une terre bien labourée, assez près les uns des autres ; on peut en mettre quatorze mille dans un arpent contenant cent perches de 22 pieds chacune.

3°. Si, au lieu de jeunes plants, vous employez la graine des arbres dont vous voulez composer votre bois, vous vous souviendrez encore d'éclaircir votre bois, lorsque les arbrisseaux s'affameront, & d'en faire arracher dans les commencemens toutes les mauvaises herbes.

4°. La plus grande faute que l'on puisse faire, lorsque l'on commence un bois, c'est de mettre les arbres dans les terres qui ne leur conviennent pas. Prenez donc garde à l'énumération suivante ; elle est des plus intéressantes.

Le Chêne demande ou l'argile, ou une terre pierreuse ; le Frêne une terre légere & peu profonde ; le Cormier une terre froide, mais cependant substantielle & nourrissante ; le Hêtre & le Charme une terre dure ; le Noyer une terre forte ; le Coudrier une terre sablonneuse ; le Tilleul une terre grasse ; le Saule une terre marécageuse ; le Peuplier, le tremble, le Plane, l'Aune & l'Osier une terre humide ; le Buis, le Pin, le Cyprès, le Mélese, le Sapin & le Chêne viennent à merveille dans les pays les plus froids : le Cornouiller, le Bouleau & l'Orme viennent presque par-tout. Il en est de même du Châtaignier ; il s'accommode de tout, pourvu qu'il soit loin des eaux & des marécages.

BOISSEAU. C'est une mesure qui par l'Ordonnance de 1669, doit avoir à Paris huit pouces deux lignes & demi de haut, sur dix de diametre d'un Fût à l'autre.

BOISSON. C'est un des principaux agens de la digestion, comme nous le prouverons en son lieu. Les boissons le plus en usage sont l'eau, le vin, la biere & le cidre. Nous en avons parlé dans leurs articles relatifs.

BOOT. C'est le *Tournefort* de l'Irlande. L'Histoire Naturelle qu'il a faite de ce Royaume, est très-estimée ; on l'a traduite en François. Ce qu'il dit sur les Plantes, les Métaux & les Minéraux de ce pays, est très-curieux ; & pour l'ordinaire très-conforme aux loix de la Physique.

BORAX. Le Borax se divise en naturel & en artificiel. Le premier est une humeur qui se congele l'hiver dans les mines. Il y en a de noir, de jaune & de blanc. Le noir se trouve dans les mines d'or, & le blanc dans les mines d'argent. Le borax blanc est celui dont on fait le plus d'usage. Après qu'il a été tiré de la terre, on le raffine à-peu-près comme les autres sels ; & après cette opération, il est dur, sec & transparent. M. Lemery qui en a fait l'analyse, assure qu'il est composé d'eau, de sel & d'une substance huileuse ou bitumineuse. On se sert de borax blanc pour souder quelques métaux & principalement l'or ; on l'emploie aussi quelquefois dans la Médecine. M. Lemery nous assure qu'il fit dissoudre dans l'eau le verre de borax ; qu'il fit prendre un peu de cette dissolution à un malade rempli d'obstructions, & que ses urines furent plus abondantes qu'à l'ordinaire ; il conclud de-là que cette dissolution pourroit bien être un remede pour la gravelle.

Le borax artificiel est un composé de nitre, de rouille, d'airain & d'urine ; on prend celle des jeunes gens qui boivent du vin. Bien des personnes préferent le borax artificiel au borax naturel.

BORÉAL. On donne ce nom à tout ce qui est plus près du pôle arctique, que du pôle antarctique. La partie boréale de la Sphere comprend tout ce qui se trouve entre l'Equateur & le pôle arctique.

BOREL, (Pierre) *Conseiller, Médecin ordinaire du Roi*, a été un des premiers Membres de l'Académie des Sciences de Paris, où il fut reçu en qualité de Chimiste, en l'année 1674. Il faisoit grand cas de Descartes, dont il écrivit la vie en latin, qu'il fit imprimer à Paris en l'année 1657. Ses autres ouvrages sont.

1°. *Bibliotheca Chimica.*

2°. *De vero Telescopii inventore, cum brevi omnium conspiciliorum historia ; accessit centuria observationum microscopicarum.*

3°. *Historiarum & observationum medico-Physicarum centuriæ quatuor.*

4°. *Hortus seu armamentarium simplicium, mineralium, &c.*

Cet Auteur mourut en l'année 1689. Il ne faut le confondre ni avec *Jean Borel*, ni avec *Jean Alfonse Borelli*. Le premier s'est distingué dans les Mathématiques, dont il rétablit le goût en France. Il naquit à Charpey, près de Romans en 1492, & il mourut à Cenar, bourg voisin de la même Ville, en 1572, dans l'ordre des Chanoines Réguliers de Saint Antoine. On a de lui plusieurs Ouvrages de Géométrie & de Mécanique, dont les principaux roulent sur la *quadrature du cercle*, & sur la *Balance* & la *Romaine*.

Pour Jean Alfonse Borelli, ce fut un Professeur célebre d'Italie qui nous a laissé deux Traités, l'un sur le mouvement des Animaux, l'autre sur la force de percussion. Il naquit à Naples en 1608, & mourut à Rome le dernier Décembre 1679. Nous n'avons lu aucun Ouvrage des trois Auteurs dont nous venons de parler; aussi nous sommes-nous contentés de les indiquer. Ce sera-là notre pratique inviolable dans tout le cours de ce Dictionnaire. Elle doit engager nos Lecteurs à être persuadés que nous avons lu avec attention tous les Ouvrages dont nous donnons l'Abrégé, ou dont nous rapportons quelques traits.

BOTAL. On appelle canal ou trou *botal*, une ouverture, ou plutôt un conduit dans le cœur du *fœtus*, par lequel le sang va de la veine cave dans l'aorte, sans passer par les poumons. Ce canal demeure ouvert pendant tout le tems que l'enfant est dans le sein de sa mere, parce que par ce moyen son sang peut avoir, & a en effet un vrai mouvement de circulation, sans que l'enfant ait besoin de respirer. Voyez cette matiere rapprochée de ses principes dans l'article du sang.

BOTANIQUE. La Botanique ou la science des plantes, se divise en générale & en particuliere. Celle-là traite des qualités communes à toutes les plantes; celle-ci examine ce qui distingue une plante d'avec une autre. La Botanique particuliere est tout-à-fait étrangere au plan que nous avons formé; aussi nous contenterons-nous d'expliquer dans quelques articles de ce Dictionnaire la nature de certaines plantes qui présentent des phénomenes dont il n'est pas permis à un Physicien d'ignorer la cause. Il n'en est pas ainsi de la Botanique générale; elle est uniquement du ressort de la Physique. C'est-là ce qui nous engage à donner à cet article toute l'étendue dont il est susceptible ; on n'est jamais diffus, lorsqu'on ne dit que ce qui a un rapport immédiat & nécessaire avec son sujet.

Toute plante considérée en général est une substance capable de végétation & non pas de sensation. Cette définition, je le sais, ne paroîtra pas exacte à ceux qui regardent les bêtes comme de pures machines ; mais une opinion diamétralement opposée non-seulement aux loix de la Mécanique, mais encore au sentiment intime de tous les hommes, ne peut pas fournir une difficulté raisonnable & sérieuse. Quelque grande cependant que soit la différence que l'on doive mettre entre les Plantes & les Animaux, ces deux êtres vont nous fournir une Analogie des plus intéressantes. Nous l'établirons, après avoir fait quelques remarques sur les principales parties de la plante, qui sont la racine, le tronc ou la tige, les branches, les feuilles, les fleurs, les fruits & la graine.

1°. La racine est composée de parties chevelues qui s'attachent comme d'elles-mêmes à la Terre. L'on distingue dans chacune de ces parties l'écorce, le bois & la moelle. C'est sous l'écorce que se trouve le bois, & sous le bois la moelle. L'écorce composée de filamens creux auxquels on a donné le nom de *fibres*, contient une peau fine qui touche immédiatement le bois, & qu'on nomme *écorce intérieure* ; une peau assez grossiere que l'on voit étendue sur tout le dehors de la racine, & qu'on appelle *écorce extérieure ;* enfin l'écorce moyenne ou la grosse écorce qui est entre les deux précédentes.

Le bois est composé, comme l'écorce, de fibres creuses, rangées côte à côte les unes contre les autres par paquets. La plupart de ces fibres sont dirigées suivant la longueur de la racine ; quelques-unes cependant sont entrelacées en forme de filets.

Enfin la moelle est une substance fort fine qui occupe le cœur de la racine. L'on prétend qu'elle est destinée à filtrer & à travailler la séve. Ce qu'il y a de sûr, c'est qu'on y en trouve beaucoup.

2°. Le tronc ou la tige est la partie qui s'éleve pour l'ordinaire en forme de cylindre, depuis les racines jusqu'aux branches. C'est comme le corps de la plante. L'on y distingue, comme dans la racine, l'écorce, le bois & la moelle. L'on y voit encore des canaux composés de fibres tournées en forme de vis ou de ligne spirale, qui d'une part aboutissent à l'air extérieur par différens petits rameaux, & de l'autre s'étendent en s'élargissant jusqu'aux racines. C'est par le moyen de ces tuyaux que les Plantes respirent. On les nomme *trachées*.

3°. Les branches sont des especes de rejetons, ou pour mieux dire, de petites Plantes qui naissent de la tige. En effet, combien de branches enfoncées dans la terre ne voit-on pas devenir des Arbres aussi gros que ceux dont elles faisoient auparavant partie? Elles ont donc non-seulement des fibres & des trachées, mais encore des racines qui ne se développent, que lorsque la branche est coupée & mise en terre avec de certaines conditions.

4°. Les feuilles sont des productions des branches. Elles ont non-seulement leurs fibres & leurs trachées, mais encore un grand nombre de petits sacs couchés horizontalement qu'on appelle *utricules*. Tant de canaux & tant de réservoirs ne semblent-ils pas nous indiquer que le suc nourricier s'atténue & se travaille dans les feuilles?

5°. Les fleurs que l'on ne regarde communément que comme l'ornement de la plante, présentent à des yeux physiciens bien des choses à contempler. Elles ont leur *pistile*, leurs *étamines* & leurs *feuilles*; quelques-unes même, comme la tulipe, ont une grosse enveloppe qui porte le nom de *Calice*. Du centre de la fleur s'éleve le pistile; c'est une espece de tuyau creux qui renferme la graine. Autour du pistile sont rangés des filets assez déliés, terminés par des extrémités faites en forme de *capsules*; les filets sont les *étamines*, & les capsules les *sommets*. Autour des étamines se trouvent les feuilles qui défendent des injures de l'air les parties essentielles de la fleur. Lorsque les sommets des étamines sont dans leur maturité, ils s'entr'ouvrent & ils versent dans l'intérieur du pistile une poussiere qui féconde les graines. C'est pour cela sans doute que les arbres fruitiers ne craignent rien tant, lorsqu'ils sont en fleurs, que le Soleil, après une gelée blanche; les rayons de cet astre rassemblés par les glaçons, comme par autant de verres convexes, tombent avec force sur le pistile & sur les sommets, brûlent la graine & les poussieres, & rendent les arbres stériles. Par la même

même raison la vigne en fleur coulera, si une grande pluie enleve les sommets des étamines.

Ce qui paroît d'abord une objection contre cette explication physique, ne sert dans le fond qu'à en démontrer la solidité. Il y a, dit-on, des arbres mâles qui ne portent que les fleurs, & des arbres femelles qui ne portent que les fruits. L'on a raison ; mais l'on devroit ajouter que les poussieres des premiers, portées par l'agitation de l'air sur les pistiles des seconds, leur font porter des fruits ; aussi ne manque-t-on jamais de planter un Palmier mâle dans le voisinage d'un Palmier femelle. Jovianus Pontanus, Précepteur d'Alfonse, Roi de Naples, raconte que l'on vit de son tems deux Palmiers, l'un mâle cultivé à Brindes, l'autre femelle élevé dans le bois d'Otrante, éloigné de Brindes de plus de 15 lieues. Le Palmier femelle ne porta des fruits, que, lorsque s'étant élevé au-dessus des autres arbres de la forêt, il put appercevoir le Palmier mâle. Ce fut sans doute alors, dit M. Geoffroi le jeune, dans sa dissertation insérée dans les Mémoires de l'Académie des Sciences en l'année 1711, ce fut alors que le Palmier femelle commença à recevoir sur ses pistiles la poussiere des étamines que le vent enlevoit de dessus le Palmier mâle par-dessus les autres arbres.

6°. Le fruit qui naît pour l'ordinaire au milieu de la fleur, est la partie de la plante destinée à contenir & à conserver la graine. La pulpe, c'est-à-dire, la chair du fruit, est formée par ce qu'il y a de plus délicat & de plus délié dans les sucs nourriciers ; aussi ces sucs passent-ils par des fibres & des canaux très-étroits, que l'on ne peut appercevoir qu'à l'aide des meilleurs microscopes.

7°. La graine contient la plante en petit & comme en miniature. L'Auteur du Spectacle de la Nature dit sur cette matiere tout ce qu'on peut dire de plus clair, de plus curieux & de plus intéressant. En voici l'abrégé. Toutes les semences des plantes ont différens étuis qui les mettent à couvert, jusqu'à ce qu'elles soient mises en terre. Les unes sont dans le cœur des fruits, comme les pepins des pommes & des poires. D'autres viennent dans des gousses, comme les pois, les feves, les lentilles, &c. Il y en a qui, outre la chair du fruit, ont encore de grosses coques de bois plus ou moins dures, comme les noix, les amandes, &c. Plusieurs, outre leur coque de bois, ont encore ou un brou amer, comme nous le voyons autour de la noix, ou un fourreau hérissé de pointes pour garantir les graines de toute insulte jusqu'à leur maturité, comme les châtaignes & les marrons. Outre ces enveloppes externes, chaque graine a encore une peau dans laquelle sont renfermés la pulpe & le germe. Otez la robe qui enveloppe une feve; il vous reste à la main deux pieces qui se détachent, & qu'on appelle les deux lobes de la graine. Ces lobes ne sont autre chose qu'un amas de farine qui étant mêlée avec le suc nourricier, ou la séve de la terre, forme une bouillie, ou un lait propre à nourrir le germe.

Au haut des lobes est le germe planté & enfoncé comme un petit clou. Il est composé d'un corps de tige & d'un pédicule qui deviendra la racine. La tige ou le corps de la petite plante est un peu enfoncé dans l'intérieur de la graine. Le pédicule ou la petite racine est cette pointe qu'on voit disposée à sortir la premiere.

Le pédicule ou la queue du germe tient aux lobes par deux liens, ou plutôt par deux tuyaux branchus dont les rameaux se dispersent dans les lobes où ils sont destinés à aller chercher les sucs nécessaires à la plante.

La tige, ou le corps de la plante, est empaquetée dans deux feuilles qui la couvrent en entier, & la tiennent enfermée comme dans une boîte ou entre deux écailles.

Ces deux feuilles s'ouvrent & se dégagent les premieres hors de la graine & hors de la terre. Ce sont elles qui préparent la route à la tige, dont elles préservent l'extrême délicatesse de tous les frottemens qui pourroient lui être nuisibles. On les nomme feuilles séminales. Il y a bien des graines dont les lobes s'alongeant hors de terre, font les mêmes fonctions que ces premieres feuilles.

Après que la radicule s'est nourrie des sucs qu'elle tire des lobes, elle trouve dans l'enveloppe de la graine une petite ouverture qui répond à sa pointe; elle passe par cette ouverture & elle alonge dans la terre plusieurs filets chevelus, qui sont comme autant de canaux pour amener la séve dans le corps de la racine, d'où elle s'élance dans la tige & lui fait gagner l'air. Si la tige rencontre une terre durcie; elle se détourne, & quelquefois elle creve & périt faute de pouvoir aller plus loin. Si au contraire elle rencontre une terre légere, elle y fait ſon chemin. Les lobes, après s'être épuiſés au profit de la jeune plante, ſe pourriſſent & ſe deſſechent. Il en eſt de même des feuilles ſéminales, quand leur ſervice eſt fini ; elles ſe fanent. La jeune plante tirant alors de la terre les ſucs les plus abondans, commence à déplier les différentes parties qu'elle tenoit auparavant roulées & enveloppées les unes dans les autres.

Ce que nous avons dit jusqu'à préſent, pourroit déjà fonder une analogie entre le corps de la plante & celui de l'animal. Mais rendons-la plus parfaite en examinant avec attention la naiſſance, la vie, l'accroiſſement, les maladies & la mort des plantes. Voici donc quelques points qu'il me paroît très-facile de prouver, j'ai preſque dit, de démontrer. Aucune plante ne naît par haſard : toute plante digere & reſpire : la ſéve dans toutes les plantes a un vrai mouvement de circulation : toutes les plantes ſont ſujettes à des maladies dont les unes ſont curables & les autres incurables : enfin toutes les plantes meurent après un tems plus ou moins conſidérable. N'a-t-on pas raiſon d'avancer qu'il ſe trouve une parfaite analogie entre les opérations des plantes & les opérations purement mécaniques non-ſeulement des animaux, mais encore de l'homme. En voici les preuves.

Premiere Queſtion. Une plante peut-elle naître ſans ſemence ?

Réſolution. On eſt tenté de rire, lorſqu'on lit dans les ouvrages des anciens que la pourriture engendre certains animaux. S'il y avoit encore quelque Botaniſte qui s'imaginât que certaines plantes peuvent naître de la terre ſans le ſecours d'aucune ſemence, leur ſentiment ne ſeroit pas moins inſoutenable. La ſtructure intérieure des plantes n'eſt ni moins compoſée, ni moins délicate, ni moins admirable que celle du corps de ces inſectes auxquels on donnoit une origine ſi peu phyſique. Qu'a-t-on donc fait pour démontrer la fauſſeté du ſyſteme des anciens ? L'on a fermé de la chair dans un récipient exactement purgé d'air ; & comme aucun ver n'y a pris naiſſance, l'on a conclu que leurs œufs portés çà & là par l'agitation de l'air, trouvoient dans la pourriture une chaleur & des ſucs capables de les faire éclore. Suivons à-peu-près la même méthode, ſi nous voulons nous convaincre que la terre, ſans le ſecours de la ſemence, ne formera jamais aucune plante. Faisons un creux très-profond ; du fond de ce creux tirons-en une certaine quantité de terre où il soit sûr que les vents n'ont apporté aucune espece de semence ; fermons cette terre dans un vase de verre avec lequel l'air extérieur n'ait aucune communication ; quelque précaution que l'on prenne, de quelque maniere qu'on le présente au Soleil, on n'y verra jamais un brin d'herbe ; donc aucune plante ne peut naître sans semence. Comment naissent-elles ? Le voici.

Les sucs nourriciers, je veux dire, les particules aqueuses, huileuses, sulfureuses, nitreuses, salines, &c., mises en mouvement par la chaleur bénigne qui regne dans le sein de la terre, entrent dans les lobes de la graine, réduisent ces lobes en une espece de bouillie, se couvrent d'une pellicule de cette pâte, s'insinuent dans la radicule & dans la tige, développent les fibres de l'une & de l'autre ; & voilà ce qu'on peut nommer la naissance de la plante. Les mêmes sucs passant bientôt en plus grande abondance par les fibres de la racine & de la tige, font que celle-là s'étend dans la terre, & celle-ci s'élance dans les airs.

Mais, dira-t-on, lorsque l'on seme, l'on jette les grains à l'aventure ; il peut donc arriver très-facilement que de 100 grains que l'on ensemence, il y en ait 50 qui tombent tellement, que la partie d'où doit sortir la racine se trouve en haut, & la partie d'où doit sortir la tige se trouve en bas. Que deviendront ces 50 grains ?

M. Dodart qui a travaillé beaucoup sur cette matiere, raconte dans une dissertation insérée dans les Mémoires de l'Académie des Sciences, *année* 1770, *page* 47, qu'il planta dans un pot à œillets 6 glands à contre-sens, c'est-à-dire, en mettant en haut l'endroit d'où devoit sortir la racine, & en bas celui d'où devoit sortir la tige. Il couvrit ces glands de deux bons doigts de terre médiocrement refoulée. Deux mois après il les déterra, & il trouva que les racines avoient fait un coude pour reprendre le bas. M. Dodart, pour expliquer ce phénomene, assure que les fibres de la tige des plantes sont de telle nature, qu'elles se raccourcissent par la chaleur du Soleil & s'alongent par l'humidité de la terre, & qu'au contraire celles des racines se raccourcissent par l'humidité de la terre & s'alongent par la chaleur du Soleil. J'avoue naturellement que je ne comprends rien à cette explication. Il paroît que l'on procéderoit d'une maniere plus claire, si l'on disoit que les racines ayant des conduits plus larges que la tige, reçoivent des sucs plus pesans, que ceux que reçoit la tige; le poids de la partie de la graine où se trouve la racine doit quelque tems après qu'elle a été mise en terre, l'emporter sur le poids de la partie de la graine où se trouve la tige. C'est sans doute à cet excès de poids que nous devons attribuer le mouvement que font les racines de toutes les plantes, pour reprendre le bas, lorsque leurs graines ont été semées à contre-sens. Aussi suis-je persuadé que les glands dont parle M. Dodart, n'avoient pas été plantés bien exactement la pointe en haut, ou que du moins la chaleur & la fermentation qui regnent dans le sein de la terre, les avoient empêchés de garder un aplomb parfait & géométrique.

La seconde difficulté que l'on a coutume de proposer contre la maniere dont nous avons résolu la premiere question, se tire de la fécondité des plantes. Non-seulement, *dit-on*, le premier Orme a dû dans ce systeme être contenu dans sa graine, mais encore tous les Ormes qui naîtront de lui jusqu'à la fin du monde, ont dû y être renfermés à-peu-près comme lui. Or on a calculé qu'un Orme qui vit cent ans, peut produire, en mettant les choses sur le plus bas pied, 15 milliards huit cent quarante millions de graines. L'on trouvera ce calcul effrayant dans l'histoire de l'Académie des Sciences, *année* 1700, *page* 65. L'abrégé que l'on y a fait du Mémoire de M. Dodart inséré dans le même Tome, *page* 136, vaut infiniment mieux que le Mémoire lui-même.

Ceux qui soutiennent que la matiere est divisible à l'infini, parlent avec plaisir de l'incompréhensible fécondité des plantes. Ce calcul immense devient pour eux une preuve presque sans réplique. Pour nous qui ne prononcerons jamais rien sur une question aussi obscure, nous nous contentons d'apporter ce calcul comme une preuve que la matiere est actuellement divisible & divisée, autant qu'il est nécessaire à la conservation de l'univers, je veux dire en des parties encore plus subtiles, que tout ce que nous pouvons nous imaginer de plus délié.

Le ſage & l'élégant Auteur du Spectacle de la Nature fait à cette occaſion une réflexion que je me fais un devoir de rapporter. (Le caractere non-ſeulement de ſageſſe & de puiſſance, mais, ſi on oſe le dire, le caractere même d'infini eſt imprimé ſur tous les ouvrages de Dieu. Ces vérités ſont dignes de toute notre admiration & de tous nos reſpects : elles nous épouvantent, parce que nous ſommes bornés. Mais il eſt bon de les entrevoir pour ſentir mieux notre petiteſſe : & où ne trouvons-nous pas occaſion de la ſentir ? Ce n'eſt pas ſeulement dans ce nombre immenſe des germes d'une plante, que notre imagination ſe confond. Une ſimple fleur, même dans ſes dehors ſenſibles, qu'on voit éclore le matin & ſe faner le ſoir, nous préſente les traits d'une ſageſſe à laquelle ni nos yeux, ni notre raiſon ne ſont capables d'atteindre. Dieu a voulu exprès nous accabler par cette eſpece d'infinité qui ſe fait ſentir par-tout, même dans les moindres créatures, pour aſſujettir nos eſprits à l'infinité qui eſt dans ſon eſſence, dans ſes attributs, dans ſa providence, dans ſes opérations, dans ſes myſteres.) Que les beaux eſprits de nos jours gravent ce raiſonnement bien avant dans leur mémoire ; ils en ſeront & meilleurs Chrétiens & meilleurs Phyſiciens.

Corollaire. La fougere, le champignon & pluſieurs autres plantes qui paroiſſent pulluler comme par haſard, ont des graines que les vents emportent çà & là, & qui ne naiſſent que dans les terrains où elles trouvent des ſucs qui leur ſoient favorables.

Seconde Queſtion. Les plantes digerent-elles les ſucs nourriciers ?

Réſolution. L'on remarque dans la racine des plantes non-ſeulemeut des conduits très-ouverts & très-nombreux, mais encore une infinité de tours & de retours dont elle s'entortille. Auſſi les Botaniſtes ſont-ils perſuadés qu'elle ſert aux plantes & d'eſtomac & d'inteſtins. C'eſt là que ſe fait la digeſtion des différens ſucs. La chaleur qui ſe trouve dans le ſein de la terre, échauffe la racine de la plante, & dilate l'air renfermé dans les ſucs nourriciers. Cet air dilaté ſort de ſa priſon, briſe les ſucs en des particules très-subtiles, & voilà une espece de digestion, à-peu-près semblable à celle qui se fait dans l'estomac des hommes, & dans celui des animaux.

Troisieme Question. Les plantes respirent-elles ?

Résolution. Les Trachées dont nous avons parlé au commencement de cet article, *num.* 2°. nous prouvent d'une maniere bien sensible que les plantes respirent. D'ailleurs, dit M. Pluche, les plantes sont tellement assujetties à l'impulsion de l'air, qu'elles en suivent fidellement toutes les variations. Elles périssent faute d'air : elles languissent, quand elles en ont peu : elles s'engourdissent, quand il se resserre : elles se raniment, quand il redevient agissant ; donc les plantes respirent.

Si quelqu'un avoit encore quelque doute sur cette matiere, qu'il lise l'expérience suivante ; elle est de l'Auteur que nous venons de citer. Semez de la graine de laitue dans une terre exposée à l'air, & en même-tems semez-en dans de la terre que vous mettrez sous le récipient de la machine pneumatique dont vous pomperez l'air très-exactement. La premiere semence levera, & dans l'espace de huit jours elle aura poussé de la hauteur d'un pouce & demi : mais celle qui sera sous le récipient, ne poussera point du tout. Faites rentrer l'air dans le récipient ; & en moins de huit jours la semence levera & montera à la hauteur de deux pouces & plus.

Quatrieme Question. La séve a-t-elle dans les plantes un mouvement de circulation ?

Résolution. Le sang n'a dans le corps de l'homme & dans celui de l'animal un mouvement de circulation, que parce qu'il sort continuellement du cœur par les arteres, & qu'il revient continuellement au cœur par les veines. Examinons si les sucs nourriciers auxquels on donne le nom de *séve*, montent continuellement de la racine aux branches, & descendent continuellement des branches à la racine. Si le fait est vrai, nous conclurons que la séve a dans les plantes un vrai mouvement de circulation. Consultons pour cela l'expérience.

Expérience premiere. Serrez avec une lisiere, vers le milieu de la tige, une plante que l'on nomme *Tithymale ;* vous verrez peu à peu tout ce qui est au-dessus de la ligature se gonfler ; & tout se rompra, si la tige demeure serrée pendant quelque tems.

Explication. Les sucs qui montent par les fibres de la tige jusqu'au sommet du Tithymale, descendent vers les racines par les fibres de l'écorce. Arrêtés dans leur course par la ligature, ils se ramassent & causent l'espece d'enflure dont nous venons de parler. Une expérience à-peu-près semblable nous a appris que le sang, dans le corps de l'homme & dans celui des animaux, a un vrai mouvement de circulation. Le Chirurgien qui veut me saigner, me lie le bras avec une espece de lisiere. Persuadé que le sang, qui, des extrémités des doigts, revient au cœur par les veines *axillaires*, sera arrêté par la ligature, & jaillira par le trou qu'il fera avec sa lancette, il me pique la veine au-dessous de la ligature, & le sang continue à couler tout le tems que mon bras est serré par la lisiere.

Expérience seconde. Faites une entaille circulaire à l'écorce d'un Olivier, il jettera cette année le double de feuilles & de fruits ; mais ensuite tout ce qui est au-dessus de l'entaille languira peu à peu, & périra entierement.

Explication. La séve n'ayant plus son mouvement de circulation à cause de l'entaille circulaire que l'on a faite à l'écorce de l'Olivier, se trouve d'abord en très-grande abondance dans les branches ; & voilà pourquoi cet arbre porte cette année le double de feuilles & de fruits. Mais peu-à-peu cette séve s'épaissit, perd tout son mouvement, & cet engourdissement donne la mort à tout ce qui se trouve au-dessus de l'entaille.

Expérience troisieme. Faites une incision au bas de l'écorce du Palmier, & insérez-y un petit bâton ; vous en tirerez une liqueur très-abondante & très-agréable que les Indiens, accoutumés à faire cette expérience, appellent *vin de Palmier.*

Explication. La séve montée par les fibres du bois, se filtre & se perfectionne dans les feuilles, s'y mêle avec la liqueur du vase propre & particulier au Palmier, descend par les fibres de l'écorce, & donne le vin de Palmier.

Expérience quatrieme. Prenez deux Charmes dont les deux tiges joignent ensemble leurs écorces à 2 ou 3 pieds de distance de la terre, à-peu-près comme les deux côtés d'un triangle vont se rencontrer à son sommet. Sciez à un pied de hauteur la tige qui eſt à droite ; & faites couler entre les deux parties diviſées une pierre plate, de telle ſorte que la partie ſupérieure de la tige coupée n'ait plus de communication avec ſa racine. Vous verrez l'année ſuivante une branche ſortir de cette partie ſupérieure de la tige, un peu au-deſſus de la pierre plate.

Explication. Ce ne ſont pas les ſucs montés par la racine du Charme ſcié qui ont donné naiſſance à la branche nouvelle, puiſque cette racine n'a plus de communication avec la partie ſupérieure de la tige diviſée ; il faut donc dire que les ſucs montés par les fibres du bois depuis la racine du Charme qu'on n'a pas diviſé, & deſcendus par les fibres de l'écorce juſqu'à la pierre plate, ont donné naiſſance à la branche en queſtion ; donc la ſéve monte de la racine juſqu'au ſommet de la plante par les fibres du bois, & deſcend du ſommet juſqu'à la racine par les fibres de l'écorce ; donc dans toutes les plantes la ſéve a un vrai mouvement de circulation. La chaleur qui regne dans le ſein de la terre, l'introduction d'un nouveau ſuc dans la racine, la figure capillaire des fibres ligneuſes, & l'action de l'air, ſont autant de cauſes qui font monter la ſéve juſqu'au ſommet des arbres les plus élevés. Tout ce qui dans la ſéve n'a pas ſervi à la nourriture de l'arbre, ou qui ne s'eſt pas évaporé, deſcend vers la racine non-ſeulement par ſa gravité, mais encore par l'impulſion des ſucs aſcendans.

Corollaire premier. L'on peut regarder les fibres du bois comme les arteres, & les fibres de l'écorce comme les veines de la plante. Tout le monde ſait que dans tout animal les arteres ſervent à porter le ſang depuis le cœur juſqu'aux extrémités du corps, & les veines à le rapporter depuis ces mêmes extrémités juſqu'au cœur.

Corollaire ſecond. La ſéve, en circulant, laiſſe dans les différentes parties du corps de la plante les alimens propres à ſa nourriture ; auſſi devons-nous regarder cette circulation comme la cauſe phyſique de ſon accroiſſement. Voici comment il ſe fait dans les arbres. La fine écorce, ou l'écorce intérieure, dit M. Pluche, après le commun des Botaniſtes, eſt un amas de petites peaux collées les unes ſur les autres. La premiere couche qui ſe trouve en dedans, ſe détache au Printems, & donne une nouvelle ceinture ou un nouveau tour au bois dans toute sa longueur. Les arbres ont, comme les insectes, plusieurs peaux enveloppées les unes sous les autres : mais les insectes se défont des premieres peaux, & les quittent entierement pour paroître de tems en tems sous une forme ou une parure nouvelle ; au lieu que les arbres prennent tous les ans un nouvel habit : mais ils s'en revêtent par-dessus le précédent ; la grosse écorce leur servant de surtout. Et cela est si vrai, que, si l'on coupe horizontalement un tronc, on y voit différens cercles, plus ou moins épais autour du cœur ; aussi pourroit-on à coup sûr compter le nombre des années de l'arbre par le nombre des cercles qu'on découvre dans le corps du bois.

C'est à-peu-près de même que se forment les os dans le corps de l'animal. Les Anatomistes qui les regardent comme un amas de membranes collées les unes sur les autres, nous assurent que ces membranes se durcissent peu-à-peu ; peut-être est-ce d'année en année ; nouvelle preuve de l'Analogie qui se trouve entre le corps de l'animal & celui de la plante.

Corollaire troisieme. Chaque plante contient une liqueur qui lui est propre & particuliere. Les unes donnent du lait, les autres de l'huile, celles-ci de la résine, celles-là une espece de miel, &c. Cette liqueur a, comme les sucs ordinaires, son mouvement de circulation ; elle est renfermée dans ce qu'on appelle, *le vase propre* ; & ce vaisseau a ses canaux ascendans & ses canaux descendans, ses trachées, ses utricules, &c.

Cinquieme Question. Quelles sont les maladies des plantes que l'on doit regarder comme curables ?

Résolution. L'excès de sucs, le manque de sucs & certains accidens extérieurs causent dans les plantes des maladies auxquelles il est facile de trouver le remede. Et d'abord l'excès de sucs peut, ou les suffoquer, ou briser leurs fibres ; aussi, pour prévenir ces accidens, fait-on à la plante différentes incisions par où puisse s'écouler ce qu'il y a de trop dans les sucs nourriciers. C'est-là l'image des saignées réitérées que l'on fait aux hommes & aux animaux, lorsque le sang se trouve dans leur corps en trop grande abondance.

Le manque de sucs ne seroit pas moins préjudiciable aux plantes, que l'excès. Bientôt on les verroit languir, se dessécher ; se faner, jaunir & mourir. Cultivez, arrosez & fumez ces sortes de plantes, & vous les verrez prendre de nouvelles forces & sortir de leur état de langueur. Le manque de nourriture produiroit le même effet dans les hommes & dans les animaux ; & des alimens bien sains & bien préparés seroient l'unique remede à ce mal.

Enfin le froid, le chaud, la gelée, la piquure des insectes, certaines blessures sont autant d'accidens extérieurs qui ne font presque pas moins d'impression sur les plantes que sur les hommes & les animaux. Je remarquerai seulement que l'on raccommode la branche d'un arbre à demi rompue, à-peu-près comme on raccommode la jambe d'un homme ou celle d'un animal. On rapproche les deux parties de la branche ; on y fait un appareil capable d'arrêter la séve ; celle-ci enfile ses canaux ordinaires & & quelque tems après la branche reprend.

Sixieme Question. Quelles sont les maladies des plantes que l'on doit regarder comme incurables?

Résolution. La malignité des sucs & la vieillesse sont dans les plantes deux sources de maladies incurables. La premiere déchire, & la seconde carie leurs fibres ; il en est de même pour les hommes & pour les animaux. Les Médecins ont très-peu de remedes contre la peste, & ils n'en ont point contre la vieillesse.

Corollaire Universel. Quelque différence qu'il y ait entre les plantes marines & les plantes terrestres, celles-là cependant comme celles-ci, appartiennent à la Botanique ; aussi ne croyons-nous pas nous écarter de notre sujet, en rapportant certaines particularités tirées pour la plupart d'une dissertation sur les plantes marines composée par le célebre Tournefort ; on la trouve dans les Mémoires de l'Académie des Sciences, année 1700, *page* 27.

Toutes les plantes marines, *dit ce grand Botaniste*, se nourrissent d'une maniere bien différente de celles qui naissent sur la terre. Tout le monde sait que ces dernieres ont des racines qui reçoivent le suc nourricier. Il semble au contraire que le fond de la Mer ne fait que soutenir les premieres. Elles sont fortement attachées contre les rochers. Elles naissent sur des cailloux très-durs, sur des coquilles & sur tous les corps qui se rencontrent au fond des eaux. La partie qui les y attache, n'en sauroit recevoir aucune nourriture ; aussi ces especes de racines ne sont-elles ni fibreuses, ni chevelues, mais le plus souvent étendues en maniere de plaque, qui, par une surface assez large, embrasse fortement les corps sur lesquels ces plantes ont pris naissance. Le limon qui se trouve au fond de la Mer, fournit aux plantes marines leur principale nourriture : & cette nourriture ne peut entrer que par dehors ; elles ne sont, suivant M. de Marsilli, qu'un amas de glandules qui filtrent l'eau de la Mer, & en séparent les sucs laiteux & glutineux pour s'en nourrir. Le Corail est une des plantes marines des plus curieuses. Il est aussi dur que la pierre, soit dans l'eau, soit hors de l'eau. Quelques Botanistes cependant assurent qu'il a été liquide dans sa premiere formation ; & la preuve qu'ils en apportent, c'est qu'il va quelquefois tapisser le dedans d'un coquillage. L'extrémité des branches du Corail se gonfle, s'arrondit & devient une espece de capsule partagée en quelques loges remplies d'un lait âcre, caustique & gluant. Ce lait s'échappe hors de ses loges ; il tombe dans l'eau, & sans se mêler avec elle, il s'attache sur tous les corps qu'il rencontre, & suivant toutes les apparences, il y colle quelque semence très-menue, qui venant à éclore, produit d'abord un petit point rougeâtre dont le développement fait voir dans la suite une plante de Corail. Peut-être est-ce ainsi que se forment toutes les plantes marines pierreuses, parmi lesquelles le Champignon doit tenir un rang très-distingué ?

BOUGEANT. (Guillaume Hyacinthe) *L'un des plus célebres Jésuites de ce siecle, naquit à Quimper le* 4 *Novembre* 1690, *& mourut à Paris le* 7 *Janvier* 1743. Les ouvrages qu'il a composés, & dont nous ne devons pas rendre compte, sont, l'*histoire des guerres & des négociations qui précéderent le Traité de Westphalie ; l'histoire du même Traité ; la réfutation du P. le Brun sur la forme de la consécration de l'Eucharistie* ; *l'exposition de la doctrine chrétienne*, & la *femme Docteur*. Outre ces ouvrages dont tout le monde connoît le prix, le P. Bougeant en a composé deux de Physique. Le premier est un recueil d'observations ; elles sont rassemblées avec beaucoup de goût, & présentées avec autant de netteté, que de légereté. Le second est une dissertation de 128 pages *in*-12, intitulée *Amusement Philosophique sur le langage des Bêtes*. Cette piece a fait trop de bruit, pour ne pas en donner l'abrégé, avant d'en faire la critique.

L'Auteur divise sa dissertation en trois parties. Les bêtes ont-elles de la connoissance ? Parlent-elles ? Comment parlent-elles ? Voilà ce qu'il se propose de discuter de la maniere du monde la plus agréable.

Et d'abord il réfute, avant que d'entrer en matiere, tous les sentimens des Philosophes sur la nature des bêtes. Il commence par celui de Descartes qui soutient qu'elles sont de pures machines. Représentez-vous, *dit le P. Bougeant*, un homme qui aimeroit sa montre comme on aime un chien, & qui la caresseroit, parce qu'il s'en croiroit aimé au point que, quand elle marque midi & une heure, il se persuaderoit que c'est par un sentiment d'amitié pour lui & avec connoissance de cause qu'elle fait ces mouvemens. Voilà précisément, si l'opinion de Descartes étoit vraie, quelle seroit la folie de tous ceux qui croient que leurs chiens leur sont attachés, & les aiment avec connoissance & ce qu'on appelle *sentiment*...... Heureusement le systeme de ce Philosophe n'est fondé que sur de simples possibilités. Dieu, *dit-il*, a pu faire les bêtes de pures machines. Il n'est pas impossible qu'il l'ait fait. Je puis expliquer toutes leurs actions par les loix de la Mécanique. Il y a même quelques-unes de ces actions qui semblent exclure tout autre principe; donc j'ai lieu de croire que les bêtes sont des machines. Raisonnement défectueux, comme vous voyez. Car du fait au possible la conséquence est certaine; mais du possible au fait la conséquence est hasardée, incertaine & téméraire. C'est une pure supposition, un château de cartes dont on peut s'amuser, mais qui n'a rien de solide. Le P. Bougeant, dans une piece moins badine, auroit dû faire remarquer que les bêtes ne gardent presque aucune des loix de la Mécanique; une énumération des loix auxquelles elles manquent, n'auroit pas alors été déplacée.

A la réfutation du sentiment de Descartes succede celle du systeme Péripatéticien sur la même matiere. L'Auteur le regarde comme insoutenable, comme incompréhensible, comme monstrueux. Donner aux bêtes une forme substantielle & matérielle qui ne soit point *matiere*; leur accorder des sentimens & des connoissances matérielles;

n'eſt-ce pas, *dit-il*, admettre un principe extrêmement dangereux, dont les incrédules pourroient s'armer pour combattre la ſpiritualité de notre ame ? N'eſt-il pas étonnant que cette opinion ait ſi long-tems régné dans les Ecoles Chrétiennes ?

Le P. Bougeant ne fait pas même grace aux Péripatéticiens mitigés, qui donnent aux bêtes une ame inférieure à l'eſprit & ſupérieure à la matiere ; incapable de raiſonner, mais capable de ſentir, de connoître, &c. Peut-être n'auroit-il pas tant crié contre ce ſyſteme, s'il avoit fait attention que la ſubſtance ſpirituelle n'eſt pas oppoſée contradictoirement à la ſubſtance matérielle.

Lorſque le P. Bougeant s'imagina avoir terraſſé tous ſes ennemis, & qu'il ſe crut maître du Champ-de-Bataille ; conſolez-vous, *s'écria-t-il*, voici un ſyſteme qui n'a rien de commun avec tous ceux que je viens d'expoſer. Il eſt tout neuf, & il divertira du moins par ſa ſingularité.

Parmi les eſprits réprouvés les uns s'occupent dans leur état naturel à tenter les hommes, à les ſéduire, à les tourmenter. Ce ſont ces eſprits mal-faiſans que l'Ecriture appelle les *Puiſſances des ténebres* & les *Puiſſances de l'air.* Des autres, Dieu en a fait des millions de bêtes de toute eſpece, qui ſervent aux uſages de l'homme, qui rempliſſent l'Univers, & font admirer la ſageſſe & la Toute-Puiſſance du Créateur.

Par ce moyen, *ajoute-t-il*, je conçois ſans peine comment d'une part les démons peuvent nous tenter, & de l'autre comment les bêtes peuvent penſer, connoître, ſentir & avoir une ame ſpirituelle, ſans intéreſſer les dogmes de la Religion. Je ne ſuis plus étonné de leur voir de l'adreſſe, de la prévoyance, de la mémoire, du raiſonnement. J'aurois plutôt lieu d'être ſurpris qu'elles n'en aient pas davantage : mais j'en découvre la raiſon. C'eſt que dans les bêtes comme dans nous, les opérations de l'eſprit ſont aſſujetties aux organes matériels de la machine à laquelle il eſt uni, & ces organes étant dans les bêtes plus groſſiers & moins parfaits que dans nous, il s'enſuit que la connoiſſance, les penſées & toutes les opérations ſpirituelles des bêtes doivent être auſſi moins parfaites que les nôtres.

L'Auteur ſe fait enſuite les deux queſtions ſuivantes.

Comment les diables sont-ils unis aux corps des bêtes ? Que deviennent les diables à la mort de ces mêmes bêtes? Il répond à la premiere question que comme l'homme est une ame & un corps organisé unis ensemble, ainsi chaque bête est un diable uni à un corps organisé ; & comme un homme n'a pas deux ames, les bêtes n'ont aussi chacune qu'un diable. La Métempsycose lui sert de réponse à la seconde question. Les démons, *dit-il*, destinés de Dieu à être des bêtes, survivent nécessairement à leurs corps ; ils cesseroient de remplir leur destination si, lorsque leur premier corps est détruit, ils ne passoient aussitôt dans un autre, pour recommencer à vivre sous une autre forme. Ainsi tel démon après avoir été Chat ou Chevre, est contraint de devenir Oiseau, Poisson, Papillon. Heureux ceux qui rencontrent bien, comme beaucoup d'Oiseaux, de Chevaux & de Chiens, & malheur à ceux qui deviennent bêtes de charge ou gibier de chasseur. C'est une espece de loterie où vraisemblablement les diables n'ont pas le choix des lots. Telle est en deux mots la Fable du P. Bougeant sur la connoissance des bêtes : voici comment il prouve la nécessité d'un langage entr'elles.

Les bêtes ont de la connoissance, il faut en convenir. Parmi elles, les unes sont faites pour vivre en société & les autres pour vivre au moins en ménage d'un mâle avec une femelle, & en famille avec leurs petits, jusqu'à ce qu'ils soient élevés. Or, pour ne parler d'abord que de la premiere espece, quel usage conçoit-on que les bêtes pussent faire de leur connoissance pour la conservation & le bien de leur société, si elles n'avoient pas un langage commun. Supposons, par exemple, que les Castors dont tout le monde sait l'histoire, n'ayent aucun moyen de se communiquer leurs pensées, qu'arrivera-t-il ? Je vois en un moment toute la société en désordre, sans chef, sans subordination, sans conseil, sans concert. Je vois tous les travaux qui demandent le concours de la multitude, nécessairement abandonnés. Plus de sentinelles qui veillent à la sureté publique, plus d'habitation commune, chacun, comme à la Tour de Babel, se retirera pour vivre séparément, plus de société. Représentons-nous un peuple composé d'hommes muets, & supposons que déjà privés de la parole, la nature leur a même refusé tout moyen de se faire entendre les uns aux autres ; quel usage pourroient-ils faire de leur connoissance & de leur esprit ? Il est évident que ne pouvant ni entendre, ni être entendus, ils ne pourroient ni donner aucun secours à la société, ni en recevoir. Loin de s'entr'aider, ils seroient nécessairement dans une opposition continuelle. La défiance seroit générale. Les injures, la haine & la vengeance romproient tous les principes d'union ; & bientôt changés en bêtes féroces, on les verroit ne songer qu'à se détruire. En un mot plus de communication, plus de société. Il en seroit de même des Castors & de toutes les bêtes de la premiere espece. Si l'on suppose qu'elles n'ont pas entr'elles un langage, quel qu'il soit, pour s'entendre les unes les autres, on ne conçoit plus comment leur société pourroit subsister.

La nécessité d'un langage est le même pour tous les animaux, de quelque espece qu'ils soient. Oui, s'il y a quelques bêtes qui parlent, il faut qu'elles parlent toutes. Pourquoi la nature auroit-elle refusé aux unes un privilége qu'elle auroit accordé aux autres ? Rien ne seroit plus contraire à l'uniformité qu'elle affecte dans toutes ses productions. Les animaux mêmes qui nous paroissent les plus féroces, ne laissent pas d'avoir entr'eux, dans chaque espece, un certain commerce qui suppose l'existence d'un langage. Le P. Bougeant prouve cette proposition par un exemple, de la vérité duquel je ne voudrois pas être le garant. Un homme, *dit-il*, passant dans une Campagne, apperçut un Loup qui sembloit guetter un troupeau de Moutons. Il en avertit le berger, & lui conseilla de le faire poursuivre par ses Chiens. Je m'en garderai bien, lui répondit le berger. Ce Loup que vous voyez, n'est là que pour détourner mon attention ; un autre qui est caché de l'autre côté n'attend que le moment où je lâcherai mes Chiens sur celui-ci, pour m'enlever une brebis. Le passant ayant voulu vérifier le fait, s'engagea à payer la brebis, & la chose arriva comme le berger l'avoit prévue. Une ruse si bien concertée ne suppose-t-elle pas évidemment que les deux Loups sont convenus ensemble l'un de se montrer & l'autre de se cacher ; & comment peut-on convenir ainsi ensemble, sans se parler ?

L'instinct, dira-t-on, peut suppléer au langage. Mais qu'est-ce qu'eſt-ce que l'inſtinct ; & juſques à quand les hommes prendront-ils des mots pour des choſes ? Ce que nous appellons inſtiuct, n'eſt qu'un être de raiſon, un nom vuide de réalité, un reſte de Philoſophie Péripatéticienne. Ce que nous croyons que les bêtes ſont par un inſtinct particulier, elles le font par un effet de leur connoiſſance & avec connoiſſance. Telles ſont les preuves qu'apporte notre agréable Auteur pour établir la néceſſité d'un langage parmi les bêtes ; voici comment il les fait parler.

Il avoue d'abord que la nature n'a donné aux bêtes la faculté de parler, qu'afin de pouvoir ſatisfaire par ce moyen à leurs beſoins & à tout ce qui eſt néceſſaire pour leur conſervation. Chez elles point d'idées abſtraites, point de raiſonnemens métaphyſiques, point de recherches curieuſes ſur tous les objets qui les environnent, point d'autre ſcience que celle de ſe bien porter, de ſe bien conſerver, d'éviter tout ce qui leur nuit & de ſe procurer du bien. Auſſi n'en a-t-on jamais vu haranguer en public, ni diſputer des cauſes & de leurs effets. Elles ne connoiſſent que la vie animale. La gloire, la grandeur, les richeſſes, la réputation, le faſte & le luxe ſont des noms inconnus aux bêtes, & que vous ne trouverez pas dans le Dictionnaire de leur langage. Elles ne ſavent exprimer que leurs deſirs ; & leurs deſirs ſont bornés à ce qui eſt purement néceſſaire pour leur conſervation. Ecoutez parler un chien, il ne ſe plaindra pas de ce que ſa niche n'eſt point dorée, ni de ce qu'on ne le ſert pas dans un plat d'argent. Tout ce qu'il vous demandera, c'eſt un peu de nourriture pour ſubſiſter. Si vous le menacez, il tâchera de vous fléchir. Si vous le laiſſez ſeul, il témoignera par ſes cris ſon déſeſpoir & la crainte qu'il a d'être abandonné ſans retour. Si vous le menez à la promenade, il vous remerciera avec mille expreſſions de joie. S'il voit quelque objet qui l'effraye, il vous le dira par ſes geſtes & ſes aboyemens. En un mot parlez-lui de boire, de manger, de dormir, de courir, de folâtrer, de ſe défendre contre un ennemi & de défendre en vous ſon Protecteur & ſon unique appui, il vous entendra parfaitement & il vous répondra fort bien, parce que tout cela tend à ſa conſervation. Mais ne traitez point avec lui de Philoſophie & de morale, car ce ſeroit lui parler une langue étrangere dont il ignore absolument toutes les expressions.

Le P. Bougeant conclut de-là que le langage des bêtes est fort borné. Prenons, *dit-il*, pour exemple la Pie qui passe pour causeuse. Il n'y a rien de si aisé que d'entendre d'abord en général le sens de ses différentes phrases. Car dès qu'une Pie ne peut parler que pour exprimer ce qui lui est utile ou nécessaire ; toutes les fois qu'elle parle, observez dans quelle circonstance elle se trouve par rapport à ses besoins ; voyez ensuite ce que vous diriez vous-même en pareille circonstance ; c'est-là précisément ce qu'elle dit. Si elle parle, *par exemple*, en mangeant avec beaucoup d'appétit, elle doit dire comme vous dites vous-même en pareille occasion ; *voilà qui est bon*, *voilà qui me fait du bien.* Si vous lui présentez quelque chose de mauvais, elle ne manquera pas de dire ; *cela me déplaît*, *cela ne vaut rien pour moi.* Placez-vous en un mot dans les diverses circonstances où peut être quelqu'un qui ne connoît & qui ne sait exprimer que ses besoins, & vous trouverez dans vos propres discours l'interprétation de ce que dit une Pie dans les mêmes conjonctures. *Il n'y a plus rien ici à manger, allons ailleurs. Où allez-vous, ma compagne ? Je m'en vais, suivez-moi. Venez vîte, accourez. Voici de bonnes choses. Où êtes-vous ? Me voici. Ne m'entendez-vous pas ? Vous mangez tout. Je vous battrai. Ahi, ahi. Vous me faites mal. Qui est-ce qui arrive là ? J'ai peur ; gare, gare ; alarme, alarme, &c.*

Voilà le fond de la dissertation du P. Bougeant sur le langage des bêtes. S'il se fût exprimé à-peu-près comme nous venons de le faire ; son systeme, quoique faux, n'auroit pas été exposé à la critique qu'on en fit de toute part. Elle n'étoit que trop juste. Il est sûr en effet que cette dissertation contient des choses très-condamnables. L'on y trouve des passages de l'Ecriture burlesquement interprétés ; des autorités des Saints Peres, employées d'une façon ridicule ; des allégories indécentes ; des réflexions trop libres. L'Auteur se rétracta de la maniere la plus solennelle. Voici quelques traits qu'on lit dans la lettre qu'il écrivit à ce sujet à M. l'Abbé de Savalette, Conseiller au grand Conseil.

Quand un homme de mon état a eu le malheur de publier

un ouvrage capable de causer le moindre scandale, il n'a pas deux partis à prendre; il faut qu'il le désavoue hautement & qu'il en demande publiquement pardon au Ciel & à la Terre.... Je vous proteste donc que je suis au désespoir d'avoir composé & publié l'Amusement Philosophique sur le langage des bêtes....

Je me suis fait illusion à moi-même, je l'avoue. Je voulois simplement exposer les divers systemes des Philosophes sur la connoissance des bêtes, & j'ai donné lieu aux Esprits peu attentifs de penser que j'approuvois celui qui les suppose animées par des diables.... Dans cette exposition des divers systemes, je ne prétendois que donner aux raisonnemens un tour léger, & propre à intéresser par une sorte de badinage; & par-là même j'ai malheureusement donné occasion de croire que je traitois peu respectueusement des objets qui touchent à la Religion. Dans l'explication que je fais du langage des bêtes, je n'ai eu en vue que d'exposer diverses observations de l'Histoire Naturelle des animaux avec des réflexions convenables à mon sujet; & on a trouvé de l'indécence dans cette explication. Voilà mon crime. Je rougis de m'être attiré des reproches si sensibles à un homme de mon état; & il n'y a rien à quoi je ne me déterminasse pour effacer les impressions qu'ils peuvent faire dans le public.

Cette lettre que l'on doit regarder comme le monument de la piété & de la Religion du P. Bougeant, se trouve à la fin de la troisieme édition de l'*Amusement Philosophique sur le langage des bêtes.* Ce fut à sa priere que M. l'Abbé de Savalette la rendit publique.

BOUGUER, (Pierre) de l'Académie Royale des Sciences de Paris, Membre de la Société Royale de Londres, de l'Académie Royale des Sciences & belles-lettres de Bordeaux, Honoraire de l'Académie Royale de Marine, naquit au Croisic en basse Bretagne le 10 Février 1698. A peine sut-il bégayer, que son pere, Professeur Royal d'Hydrographie au Port de Croisic, ne lui parla que Mathématiques. Aussi n'étoit-il pas encore sorti de l'enfance, & il étoit déjà bon Mathématicien. Son Régent de cinquieme lui proposa de lui donner des soins extraordinaires, à condition qu'il lui communiqueroit ce qu'il savoit de Mathématique. Le jeune Bouguer accepta ce parti, & il devint par-là même dans l'âge le plus tendre Professeur de son Régent. Ce fait, unique dans son espece, est arrivé au collége de Vannes, confié pour lors aux Jésuites. Il étoit écolier de troisieme, lorsqu'il s'apperçut qu'un Professeur de Mathématique avoit avancé une proposition peu exacte ; il la lui contesta ; & comme il n'en reçut qu'une réponse pleine de mépris, il lui proposa le défi, & il le terrassa publiquement : il n'étoit alors âgé que de 13 ans. Deux ans après il perdit son pere ; & ce ne fut qu'après avoir subi, par ordre du Ministre, l'examen le plus rigoureux, qu'il fut nommé Professeur d'Hydrographie au Port de Croisic. Il fut dans la suite transféré de ce Port à celui du Havre, toujours en qualité de Professeur d'Hydrographie.

De si beaux commencemens promettoient à M. Bouguer les succès les plus brillans dans la carriere des sciences. Tout le monde s'y attendoit, & personne ne fut trompé dans son espérance. En 1727 sa piece sur la meilleure maniere de mâter les vaisseaux, fut couronnée par l'Académie des Sciences : deux autres pieces, l'une sur la meilleure maniere d'observer en mer la hauteur des astres, l'autre sur la méthode la plus avantageuse d'observer en mer la déclinaison de l'aiguille aimantée, eurent le même succès dans la même Académie en 1729 & en 1731. Aussi d'abord après ce dernier triomphe obtint-il, comme par acclamation, dans ce corps respectable la place d'Associé-Géometre. Il eut quelque-tems après celle de Pensionnaire-Astronome ; ce fut, lorsqu'il fut nommé pour aller au Pérou avec MM. Godin, de la Condamine & de Jussieu le cadet, travailler à déterminer la véritable figure de la terre. Nous ne parlerons pas ici de ses travaux & de ses succès ; nous en avons rendu compte à l'article *Terre*. Nous ne parlerons pas aussi de son *Héliometre* ; nous en avons fait la description & nous en avons fait connoître les avantages à l'article *Micrometre objectif*. Dans son beau Traité de la navigation qu'il donna au public en l'année 1752, il a refondu celui de M. son pere, & il y a joint une infinité de remarques & de discussions intéressantes. Nous n'en ferons pas ici l'analyse ; cet ouvrage n'appartient pas directement à la Physique. Il n'en est pas ainsi de celui qui a pour titre, *Traité d'optique sur la gradation de la lumiere en un volume in-4°*. Il appartient directement à la science que nous professons ; aussi allons-nous en parler avec assez d'étendue, pour inspirer l'envie de le lire, ou plutôt de l'étudier à ceux entre les mains de qui il n'est pas encore tombé. Nous ne ferons qu'indiquer ici les précieuses découvertes qu'il renferme; nous avons rendu compte des principales dans les articles analogues à la lumiere directe, réfléchie & réfractée.

Le Traité d'optique de M. Bouguer est divisé en trois livres, & chaque livre en différentes sections. Il présente dans la premiere section du livre premier divers moyens de mesurer la lumiere, & dans la seconde il fait l'application de ces différens moyens. Ce sont ces applications qui l'ont déterminé à assurer que la lumiere du Soleil est trois cent mille fois plus forte, que celle de la pleine Lune. Cherchez *Soleil*; nous avons rapporté dans cet article les preuves sur lesquelles une pareille assertion est fondée.

Le livre second contient des recherches précieuses sur la quantité de lumiere que réfléchissent les surfaces tant polies, que brutes.

Le troisieme livre n'en contient pas de moins précieuses sur la transparence & l'opacité des corps. C'est dans ce dernier livre que M. Bouguer détermine tout ce qui arrive à la lumiere, lorsqu'elle traverse l'atmosphere terrestre. Il se sert surtout pour cette détermination de la courbe appellée *logarithmique*. Nous n'avons parlé nous-mêmes de la nature & des propriétés de cette courbe, que pour avoir occasion de faire connoître les découvertes de M. Bouguer. Cherchez *Logarithmique*. Ce qu'il y a d'essentiel dans l'ouvrage dont nous venons de faire l'analyse, avoit paru en 1729 sous le titre d'essai *d'optique sur la gradation de la lumiere*: l'Auteur profita des dernieres années de sa vie, pour y mettre la derniere main. Peu de tems avant sa mort, il porta son manuscrit à l'Imprimeur. Accélérez-en l'impression, *lui dit-il*, si vous ne voulez pas que mon ouvrage soit posthume. Il le fut cependant, & ce fut M. l'Abbé de la Caille qui se chargea de le faire paroître dans l'état où nous le voyons aujourd'hui. Cette mort arriva le 15 Août 1758; M. Bouguer n'étoit âgé que de soixante ans & six mois; il mourut comme sont tous ceux qui ont vécu toute leur vie dans l'innocence, & qui ont aimé & respecté la Religion, c'est-à-dire ; avec autant de piété que de résignation. Comme il n'avoit point de proche parent, il versa la plus grande partie de ses biens dans le sein des pauvres.

BOUILLAUD, (Ismaël) *l'un des plus savans hommes & des Génies les plus universels du 17e. siecle, naquit à Loudun le* 28 Septembre 1605. Ses parens l'éleverent dans l'hérésie dans laquelle ils avoient eu le malheur de naître ; c'étoit la Religion prétendue réformée. Bouillaud avoit trop d'esprit, pour ne pas en connoître le foible ; aussi l'abjura-t-il à l'âge de 27 ans, pour embrasser, avec la Religion Catholique, l'état Ecclésiastique. Il n'est presque point de science où il ne se soit distingué. Profond Théologien, grand Jurisconsulte, fidelle Historien, laborieux Physicien, excellent Mathématicien ; tel a été celui dont nous faisons l'éloge. Le plus grands Astronomes de nos jours comparent leurs observations avec celles de Bouillaud. Lorsque M. Maraldi observa en 1716 & 1717 le passage de Jupiter près de l'Etoile appellée *Propus*, il ne manqua pas de se rappeller que Bouillaud avoit fait la même observation en 1634, & qu'il avoit trouvé ces deux astres en conjonction le 12 Avril à 8 heures du matin. Lorsque le même Astronome observa, au commencement de l'année 1718, l'apparition de l'Etoile changeante de la constellation de la Baleine, il savoit que Bouillaud avoit trouvé le premier que la période des changemens de cette Etoile, c'est-à-dire, le tems du retour de l'étoile à la même phase est de 333 ou 332 jours. Bouillaud mourut à Paris le 25 Novembre 1694. Ses principaux ouvrages de Physique & de Mathématique sont un traité sur la *lumiere*, une dissertation sur le *vrai systeme du monde, une Arithmétique des infinis* ; & une *Astronomie*. Il ne paroît pas grand Physicien dans ce dernier ouvrage. Nous sommes fâchés qu'il nous soit si facile d'en convaincre nos Lecteurs. Voici sur quelles preuves nous nous fondons, lorsque nous parlons ainsi.

Bouillaud ne dit pas, il est vrai, comme les Péripatéticiens, que les Cometes sont un amas de vapeurs & d'exhalaisons, qui, élevées du sein de la Terre jusqu'à la région supérieure de notre atmosphere, sont enflammées par l'action des vents contraires ; mais il propose un sentiment aussi ridicule que celui-là. Il les regarde comme un amas fortuit & passager de matiere éthérée.

Voici comment il parle au commencement du chapitre 5e. *Horum autem corporum materia ex ſolo molis terrenæ globo non extrahitur, vix enim ſufficeret tam multis, qui hactenùs fulſerunt, Cometis ſupra Lunam conſtitutis; nec unquàm contigiſſet, quin ſubtractâ parte magnâ & notabili ex terrâ, aquâ & aëre, hæc moles elementaris ſimul imminuta eſſet. Neque enim ſupra Lunam congregata illa materia, & à terrâ tam longè diſſita, quæque diſſipatur per illa immenſa ætheris ſpatia, Cometâ diſſoluto, elementis noſtris iterùm totam accedere veriſimile eſt. Conſtant verò Cometarum corpora, materiâ aliquâ per ætherem univerſum diffuſâ, quæ condenſata aliquandò lucet.*

Bouillaud reconnoît dans le *chapitre* 11e. que les Planetes tirent leur principale lumiere du Soleil. Mais il ajoute qu'elles envoient de leur ſein une lumiere moins conſidérable qui nous ſert à diſtinguer une Planete d'avec une autre. *Cùm ſol fortiſſimo ſit lumine prœditus, & omnes Planetæ materiâ ſolidâ conſtent, veriſſimum eſt ſolare lumen incidere in illos, atque repercuti ad nos.... Negare tamen nullus poteſt aliquo proprio lumine unumquemque Planetam lucere, quia lumen ſolis unum & idem exiſtens, in Planetis diverſum apparet. Saturnus enim ſubpallidus videtur, Jupiter ſplendidiſſimus, Mars rubore perfuſus, Luna argentea, Venus flaveſcens, Mercurius ſubrutilus. Eos verò colores ac luces à ſolis radiis ſolaribus incidentibus generari impoſſibile eſt; ſub uno enim viderentur colore: hæc verò luminum varietas convincit Planetas aliquod proprium habere, quod peculiarem colorem poſſideat, pro ratione intenſionis vel remiſſionis in ſingulis.*

Ces deux exemples ſuffiroient pour prouver que Bouillaud n'étoit pas un grand Phyſicien. L'exemple ſuivant ſera la démonſtration de cette propoſition; il eſt tiré du *chapitre* 12e. du même ouvrage. Il ne tient pas, je le ſais, comme pluſieurs Phyſiciens de ſon tems, que les Planetes doivent leur mouvement aux Eſprits; mais il ajoute qu'elles ſe le doivent à elles-mêmes & à leur propre forme. *Conſtat quòd valdè probabilius ſit Planetas & cætera corpora cœleſtia per propriam formam moveri, quàm ab animâ adſiſtente; cùm enim formam habeant per quam ſunt & exiſtunt, debent etiam ab illâ dirigi ad finem cui nata ſunt, ad motum verò nata eſſe videntur; ergo à forma propriâ habent motum.*

Bouillaud paroît tout autre, lorſqu'il parle en Mathématicien. Qu'on liſe l'ouvrage dont nous venons de critiquer quelques Chapitres, & dont il ne nous eſt pas permis de faire l'abrégé dans un Dictionnaire comme celui-ci ; l'on verra ſi nous avons eu tort de le regarder comme un des plus grands Aſtronomes du ſiecle dernier.

BOURDELIN. Depuis la fondation de l'Académie-Royale des Sciences de Paris, il y a des Phyſiciens de ce nom dans cette célebre compagnie. Le premier eſt Claude Bourdelin, Docteur en Médecine ; il y fut reçu dès l'année 1666 en qualité de Chimiſte. On nous aſſure dans ſon éloge hiſtorique qu'il a donné l'analyſe de près de deux mille ſortes de corps, & qu'il a inventé un très-grand nombre d'opérations chimiques. Ce qu'il y a de sûr, c'eſt que juſqu'en 1699 l'Académie n'a fait faire aucune de ces opérations, ſans que M. Bourdelin y ait eu part. Il mourut à Paris à l'âge d'environ 80 ans, le 15 Octobre 1699.

Claude Bourdelin, Médecin ordinaire de Madame la Ducheſſe de Bourgogne, & fils de celui dont nous venons de parler, fut reçu à la mort de ſon pere, à l'Académie des Sciences. Il a été auſſi Membre de la Société Royale de Londres. Il paſſoit dans ces deux illuſtres corps pour un grand Anatomiſte & pour un excellent Botaniſte. Il mourut à Verſailles le 20 Avril 1711, à l'âge de 44 ans. S'il nous étoit permis de faire l'éloge des vivans, nous dirions que la perte que fit l'Académie en l'année 1699, & en l'année 1711 fut réparée en l'année 1726, lorſqu'elle reçut, en qualité de Chimiſte, M. Louis Claude Bourdelin, Docteur en Médecine de la Faculté de Paris.

BOUSSOLE. Inſtrument abſolument néceſſaire aux Marins, pour les diriger dans leurs courſes. Nous liſons dans le Tome VIII des Mémoires de l'Académie des Sciences, *pag* 19, qu'on ignore & l'Auteur de cette admirable invention, & le tems précis où l'on a commencé à s'en ſervir. Ce qu'il y a de certain, *ajoute-t-on*, c'eſt que les François ſe ſervoient de l'Aimant pour la navigation long-tems avant tous les autres peuples de l'Europe. La bouſſole, je l'avoue, fut d'abord très-imparfaite, puiſqu'on ſe contentoit alors de mettre une aiguille aimantée dans un vaſe plein d'eau, où étant ſoutenue ſur un ſtyle, elle avoit la liberté de se tourner vers le Nord. Mais bientôt après on connut que l'Aiguille ne marque pas toujours le vrai Nord ; qu'elle a un peu de déclinaison, tantôt vers l'Orient, tantôt vers l'Occident ; & que cette déclinaison change en divers tems & en divers lieux. On a connu enfin si précisément cette variation par l'observation du Soleil & des Etoiles, que l'on peut avec sureté se servir de la boussole pour trouver les régions du Ciel, lors même que le tems est le plus couvert. Rien n'est plus simple que la construction de cet instrument. Divisez un cercle de carton en 32 parties égales, où vous marquerez les noms des différens vents. Suspendez ce cercle dans une boîte sur un style perpendiculaire. Faites-lui porter horizontalement une aiguille d'acier aimantée suivant les regles que nous avons données dans l'article de l'Aimant; vous aurez une très-bonne boussole.

BOUTEILLE ÉLECTRIQUE ou BOUTEILLE DE LEYDE. C'est une bouteille de verre par le moyen de laquelle on produit le plus terrible, le plus dangereux de tous les phénomenes électriques, une commotion violente dans les deux bras, dans la poitrine, dans les entrailles & dans tout le corps, commotion qui donne la mort à un moineau, à un pigeon, &c. & qui la donneroit à un homme, si la bouteille étoit trop grande & trop chargée d'électricité. Ce fut en 1745 que se fit pour la premiere fois cette fameuse expérience. Messieurs *Muschembroek* & *Allaman*, citoyens de Leyde, la communiquerent à l'Académie Royale des Sciences de Paris. L'on prétend cependant qu'ils n'en sont pas les inventeurs, & l'on ajoute que le hasard la fit trouver à M. *Cuneus*, lorsqu'il s'occupoit à répéter les expériences électriques qu'il avoit admirées chez M. *Muschembroek.* Voici comment se prépare cette bouteille, pour pouvoir produire le phénomene effrayant dont nous avons parlé.

Prenez une bouteille de verre mince, prenez, par exemple, une bouteille à médecine : remplissez-la d'eau jusqu'au collet : bouchez-la d'un bouchon de liége traversé d'un fil d'archal, dont une extrémité soit plongée dans l'eau contenue dans la bouteille, & l'autre extrémité soit au-dessus du bouchon, courbée en crochet : suspendez cette bouteille par le crochet au conducteur électrisé de la machine électrique, en prenant bien garde que sa surface extérieure communique avec le réservoir commun par le moyen d'une chaîne de métal qui pendra jusqu'à terre, ou par le moyen d'un homme non isolé qui empoignera le fond de cette bouteille; elle se trouvera, quelques momens après, chargée d'électricité; elle conservera même plusieurs jours cet état, si l'on a soin de la déposer sur un corps originairement électrique dans un endroit qui ne soit exposé ni à la poussiere, ni à l'humidité de l'air. Pour décharger cette bouteille, de maniere à recevoir la violente commotion dont nous avons parlé, il faut en tenir lé fond dans une main & tirer avec l'autre une étincelle du fil d'archal. On la décharge sans danger & sans éprouver aucune espece de commotion, lorsque, sans tenir la bouteille dans une main, on approche du fil d'archal un corps non électrique ou une pointe de métal; la pointe la décharge, lors même qu'elle est à quelques pouces de distance du crochet.

Le célebre *Franklin* a analysé en grand Physicien la bouteille de Leyde, pour connoître où résidoit sa force. Il la plaça sur un support de verre, & il ôta le liége & le fil d'archal qu'il avoit eu soin de ne pas trop enfoncer, avant que d'électriser la bouteille. Il prit ensuite la bouteille d'une main, & approchant un doigt de l'autre main auprès de l'orifice, une forte étincelle s'élança de l'eau, & la commotion qu'il reçut fut des plus fortes & des plus completes. Il conclut de cette expérience que la force électrique ne résidoit ni dans le fil d'archal, ni dans le liége.

Pour connoître si elle résidoit dans l'eau contenue dans la bouteille, il l'électrisa de nouveau; il la plaça sur un support de verre; il en ôta le liége & le fil d'archal; il versa toute l'eau dans une autre bouteille vuide, non électrisée, qu'il avoit aussi placée sur un support de verre; il prit dans une main cette seconde bouteille, & approchant un doigt de l'autre main auprès de l'orifice, il n'excita aucune étincelle & il n'éprouva aucune commotion.

Pour bien se convaincre que la force électrique ne résidoit pas dans l'eau, il versa de l'eau fraîche non électrisée dans la premiere bouteille qu'il avoit chargée;

il la prit dans une main, & approchant un doigt de l'autre main auprès de l'orifice, il excita une bluette & il reçut la commotion. Il se crut alors en droit de conclure que la force électrique résidoit uniquement dans le verre, & que dans cette expérience le corps électrique *par communication*, en contact avec la bouteille, sont au verre, ce que l'armure d'acier est à la pierre d'aimant.

Ce qui confirma M. *Franklin* dans son heureuse idée, c'est qu'il s'apperçut qu'on chargeoit aussi bien la bouteille de Leyde par le côté, que par le crochet. Pour la charger commodément par le côté, on la place sur un support de verre. On établit une communication du conducteur de la machine électrique au côté de cette bouteille, & une autre du crochet au réservoir commun par une chaîne de métal qui pend jusqu'au plancher. Dès que la bouteille est électrisée, on ôte cette derniere communication. On la prend d'une main par son crochet, & l'on sent une violente commotion, lorsque l'on approche un doigt de l'autre main du côté qui a été chargé.

Pour expliquer les effets surprenans de la bouteille de Leyde, M. *Franklin* prétend que le verre contient autant de matiere électrique qu'il en peut contenir & qu'il en contient toujours la même quantité. Il ajoute que lorsqu'on électrise la bouteille par le crochet, sa surface extérieure donne ce qu'elle a d'électricité à la surface intérieure; & que lorsqu'on l'électrise par le côté, c'est la surface intérieure qui donne ce qu'elle a d'électricité à la surface extérieure. Il conclut de-là qu'électriser la bouteille, ce n'est pas lui communiquer plus d'électricité qu'elle en avoit auparavant, mais accumuler sur une surface ce qui étoit auparavant répandu sur toutes les deux. Il veut enfin que décharger la bouteille, ce ne soit pas lui enlever une partie de son électricité, mais rétablir l'équilibre entre les deux surfaces, en obligeant l'une à rendre ce qu'elle avoit recu de l'autre. C'est donc le rétablissement subit d'équilibre qu'il regarde comme la cause physique de la commotion violente qu'on éprouve dans les deux bras, la poitrine, les entrailles & dans presque tout le corps.

Je ne vois rien de plus ingénieux que cette explication. Ce n'est cependant ici qu'une conjecture, & je ne dois pas dissimuler qu'elle n'a pas été adoptée par tous les Physiciens. Nous-mêmes, à l'article *Electricité*, nous avons expliqué le phénomene de la commotion par deux courans électriques, dont l'un sort avec impétuosité de l'extrémité supérieure du fil d'archal & entre dans le corps par la main qui a tiré la bluette ; l'autre sort avec presqu'autant de force par l'extrémité inférieure du même fil, traverse le verre, & entre dans le corps par la main qui tient la bouteille. Ces deux courans, *avons-nous dit*, se choquent violemment dans la poitrine, & ce choc cause cette commotion terrible que l'on ressent dans tout le corps.

Ce qui a introduit en Physique la doctrine des deux courans, c'est que l'on croit en sentir le choc dans la poitrine, lorsqu'on a l'imprudence de tenter l'expérience de Leyde, après avoir chargé violemment & pendant long-tems la bouteille. Je ne suis pas infiniment attaché à ces deux courans ; ils ne sont pas un corollaire nécessaire des principes fondamentaux que j'ai établis, pour expliquer les phénomenes électriques d'une maniere conforme aux loix de la Mécanique. L'autorité de M. l'Abbé *Nollet* qui paroît en être l'inventeur, ne fait pas grande impression sur mon esprit ; je n'ai que trop prouvé dans mon *Electricite soumise à un nouvel examen*, que ses explications en cette matiere sont quelques fois fausses, souvent hasardées ; plus souvent insuffisantes. Je conviens cependant que ce qu'il dit contre le systeme de M. *Franklin* dans sa quatrieme & cinquieme lettres sur l'Electricité est très-propre à nous faire soupçonner que peut-être le phénomene de la commotion n'a pas encore été expliqué d'une maniere satisfaisante. Nous ferons l'abrégé de ces deux lettres, lorsque nous aurons fait, contre la doctrine des deux courans, des objections sérieuses & des expériences incontestables.

Premiere objection. Admettre dans la nature une nouvelle cause physique, parce que, par son moyen, on explique sans peine un phénomene très-compliqué ; c'est prouver qu'on a de l'esprit & de l'imagination ; c'est vouloir introduire de nouveau la méthode de *Descartes* dont la plupart des explications passent maintenant pour idéales & romanesques. Telle est la doctrine des deux courans électriques ; celui qu'on suppose sortir par la partie inférieure du fil de métal de la bouteille de Leyde, n'a été imaginé que pour donner une explication sensible de la commotion électrique.

Réponse. M. l'Abbé *Nollet* auroit pu répondre à cette premiere objection que donner deux issues différentes à la même matiere électrique, ce n'est pas introduire dans la nature une nouvelle cause physique. Il auroit pu ajouter que l'imagination paroît beaucoup moins dans son systeme, que dans celui de M. *Franklin* qui avance gratuitement & sans preuve que, lorsqu'on électrise la bouteille de Leyde, une de ses surfaces doit donner à l'autre ce qu'elle a d'électricité.

Seconde objection. S'il sortoit par la partie inférieure du fil de métal de la bouteille de Leyde un courant électrique, pourquoi ne se répandroit-il pas dans l'intérieur de la bouteille ? Ne sait-on pas que, si le verre n'est pas absolument imperméable à la matiere électrique, il ne lui donne passage que très-difficilement, & lorsqu'elle n'a aucun moyen de prendre une autre route ?

Réponse. Si j'étois l'inventeur des deux courans électriques ; si je regardois même ce systeme comme fondé sur des preuves incontestables, cette objection ne m'embarrasseroit gueres. Je répondrois que, tout le tems que la bouteille est chargée, la matiere électrique se trouve, non-seulement dans le fil d'archal, mais encore dans tout l'intérieur de la bouteille, dans un état de compression, & que, lorsqu'on la décharge, elle s'échappe par les deux extrémités du fil de métal, parce que le verre, surtout lorsqu'il est mince, n'est pas imperméable au fluide électrique.

Troisieme objection. La nature est aussi magnifique & aussi prodigue dans les effets, qu'elle est économe dans les causes ; donc si un seul courant électrique peut suffire pour expliquer le phénomene de la commotion, on ne doit pas en admettre deux ; ce seroit-là, comme l'on dit, multiplier les êtres sans nécessité. Mais un seul courant électrique peut suffire, puisque le courant qui sort par la partie supérieure du fil de métal de la bouteille de Leyde, violemment chargée, en sort avec une impétuosité prodigieuse ; peut-il entrer dans le corps de celui qui tire la bluette, sans lui occasionner une furieuse commotion dans les bras, dans les entrailles, dans la poitrine, &c. ? Ne sentons-nous pas une véritable commotion, lorsque, dans les tems favorables, nous tirons une simple bluette du conducteur ordinaire de la Machine électrique ?

Réponse. Puisqu'il n'est point de comparaison à faire entre la commotion que nous sentons, lorsque, dans les tems favorables, nous tirons une bluette du conducteur de la machine électrique, & celle que nous éprouvons, lorsque nous déchargeons la bouteille de Leyde, l'on ne doit admettre, pour expliquer la premiere, qu'un seul courant, & l'on est commé forcé d'en admettre deux, pour rendre raison de la seconde. Dans l'impossibilité où l'on est de pouvoir prouver par des raisonnemens que le systeme de M. *Franklin* soit préférable à celui de M. l'Abbé *Nollet*, l'on apporte en preuve les expériences suivantes.

Premiere Expérience. Faites monter un homme sur le tabouret électrique, sans lui faire tenir aucune chaîne à la main : que cet homme approche le doigt du conducteur, il en tirera une bluette qui le rendra tellement électrique, que quiconque sera sur le pavé lui tirera une bluette semblable à celle qu'il a reçue de la machine.

L'on prétend prouver par cette expérience que l'homme, placé sur le tabouret, a reçu un courant électrique qui, après avoir traversé son corps, s'est rendu dans le réservoir commun. S'il n'a éprouvé aucune commotion, c'est que ce courant n'est pas sorti avec assez d'impétuosité.

Seconde Expérience. Chargez, à la maniere ordinaire, la bouteille de Leyde, & que l'homme, placé sur le tabouret, la décharge à la façon de ceux qui ne craignent pas de recevoir le coup fulminant ; il en tirera une grosse bluette ; il éprouvera dans tout son corps une violente commotion & il ne recevra aucun degré d'électricité. L'on croit prouver par cette expérience que le courant sorti par la partie supérieure du fil de métal, a traversé le corps de l'homme placé sur le tabouret, & s'est rendu à la partie extérieure de la bouteille de Leyde. S'il y avoit ici, *dit-on*, deux courans électriques, ces deux courans seroient entrés dans le corps de l'homme en queſtion, & lui auroient communiqué au moins le degré d'électricité qu'il a reçu par l'expérience premiere.

Troiſieme Expérience. Prenez, pour décharger la bouteille de Leyde, l'excitateur à deux pointes : vous verrez une aigrette lumineuſe ſortir de la partie ſupérieure du fil de métal & un point lumineux de la pointe de l'excitateur que l'on a appliquée à la partie extérieure de la bouteille.

L'on conclut de cette expérience que le courant électrique ſort par la partie ſupérieure du fil de métal, traverſe l'excitateur & ſe rend dans la partie extérieure de la bouteille de Leyde. S'il y avoit deux courans électriques, *diſent les défenſeurs du ſyſteme de M. Franklin*, l'un entreroit par la pointe ſupérieure & l'autre par la pointe inférieure de l'excitateur ; ils ſe choqueroient ; & l'homme qui le tient par le milieu, devroit reſſentir une violente commotion. Mais cela n'arrive pas ; donc les deux courans électriques n'exiſtent que dans l'imagination féconde de quelque Auteur ingénieux.

Pour prouver encore mieux & d'une maniere plus ſenſible que la partie intérieure de la bouteille de Leyde ne ſe charge qu'aux dépens de la partie extérieure, les Frankliniſtes propoſent l'expérience ſuivante.

Quatrieme Expérience. Suſpendez la bouteille de Leyde au conducteur de la machine électrique ; elle ne ſe chargera pas, & les bluettes que vous en tirerez, ne ſeront pas plus fortes, que celles que vous tirez du conducteur. Voulez-vous la charger ? Empêchez la matiere Electrique de s'arrêter dans la partie extérieure de la bouteille ; & vous l'en empêcherez, en faiſant communiquer, par une chaîne, cette partie extérieure avec le pavé : preuve convaincante que la partie intérieure de la bouteille de Leyde ne ſe charge qu'aux dépens de la partie extérieure.

La conſéquence que tirent les Frankliniſtes de cette expérience, c'eſt qu'on ne décharge la bouteille de Leyde, qu'en faiſant paſſer le courant qui ſort de l'extrémité ſupérieure du fil de métal dans la partie extérieure de la bouteille, & que par conſéquent les deux courans ne ſont pas néceſſaires pour expliquer les effets de la commotion.

L'on me demanda mes remarques fur ces quatre expériences. Je les fis à-peu-près en ces termes : la premiere expérience ne prouve ni pour ni contre aucun des deux fyftemes.

Quant à la feconde expérience, les défenfeurs des deux courans électriques pourroient dire que deux courans qui ont perdu toute leur force par le choc, ne fauroient électrifer l'homme qui décharge la bouteille de Leyde de maniere à recevoir tout l'effet de la plus violente commotion.

La conféquence que l'on tire de la troifieme expérience paroît d'abord renverfer le fyfteme des deux courans. Elle ne le renverfe pas cependant ; l'on n'éprouve jamais la commotion, lorfqu'on ne communique que par une feule main avec la bouteille de Leyde.

M. l'Abbé *Nollet* n'admet pas la quatrieme expérience. Il affure dans fa cinquieme lettre, *page* 115, qu'on fait l'expérience de Leyde, qu'on reffent la commotion avec une bouteille électrifée fur un gâteau de réfine, fur un carreau de verre, ou fufpendue au conducteur de maniere qu'elle ne touche aucun autre corps que l'air de l'atmofphere.

Ce n'eft pas ici la premiere fois que M. l'Abbé *Nollet* annonce avoir fait des chofes qu'aucun autre Phyficien n'a pu répéter. Pour moi j'admets purement & fimplement la quatrieme expérience, & je la regarde comme une excellente preuve contre le fyfteme de M. *Franklin*. Car enfin fi, comme le prétend ce Phyficien, la furface intérieure de la bouteille de Leyde ne fe charge que parce qu'elle reçoit de la furface extérieure ce qu'elle a d'électricité, pourquoi eft-on obligé de faire communiquer cette furface extérieure avec le réfervoir commun, lorfqu'on veut charger la bouteille ? Ce n'eft pas fans doute par la chaîne qui pend fur le pavé, que la furface extérieure de la bouteille donnera fa matiere électrique à la furface intérieure ; elle s'en deffaifiroit plutôt par cette voie en faveur du réfervoir commun. Je penfe donc que, fi le fyfteme de M. *Franklin* étoit vrai, on chargeroit beaucoup mieux la bouteille, en la fufpendant purement & fimplement au conducteur, qu'on ne là charge, en la foutenant par la main, ou en faifant communiquer fa furface extérieure avec un corps électrique

électrique par communication. Mais le contraire arrive dans la pratique ; donc le systeme de M. *Franklin* présente au moins autant de difficultés, que celui de deux courans électriques.

Terminons cet article par ce qu'il y a de plus frappant contre le systeme de M. *Franklin* dans la quatrieme & cinquieme lettres de M. l'Abbé *Nollet* sur l'électricité.

Le systeme de M. *Franklin* n'est soutenable, qu'autant qu'il sera prouvé que le verre est absolument imperméable à la matiere électrique. Si ce grand Physicien l'eût cru perméable, il auroit dit sans doute que la surface extérieure de la bouteille de Leyde donne, par les pores du verre, ce qu'elle a d'électricité à la surface intérieure ; il n'eût jamais pensé à le lui faire donner par le moyen du fil de métal dont le bouchon de liége est traversé. Aussi M. l'Abbé *Nollet* s'est-il attaché à prouver la perméabilité du verre à la matiere électrique par les expériences les plus simples, les plus sensibles & les mieux constatées.

Premiere Expérience. Suspendez dans le récipient de la machine pneumatique une légere feuille de métal : pompez l'air du récipient, & approchez de sa surface extérieure un tube de verre nouvellement frotté ; vous verrez naître de cet endroit un ou plusieurs jets de matiere enflammée qui s'étendront dans l'intérieur du vaisseau ; & à la lueur de cette lumiere, vous remarquerez aisément que la feuille de métal suspendue s'agite plus ou moins & en différens sens, suivant qu'elle est frappée par ces émanations lumineuses. Donc le verre est perméable à la matiere électrique.

Seconde Expérience. Posez de légeres feuilles de métal sur le fond d'un vase de verre un peu large : couvrez ce vase d'un carreau de vitre : Prenez toutes les précautions possibles, pour empêcher qu'il n'y ait aucune communication entre le dedans & le dehors du vase : présentez un tube de verre bien électrisé à une petite distance au-dessus du carreau de vitre ; vous attirerez les feuilles du métal de bas en haut. Donc le verre est perméable à la matiere électrique.

Troisieme Expérience. Prenez un matras de verre mince dont la boule ait quatre à cinq pouces de diametre & dont l'intérieur soit très-sec : cimentez au bout de son cou un robinet, par le moyen duquel vous puissiez l'appliquer à la machine pneumatique, en ôter l'air intérieur, & l'enlever pour amollir le cou au feu de lampe, le réduire à cinq ou six pouces de longueur & le sceller hermétiquement : faites entrer le cou de ce matras ainsi préparé dans un canon de fusil que vous électriserez selon la méthode ordinaire & dans une chambre où il n'y ait point de lumiere. Si l'électricité est un peu forte, tant qu'elle durera, vous verrez des jets de feu électrique très-brillans, couler continuellement dans l'intérieur & d'un bout à l'autre du matras. Présentez-vous le doigt à la partie qui est directement opposée au cou ? Vous ferez naître un nouveau jet. Tirez-vous des étincelles du canon de fusil ? Tout l'intérieur du matras se remplira d'une lumiere diffuse & momentanée, tout-à-fait semblable à celle des éclairs. Donc le verre est perméable à la matiere électrique.

M. l'Abbé *Nollet* rapporte dans sa quatrieme lettre plusieurs autres expériences aussi décisives que celles-ci, & il conclut qu'un systeme fondé sur l'imperméabilité du verre à la matiere électrique, n'est pas un systeme recevable en Physique.

Dans sa cinquieme lettre ce Physicien examine en lui-même le systeme de M. *Franklin*, & il le combat par des raisonnemens & par des expériences. Vous n'avez jamais, *dit-il*, prouvé par aucune raison solide prise de la nature des corps, que le verre se dépouille ou doive se dépouiller du feu électrique, contenu dans l'une de ses surfaces, tandis que l'autre en reçoit plus qu'elle n'a coutume d'en avoir : vous nous avez encore moins démontré *à priori* la juste proportion avec laquelle vous voulez que se fassent ces *charges* & *décharges* du feu électrique, ni la quantité constante & inaltérable de ce feu dans le verre; tout cela est un systeme que vous avez d'abord ingénieusement imaginé & auquel vous avez cherché à joindre des preuves par la voie de l'expérience. Mais les faits qui viennent ainsi après coup & dont on tire des conséquences en faveur du principe qu'on a en vue, ne sont pas des preuves recevables en Physique.

Ce raisonnement me paroît solide; il fait grande impression sur mon esprit. La Physique de *Descartes* est toujours romanesque, lorsque son Auteur homme de génie, s'il en fut jamais, a voulu étayer par des expériences subsidiaires les systemes qu'il avoit formé, avant de consulter la nature.

M. l'Abbé *Nollet* apporte ensuite un grand nombre de faits pour prouver, tantôt que les expériences de M. *Franklin* ne sont pas confirmatives de son systeme, tantôt que l'électricité ne réside pas uniquement dans le verre de la bouteille de Leyde, lorsqu'on l'a chargée avec les précautions requises. Nous renvoyons le lecteur à cette cinquieme lettre ; il sera convaincu en particulier que l'eau transvasée d'une bouteille chargée dans une bouteille non chargée donne non-seulement des signes très-marqués de la vertu électrique, mais retient encore le pouvoir de procurer une véritable commotion. Il fit cette belle expérience en présence d'un grand nombre de témoins, parmi lesquels se trouvoient plusieurs Franklinistes, M. *de Lor* en particulier qui en marqua sa surprise par un mouvement involontaire des bras que la commotion lui fit faire. M. *Nollet* avertit que, pour que l'expérience réussisse, il faut la faire avec une électricité passablement forte ; éviter les longueurs & tout ce qui peut ralentir ou éteindre la vertu que l'eau emporte avec elle ; se servir, pour recevoir l'eau, d'un vase qui ne soit pas d'un verre fort épais ; & surtout poser ce vase, non sur un corps électrique par lui-même, mais sur un corps électrique par communication.

Conclusion.

Systeme pour systeme, je m'en tiens provisoirement & jusqu'à nouvel ordre à celui de deux courans électriques, tel que nous l'avons exposé dans notre article *Electricité* auquel je renvoie le lecteur. Je le renvoie encore aux articles *Electricité positive & négative* & *Electricité médicale*.

BOYAUX. Les boyaux ou les intestins sont des corps longs, ronds & creux que l'on trouve répandus sur le mésentere, & que l'on divise en grêles & en gros. Les intestins grêles sont au nombre de trois, le *duodenum*, ainsi nommé parce qu'il a environ 12 travers de doigt de longueur ; le *jejunum*, ainsi appellé parce qu'on le trouve presque toujours vuide, & l'*ileon* qui tire son nom des tours & des retours dont il s'entortille.

Les intestins gros sont aussi au nombre de trois, le *cæcum*, le *colon* & le *rectum*. Le premier n'a qu'une ouverture ; les douleurs que l'on sent dans le second, se nomment *coliques* ; enfin le troisieme qui nous représente une ligne droite, a environ un pied de longueur & trois doigts de largeur.

BOYLE, (Robert) que l'on doit regarder comme le *Pere* de la Physique expérimentale, naquit à Lismore en Irlande le 25 Janvier 1627. Il étoit fils de Richard Boyle, Comte de Corke. Ce fut environ l'année 1660, qu'il inventa la fameuse *machine Pneumatique* dont nous avons fait la description, & dont nous avons expliqué le mécanisme en son lieu. Il a la bonne foi d'avouer que le Pere Schot, Jésuite, & Otto de Guérick, consul de Magdebourg, lui en ont donné les premieres idées. Voici comment il parle au commencement de sa Physique expérimentale. *Recordaberis igitur me, non ita diù ante nostrum ab invicem in Angliâ discessum tibi, de libro quodam, authore Schotto, industrio Jesuitâ, locutum, quem non legeram, sed extare saltem inaudiveram ; eumque recitare generosum & solertis ingenii virum, Ottonem Gerickium, Consulem Magdeburgensem, nuper in Germaniâ vasa vitrea aerem, per os vasis in aquam immersi, exsugendo evacuasse ; & teipsum credo meminisse me ex eodem hoc experimento non parùm voluptatis cepisse visum, quòd indè aeris externi immensa vis (sive in vasis evacuati apertum orificium irruentis, sive violenter aquam eò cogentis) exposita & conspicua magis, quàm in ullo alio experimento à me anteà viso, redderetur.* A l'aide de sa nouvelle machine, Boyle fit toutes les expériences que nous répétons encore avec tant de plaisir, & qui attirent un si grand concours de monde à nos actes de Philosophie. On vit alors pour la premiere fois le Mercure d'un barometre placé sous le récipient de la machine Pneumatique, descendre, & se mettre au niveau de celui que contient le vase du même barometre. On vit sous ce même récipient une pomme ridée reprendre sa premiere beauté ; une vessie flasque s'enfler prodigieusement ; la matiere liquide de l'œuf sortir entiere de la coque, &

y rentrer avec impétuosité ; les animaux tomber en convulsion, & périr sans retour dans le vuide ; le pendule avoir des vibrations plus libres, plus égales & plus durables ; l'eau froide s'élever à gros bouillons ; le marteau battre contre les parois d'une clochette, & ne rendre aucun bruit, &c. Nous n'aurions jamais fini, si nous voulions rapporter toutes les expériences dont ce grand homme a enrichi la Physique. Elles forment 2 volumes *in*-4°. qui ont pour titre *Roberti Boyle, Nobilissimi Angli & Societatis Regiæ dignissimi Socii, Opera varia.* Nous y renverrions volontiers le Lecteur, si l'Auteur parloit un peu mieux Latin. On trouve encore dans ce recueil son systeme & ses expériences sur les couleurs. Ce seroit-là une piece précieuse, si nous n'avions pas pas l'*Optique* de Newton. Boyle mourut à Londres le 30 Décembre 1691, à l'âge de 65 ans.

BRADLEY, (Jacques) célebre Astronome Anglois, naquit à Shireborn dans le Comté de Glocester en l'année 1692. L'Astronomie lui doit deux précieuses découvertes, celle de l'aberration des étoiles fixes, & celle de la nutation de l'axe de la terre. Environ l'année 1727, il s'apperçut que la plupart des étoiles paroissoient parcourir chaque année une très-petite éllipse, dont le grand axe ne soutient pas dans le Ciel un arc de plus de 40 secondes, & dont le centre est le point réel où se trouve l'étoile. Il fit plus ; il se servit le plus heureusement du monde de la vîtesse de la lumiere, & de celle de la terre dans son orbite pour expliquer cette illusion optique d'une maniere très-physique. Voyez cette explication à la fin de l'article des étoiles. Voyez encore à l'article *nutation*, la belle explication qu'il a donnée de l'espece de balancement que les Astronomes reconnoissent dans l'axe de la terre, & dont Bradley s'apperçut vers l'année 1730. Il mourut le 13 Juillet 1762, à l'âge de soixante-dix ans. Il étoit Astronome de Sa Majesté Britannique, Professeur d'Astronomie dans l'Université d'Oxford, Lecteur d'Astronomie & de Physique au *Musæum* de la même Université, Astronome & Garde de l'Observatoire Royal de *Greenwich*, Membre des Académies Royales des Sciences de France, d'Angleterre, de Prusse, de Pétersbourg & de l'Institut de Bologne.

BREMOND, (François de) *naquit à Paris le 14 Septembre 1713, & mourut dans la même ville le 21 Mars* 1742. Quoiqu'il n'ait été, pour ainsi dire, que montré au monde savant, il a cependant donné des ouvrages qui supposent l'étude la plus longue & la science la plus consommée; tels sont un Mémoire sur la respiration, appuyé d'un grand nombre d'expériences; une traduction des Tables loxodromiques de M. Murdoch qui consistent en une application de la figure de la terre applatie par les pôles, à la construction des Cartes marines réduites; une traduction des expériences physico-mécaniques d'Haucksbée; une Histoire des expériences de l'électricité, & un Commentaire sur les quatre premiers volumes des Transactions Philosophiques de la Société Royale de Londres. Ce dernier ouvrage, *dit l'Auteur de son éloge historique*, est enrichi de notes, de réflexions savantes & d'avertissemens où il indique sur chaque sujet tout ce qu'on trouve de pareil dans les Mémoires de l'Académie des Sciences, dans les Journaux littéraires, & dans tous les autres ouvrages, tant anciens que modernes, où les mêmes matieres sont traitées. Il y a telles notes de M. de Brémond, qu'on doit regarder comme des pieces parfaites; telles sont celles qu'il a faites sur les forces vives, sur l'électricité, sur la longueur du pendule *à secondes* par rapport aux différentes latitudes terrestres. Ce fut ce Commentaire qui mérita à son Auteur le titre de Secrétaire de la Société Royale de Londres. Quelque tems après, c'est-à-dire, le 18 Mars 1739, il fut reçu Membre de l'Académie Royale des Sciences de Paris. Ce Savant avoit comme la plupart des Physiciens de nos jours, un style clair & souvent très-orné. Son amour immodéré de l'étude lui causa une maladie de langueur qui l'enleva, comme nous l'avons déjà remarqué, à la fleur de son âge. Il travailloit alors à son Commentaire sur le cinquieme volume des Transactions Philosophiques, qu'il étoit sur le point de finir.

BRONZE. Il y a plusieurs especes de bronze; le bronze dont on se sert pour les médailles & pour les statues; le bronze dont on se sert pour les canons & pour tout l'attirail de guerre; le bronze qu'on emploie dans la fonte des cloches. Le premier n'est qu'un composé de cuivre jaune & de cuivre rouge ; il y entre dans ce mélange autant de l'un que de l'autre. Le second contient, outre cela, quelque peu d'étain & quelque peu d'Antimoine. Le troisieme contient un quart d'étain. C'est la calamine qui procure au bronze sa couleur jaune.

BROUILLARD. Espece de nuage que le soleil n'a pas eu la force d'élever assez haut. Les brouillards contiennent beaucoup moins de particules aqueuses, que les nuages ordinaires ; la mauvaise odeur qu'ils répandent, quelquefois assez au loin, nous prouve que les exhalaisons & les vapeurs tirées des eaux croupissantes sont la matiere des brouillards nuisibles à la santé. Ils ne sont jamais plus fréquens, que dans les mois de Novembre, Décembre, Janvier & Février ; ils sont même quelquefois permanens, presque tout ce tems-là. Je n'en suis pas étonné ; le soleil qui ne paroît que peu de tems sur l'horizon & dont les rayons tombent très-obliquement sur la terre, n'a pas la force de les élever bien haut. A peine a-t-il disparu, que l'air est condensé par le froid, & cet air condensé a assez de force pour les soutenir & pour les empêcher de retomber sur la terre. Il n'est qu'un vent violent qui puisse les dissiper ; & si le tems est calme pendant l'hiver, l'on doit s'attendre à avoir des brouillards qui deviendront tous les jours plus épais, parce que le soleil élevera chaque jour de nouvelles vapeurs & de nouvelles exhalaisons qui, jointes aux anciennes, obscurciront de plus en plus l'atmosphere, & nous feront passer ces quatre mois de l'année dans un air très-méphitique. Heureux les pays entrecoupés de rivieres & surtout de rivieres considérables, telles que la Seine, la Saone, &c. ; les brouillards qu'on y éprouve, presque tous composés de parties aqueuses, sont très-salutaires à la santé ; aussi conseille-t-on aux personnes attaquées de la poitrine d'aller humer l'air qu'on respire dans ces contrées fortunées ; il n'est point de remede plus efficace, lorsqu'on l'emploie dans les commencemens de la maladie. Voilà ce qu'on peut dire de plus raisonnable sur les brouillards qui regnent dans un tems froid & calme. Pour ceux qui regnent dans un tems chaud & calme, ils ont une cause toute différente. Lorsque le soleil a disparu de dessus l'horizon, il regne encore dans l'atmofphere une chaleur très-fenfible, quelquefois même étouffée. Cette chaleur fait élever des vapeurs & des exhalaifons, à-peu près à la hauteur des brouillards d'hiver. D'abord après, l'air fe refroidit, fe condenfe & les empêche de retomber fur la terre. Quelque tems après le lever du foleil, l'air eft raréfié. Incapable alors de foutenir un poids auffi confidérable, il laiffe retomber les parties les plus groffieres des vapeurs & des exhalaifons élevées la veille, & leurs parties les plus déliées font emportées par l'action du foleil jufques dans la région des nuages ordinaires. *Mufchembroek* (Tom. 2, pag. 723, art. 1500) rend fenfible ce mécanifme par l'expérience fuivante.

Ayez un verre rempli d'un air fort humide. Pofez-le fous le récipient d'une machine pneumatique que je fuppofe placée dans une chambre où l'air le foit beaucoup moins. Pompez-le peu-à-peu. Il fe formera d'abord dans le verre comme un petit nuage qui flottera dans le commencement, mais qui defcendra auffitôt que l'air fe trouvera encore plus raréfié. Ainfi en arrive-t-il aux brouillards d'été, lorfque le tems eft calme. Les premiers rayons du foleil font élever du fein des brouillards des efpeces de petits nuages qui defcendent bientôt fur la terre, lorfque le foleil a affez de force pour procurer à l'air atmofphérique un certain degré de raréfaction.

Rien n'eft plus contraire à la végétation, que ces derniers brouillards. Un feul fait évanouir dans une matinée l'efpérance la mieux fondée du cultivateur. Il n'eft rien tant à craindre pour les épis prêts à être moiffonnés, pour la vigne, les oliviers en fleur, &c., qu'un brouillard dont les petites gouttes tomberont fur les végétaux dans un tems calme. Ces petites gouttes, transformées en autant de lentilles cauftiques, raffembleront à leur foyer les rayons folaires ; & ceux-ci brûleront infailliblement tout ce qui fe trouvera à leur point de réunion. C'eft-là l'explication du célebre *Galilée ;* je doute qu'on en donne jamais de plus fatisfaifante.

On n'a encore indiqué contre ces fléaux de l'agriculture que des moyens fouvent impuiffans & dont l'exécution eft toujours très-difficile. Les uns confeillent de fecouer les brouillards, en faifant tirer par deux hommes, le long des fillons, une corde au travers des blés.

Les autres veulent que le matin, lorſque le tems eſt ſuſpect, on brûle de la paille, des excrémens de vache ou d'autres matieres animales, des retailles de peau, de corne, d'ongle, &c.; ils prétendent que le moindre vent tranſportera ſur les plantes la fumée de ces matieres brûlées, & que cette fumée les garantira des mauvais effets des brouillards. Des moyens auſſi difficiles & auſſi coûteux nous prouvent que c'eſt peut-être ici un mal ſans remede.

Il y a quelquefois des brouillards fort déliés & diſperſés dans une grande étendue de l'atmoſphere. A travers ces brouillards on peut enviſager le ſoleil à œil nud, ſans que la vue en ſoit incommodée. *Muſchembroek* aſſure (tom. 2, pag. 726, art. 1513) que le premier du mois de Juin 1721, on obſerva un pareil brouillard à Paris, dans toute l'Auvergne & à Milan. Comme j'ai été témoin d'un phénomene en ce genre encore plus frappant, je vais le ſoumettre à l'examen le plus réfléchi.

Depuis le 24 du mois de Juin, juſqu'à la fin du mois de Juillet de l'année 1783, nous eumes des brouillards ſi permanens, ſi généraux & d'une nature ſi différente des brouillards ordinaires, que l'épouvante fut générale, & que le peuple les regarda comme l'annonce des plus grands malheurs & le pronoſtic de la fin prochaine du monde entier. Jamais les Phyſiciens n'ont été plus conſultés que dans ce tems-là; je l'ai été comme les autres; & nos réponſes réunies, dont les unes ſeront adoptées & les autres rejetées, me fourniront la matiere d'un des plus intéreſſans articles de ce Dictionnaire. Racontons d'abord le fait, tel qu'il eſt arrivé.

Depuis le 18 juſqu'au 24 du mois de Juin, nous eumes des brouillards humides, bas, épais, en un mot des brouillards aſſez ordinaires; ils n'inſpirerent aucune crainte. Mais le 24 tout changea de face. Les brouillards devinrent ſecs; ils s'éleverent à une hauteur extraordinaire; ils ne retomberent preſque plus ſur la terre, & l'on marchoit à travers une eſpece de fumée qui faiſoit paroître le ſoleil & la lune d'un rouge couleur de feu. En certains pays, ils avoient une odeur ſulfureuſe; preſque partout ils furent accompagnés & ſuivis d'orages affreux, de tonnerres épouvantables; & jamais la grêle n'eſt tombée plus ſouvent & plus abondamment ; que lorſque ces brouillards eurent diſparu. Voilà le fait avec ſes principales circonſtances.

Les uns ont cherché la cauſe de ce phénomene dans quelque comete qui aura paſſé aux environs de la terre, & dont les brouillards dont nous parlons, auront empêché d'obſerver le cours. Mais ces brouillards nous ont-ils empêché d'obſerver le cours des planetes ? Pourquoi auroient-ils été un obſtacle à l'obſervation de celui d'une comete qui eût été plus viſible qu'aucune de nos planetes, ſi elle ſe fût auſſi approchée de la terre, qu'on veut bien le ſuppoſer gratuitement ? D'ailleurs les cometes ſont des corps opaques ; elles n'ont qu'une chaleur empruntée, plus ou moins grande, ſuivant qu'elles s'approchent plus ou moins du ſoleil ; pourquoi leur donner, comme à cet aſtre, la vertu d'élever les vapeurs & les exhalaiſons de la terre, tantôt en forme de nuages & tantôt en forme de brouillards ? Ne ſe moqueroit-on pas d'un Phyſicien qui voudroit attribuer cette vertu à la lune dont l'éloignement de la terre eſt ſi peu conſidérable ? Pourquoi ne pas rendre la même juſtice à ceux qui ont recours aux cometes pour expliquer d'une maniere phyſique le phénomene en queſtion ? Il en eſt de même de ceux qui en ont cherché la cauſe dans une nouvelle planete qu'on prétend avoir découvert & dont on ne connoît encore ni le cours périodique, ni la groſſeur, ni la poſition vis-à-vis le ſoleil & la terre.

Il eſt des Phyſiciens qui ont cherché la cauſe de ces brouillards dans les tremblemens de terre qui, quelques mois auparavant, renverſerent Meſſine & tant de villes & villages dans la Calabre ultérieure. Ils ſont remarquer qu'après le fameux tremblement de terre qui renverſa Lisbonne le Ier. Novembre 1755, des vapeurs ſulfuréuſes & pyriteuſes obſcurcirent l'atmoſphere, & que le ſoleil, vu à travers ces vapeurs, parut rouge & plus grand qu'à l'ordinaire. J'avoue que j'aurois de la peine à rapporter à une cauſe purement locale un effet auſſi général. Que la fameuſe cataſtrophe de la Sicile & de la Calabre eût occaſionné dans toute l'Italie des brouillards infects, ſulfureux & pyriteux, je n'en ſerois pas étonné ; la choſe arriva en Portugal en 1755 ; la choſe eſt arrivée plusieurs fois, lors d'un pareil événement ; (cherchez tremblemens de terre). Mais que le renversement de Messine & de la Calabre ait occasionné quelques mois après dans toute l'Europe & même dans le nouveau monde, des brouillards qui n'étoient rien moins qu'infects, sulfureux & pyriteux ; voilà ce qui me paroît incroyable ; je ne vois aucune analogie entre l'effet & la cause. D'ailleurs on part ici d'un fait qui n'a jamais existé. On avance qu'après le renversement de Lisbonne, nous eumes dans toute l'Europe des brouillards semblables à ceux que nous avons eu en 1783. Je m'inscris en faux contre cette assertion. Après le renversement de Lisbonne, je fus le premier Physicien qui écrivis sur les causes de ce terrible événement. Je rendis compte de tous les effets qui le suivirent ; j'entrai même dans les détails les plus minutieux ; & ma dissertation prononcée en public en 1756 dans la capitale de la Provence, ne fut imprimée que deux ans après, époque de la premiere édition de ce Dictionnaire ; aurois-je manqué de parler des brouillards généraux, s'ils eussent existé, moi qui ne manquai pas de faire mention des brouillards dont le Portugal fut infecté ?

Pour expliquer ce phénomene d'une maniere conforme aux loix de la saine Physique, j'eus recours, avec le commun des Physiciens, à la température des trois saisons qui l'avoient précédé. Je fis remarquer à ceux qui me firent l'honneur de me consulter, que non-seulement l'automne de 1782, mais encore l'hiver & surtout le printems de 1783, avoient été très-pluvieux. Les pluies durerent jusques vers le milieu du mois de Juin. Dans ce tems-là le soleil est dans sa plus grande force ; il demeure 16 à 17 heures sur l'horizon ; la terre, prodigieusement humectée, lui fournit des vapeurs sans nombre qu'il divisa en des parties insensibles, & qu'il éleva par-là même à une hauteur extraordinaire. De-là ces brouillards généraux & permanens ; de-là cette espece de fumée dont l'atmosphere parut remplie depuis la fin du mois de Juin jusqu'à la fin du mois de Juillet de l'année 1783. Les réponses aux questions suivantes jetteront un grand jour sur cette matiere.

Premiere Question. Pourquoi ces brouillards ne furent-ils pas dissipés, comme les brouillards ordinaires ?

Réponse. Les brouillards d'été ont pour cause principale la chaleur qui regne dans l'atmosphere, d'abord après le coucher du soleil; cette chaleur n'est pas capable de les élever bien haut, encore moins de diviser en des parties fort déliées la matiere dont ils sont composés. Les brouillards dont nous parlons, ont eu pour cause l'action même du soleil, action capable de les subtiliser & de les élever à une hauteur considérable. Les parties grossieres de ceux-là retombent sur la terre par la raréfaction de l'air. Ceux-ci, composés de parties fort déliées, dûrent continuer, malgré cette raréfaction, à nager dans l'atmosphere. Les premiers sont souvent dissipés par l'action des vents. Le tems fut fort calme pendant la durée des seconds; & quand même il ne l'auroit pas été, l'atmosphere étoit si remplie de vapeurs déliées, que les vents n'auroient pu les chasser d'un pays, sans lui en apporter de semblables; peut-être même ces vapeurs subtilisées étoient-elles au-dessus de la région des météores aériens. Les brouillards dont il s'agit, n'ont donc pas dû être dissipés, comme les brouillards ordinaires; ils ont dû entrer dans la composition des météores ignées qui ne furent jamais plus fréquens & plus terribles, que lorsque ces brouillards eurent disparu.

Seconde Question. D'où venoit la grande sécheresse de ces brouillards?

Réponse. Cette grande sécheresse avoit deux causes. La premiere étoit l'extrême division des parties dont ils étoient composés; c'étoit plutôt une fumée, qu'un brouillard; & la fumée, lors même qu'elle s'éleve de l'eau bouillante, n'est pas humide; la main qui la traverse, n'en est pas mouillée, il faut pour la transformer en gouttes d'eau, l'empêcher de s'envoler dans les airs, & la rassembler dans un lieu où elle éprouve un degré de chaleur moins fort, que celui de l'eau bouillante dont elle est émanée. La seconde cause de la grande sécheresse des brouillards dont nous parlons, a été le feu électrique, très-propre de sa nature à dissiper l'humidité. Jamais les brouillards n'ont contenu autant de matiere électrique, que ceux-ci; aussi, comme nous l'avons remarqué, jamais les orages & les tonnerres n'ont été plus fréquens & plus terribles, que lorsqu'ils eurent disparu.

Troisieme Question, Pourquoi le soleil, vu à travers

ces brouillards, nous paroiſſoit-il de couleur rouge ?

Réponſe. Ce n'eſt pas ici un phénomene; autant aimerois-je qu'on demandât pourquoi le ſoleil, preſque tous les jours à ſon lever, nous paroît avoir cette couleur ? Que répond un Phyſicien, lorſqu'on lui fait une pareille queſtion ? Il fait remarquer qu'entre le ſoleil levant & l'œil du ſpectateur il ſe trouve un nuage qui décompoſe la lumiere ſolaire à-peu-près comme fait le priſme de verre dans la chambre obſcure. Par cette décompoſition le rayon rouge, le moins réfrangible des ſept rayons de lumiere, eſt le ſeul qui puiſſe parvenir à ſes yeux ; le ſoleil doit donc lui paroître rouge à ſon lever ; & il le lui paroîtroit tout le jour, ſi ce nuage n'étoit pas diſſipé. La même choſe arrive, lorſqu'il ſe trouve un pareil nuage entre le ſoleil couchant & l'œil du ſpectateur. Par le même mécaniſme la même choſe doit arriver & arrive en effet ſouvent à la lune à ſon lever & à ſon coucher. Appliquez cette réponſe à la troiſieme queſtion ; & elle ſera parfaitement réſolue, puiſque les brouillards dont nous parlons, ont été permanens.

Il en eſt qui conjecturent qu'entre le ſoleil levant & l'œil du ſpectateur il ſe trouve un nuage qui a tous les effets du verre rouge. Ce nuage, *diſent-ils*, eſt un corps à demi-diaphane dont les pores droits laiſſent paſſer les rayons rouges, & les pores obliques abſorbent les 6 autres rayons. On peut appliquer cette ſeconde explication à la queſtion propoſée, & aſſurer que les brouillards dont il s'agit, ont eu les effets du verre rouge, à travers lequel on voit tous les objets ou rouges ou rougeâtres. Voyez ce point de Phyſique, rapproché de ſes principes, à l'article *Couleur.*

Quatrieme Queſtion. Qu'eſt devenue la partie aqueuſe des brouillards dont nous venons de parler ?

Réponſe. Elle eſt devenue la matiere de la neige abondante dont toute l'Europe a été couverte, pendant l'hiver de l'année 1784. Cherchez *Neige.*

BRUINE. C'eſt la matiere même du brouillard, laquelle plus peſante qu'un pareil volume d'air, tombe ſur la terre par les loix de l'*Hydroſtatique.* Cherchez *Brouillard* & *Météores.*

BRUIT. C'eſt un ſon conſidérable. Voyez cette

matiere rapprochée de ses principes ; & traitée peut-être d'une maniere trop étendue dans l'article du *son.*

BUFFON. (Georges Louis le Clerc de) Intendant du Jardin Royal des plantes, de l'Académie Françoise & de celle des Sciences, naquit à Montbart en Bourgogne dans les premieres années du dix-huitieme siecle.

Nous souscrivons avec empressement à ce que dit l'Auteur des trois siecles de la littérature Françoise, lorsqu'il assure qu'on ne peut sans injustice refuser à M. de Buffon le titre d'interprete de la nature. C'est d'elle, ou plutôt de son Auteur qu'il avoit reçu les talens les plus heureux pour exécuter avec succès le vaste projet d'une *Histoire Naturelle*, *générale* & *particuliere* ; une imagination brillante, noble & vive ; un esprit lumineux & plein de sagacité ; & sur-tout un pinceau aussi délicat, que nerveux, sous lequel tous les sujets, tous les genres prennent les traits qui leur sont propres.

Rien de plus naturel que le systeme qu'imagina M. de Buffon, pour présenter comme sous un même point de vue les branches presqu'innombrables de l'histoire naturelle. Il suppose un homme qui a en effet tout oublié, ou qui s'éveille tout neuf pour les objets qui l'environnent. Il place cet homme dans une campagne où les animaux, les oiseaux, les poissons, les plantes, les pierres se présentent successivement à ses yeux. Dans les premiers instans il ne distinguera rien, il confondra tout ; mais peu-à-peu ses idées s'affermiront par des sensations réitérées des mêmes objets. Bientôt il se formera une idée générale de la matiere animée ; il la distinguera aisément de la matiere inanimée ; & peu de tems après il distinguera très-bien la matiere animée de la matiere végétative, & naturellement il arrivera à cette premiere grande division *Animal*, *végétal* & *minéral.*

Comme il aura pris en même tems une idée nette de ces grands objets si différens, la *Terre*, l'*Air* & l'*Eau*, il viendra à bout en peu de tems de se former une idée particuliere des animaux qui habitent la terre, de ceux qui demeurent dans l'eau, & de ceux qui s'élevent dans l'air ; & par conséquent, il se fera aisément à lui-même cette seconde division, *animaux quadrupedes, oiseaux, poissons*.

Il en est de même dans le regne végétal. Il distinguera très-bien les arbres & les plantes, soit par leur grandeur, soit par leur substance, soit par leur figure.

Pour composer son grand ouvrage, son ouvrage immortel, M. de Buffon s'est mis à la place de cet homme. Il a jugé les objets de l'histoire naturelle par les rapports qu'ils ont avec lui. Ceux qui lui sont les plus nécessaires, les plus utiles ont tenu le premier rang, par exemple, il a donné la préférence dans l'ordre des animaux au cheval, au chien, au bœuf, &c.

Il s'est ensuite occupé de ceux qui, sans être familiers, ne laissent pas que d'habiter les mêmes lieux, les mêmes climats, comme les cerfs, les lievres & tous les animaux sauvages; & ce n'a été qu'après toutes ces connoissances acquises que sa curiosité l'a porté à rechercher ce que peuvent être les animaux des climats étrangers, comme les éléphans, les dromadaires, &c.

Il en a été de même pour les poissons, pour les oiseaux, pour les insectes, pour les coquillages, pour les plantes, pour les minéraux & pour toutes les autres productions de la Nature; il les a étudiées à proportion de l'utilité qu'il en pouvoit retirer; il les a considérées à mesure qu'elles se présentoient plus familierement; & il les a rangées, d'abord dans sa tête, & ensuite dans son ouvrage, relativement à cet ordre de ses connoissances. Telle est l'idée générale qu'il faut se former de l'histoire Naturelle de M. de Buffon. Nous n'entrerons ici dans aucun détail. Il n'est aucun homme de lettres, dans quelque pays du monde qu'il se trouve, qui ne l'ait lue avec autant de profit que de satisfaction.

Entre les années 1774 & 1778, M. de Buffon fit paroître différens *supplémens* à son histoire Naturelle; ils forment cinq volumes *in*-4°. Le public ne leur a pas fait grand accueil; nous avons réfuté ce qu'ils contiennent de plus repréhensible dans les articles de ce Dictionnaire, qui commencent par les mots: *Année de la naissance du Messie*, & *durée* ou *longueur de la vie moyenne des hommes*. Ce grand homme mourut à Paris en l'année 1788.

BUHON (Gaspar), naquit à Quingey, petite ville

de la Franche-Comté, dans le diocese de Besançon; en l'année 1649. A l'âge de 15 ans, il entra dans la compagnie de Jesus où il se distingua, d'abord dans les belles lettres, & quelque tems après dans les hautes sciences. En 1723, il donna au public un cours de Philosophie en 4 volumes *in-12*, avec ce titre *Philosophia ad morem gymnasiorum finemque accommodata.*

C'étoit le même qu'il avoit dicté, quarante ans auparavant. Malgré la coutume où l'on étoit alors dans presque tous les colléges du monde, de ne donner aux Ecoliers que des questions de pure Métaphysique, le pere Buhon consacra à la Physique générale & particuliere le second & le troisieme de ses volumes. Sa Physique générale, je l'avoue, est une Physique-métaphysique; mais elle est donnée avec beaucoup de méthode & beaucoup de clarté. Sa Physique particuliére est divisée en quatre parties. La premiere est sur les élémens; la seconde sur le ciel; la troisieme sur la terre; la quatrieme sur l'homme, les animaux & les plantes. Il n'est aucune de ces questions qui soit traitée à fond; mais cependant elles sont présentées de maniere à nous faire conjecturer que le pere Buhon étoit plus savant que son livre. Il déclare en cent occasions qu'il n'écrit que pour des commençans; il indique même ce qu'il pourroit dire à des personnes plus avancées. La question qui m'a fait le plus de plaisir, c'est celle de la lumiere; il donne, il est vrai, les deux sentimens; mais dans le fond c'est pour mieux prouver que la lumiere se fait par *émission.* Il mourut à Lyon à l'âge de 77 ans, le 5 juillet 1726. Il passoit dans sa compagnie pour un excellent esprit, une bonne tête, un bon cœur, un fidelle & généreux ami, un parfait honnête homme, & un saint & fervent Religieux.

SOMMAIRE

SOMMAIRE

Des questions les plus importantes contenues dans cet Ouvrage.

UNE table ordinaire auroit été très-inutile à la fin de ce Dictionnaire ; ces sortes d'ouvrages sont eux-mêmes des especes de tables alphabétiques. Il n'en est pas ainsi du Sommaire que nous allons donner ; le Lecteur, en le parcourant, verra du premier coup d'œil quelles sont les questions de Physique à la connoissance desquelles il doit principalement s'attacher.

A

Les questions les plus intéressantes que lon trouve sous la lettre A, sont les questions sur l'*Aérostat*, l'*Aimant*, l'*Air*, les *airs factices*, l'*Alkali*, l'*Analogie entre les fluides nerveux, électrique & magnetique*, les *Animaux*, l'*Année de la naissance du Messie*, l'*Arithmétique ordinaire*, l'*Arithmétique algébrique appliquée à l'Analyse*, l'*Arithmétique sublime*, l'*Asphyxie*, l'*Astronomie*, l'*Athéisme*, l'*Atmosphere*, l'*Attraction*, & l'*Aurore boréale*.

AEROSTAT.

C'est ici l'article le plus grand & le plus neuf de ce *Supplément*. Voici la marche que nous avons tenue, pour mettre au fait le Lecteur d'une découverte qui a tant fait de bruit dans toute l'Europe.

1°. Nous avons donné une idée de l'*Aérostat* en général & des différens *aérostats* en particulier. Ceux qui auroient eu quelque peine à nous comprendre jetteront les yeux sur les figures 9, 10, 11.

2°. Nous avons rapporté l'expérience faite à Annonay par MM. *de Montgolfier*, en présence de l'Assemblée des États du Vivarais, le 5 Juin 1783.

3°. Nous avons suivi M. *de Montgolfier* le cadet à Paris, & nous avons rendu compte des expériences qu'il fit dans la capitale, en présence des Commissaires de l'Académie Royale des Sciences, le 12 & le 18 Septembre suivant, & le lendemain, en présence de Leurs Majestés, dans la grande cour du Château de Versailles.

4°. Nous avons examiné les ballons *à réchaud* propres à enlever des hommes dans les airs, & nous avons parlé des premiers voyages aériens, faits dans ces sortes de ballons, le 15, 17 & 19 Octobre à Paris, & le 21 Novembre au Château de la Muette.

5°. Nous n'avons pas oublié les expériences, faites à Lyon, depuis le 10 jusqu'au 19 Janvier 1784, avec un ballon de cent pieds de diametre horizontal sur cent vingt pieds de hauteur, dirigé par M. *de Montgolfier* l'aîné; & nous avons terminé l'histoire des ballons à *réchaud*, par l'examen du fluide qu'il contient, & de la méthode qu'on emploie pour se le procurer.

6°. Des ballons *à réchaud*, nous avons passé aux ballons *à air inflammable*, construits par MM. *Charles* & *Robert*; nous avons rapporté l'expérience, faite au champ de Mars, le 27 Août 1783, & celle qui fut faite aux Tuileries, le premier Décembre suivant; & nous avons appris à construire, remplir & lester ces sortes de ballons, pour pouvoir monter & descendre à volonté. Tel est le précis de ce que j'appelle la partie historique de cet article. Cette partie est suivie de onze *réflexions*.

Dans la *premiere*, nous apprenons comment il faut parler des ballons aérostatiques, lorsqu'on ne veut être ni enthousiaste insensé, ni détracteur de mauvaise foi.

Dans la *seconde*, nous examinons les inconvéniens auxquels sont sujets les ballons *à la Montgolfier*, & les corrections qu'a proposées M. le Comte *de Milly*, de l'Académie Royale des Sciences.

Dans la *troisieme*, un semblable examen a pour objet les ballons *à air inflammable*, & les corrections indiquées par le même Physicien.

Dans la *quatrieme*, nous discutons s'il conviendroit de substituer l'alkali volatil à l'air inflammable, comme le voudroit M. le Comte *de Milly*.

Dans la *cinquieme*, nous examinons si la navigation

aérienne est possible ou impossible; & cette possibilité une fois supposée, nous prononçons que les transports par terre & par eau auront toujours la préférence sur les transports par le moyen des machines aérostatiques, dans l'usage ordinaire de la vie.

Dans la *sixieme*, nous rendons compte des expériences faites à Dijon le 25 Avril & le 12 Juin 1784; ces expériences ne prouvent ni pour ni contre la possibilité de la navigation aérienne.

Dans la *septieme*, nous indiquons les précautions qu'il faut prendre, lorsqu'on veut embarquer des instrumens nécessaires aux observations.

Notre huitieme *réflexion* a pour objet le voyage de M. *Blanchard* du 18 Juillet 1784.

Dans notre neuvieme *réflexion*, nous prouvons que les échecs arrivés aux ballons aérostatiques, lancés dans les airs, dans différentes villes, ne doivent pas faire regarder la découverte de MM. *de Montgolfier* comme nuisible, ou même comme inutile.

Dans la *dixieme*, nous parlons du fameux voyage de M. *Blanchard* qui traversa la mer, entre Douvres & Calais, le 5 Janvier 1785.

Dans la *onzieme* enfin, nous déplorons la mort tragique de MM. *Pilastre de Rozier* & *Romain* qui tenterent de traverser la Manche à Boulogne sur un double ballon, & nous recherchons les causes de ce funeste accident.

Voyez, pour ce qui manque à cet article, les sommaires des articles *Navigation aérienne* & *Voyage aérien*.

AIMANT.

Nous avons proposé dans cet article une hypothese différente de celles de Descartes & de Gassendi, dans laquelle nous expliquons sans peine les expériences les plus curieuses des Aimans naturels & artificiels. Nous avons appris dans ce même article à communiquer à des barreaux d'acier assez de vertu magnétique, pour les rendre supérieurs en force aux meilleurs Aimans naturels.

AIR.

Nous démontrons d'abord que l'air eſt un corps fluide, grave & élaſtique. Nous expliquons enſuite les expériences que l'on a coutume de faire avec la machine pneumatique. Nous réſolvons pluſieurs problemes, dont le principal conſiſte à déterminer la force avec laquelle l'air comprime la ſurface du globe terreſtre.

AIRS FACTICES.

Nous avons compris ſous cette dénomination les airs *acide*, *alkalin*, *déphlogiſtiqué*, *fixe*, *inflammable*, *méphitique*, *nitreux* & *ſpathique*.

Qu'eſt-ce que l'air acide ? De quelle matiere le tire-t-on ? Par quelle méthode l'extrait-on ? Quelles ſont ſes différentes propriétés ? Voilà les queſtions que nous avons réſolues dans l'article *Air acide*.

Nous avons ſuivi la même marche pour l'air alkalin, dont le mélange avec l'air acide nous a fait connoître les principales propriétés. C'eſt dans cet article que nous avons parlé de l'*Alkali volatil fluor* que nous avons condéré comme un remede efficace dans les aſphyxies cauſées par l'air fixe, la vapeur de charbon, le défaut de reſpiration dans les noyés, &c.

C'eſt dans l'article de l'air inflammable que nous avons parlé de l'air déphlogiſtiqué.

Pour l'air fixe, nous en avons indiqué les différentes eſpeces & les différentes propriétés. Nous avons appris quels ſont les corps dont on peut l'extraire & quelle eſt la méthode la plus ſimple de faire cette extraction. Nous l'avons enfin conſidéré comme remede dans les fievres putrides malignes, & nous avons apporté en preuve de ſon efficacité un grand nombre de maladies dont la plupart ont été guéries ſous nos yeux.

Comme l'air inflammable & l'air déphlogiſtiqué paroiſſent diamétralement oppoſés, nous avons commencé par examiner la nature de l'air inflammable; nous avons enſuite appris à l'extraire de tel & tel corps; nous avons enfin répondu aux queſtions ſuivantes: Quelle différence y a-t-il entre l'air inflammable & l'air déphlogiſtiqué ? Quelles ſont les différentes méthodes de ſe procurer de l'air déphlogiſtiqué ? Pourquoi l'air déphlogiſtiqué eſt-il plus ſalubre que l'air atmoſphérique ? A quels uſages peut-on employer l'air déphlogiſtiqué ?

A l'article *Air méphitique*, nous ne nous ſommes pas contentés d'examiner par quel mélange l'air que nous reſpirons, peut être rendu nuiſible; nous avons encore indiqué différentes méthodes de purifier l'air atmoſphérique.

Qu'eſt-ce que l'air nitreux ? Quels ſont les corps dont on peut l'extraire ? Quelle eſt la meilleure méthode de faire cette extraction ? Dans quelles occaſions peut-il être employé comme remede ? Voilà ce que nous avons diſcuté à l'article *Air nitreux*.

Nous n'avons dit que deux mots ſur l'Air *ſpathique*, c'eſt-à-dire, ſur la vapeur qui s'éleve, lors de la fermentation de l'huile de vitriol avec le ſpath; cette eſpece d'air ne préſente que des expériences curieuſes qui ne contribuent en rien au bien de l'humanité.

Nous avons terminé ce grand article par quelques réflexions qui feront peut-être un jour le fondement d'un ſyſteme ſur les *airs factices*.

ALKALI.

Quelles ſont les propriétés communes à tous les *alkalis* ? Qu'eſt-ce que l'*alkali fixe* ? De quelles ſubſtances le tire-t-on ? Comment ſe le procure-t-on ? Qu'eſt-ce que l'*alkali volatil* ? D'où & comment le tire-t-on ? Par quelle manipulation rend-on *fluor* l'alkali volatil ordinaire ? Quel uſage fait-on de ce dernier ? Telles ſont les queſtions que nous avons diſcutées, à l'article *alkali*.

ANALOGIE.

Nous avons prétendu établir dans cet article qu'il y a une véritable analogie entre les fluides nerveux, électrique & magnétique. L'analogie entre les fluides nerveux & électrique ayant déjà été prouvée à l'article *Electricité médicale*, nous avons dû nous borner dans celui-ci à celle qui regne entre les fluides électrique & magnétique. Pour procéder méthodiquement, j'ai choisi, parmi les expériences magnétiques & électriques, les plus frappantes, les plus connues, les mieux constatées; je les ai opposées une à une; j'en ai fait remarquer la ressemblance; & cette ressemblance a été comme le fondement & la base de l'analogie que je présume. Ces expériences ont été 1°. les attractions & les répulsions électriques & magnétiques; 2°. les corps électriques & magnétiques par eux-mêmes & par communication; 3°. les atmospheres électrique & magnétique; 4°. la perte de la vertu électrique & de la vertu magnétique dans les corps électrisés & dans les corps aimantés par communication; 5°. le coup fulminant donné aussi fortement par le moyen du magnétisme, que par le moyen de l'electricité; 6°. les guérisons opérées par le moyen de l'un & de l'autre.

Nous avons ensuite répondu aux difficultés que proposent ceux qui n'admettent aucune analogie entre l'aimant & l'électricité; & nous n'avons pas manqué de leur faire remarquer que, malgré cette analogie, les corps électriques devoient donner des bluettes & que les corps magnétiques n'en devoient donner aucune. Nous avons ajouté que les aimans devoient avoir une direction constante vers les deux pôles de la terre, & que les corps électrisés ne devoient pas avoir une pareille direction.

Nous avons enfin proposé un systeme dans lequel on explique sans peine les phénomenes dépendans de l'analogie qui regne entre les fluides nerveux, électrique & magnétique. L'ame de ce systeme est un agent général auquel se joignent trois agens subalternes.

ANIMAUX.

Les animaux ne sont pas de pures machines, puisqu'ils ne gardent pas dans leurs mouvemens les loix de Mécanique; ils ne sont pas pure matiere, puisqu'ils ont de la connoissance : voilà les deux points que nous avons prouvé, j'ai presque dit, démontré dans cet article. Les faits les mieux constatés viennent à l'appui de nos preuves. Nous n'avons pas cru devoir examiner de quelle nature est l'ame des bêtes ; cette substance, inférieure à l'esprit & supérieure à la matiere, est l'objet de la Métaphysique.

ANNÉE DE LA NAISSANCE DU MESSIE.

Nous avons commencé par faire remarquer que 68 chronologistes, tous d'un sentiment différent, ont travaillé sérieusement sur une matiere si importante ; & nous avons rendu ce probleme physico-chronologique, en nous servant, pour le résoudre, d'une observation que fit Newton sur les étoiles fixes. Cette observation consiste à fixer le point du ciel où paroissoit, lors du voyage des Argonautes, la premiere étoile de la constellation du *Belier.*

Nous avons ensuite résolu deux problemes préliminaires. Par la solution du premier, nous avons fixé l'année de la mort de Salomon ; & par la solution du second, nous avons déterminé le nombre des années écoulées entre la mort de Salomon & le commencement du voyage des Argonautes.

Ces deux problemes une fois résolus, nous n'avons presque eu aucune peine à résoudre le probleme principal qui a consisté à fixer l'année de l'Ere chrétienne.

Nous avons terminé cet article par la réfutation du systeme de M. de Buffon sur la création de la Terre.

ARITHMÉTIQUE ORDINAIRE.

Comme l'Arithmétique est absolument nécessaire en Physique, nous avons donné dans cet important article non-seulement les regles de l'*addition*, de la *soustraction*, de la *multiplication* & de la *division* des nombres simples & composés ; mais nous avons encore donné les regles de la *réduction*, la *regle de trois* directe & inverse, simple & composée, & la maniere d'extraire la racine carrée d'un carré proposé. Il nous a été impossible de renfermer ce traité d'Arithmétique en moins de 28 pages.

ARITHMÉTIQUE ALGÉBRIQUE.

L'on a appris dans cet article à *réduire*, *additionner*; *soustraire*, *multiplier* & *diviser* les quantités algébriques simples & composées. L'on a encore appris à les élever à leur carré & à leur cube, à extraire leurs racines carrée & cubique. L'on a enfin appris comment un carré & un cube algébriques peuvent nous servir à extraire facilement la racine carrée & la racine cubique d'un carré & d'un cube numérique proposé. Cet article contient 25 pages.

ARITHMÉTIQUE ALGÉBRIQUE

appliquée à l'analyse.

Voici l'ordre que nous avons gardé dans cet article. 1°. Nous avons posé 8 principes que nous regardons comme les fondemens de l'analyse. 2°. Nous avons donné les 6 regles que l'on a coutume d'employer dans la solution des problemes du premier & du second degré. 3°. Nous avons résolu 7 problemes numériques du second degré, & nous en avons proposé 21 à résoudre. 4°. Nous avons résolu 3 problemes numériques du second degré, & nous en avons proposé 2 à résoudre. 5°. Nous avons appliqué les regles de l'analyse à des questions qui sont du ressort de la Physique, à celles surtout qui ont rapport au mouvement circulaire, au mouvement elliptique & aux deux loix de Képler; nous avons tiré de la solution de ces problemes un grand nombre de corollaires qui renferment des connoissances, qu'un Physicien ne sauroit ignorer, lorsqu'il ne veut pas s'en tenit à la Physique historique. Nous n'avons pas pu renfermer cet important article en moins de 39 pages.

ARITHMÉTIQUE SUBLIME.

Après avoir posé les 8 principes sur lesquels cette arithmétique est fondée, nous avons appris dans cet article à *réduire*, *additionner*, *soustraire*, *multiplier* & *di-*

viser les quantités infiniment grandes & les quantités infiniment petites.

ASPHYXIE.

Qu'est-ce que l'asphyxie ; quels en sont les différens degrés, quelle en est la cause la plus ordinaire ? Voilà ce que nous avons examiné au commencement de cet article. Nous avons ensuite prouvé par un grand nombre d'expériences que l'*alkali volatil fluor* est, dans ces occasions critiques, le remede le plus infaillible. Nous avons enfin averti qu'à défaut de cet *alkali*, l'on pouvoit employer l'*air déphlogistiqué*.

ASTRONOMIE.

Ce grand article est précédé de trois autres que je regarde comme des articles préliminaires. Le premier est sur l'*Astrologie judiciaire* dont nous avons rapporté les principes imposteurs ; le second est sur les *Astrologues* qui n'ont maintenant de crédit que dans les pays Idolâtres ; le troisieme est sur les *Astronomes* ; nous n'y parlons que de ceux que la mort nous a enlevés.

A ces trois articles succede celui de l'*Astronomie*. Nous avons rapporté dans cet article la premiere opération que les Astronomes ont faite, pour déterminer exactement la ligne que le Soleil paroît décrire dans le Ciel dans ses déplacemens perpétuels. Nous avons ensuite mis sous les yeux du Lecteur le tableau intéressant des progrès de l'Astronomie depuis l'année 640 avant J. C., jusqu'à nos jours. Pour ne pas fatiguer le Lecteur, & pour ne pas le faire revenir plusieurs fois sur ses pas, nous avons préféré la méthode chronologique à la méthode géographique.

ATHÉES.

Cet article n'est qu'une espece d'introduction à l'article *Dieu* dont les Athées sont les ennemis les plus insensés. Nous avons d'abord prouvé qu'un Athée est un Physicien sans principes, un Penseur absurbe, un Philosophe inconséquent. Nous avons ensuite prouvé que rien n'est plus noir que le cœur d'un Athée, rien de plus faux que son esprit. Nous avons enfin prouvé que les principales causes de l'athéisme, sont l'ignorance & la stupidité dans les uns, la débauche & la corruption des mœurs dans les autres, la spéculation & le faux raisonnement dans plusieurs. Nous avons conclu de ces différentes preuves qu'il est métaphysiquement impossible qu'il ait jamais existé, & qu'il existe jamais, je ne dis pas un Athée de *cœur*, mais un Athée d'*esprit*. Nous n'avons pas manqué de venger dans cet article la mémoire de l'illustre Chancelier Bacon, dans la bouche de qui l'auteur du Systeme de la Nature a mis l'éloge de l'athéisme.

ATMOSPHERE.

Après avoir donné une idée générale de l'atmosphete d'un corps, nous avons parlé assez au long de l'atmosphere solaire & de l'atmosphere terrestre. Nous pensons avec M. de Mairan que le Soleil est environné d'une atmosphere qui nous éclaire & qui s'étend souvent jusqu'à plus de trente millions de lieues au-delà de cet astre auquel elle est contiguë. Nous n'avons pas manqué de démontrer qu'un corpuscule de l'atmosphere solaire, qui ne se trouve qu'à soixante mille lieues de notre globe, est plus attiré par la terre, que par le Soleil ; & comme c'est ici le fondement du systeme que nous avons embrassé dans l'article des *Aurores boréales*, nous avons donné cette démonstration avec beaucoup de soin.

Pour ce qui regarde l'atmosphere terrestre, nous avons prouvé qu'elle s'étendoit jusqu'à plus de 266 lieues au-dessus de la surface de notre globe. Nous avons fini cet article par la détermination de la force avec laquelle l'atmosphere de la terre comprime le corps humain.

ATTRACTION.

Pour donner au Lecteur une idée nette de l'attraction Newtonienne, nous l'avons divisée en active, passive & mutuelle. Cette division faite, nous avons prouvé que l'attraction suit toujours la raison directe des masses & la raison inverse des carrés des distances, & nous n'avons pas manqué de faire remarquer que ces deux loix sont deux loix générales de la nature. Nous avons enfin répondu aux objections suivantes.

Le syſteme de l'attraction eſt un ſyſteme très-obſcur, très-conteſtable, & tout-à-fait propre à faire revivre les ſympathies, les antipathies, les qualités occultes & cent autres folies que l'on met ſur le compte des anciens Philoſophes.

Si les corps A, B, C, égaux en maſſe, ſont rangés ſur la même ligne & avec des diſtances égales, l'action mutuelle des deux extrêmes A & C ne peut pas avoir lieu, puiſqu'elle ne ſauroit paſſer au travers du corps B que l'on ſuppoſe impénétrable.

Dans un récipient purgé d'air le plus parfaitement qu'il eſt poſſible avec la machine pneumatique la plus exacte, un pied cubique d'or devroit tomber plus vîte, qu'un pied cubique de liége, puiſque celui-là ayant plus de matiere que celui-ci, la terre doit avoir plus d'action ſur le premier que ſur le ſecond.

Le Créateur n'a eu aucun motif pour faire agir l'attraction plutôt en raiſon inverſe des carrés des diſtances, qu'en raiſon inverſe des ſimples diſtances, ou des cubes des diſtances.

Si l'attraction eſt en raiſon inverſe des carrés des diſtances, il s'enſuivra que cette force ſera comme infinie, lorſque la diſtance ſera nulle, ou que les deux corps ſe toucheront : ce qui ne paroît pas ſoutenable, puiſque nous n'avons preſqu'aucune peine à lever une pierre ordinaire qui ſe trouve ſur la ſurface de la terre.

Dans le ſyſteme de l'attraction, le Soleil devroit arracher la Lune à la terre. C'eſt-là le grand argument que M. le Monnier a fait dans le Tome IV de ſon cours de Philoſophie, *page* 77. L'on verra qu'il mérite le nom de paralogiſme & non pas celui de démonſtration.

AURORE BORÉALE.

Pour expliquer l'aurore boréale d'une maniere phyſique, nous avons ſuivi le ſyſteme de M. de Mairan qui attribue cet effet à l'atmoſphere ſolaire dont les dernieres couches ſe précipitent en certains tems dans l'atmoſphere terreſtre. Dans ce ſyſteme on n'a point de peine à expliquer pourquoi l'aurore boréale va ſe ranger du côté des pôles : pourquoi elle décline ordinairement de dix à douze degrés vers l'occident : pourquoi dans le tems des aurores boréales l'on voit des colonnes de feu ; des jets de lumiere, des éclairs, des vibrations, des ondulations, des zones en forme d'arc-en-ciel, une couronne lumineuſe près du Zenith, &c. Nous n'avons pas manqué dans cet article de fixer, par des opérations trigonométriques, l'élévation au-deſſus de l'horizon de l'Aurore boréale du 19 Octobre 1726.

Pour rendre cet article plus intéreſſant, nous avons fait l'hiſtoire des principales aurores boréales qui ont paru depuis le quatrieme ſiecle juſqu'à nos jours.

Aux aurores boréales ont ſuccédé les aurores méridionales dont nous n'avons pu parler que ſur des conjectures bien fondées.

On trouvera ſous cette lettre les vies en abrégé des plus grands Phyſiciens que la mort nous a enlevés, dont les noms commencent par A.

B

La *Baguette divinatoire*, le *Barometre ordinaire*, le *Barometre phoſphore*, la *Botanique*, la *Bouteille de Leyde* & les *Brouillards* ſont les articles les plus intéreſſans contenus ſous la lettre B.

BAGUETTE DIVINATOIRE.

Nous avons conſidéré la baguette divinatoire tantôt entre les mains d'un Aventurier, tantôt entre celles d'un Phyſicien expérimenté. Les prétendus hauts faits de *Jacques Aymar* dans toute la France, & ſurtout à Lyon & à Paris, ont été diſcutés avec ſoin, & nous avons prouvé que les mouvemens violens de la baguette, à l'approche d'un aſſaſſin, à l'occaſion d'un tréſor caché dans le ſein de la terre, d'une borne, d'une limite placée ou déplacée, &c. étoient l'effet du charlataniſme ou de la fourberie, & pour l'ordinaire de l'un & de l'autre en même-tems. Nous avons mis au jour toutes les manœuvres de ces fourbes charlatans, & nous n'avons pas eu recours, comme le fit autrefois *Malebranche*, conſulté ſur cette matiere, à un pacte explicite, ou du moins implicite avec l'eſprit malin.

Nous convenons cependant, dans cet article, qu'entre les mains d'un Physicien expérimenté, telle & telle baguette, posée de telle & telle maniere, peut recevoir tels & tels mouvemens conformes aux loix de la saine Physique. Nous apprenons comment doit être faite cette baguette, sur quel pivot elle doit être placée, de quels mouvemens elle peut être agitée ; nous indiquons la cause physique de ces mouvemens ; nous examinons enfin la nature des indices qu'on peut en tirer, pour pouvoir espérer raisonnablement de découvrir une source, une mine de métal, de mercure, de sel, &c. Nous avons prouvé que les mines de mercure, de sel & de fer étoient les seules mines dont les atmospheres pouvoient causer un mouvement d'inclinaison à la baguette dont nous parlons. Les mines d'or, d'argent, de plomb, d'étain & de cuivre n'ayant aucune atmosphere métallique qui leur soit propre, la baguette dont il s'agit, ne sauroit conduire à la découverte de ces sortes de mines. Nous avons enfin rapporté ce qu'il y a de moins hasardé dans les ouvrages des Naturalistes sur les indices extérieurs des mines, considérées en général.

BAROMETRE ORDINAIRE.

Nous avons appris, 1°. à construire le barometre. 2°. Nous avons expliqué le mécanisme de cet instrument météorologique. 3°. Nous avons rapporté les trois principales expériences que l'on a coutume de faire par le moyen du barometre. 4°. Nous avons examiné si la troisieme de ces expériences pouvoit nous conduire à la connoissance réelle de l'atmosphere terrestre ; nous avons conclu que non, & nous avons appuyé notre sentiment sur deux expériences démonstratives. 5°. Nous avons raconté ce qui se passa à l'Académie des Sciences, le 20 Janvier 1751, à l'occasion de trois faits concernant le barometre ; ce fut M. Thibaut de Chanvalon qui les proposa à cette célebre Compagnie. Le troisieme fait n'est pas aussi difficile à expliquer, qu'il le paroît d'abord.

BAROMETRE PHOSPHORÉ.

Qu'eſt-ce qu'un barometre phoſphore ? Depuis quel tems connoît-on cette propriété ? Comment conſtruit-on les barometres de cette eſpece ? Quelle eſt la cauſe de la lumiere qu'ils donnent, lorſqu'ils ſont ſecoués dans l'obſcurité ? Voilà les queſtions qui ont été diſcutées dans cet article.

BOTANIQUE.

Qu'eſt-ce que la Botanique ? Qu'eſt-ce qu'une plante conſidérée en général ? Quelles en ſont les principales parties ? Qu'y a-t-il à remarquer ſur la racine, ſur le tronc, ſur les branches, ſur les feuilles, ſur les fleurs, ſur les fruits & ſur la graine ? Une plante peut-elle naître ſans ſemence ? Les plantes digerent-elles les ſucs nourriciers ? Reſpirent-elles ? Leur ſéve a-t-elle un mouvement de circulation ? A quelles maladies ſont-elles ſujettes ? Quelle différence y a-t-il entre les plantes marines & les plantes terreſtres ? Voilà les queſtions que l'on trouvera réſolues dans cet article. Nous en avons étayé les ſolutions d'un grand nombre d'expériences, & nous avons répondu aux objections de ceux qui défendent un ſentiment oppoſé à celui que nous avons embraſſé.

BOUTEILLE DE LEYDE.

Après avoir fait la deſcription exacte de la bouteille de Leyde, & après avoir appris comment il faut la décharger, pour recevoir une violente commotion dans les deux bras, dans la poitrine, dans les entrailles & dans tout le corps, nous avons rapporté l'analyſe que fait de cette bouteille le célebre *Franklin*, pour découvrir où réſide ſa force. A cette analyſe a ſuccédé l'expoſition du ſyſteme de M. *Franklin* & de celui de M. l'Abbé *Nollet* pour expliquer le phénomene de la *commotion*. Nous avons propoſé contre ce dernier ſyſteme les plus fortes objections qu'on ait imaginées & les expériences les plus frappantes qu'on ait faites, pour le renverſer ; nous croyons avoir répondu d'une maniere satisfaisante aux objections proposées, & avoir fait remarquer que les expériences dont il s'agit, ou ne prouvent rien contre le systeme de l'Abbé *Nollet*, ou qu'elles lui sont plutôt utiles que nuisibles. Il n'en est pas ainsi des objections & des expériences qu'on a faites contre le systeme de M. *Franklin* ; nous n'avons trouvé, pour les unes & pour les autres, aucune réponse raisonnable ; aussi avons-nous conclu que, systeme pour systeme, il faut aussi s'en tenir, provisoirement & jusqu'à nouvel ordre, à celui de M. l'Abbé *Nollet*, & abandonner celui de M. *Franklin*.

BROUILLARD.

Qu'est-ce qu'un brouillard, considéré en général ? Comment se forment les brouillards pendant l'hiver ? Comment se forment-ils pendant l'été ? Quelle est, dans les différentes saisons de l'année, le tems le plus propre à leur formation ? Pourquoi les brouillards sont-ils si contraires à la végétation ? Quels sont les moyens qu'on peut employer contre ces fléaux de l'Agriculture ? Quelle est l'efficacité de ces moyens ? Voilà les questions préliminaires que nous avons discutées, au commencement de cet article.

Il est une question que nous avons traitée avec autant de soin, que d'étendue ; c'est celle qui a pour objet les brouillards déliés, ceux surtout que nous eumes depuis le 24 du mois de Juin, jusqu'à la fin du mois de Juillet de l'année 1783, brouillards que le peuple, toujours ignorant, regarda comme l'annonce des plus grands malheurs. Nous avons d'abord fait la description de ces fameux brouillards, & nous avons ensuite prouvé qu'ils n'avoient eu pour causes, ni une comete quelconque, ni aucune planete, ni les tremblemens de terre qui, quelques mois auparavant, avoient renversé Messine & tant de villes & villages dans la Calabre ultérieure. Après avoir démontré l'insuffisance de ces causes, nous avons eu recours à celles qui ont dû naturellement produire ce météore effrayant, & nous avons répondu aux quatre questions suivantes :

Pourquoi ces brouillards ne furent-ils pas dissipés, comme les brouillards ordinaires ?

D'où venoit la grande sécheresse de ces brouillards ?

Pourquoi le soleil, à travers ces brouillards, nous paroissoit-il de couleur rouge ?

Que devint la partie aqueuse de ces brouillards ?

La lettre B a beaucoup fourni à la partie historique ; l'on y trouvera les vies en abrégé de 32 Physiciens que la mort nous a enlevés.

Fin du premier Volume.

Planche I. Tom. I.

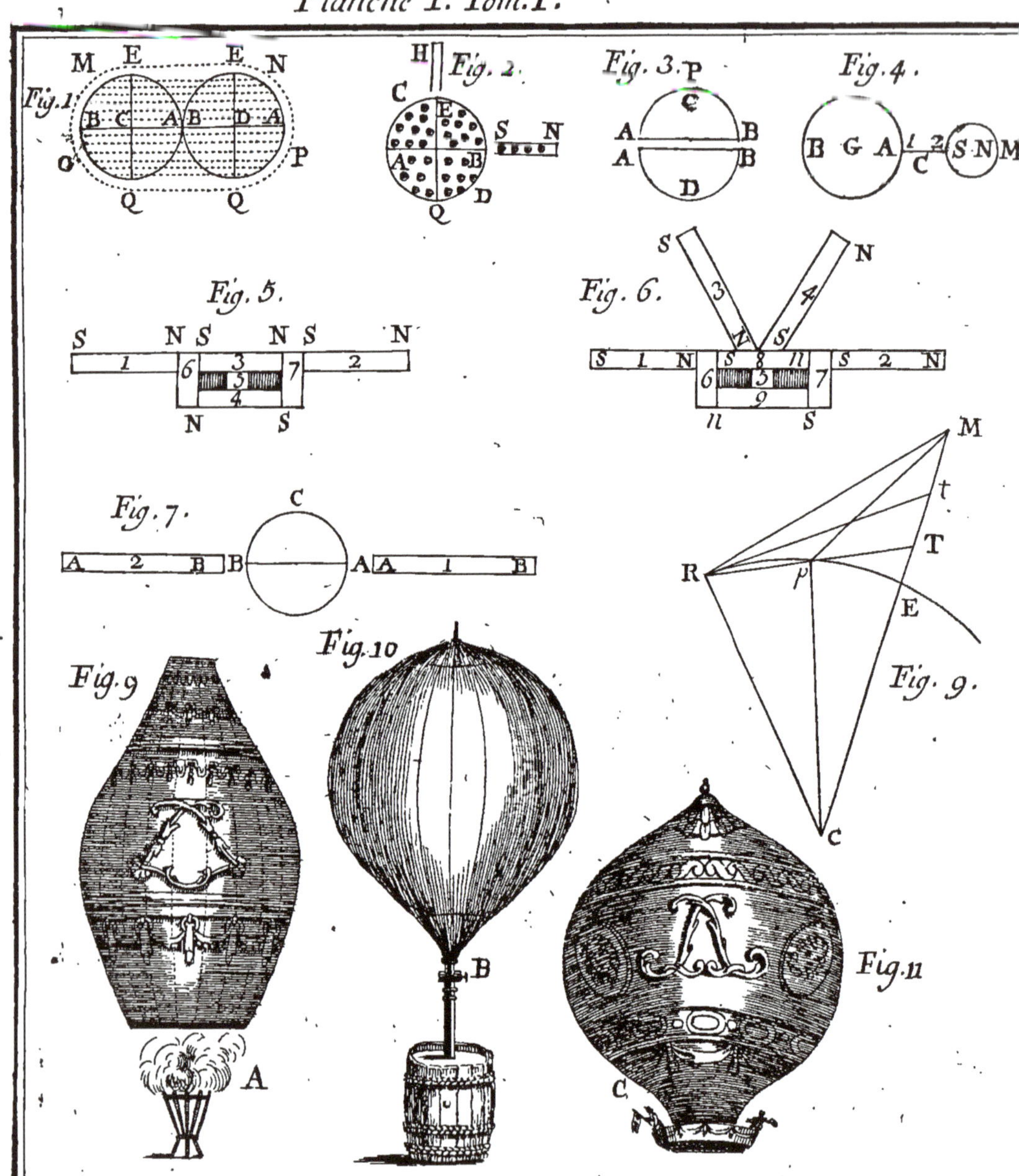

Fautes à corriger dans le Tome I.

PAGE 8, *l.* 19, intérieurs, *lisez* intérieures.

21, *l.* 3, au moins, *lisez* en moins.

144, *l.* 24, 5776 *lisez* 5780.

158, *l.* 30, A 33 *lisez* A 34.

161, *l.* 4, $\frac{268}{16}$ *lisez* $\frac{16}{268}$.

167, *l.* 22, $\frac{10}{34}$ *lisez* 10 grains.

169, *l.* 4, 10590 *lisez* 10500.

182, *l.* 19, $-cd-42rt$, *lisez* $-4cd-2rt$.

183, *l.* 2, $-\times+$ *lisez* $-\times-$.

187, *l.* 20, donnez le signe $-$ au quotient.

191, *l.* 34, $a^{\frac{1}{1}}$ *lisez* $a^{\frac{1}{2}}$.

196, *l.* 16, $3acb$ *lisez* $3abb$.

200, *l.* 18, b *lisez* bb.

212, *l.* 3 & 17, n *lisez* u.

Même *pag.* *l.* 16, 210 *lisez* 120.

215, *l.* 11, $22x-a$ *lisez* $2x-2a$.

224, *l.* 13 & 29, uu *lisez* u, $=$ *lisez* $-$.

235, *l.* derniere, $t3$ *lisez* t^2.

245, *l.* 4 & 6 $+$ *lisez* $+\infty$, $\frac{1}{}$ *lisez* $\frac{1}{\infty}$

247, *l.* 20, $\frac{\infty^n}{1}$ *lisez* $\frac{1}{\infty^n}$.

288, *l.* 38, imparfaitement *lisez* parfaitement.

295 & suivantes, *fig.* 8 *lisez* *fig.* 9.

317, *l.* 28, en avoient *lisez* avoient.

345, *l.* 10, *plus lisez peu*.

www.ingramcontent.com/pod-product-compliance
Ingram Content Group UK Ltd.
Pitfield, Milton Keynes, MK11 3LW, UK
UKHW020311200726
13857UKWH00001B/141